"十二五"普通高等教育本科国家级规划教材

大学文科高等数学（第 2 版）学习指导与习题解答

Daxue　Wenke　Gaodeng　Shuxue(Di　2　Ban)
Xuexi　Zhidao　yu　Xiti　Jieda

姚孟臣　张清允　编著

高等教育出版社·北京

内容提要

本书是"十二五"普通高等教育本科国家级规划教材,是《大学文科高等数学(第2版)》的配套辅导书。全书内容分为Ⅰ学习指导和Ⅱ习题解答两部分。在学习指导部分,每章内容包括知识点、基本要求、复习要点、典型例题分析、练习题和练习题解答与分析等,有利于学生在较短时间内对本课程的重点、难点问题进行复习,全面、系统地掌握有关知识,并迅速提高学生的综合解题能力;习题解答部分给出了主教材每章后面全部习题的解答。

本书可供使用主教材的学生和教师使用,也可作为文科各专业数学课程的教学参考书。

图书在版编目(CIP)数据

大学文科高等数学(第2版)学习指导与习题解答/姚孟臣,张清允编著.—北京:高等教育出版社,2010.5(2019.5重印)
ISBN 978-7-04-029563-4

Ⅰ.①大… Ⅱ.①姚… ②张… Ⅲ.①高等数学-高等学校-教学参考资料 Ⅳ.①O13

中国版本图书馆 CIP 数据核字(2010)第 060671 号

出版发行	高等教育出版社	咨询电话	400-810-0598
社　址	北京市西城区德外大街4号	网　址	http://www.hep.edu.cn
邮政编码	100120		http://www.hep.com.cn
印　刷	北京市白帆印务有限公司	网上订购	http://www.landraco.com
开　本	850mm×1168mm　1/32		http://www.landraco.com.cn
印　张	16.25	版　次	2010年5月第1版
字　数	420千字	印　次	2019年5月第8次印刷
购书热线	010-58581118	定　价	26.50元

本书如有缺页、倒页、脱页等质量问题,请到所购图书销售部门联系调换
版权所有　侵权必究
物　料　号　29563-A0

前　言

　　文科类高等数学是为适应现代科学文理渗透的趋势而设置的一门基础数学理论与应用数学方法相结合的课程,其教学内容和教学方法都应该具有明显的文科特色。针对目前文科学生的实际需要、知识结构和思维特点,我们编写了本书,它是《大学文科高等数学(第 2 版)》配套的辅导教材,也是一本针对文科各专业通用性较强的教学参考书。

　　我们认为,文科高等数学(包括微积分、线性代数和概率统计)作为文科类各专业的一门基础课,其教学目标是:介绍最有用的基本数学概念与方法,在一定程度上提高学生的数学素养,主要指抽象思维与逻辑推理能力、运算能力以及分析问题与解决问题的综合能力。由于目前全国各高校文科的不同专业方向对基础数学要求有一定差异,在总学时不多的情况下,实现上述教学目标确实存在不少问题。特别是在教学实践中,不少学生和初学者对这门课程的基本概念、基本方法及应用理解不透彻,解题的方法与技巧掌握不好,在学习中遇到了种种困难,甚至产生了厌学情绪。为了满足目前教学工作需要,本书的编写分为Ⅰ学习指导和Ⅱ习题解答两部分,在第一部分学习指导中,每一章内容由以下六方面组成:

　　一、知识点——简明扼要地指出每一章所包括的全部知识点。

　　二、基本要求——明确每一章的基本内容是什么,要求掌握到什么程度。

　　三、复习要点——根据教学大纲的要求将概念、定理和公式、方法进行了简明扼要的叙述、归纳和总结,使得学生能够在较短的时间内对重点、难点问题进行复习,全面、系统地掌握所需要的知识。

四、典型例题分析——根据有关教学大纲的要求精心选择和编排的典型例题,其内容涵盖了教学要求的全部知识点,并且突出了重点要求,强调了基本内容和基本运算,总结了各种典型题型解题的规律、方法及技巧,开阔了学生的解题思路,使学生所学的知识能够融会贯通,并迅速提高学生的综合解题能力。

五、练习题——在每一章里都从不同角度选择了具有多种风格的练习题目,基本上涵盖了全部教学基本要求。

六、练习题解答与分析——对练习题中各种类型题目先给出分析,再给出简明的提示或解答,可使学生通过这里的解题过程的分析,提高他们的运算能力以及分析问题与解决问题的综合能力。

在第二部分习题解答中,应广大读者的要求,我们给出了教材全部习题的详细解答。

本书的出版得到了高等教育出版社编辑的热诚帮助,他们提出了许多建设性的修改意见,在此表示衷心的感谢!

本书定有许多不妥之处,敬请批评指正!

编 者

2009年12月于世纪城

目 录

I 学习指导

上篇 基础篇

第一部分 初等微积分 ……………………………………… 2

第一章 初等函数 …………………………………………… 2
    一、知识点 …………………………………………………… 2
    二、基本要求 ………………………………………………… 2
    三、复习要点 ………………………………………………… 3
    四、典型例题分析 …………………………………………… 13
    五、练习题 …………………………………………………… 16
    六、练习题解答与分析 ……………………………………… 20

第二章 极限的计算 ………………………………………… 27
    一、知识点 …………………………………………………… 27
    二、基本要求 ………………………………………………… 27
    三、复习要点 ………………………………………………… 27
    四、典型例题分析 …………………………………………… 38
    五、练习题 …………………………………………………… 44
    六、练习题解答与分析 ……………………………………… 48

第三章 导数与微分 ………………………………………… 58
    一、知识点 …………………………………………………… 58
    二、基本要求 ………………………………………………… 58
    三、复习要点 ………………………………………………… 58
    四、典型例题分析 …………………………………………… 65
    五、练习题 …………………………………………………… 68
    六、练习题解答与分析 ……………………………………… 71

第四章 积分 ………………………………………………… 83

- 一、知识点 ………………………………………… 83
- 二、基本要求 ……………………………………… 83
- 三、复习要点 ……………………………………… 83
- 四、典型例题分析 ………………………………… 92
- 五、练习题 ………………………………………… 96
- 六、练习题解答与分析 …………………………… 99

第二部分 线性代数简介 ……………………………… 108

第一章 矩阵 …………………………………………… 108
- 一、知识点 ………………………………………… 108
- 二、基本要求 ……………………………………… 108
- 三、复习要点 ……………………………………… 108
- 四、典型例题分析 ………………………………… 112
- 五、练习题 ………………………………………… 114
- 六、练习题解答与分析 …………………………… 115

第二章 行列式简介 …………………………………… 117
- 一、知识点 ………………………………………… 117
- 二、基本要求 ……………………………………… 117
- 三、复习要点 ……………………………………… 117
- 四、典型例题分析 ………………………………… 122
- 五、练习题 ………………………………………… 126
- 六、练习题解答与分析 …………………………… 129

第三章 线性方程组的消元解法 ……………………… 137
- 一、知识点 ………………………………………… 137
- 二、基本要求 ……………………………………… 137
- 三、复习要点 ……………………………………… 137
- 四、典型例题分析 ………………………………… 139
- 五、练习题 ………………………………………… 141
- 六、练习题解答与分析 …………………………… 142

第三部分 概率统计初步 ……………………………… 143

第一章　随机事件的概率 …………………………………… 143
　一、知识点 ……………………………………………………… 143
　二、基本要求 …………………………………………………… 143
　三、复习要点 …………………………………………………… 144
　四、典型例题分析 ……………………………………………… 148
　五、练习题 ……………………………………………………… 156
　六、练习题解答与分析 ………………………………………… 160

第二章　一元正态分布 ……………………………………… 170
　一、知识点 ……………………………………………………… 170
　二、基本要求 …………………………………………………… 170
　三、复习要点 …………………………………………………… 170
　四、典型例题分析 ……………………………………………… 172
　五、练习题 ……………………………………………………… 173
　六、例题解答与分析 …………………………………………… 174

第三章　数理统计基础 ……………………………………… 176
　一、知识点 ……………………………………………………… 176
　二、基本要求 …………………………………………………… 176
　三、复习要点 …………………………………………………… 176
　四、典型例题分析 ……………………………………………… 179
　五、练习题 ……………………………………………………… 182
　六、练习题解答与分析 ………………………………………… 184

下篇　提　高　篇

第四部分　一元微积分 ……………………………………… 188
第一章　一元微分学 ………………………………………… 188
　一、知识点 ……………………………………………………… 188
　二、基本要求 …………………………………………………… 188
　三、复习要点 …………………………………………………… 189
　四、典型例题分析 ……………………………………………… 196
　五、练习题 ……………………………………………………… 199

六、练习题解答与分析 …………………………………… 201
第二章　一元积分学 …………………………………………… 213
　　一、知识点 ………………………………………………… 213
　　二、基本要求 ……………………………………………… 213
　　三、复习要点 ……………………………………………… 213
　　四、典型例题分析 ………………………………………… 221
　　五、练习题 ………………………………………………… 227
　　六、练习题解答与分析 …………………………………… 229

第五部分　线性代数 ………………………………………… 241
第一章　n 阶行列式 ………………………………………… 241
　　一、知识点 ………………………………………………… 241
　　二、基本要求 ……………………………………………… 241
　　三、复习要点 ……………………………………………… 241
　　四、典型例题分析 ………………………………………… 245
　　五、练习题 ………………………………………………… 247
　　六、练习题解答与分析 …………………………………… 248
第二章　矩阵及其运算 ………………………………………… 252
　　一、知识点 ………………………………………………… 252
　　二、基本要求 ……………………………………………… 252
　　三、复习要点 ……………………………………………… 252
　　四、典型例题分析 ………………………………………… 258
　　五、练习题 ………………………………………………… 262
　　六、练习题解答与分析 …………………………………… 265
第三章　线性方程组 …………………………………………… 274
　　一、知识点 ………………………………………………… 274
　　二、基本要求 ……………………………………………… 274
　　三、复习要点 ……………………………………………… 274
　　四、典型例题分析 ………………………………………… 282
　　五、练习题 ………………………………………………… 290

六、练习题解答与分析 …………………………………… 292
第六部分　初等概率论 ………………………………………… 297
　第一章　随机变量及其分布 ……………………………… 297
　　一、知识点 ………………………………………………… 297
　　二、基本要求 ……………………………………………… 297
　　三、复习要点 ……………………………………………… 297
　　四、典型例题分析 ………………………………………… 305
　　五、练习题 ………………………………………………… 313
　　六、练习题解答与分析 …………………………………… 316
第七部分　一元统计分析初步 ………………………………… 321
　第一章　参数估计与假设检验 …………………………… 321
　　一、知识点 ………………………………………………… 321
　　二、基本要求 ……………………………………………… 321
　　三、复习要点 ……………………………………………… 321
　　四、典型例题分析 ………………………………………… 329
　　五、练习题 ………………………………………………… 335
　　六、练习题解答与分析 …………………………………… 338

Ⅱ　习 题 解 答

上篇　基 础 篇

第一部分　初等微积分 ………………………………………… 346
　习题 1.1 …………………………………………………… 346
　习题 1.2 …………………………………………………… 355
　习题 1.3 …………………………………………………… 368
　习题 1.4 …………………………………………………… 378
第二部分　线性代数简介 ……………………………………… 390
　习题 2.1 …………………………………………………… 390
　习题 2.2 …………………………………………………… 398
　习题 2.3 …………………………………………………… 410

第三部分 概率统计初步 ·············· 415
习题 3.1 ·············· 415
习题 3.2 ·············· 422
习题 3.3 ·············· 425

下篇 提 高 篇

第四部分 一元微积分 ·············· 428
习题 4.1 ·············· 428
习题 4.2 ·············· 441

第五部分 线性代数 ·············· 457
习题 5.1 ·············· 457
习题 5.2 ·············· 464
习题 5.3 ·············· 482

第六部分 初等概率论 ·············· 493
习题 6.1 ·············· 493
习题 6.2 ·············· 497

第七部分 一元统计分析初步 ·············· 502
习题 7.1 ·············· 502
习题 7.2 ·············· 506

学习指导 I

上篇 基 础 篇

- 第一部分　初等微积分
- 第二部分　线性代数简介
- 第三部分　概率统计初步

第一部分　初等微积分

第一章　初等函数

一、知识点

1. 一元函数的定义及其图形；
2. 函数的表示法（包括分段函数）；
3. 函数的有界性、单调性、奇偶性、周期性；
4. 反函数及其图形；
5. 复合函数；
6. 初等函数.

二、基本要求

1. 理解一元函数的定义及函数与图形之间的关系，会求函数的定义域、值域，能够判断函数是否相同；
2. 了解函数的几种常用表示法，理解分段函数的概念；
3. 理解函数的四个基本性质：单调性、有界性、奇偶性和周期性；
4. 理解反函数的概念，会求直接函数的反函数及其定义域、值域等；
5. 理解复合函数的概念，能够正确分析复合函数的复合过程，会求复合函数的定义域；
6. 熟练掌握基本初等函数及其图形的性态，知道什么是初等函数.

三、复习要点

（一）重要概念及性质

1. 函数

（1）函数的概念

定义 1.1 设 X 是一个给定的数集，f 是一个确定的对应关系．如果对于 X 中的每一个元素 x，通过 f 都有 **R** 内的唯一确定的一个元素 y 与之对应，那么这个关系 f 就叫做从 X 到 **R** 的函数关系，简称为**函数**，记为

$$f: X \to \mathbf{R} \quad \text{或} \quad f(x) = y.$$

我们把按照函数 f 与 $x \in X$ 所对应的 $y \in \mathbf{R}$ 叫做 f 在 x 处的**函数值**，记作 $y = f(x)$．并把 X 叫做函数 f 的**定义域**，记为 D_f；而 f 的全体函数值的集合

$$Y = \{f(x) \mid x \in X\}$$

叫做函数 f 的**值域**，记为 R_f．

今后我们把函数用

$$y = f(x), \quad x \in X$$

来表示．并说 y 是 x 的函数，其中 x 叫做**自变量**，y 叫做**因变量**．由于在我们讨论的范围内，函数 f 和函数值 $f(x)$（即 y）没有区分的必要，因此通常把 y 叫做 x 的函数．

一般地，当 $f(x)$ 是用 x 的表达式给出时，如果不特别声明，那么函数的定义域就是使 $f(x)$ 有意义的全体 x 的集合，通常称它为**自然定义域**．

除了用字母"f"表示函数以外，当然也可以用其他的字母，例如，用"F"，"φ"等来表示函数，甚至可以用 $y = y(x)$ 来表示一个函数．但在同一个问题中不同的函数一定要用不同的符号来表示．

在定义中，我们用"唯一确定"来表明所讨论的函数都是单值的．所谓**单值函数**就是对于 X 中的每一个值 x，都有一个而且只有一个 y 的值与之对应的函数．对于 X 中的某个 x 值有多于一个 y

的值与之对应的函数,叫做**多值函数**.本书我们只讨论单值函数.

(2) 函数的图形

研究函数,借助于图形的直观形象是很重要的,为此必须明确什么是函数的图形,函数和它的图形的关系是什么.

如果已知函数 $y=f(x)$,则以 x 为横坐标,以 x 所对应的函数值 $y(=f(x))$ 为纵坐标,就确定了平面上一个点 (x,y).当 x 变化时,y 随之变化,点 (x,y) 在平面上相应地变动,动点 (x,y) 的轨迹一般是一条曲线(图 1-1),这条曲线称为函数 $y=f(x)$ 的**图形**.以后我们常常把函数 $y=f(x)$ 的图形称为"曲线 $y=f(x)$".

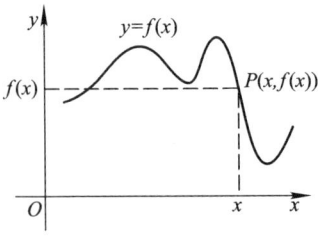

图 1-1

函数和它的图形的关系是:图形上任一点 $P(x,y)$ 的纵坐标 y 正好等于该点的横坐标 x 所对应的函数值,即同一点的两个坐标 x 与 y 一定满足关系式
$$y = f(x),$$
也就是点 P 的坐标是 $(x,f(x))$.

2. 函数的表示法

(1) 解析法

由自变量和常数经过四则、乘幂、取指数、取对数、取三角函数等数学运算所得到的式子称为**解析表达式**.用解析表达式表示一个函数就称为函数的**解析法**,解析法也叫**公式法**.高等数学中讨论的函数,一般都是用解析法给出,这是由于对解析式子可以进行各种运算,便于研究函数的性质. 需要指出的是：用解析法表示函数,不一定总是用一个式子表示,也可以分段用几个式子来表示一个函数.

定义 1.2 由两个或两个以上的分析表达式表示的函数,称为**分段定义的函数**,简称为**分段函数**.

需要注意的是,在一般情况下,对于同一个自变量,函数不能同时有两个不同的分析表达式.

例如**绝对值函数**

$$y = |x| \stackrel{\text{def}}{=\!=\!=} \begin{cases} x, & x \geq 0, \\ -x, & x < 0 \end{cases}$$

和**符号函数**

$$y = \text{sgn} x \stackrel{\text{def}}{=\!=\!=} \begin{cases} -1, & x < 0, \\ 0, & x = 0, \\ 1, & x > 0 \end{cases}$$

就是两个常见的分段函数.

（2）表格法

在实际应用中,常把自变量所取的值和对应的函数值列成表,用以表示函数关系,函数的这种表示法称为**表格法**.

（3）图示法

我们把两个变量之间的对应关系用某个坐标系中的一条曲线来表示,称之为函数的**图示法**.

3. 函数的四个基本性质

（1）奇偶性

定义 1.3 设函数 $y = f(x)$ 的定义域 X 为一个对称数集,即 $x \in X$ 时,有 $-x \in X$. 若对于任意的 $x \in X$,函数 $f(x)$ 满足

$$f(-x) = -f(x),$$

则称 $f(x)$ 为**奇函数**；若对于任意的 $x \in X$,函数 $f(x)$ 满足

$$f(-x) = f(x),$$

则称 $f(x)$ 为**偶函数**.

在几何上,对于偶函数,由于在 x 和 $-x$ 处函数值相等,故其图形关于 y 轴对称(图 1-2). 对于奇函数,由于 x 和 $-x$ 处的函数值仅差一个符号,其图形关于原点中心对称,即当把右半平面的图形绕原点旋转 180°后恰与左半平面的图形重合(图 1-3).

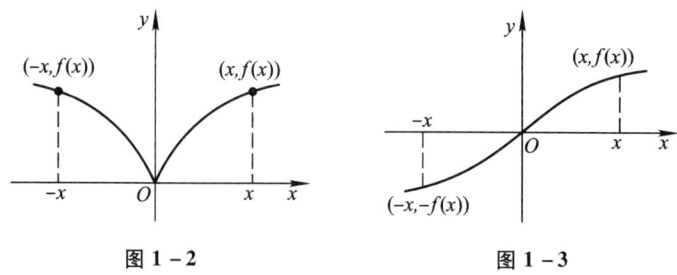

图 1-2　　　　　图 1-3

（2）单调性

定义 1.4　设函数 $y = f(x)$, $x \in X$, 对于任意的 $x_1, x_2 \in (a,b)$ 且 $(a,b) \subset X$. 若 $x_1 < x_2$ 时,有
$$f(x_1) < f(x_2) \quad (f(x_1) > f(x_2)),$$
则称 $f(x)$ 在 (a,b) 内是**递增(递减)**的;又若 $x_1 < x_2$ 时,有
$$f(x_1) \leqslant f(x_2) \quad (f(x_1) \geqslant f(x_2)),$$
则称 $f(x)$ 在 (a,b) 内是**不减(不增)**的.

递增函数或递减函数统称为**单调函数**. 同样我们可以定义在无限区间上的单调函数.

在几何上,严格单调增加的函数,它的图形是随着 x 的增加而上升的曲线;严格单调减少的函数,它的图形是随着 x 增加而下降的曲线.

（3）有界性

定义 1.5　设函数 $y = f(x)$ 在 X 上有定义,若存在着一个正数 M_0, 对于任意的 $x \in X$ 使得 $|f(x)| \leqslant M_0$, 则称 $f(x)$ 在 X 上是**有界**的;否则称 $f(x)$ 在 X 上是**无界**的.

在几何上,有界函数的图形总是位于平行于 x 轴的直线

$y = -M_0$ 与 $y = M_0$ 之间.

(4) 周期性

定义 1.6 设函数 $y = f(x), x \in \mathbf{R}$. 若存在着一个正数 T_0, 对于任意的 $x \in \mathbf{R}$ 使得
$$f(x + T_0) = f(x),$$
则称 $f(x)$ 是**周期函数**, T_0 为其**周期**.

周期函数图形的特点是自变量每增加或减少一个周期后, 图形重复出现(图 1-4).

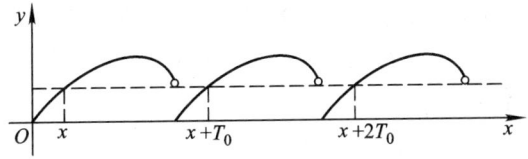

图 1-4

由定义可知, $kT_0 (k \in \mathbf{N}, k \neq 0)$ 都是它的周期, 可见一个周期函数有无穷多个周期. 若在无穷多个周期中, 存在最小的正数 T, 则称 T 为 $f(x)$ 的最小周期, 简称**周期**.

4. 反函数

定义 1.7 给定函数
$$y = f(x) \quad (x \in D_f, y \in R_f).$$
如果对于 R_f 中的每一个值 $y = y_0$ 都有 D_f 中唯一的一个值 $x = x_0$, 使得 $f(x_0) = y_0$, 那么我们就说在 R_f 上确定了 $y = f(x)$ 的**反函数**, 记作
$$x = f^{-1}(y) \quad (y \in R_f).$$

通常我们称函数 $y = f(x)$ 为**直接函数**, 而用符号"f^{-1}"表示新的函数关系. 一般地, 直接函数与反函数的对应关系、定义域与值域是不相同的, 反函数的定义域和值域, 恰好是直接函数的值域和定义域, 即若

$$f: X \to Y,$$

则

$$f^{-1}: Y \to X.$$

习惯上我们用 x 表示自变量,用 y 表示因变量,因而常把函数 $y = f(x)$ 的反函数写成 $y = f^{-1}(x)$ 的形式. 从而 $y = f(x)$ 与 $y = f^{-1}(x)$ 的图形是关于直线 $y = x$ 对称的,这是因为这两个函数的因变量与自变量互换的缘故.

对于一个给定的函数 $y = f(x), x \in X, y \in Y$ 来说,它在 X 上有反函数存在的充要条件是 $X \sim Y$ (即 $f(x)$ 在 X 上是一一对应的). 因为单调函数是一一对应的,所以单调函数一定有反函数存在.

5. 复合函数

定义 1.8 给定函数

$$y = f(u) \, (u \in U), \quad u = g(x) \, (x \in X, u \in U_1).$$

若 $U_1 \subset U$,则称 $y = f[g(x)] \, (x \in X)$ 为 $y = f(u)$ 和 $u = g(x)$ 的**复合函数**,有时记为 $f \circ g$,并称 u 为**中间变量**.

两个以上的函数也可以进行复合运算,并且满足结合律,即

$$f \circ (g \circ h) = (f \circ g) \circ h.$$

需要指出的是,复合运算与四则运算不同,它没有交换律,即若 $f \circ g$ 与 $g \circ f$ 都存在,一般来说

$$f \circ g \neq g \circ f.$$

6. 初等函数

我们所研究的各种函数,特别是一些常见的函数都是由几种最简单的函数构成的,这些最简单的函数就是**基本初等函数:常数函数、幂函数、指数函数、对数函数、三角函数和反三角函数**.

定义 1.9 基本初等函数经过有限次加、减、乘、除、复合运算所得到的函数,称为**初等函数**.

一般来说,初等函数都有一个分析表达式. 如**多项式函数** $P(x)$ 与**有理函数** $R(x)$ 就是常见的两个初等函数,其定义如下:

$$P(x) \stackrel{\text{def}}{=\!=} a_0 + a_1 x + \cdots + a_n x^n = \sum_{k=0}^{n} a_k x^k,$$

其中 a_k 称为多项式的系数,n 称为次数($a_n \neq 0$);

$$R(x) \stackrel{\text{def}}{=\!=} \frac{P(x)}{Q(x)},$$

其中 $P(x), Q(x)$ 为多项式函数,并且 $Q(x)$ 不恒为 0.

为了便于讨论问题,今后我们还把幂函数看作由指数函数与对数函数复合而成,即设

$$y = e^u \quad (e > 0, e \neq 1),$$
$$u = \alpha \ln x \quad (e > 0, e \neq 1, \alpha \in \mathbf{R}),$$

则

$$y = e^{\alpha \ln x} = e^{\ln x^\alpha} = x^\alpha.$$

在今后的学习中,我们还经常遇到一类重要的函数——**幂指函数**. 设 $f(x), g(x)$ 是两个初等函数,并且 $f(x) > 0$,则称

$$y = [f(x)]^{g(x)}$$

为**幂指函数**. 不难看出,

$$[f(x)]^{g(x)} = [e^{\ln f(x)}]^{g(x)} = e^{g(x) \ln f(x)}.$$

可见,幂指函数也是一个初等函数,如 $y = x^x$,$y = x^{\sin x}$,$y = (\ln x)^{x^2}$ 等.

(二) 重要方法

1. 函数的定义域、值域的计算

例 1 求下列函数的定义域,并用区间表示:

(1) $f(x) = \sqrt{16 - x^2} + \dfrac{1}{\ln(2x - 3)}$;

(2) $f(x) = \ln(2^x - 4) + \arcsin \dfrac{2x - 1}{7}$.

分析 要使函数有意义,必须而且只需

(1) 偶次根号中被开方数 $16 - x^2 \geq 0$,对数函数中真数 $2x - 3 > 0$,分式中分母 $\ln(2x - 3) \neq 0$,定义域是各不等式解的交集.

（2）真数 $2^x - 4 > 0$，反正弦函数中 $\left|\dfrac{2x-1}{7}\right| \leqslant 1$.

解 （1）由
$$\begin{cases} 16 - x^2 \geqslant 0, \\ 2x - 3 > 0, \\ 2x - 3 \neq 1 \end{cases}$$

有
$$\begin{cases} |x| \leqslant 4, \\ x > \dfrac{3}{2}, \\ x \neq 2, \end{cases} \quad 即 \quad \begin{cases} -4 \leqslant x \leqslant 4, \\ x > \dfrac{3}{2}, \\ x \neq 2. \end{cases}$$

所以 $D_f = \left(\dfrac{3}{2}, 2\right) \cup (2, 4]$.

（2）由
$$\begin{cases} 2^x - 4 > 0, \\ \left|\dfrac{2x-1}{7}\right| \leqslant 1 \end{cases}$$

有
$$\begin{cases} 2^x > 2^2, \\ -1 \leqslant \dfrac{2x-1}{7} \leqslant 1, \end{cases} \quad 即 \quad \begin{cases} x > 2, \\ -3 \leqslant x \leqslant 4. \end{cases}$$

所以 $D_f = (2, 4]$.

例 2 已知
$$f(x) = \begin{cases} 2x, & 0 < x \leqslant 1, \\ x + 1, & 1 < x \leqslant 4, \end{cases}$$
$$g(x) = f(x^2) + f(3 + x),$$
求 $g(x)$ 的定义域.

解 分段函数的定义域是各个定义区间的并集，所以 $f(x)$ 的定义域 $D_f = (0, 1] \cup (1, 4]$，它表示 $f(\ )$ 的自变量的取值范围为 $(0, 4], f(x^2)$ 的自变量是 $x^2, f(3 + x)$ 的自变量是 $(3 + x)$，因此由

有
$$0 < x^2 \leq 4,$$
$$-2 \leq x < 0 \quad \text{或} \quad 0 < x \leq 2;$$
由
$$0 < 3 + x \leq 4$$
有
$$-3 < x \leq 1.$$

可见，$f(x^2)$ 的定义域是 $[-2,0) \cup (0,2]$. 而 $f(3+x)$ 的定义域是 $(-3,1]$.

因为 $g(x)$ 的定义域是上述两个定义域的交集，所以 $g(x)$ 的定义域是 $\{[-2,0) \cup (0,2]\} \cap (-3,1]$ 即 $[-2,0) \cup (0,1]$.

注意 这里容易产生的错误是将 $f(x)$ 的定义域就看作 x 的范围：$0 < x \leq 4$，所以 $0 < x^2 \leq 16$，而 $3 < 3 + x \leq 7$. 因此，错误地导出 $f(x^2)$ 的定义域是 $(0,16]$，$f(3+x)$ 的定义域是 $(3,7]$.

例 3 已知函数 $y = f(x) = x^3$. 求 $f(-1), f(1), f\left(\dfrac{1}{x}\right), f(x+1)$.

解 由 $f(x)$ 的表达式，有
$$f(-1) = (-1)^3 = -1, \quad f(1) = 1^3 = 1,$$
$$f\left(\dfrac{1}{x}\right) = \left(\dfrac{1}{x}\right)^3 = \dfrac{1}{x^3}, \quad f(x+1) = (x+1)^3.$$

2. 建立函数关系

为了解决实际问题，需要先确定问题中的自变量和因变量以及相互间的依赖关系（即函数关系），并将这种关系表示出来，再利用适当的数学方法加以分析和解决.

例 4 设 1982 年底我国人口为 10.3 亿，如果不实行计划生育政策，按照年均 2% 的自然增长率计算，那么到 2010 年底，我国人口将是多少？

解 已知 1982 年底人口为 10.3 亿，设 t 年后人口为 y.

1 年后人口为

$$10.3 + 10.3 \times 2\% = 10.3 \times (1 + 2\%),$$

2 年后人口为

$$10.3 \times (1 + 2\%) + 10.3 \times (1 + 2\%) \times 2\%$$
$$= 10.3 \times (1 + 2\%)^2,$$

⋯⋯⋯⋯

那么 t 年后,我国人口为

$$y = 10.3 \times (1 + 2\%)^t,$$

即

$$y = 10.3 \times 1.02^t.$$

到 2010 年底,即 28 年后,我国人口为

$$y = 10.3 \times 1.02^{28},$$

两边取常用对数,得

$$\lg y = \lg 10.3 + 28\lg 1.02$$
$$= 1.0128 + 28 \times 0.0086$$
$$= 1.2536,$$

查反对数表,得

$$y = 17.93(亿).$$

一般地,设某地某年末人口为 p_0,人口自然增长率为 r,那么 t 年后的人口 p 为

$$p = p_0(1 + r)^t.$$

3. 直接函数的反函数的求法

如果 $y = f(x)$ 满足一定的条件,求 $y = f(x)$ 的反函数,一般先由 $y = f(x)$ 解得 $x = f^{-1}(y)$,然后再换变量得 $y = f^{-1}(x)$.

例 5 已知函数 $y = f(x) = 2x + 1$,$D_f = (-\infty, +\infty)$,$R_f = (-\infty, +\infty)$,求反函数 $y = f^{-1}(x)$.

解 由 $y = 2x + 1$,可以求出

$$x = f^{-1}(y) = \frac{y-1}{2},$$

因此 $y=2x+1$ 的反函数为 $y=\dfrac{x-1}{2}$(见图 $1-5$).

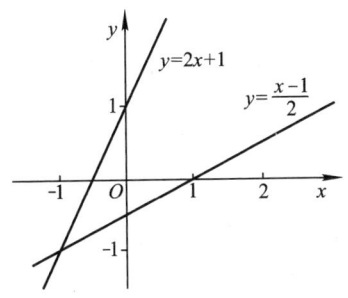

图 $1-5$

例 6 求 $y=f(x)=\log_4 2+\log_4\sqrt{x}$ 的反函数.

解 将 $y=\log_4 2+\log_4\sqrt{x}=\log_4 2\sqrt{x}$ 看作方程,解方程
$$2\sqrt{x}=4^y$$
得到
$$x=4^{2y-1},$$
再换变量,得到
$$y=4^{2x-1}.$$
因此,反函数 $f^{-1}(x)=4^{2x-1}$.

四、典型例题分析

例 1 函数 $f(x)=\begin{cases}\sqrt{9-x^2}, & |x|\leqslant 3,\\ x^2-9, & 3<|x|<4\end{cases}$ 的定义域是( ).

(A) $[-3,4]$; (B) $(-3,4)$;
(C) $[-4,4]$; (D) $(-4,4)$.

答案是:D.

分析 分段函数的定义域是各个定义区间(或点集)的并,于

是有
$$\{|x| \leqslant 3\} \cup \{3 < |x| < 4\} = (-4, 4).$$
故选择 D.

例 2 在 **R** 上,下列函数中为周期函数的是( ).
(A) $\sin x^3$;　　(B) $\sin 2x$;　　(C) $x\cos x$;　　(D) $x\sin x$.
答案是: B.

分析 易见
$$\sin(2x + 2\pi) = \sin 2(x + \pi).$$
它是一个周期为 π 的周期函数.
故选择 B.

例 3 设函数 $f(x) = \log_a(x + \sqrt{x^2 + 1})\,(a > 0, a \neq 1)$,则该函数是( ).
(A) 奇函数;　　　　　　(B) 偶函数;
(C) 非奇非偶函数;　　　(D) 既奇又偶.
答案是: A.

分析 由于函数
$$\begin{aligned}
f(-x) &= \log_a(-x + \sqrt{(-x)^2 + 1}) \\
&= \log_a \frac{x^2 + 1 - x^2}{\sqrt{x^2 + 1} + x} \\
&= -\log_a(x + \sqrt{x^2 + 1}) = -f(x).
\end{aligned}$$
故选择 A.

例 4 设函数 $g(x) = 1 + x$ 且当 $x \neq 0$ 时 $f[g(x)] = \dfrac{1-x}{x}$,则 $f\left(\dfrac{1}{2}\right)$ 的值是( ).
(A) 0;　　(B) 1;　　(C) 3;　　(D) -3.
答案是: D.

分析 由于

$$f[g(x)] = \frac{1-x}{x} = \frac{2-(1+x)}{(1+x)-1} = \frac{2-g(x)}{g(x)-1},$$

即

$$f(x) = \frac{2-x}{x-1}.$$

因此

$$f\left(\frac{1}{2}\right) = \frac{2-\frac{1}{2}}{\frac{1}{2}-1} = -3.$$

故选择 D.

例 5 函数 $y = e^x - 1$ 的反函数是( ).

(A) $y = \ln x + 1$; (B) $y = \ln(x+1)$;
(C) $y = \ln x - 1$; (D) $y = \ln(x-1)$.

答案是：B.

分析 由函数 $y = e^x - 1$ 反解出 $x = \ln(1+y)$，于是有

$$y = \ln(1+x).$$

故选择 B.

例 6 设 $f(x) = \begin{cases} \dfrac{x-8}{x+3}, & x \geq 8, \\ \dfrac{8-x}{x+3}, & x < 8, x \neq -3, \end{cases}$ 求 $f(c)$.

解 讨论两种情况：

(1) 当 $c \geq 8$ 时，则 $f(c) = \dfrac{c-8}{c+3}$;

(2) 当 $c < 8$，且 $c \neq -3$ 时，则 $f(c) = \dfrac{8-c}{c+3}$.

例 7 某学生宿舍与教室位置分布简图如图 1-6 所示，现有一同学计划用 10 分钟从宿舍沿马路

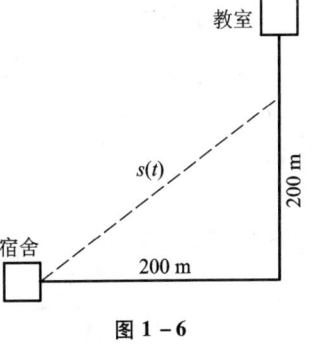

图 1-6

步行到教室上课,当行至 5 分钟时,发现未带课本,又折返小跑回宿舍取书,再在计划时间内赶到教室,并假设行走及小跑均为匀速的.试给出该生在这个过程中与宿舍距离和时间 t 的函数关系.

分析 构造整个函数关系应分四个时间段:$0 \leq t < 5, 5 \leq t < 6\frac{2}{3}, 6\frac{2}{3} \leq t < 8\frac{1}{3}, 8\frac{1}{3} \leq t \leq 10$(单位:分钟)讨论.

解 当 $0 \leq t < 5$ 时,该生以每分钟 40 米速度行走,$s(t) = 40t$,当 $t \geq 5$ 时,该生要在剩下时间行走 600 米,速度为每分钟 120 米,于是,当 $5 \leq t < 6\frac{2}{3}$ 时,$s(t) = 200 - 120(t - 5) = 800 - 120t$;当 $6\frac{2}{3} \leq t < 8\frac{1}{3}$ 时,$s(t) = 120\left(t - 6\frac{2}{3}\right) = 120t - 800$;当 $8\frac{1}{3} \leq t \leq 10$ 时,$s(t) = \sqrt{200^2 + (120t - 1\,000)^2}$.综上讨论,有

$$s(t) = \begin{cases} 40t, & 0 \leq t < 5, \\ 800 - 120t, & 5 \leq t < 6\frac{2}{3}, \\ 120t - 800, & 6\frac{2}{3} \leq t < 8\frac{1}{3}, \\ \sqrt{200^2 + (120t - 1\,000)^2}, & 8\frac{1}{3} \leq t \leq 10, \end{cases} \quad D_f = [0, 10].$$

五、练习题

(一) 选择题

1. 若函数 $y = f(x)$ 的定义域为 $[1, 2]$,则函数 $f(1 - \ln x)$ 的定义域是( ).

(A) $(0, 1]$;   (B) $[1 - \ln 2, 1]$;
(C) $[1/e, 1]$;   (D) $[1, e]$.

2. 函数 $y = \sqrt{\lg\left(\dfrac{5x - x^2}{4}\right)}$ 的定义域为( ).

(A) $(0,5)$; (B) $[1,4)$;
(C) $(1,4]$; (D) $[1,4]$.

3. 下列函数对中,两函数相等的是( ).

(A) $y = x$ 与 $y = 2^{\log_2 x}$;

(B) $y = x$ 与 $y = \arctan(\tan x)$;

(C) $y = \lg(3-x) - \lg(x-2)$ 与 $y = \lg\dfrac{3-x}{x-2}$;

(D) $y = \dfrac{\sqrt{x-3}}{\sqrt{x+2}}$ 与 $y = \sqrt{\dfrac{x-3}{x+2}}$.

4. 设 $f(x) = \dfrac{x^2 + 2kx}{kx^2 + 2kx + 3}$ 的定义域是 $(-\infty, +\infty)$,则 k 的取值范围是( ).

(A) $0 < k < 3$; (B) $0 \leqslant k < 3$;
(C) $k > 3$; (D) $k < 0$ 或 $k > 3$.

5. 设 $f\left(\dfrac{1-x}{1+x}\right) = x$,则有( ).

(A) $f(-2-x) = -2 - f(x)$; (B) $f(-x) = f\left(\dfrac{1+x}{1-x}\right)$;

(C) $f\left(\dfrac{1}{x}\right) = f(x)$; (D) $f(f(x)) = -x$.

6. 设 $f(x) = \begin{cases} x^2, & x \geqslant 0, \\ 2x, & x < 0, \end{cases}$ $g(x) = \begin{cases} x, & x \geqslant 0, \\ -2x, & x < 0, \end{cases}$ 则当 $x \leqslant 0$ 时,$f(g(x)) = ($).

(A) $2x$; (B) x^2; (C) $4x^2$; (D) $-4x^2$.

7. 设函数 $f(x)$ 在 $(-\infty, +\infty)$ 上有定义,下列函数中必为偶函数的是( ).

(A) $y = f^2(x)$; (B) $y = x^2 f(x)$;
(C) $y = f(|x|)$; (D) $y = f[(x+1)^2]$.

8. 设 $f(x) = \log_3 \dfrac{1-x}{1+x}$,$g(x) = x^3$,则( )为偶函数.

(A) $f(g(x))$; (B) $f(x) \cdot g(x)$;

(C) $\begin{cases} f(x), & |x| < 1, \\ g(x), & |x| \geq 1; \end{cases}$ (D) $g(f(x))$.

9. 下列函数中为周期函数的是(   ).

(A) $x\cos x$; (B) $\sin x^2$; (C) $\sin \dfrac{1}{x}$; (D) $\sin^2 x$.

10. 函数 $f(x) = |x^2 - 1|$ 的单调、有界区间是(   ).

(A) $[-1, 1]$; (B) $(1, +\infty)$;

(C) $[-2, 0]$; (D) $[-2, -1]$.

11. 函数 $y = 1 + \lg(x + 2)$ 的反函数是(   ).

(A) $y = 10^{x-2} + 1$; (B) $y = 10^{x-2} - 1$;

(C) $y = 10^{x-1} + 2$; (D) $y = 10^{x-1} - 2$.

12. 下列函数中为初等函数的是(   ).

(A) $y = \sqrt{\cos x - 2}$; (B) $y = \sqrt{\sin x - 1}$;

(C) $y = \begin{cases} \dfrac{x^2 - 1}{x - 1}, & x \neq 1, \\ 0, & x = 1; \end{cases}$ (D) $y = \begin{cases} 1 + x, & x < 0, \\ x, & x \geq 0. \end{cases}$

13. 设

$$f(x) = \begin{cases} -1, & x < 0, \\ 0, & x = 0, \\ 1, & x > 0, \end{cases}$$

则 $f[f(x)] = ($ $)$.

(A) $-f(x)$; (B) $f(-x)$; (C) 0; (D) $f(x)$.

14. 分段函数

$$f(x) = \begin{cases} 1 - x, & x \leq 0, \\ 1 + x, & x > 0 \end{cases}$$

是一个(   ).

(A) 奇函数; (B) 偶函数;

(C) 非奇非偶函数; (D) 既是奇函数又是偶函数.

15. 设 $f(x) = x\tan x \, e^{\sin x}$,则 $f(x)$ 是( ).

(A) 偶函数;　　　　　　(B) 无界函数;

(C) 周期函数;　　　　　　(D) 单调函数.

16. 下列函数中,不为初等函数的是( ).

(A) $y = \arcsin(x^2 - 2x + 3)$;

(B) $y = x + x^2 + \cdots + x^n + \cdots, |x| < 1$;

(C) $y = \begin{cases} x + 1, & 0 \leqslant x \leqslant 1, \\ 3 - x, & 1 < x \leqslant 2; \end{cases}$

(D) $y = |x + 1|^{\sin x}$.

(二) 解答题

1. 已知 $f\left(x + \dfrac{1}{x}\right) = x^2 + \dfrac{1}{x^2}$,求 $f(x)$.

2. 设

$$f(x) = \begin{cases} 2^x, & -1 < x < 0, \\ 2, & 0 \leqslant x < 1, \\ x - 1, & 1 \leqslant x \leqslant 3, \end{cases}$$

求 $f(3), f(0), f(-0.5)$.

3. 设函数 $f(x) = x^3 + x^2 + x + 1$,证明:

$$x^3 f\left(\dfrac{1}{x}\right) = f(x).$$

4. 求函数

$$f(x) = \begin{cases} x, & x < 1, \\ x^2, & 1 \leqslant x \leqslant 4, \\ 2^x, & x > 4 \end{cases}$$

的反函数.

5. 设 $f(x) = 2x^2 + x$, $g(x) = e^{x-1}$,求 $f[g(x)]$ 和 $g[f(x)]$.

6. 某网络公司上网计时收费规定为,若每天上网不超过 2 个小时,每小时收费 2 元,若每天上网在 2 至 4 小时(不含 2 小时),每小时收费 1.5 元,若每天上网超过 4 小时,每小时收费

1元,全月最高收费300元封顶,设小王每天上网时间相同,试给出小王每天上网费用与上网时间的函数关系(每月按30天计算).

7. 某人从美国到加拿大去度假,他把美元兑换成加拿大元时,币面数值增加12%,回美国后他发现,把加拿大元兑换成美元时,币面数值减少12%.

(1) 把这两个函数关系表示出来,并证明这两个函数不互为反函数;

(2) 同一时期,某人从美国到加拿大去旅游,他把 10 000 美元兑换成加拿大元,但因故未能去成,于是他又将加拿大元兑换成了美元,问他是否亏损?

六、练习题解答与分析

(一) 选择题

1. 答案是:C.

分析 $f(1-\ln x)$ 的定义域应满足:$1 \leqslant 1 - \ln x \leqslant 2$,即

$$\begin{cases} \ln x \leqslant 0, \\ \ln x \geqslant -1, \end{cases} \quad 亦即 \quad \begin{cases} 0 < x \leqslant 1, \\ x \geqslant 1/e, \end{cases}$$

因此

$$1/e \leqslant x \leqslant 1.$$

故选择 C.

2. 答案是:D.

分析 要使函数有意义,必须满足以下两个条件:

$$\begin{cases} 5x - x^2 > 0, \\ \lg \dfrac{5x - x^2}{4} \geqslant 0, \end{cases} \quad 即 \quad \begin{cases} x^2 - 5x < 0, \\ 5x - x^2 \geqslant 4, \end{cases}$$

因此

$$\begin{cases} 0 < x < 5, \\ 1 \leqslant x \leqslant 4. \end{cases}$$

故选择 D.

3. 答案是：C.

分析 两个函数定义域相同并且对应法则也相同则它们相等，经验证，仅 C 中两个函数定义域均为 $(2,3)$，且对应法则相同，故选择 C.

4. 答案是：B.

分析 依题意，即求得 $kx^2+2kx+3\neq 0$ 的 k 的取值范围，于是有

$$\begin{cases}k>0,\\ kx^2+2kx+3>0,\end{cases}\text{ 或 }\begin{cases}k<0,\\ kx^2+2kx+3<0,\end{cases}\text{ 或 } k=0,$$

解得 $0\leqslant k<3$，故选择 B.

5. 答案是：A.

分析 令 $u=\dfrac{1-x}{1+x}$，得 $x=\dfrac{1-u}{1+u}$，于是 $f(x)=\dfrac{1-x}{1+x}$，从而有

$$f(-2-x)=-\dfrac{3+x}{1+x}=-2-\dfrac{1-x}{1+x}=-2-f(x).$$

故选择 A.

6. 答案是：C.

分析 当 $x\leqslant 0$ 时，$g(x)=-2x\geqslant 0$，所以 $f(g(x))=(-2x)^2=4x^2$，故选择 C.

7. 答案是：C.

分析 $f^2(-x)$ 不一定等于 $f^2(x)$；$(-x)^2f(-x)=x^2f(-x)$ 不一定等于 $x^2f(x)$；而 $f(|-x|)=f(|x|)$，根据偶函数定义，它是偶函数.

故选择 C.

8. 答案是：B.

分析 函数 $f(x),g(x)$ 均为奇函数，则两函数复合 $f(g(x))$ 或 $g(f(x))$ 仍为奇函数，C 的各分段区间均为奇函数，故 C 也为奇函数，因此取 $f(x)\cdot g(x)$ 为偶函数.

故选择 B.

9. 答案是：D.

分析 由于 x 不是周期函数，$x\cos x$ 也不是周期函数，$\sin x^2$ 不是周期函数，如果 $y = \sin x^2$ 是周期函数，根据周期函数的定义，就必然存在一个常数 $T > 0$，使得 $\sin(x+T)^2 = \sin x^2$，即
$$\sin(x^2 + 2xT + T^2) = \sin x^2.$$
但是，这一等式当且仅当 $T=0$ 时，对于一切 x 成立. 因此，$\sin x^2$ 不是周期函数. 因为 $\dfrac{1}{x}$ 不是周期函数，所以 $\sin\dfrac{1}{x}$ 也不是周期函数.

因为 $y = \sin^2 x = \dfrac{1}{2}(1+\cos 2x)$，显然 $\cos 2x$ 的周期为 π，所以
$$\sin^2(x+\pi) = \dfrac{1}{2}[1+\cos 2(x+\pi)]$$
$$= \dfrac{1}{2}(1+\cos 2x) = \sin^2 x.$$

故选择 D.

10. 答案是：D.

分析 因为 $f(x)$ 在 $[-1,1]$ 上满足 $|f(x)| \leqslant 1$，且 $f(-1) = f(1)$，所以 $f(x)$ 在 $[-1,1]$ 上有界，但不是单调的；$f(x)$ 在 $(1,+\infty)$ 内虽单调，但无界；又因为 $f(x)$ 在 $[-2,0]$ 上满足 $f(0) = f(-\sqrt{2})$，所以 $f(x)$ 在 $[-2,0]$ 上虽有界，但不是单调的；$f(x)$ 在 $[-2,-1]$ 上单调、有界.

故选择 D.

11. 答案是：D.

分析 由 $y = 1+\lg(x+2)$ 得到 $y-1 = \lg(x+2)$，即
$$x+2 = 10^{y-1}, \text{亦即 } x = 10^{y-1}-2,$$
故函数 $y = 1+\lg(x+2)$ 的反函数为 $y = 10^{x-1}-2$.

故选择 D.

12. 答案是：B.

分析 函数 $y=\sqrt{\cos x-2}$ 没有定义域,因此,它不是函数,当然也就不是初等函数;函数 $y=\sqrt{\sin x-1}$,是由 $\sin x-1$ 与 $\sqrt{x}$ 复合而成的,因此它是初等函数;另外两个函数,它们都是分段函数,一般来说,分段函数不是初等函数.

故选择 B.

13. 答案是:D.

分析

$$f[f(x)]=\begin{cases}-1,&f(x)<0,\\0,&f(x)=0,\\1,&f(x)>0\end{cases}$$

$$=\begin{cases}-1,&x<0,\\0,&x=0,\\1,&x>0\end{cases}$$

$$=f(x).$$

故选择 D.

14. 答案是:B.

分析

$$f(-x)=\begin{cases}1+x,&-x\leq 0,\\1-x,&-x>0\end{cases}=\begin{cases}1+x,&x\geq 0,\\1-x,&x<0\end{cases}$$

$$=\begin{cases}1-x,&x\leq 0,\\1+x,&x>0\end{cases}=f(x).$$

故选择 B.

15. 答案是:B.

分析 因为 $x\to\dfrac{\pi}{2}$ 时,$\tan x\to\infty$,所以 $f(x)$ 无界,故选择 B. 本题也可用排除法,由于 x 非周期函数,因此 $f(x)$ 也非周期函数;又因为 $\tan x,\sin x$ 非单调,并且 $f(x)\neq f(-x)$,可知 $f(x)$ 非单调也非偶函数,从而可知只有 B 正确.

16. 答案是:A.

分析 由于 $x^2-2x+3=(x-1)^2+2\geqslant 2$，知 $\arcsin(x^2-2x+3)$ 不能构成函数关系，故 A 非初等函数. 而在 $|x|<1$ 时，$x+x^2+\cdots+x^n+\cdots$ 与 $\dfrac{x}{1-x}$ 等价，为初等函数；

$$y=\begin{cases} x+1, & 0\leqslant x\leqslant 1,\\ 3-x, & 1<x\leqslant 2\end{cases}$$

和 $|x+1|^{\sin x}$ 分别等价于函数 $y=2-|x-1|=2-\sqrt{(x-1)^2}$，$y=2^{\frac{1}{2}\sin x\log_2(x+1)^2}$，因此也都是初等函数.

故选择 A.

(二) 解答题

1. 解 令 $x+\dfrac{1}{x}=t$，有 $\left(x+\dfrac{1}{x}\right)^2=t^2$，则

$$x^2+\dfrac{1}{x^2}=t^2-2.$$

于是，$f(t)=t^2-2$. 将 t 换成 x，得到 $f(x)=x^2-2$.

2. 解 因为 3 在区间 $[1,3]$ 内，所以 $f(3)=3-1=2$；0 在区间 $[0,1)$ 内，所以 $f(0)=2$；-0.5 在区间 $(-1,0)$ 内，所以 $f(-0.5)=2^{-0.5}=\sqrt{2}/2$.

3. 证 $x^3 f\left(\dfrac{1}{x}\right)=x^3\left(\dfrac{1}{x^3}+\dfrac{1}{x^2}+\dfrac{1}{x}+1\right)$

$$=x^3\left(\dfrac{1+x+x^2+x^3}{x^3}\right)$$

$$=1+x+x^2+x^3=f(x).$$

4. 解 当 $x\in(-\infty,1)$ 时，$f(x)\in(-\infty,1)$，有

$$f^{-1}(x)=x,\quad x\in(-\infty,1);$$

当 $x\in[1,4]$ 时，$f(x)\in[1,16]$，有

$$f^{-1}(x)=\sqrt{x},\quad x\in[1,16];$$

当 $x\in(4,+\infty)$ 时，$f(x)\in(16,+\infty)$，有

$$f^{-1}(x) = \log_2 x, \quad x \in (16, +\infty).$$

因此，$f(x)$ 的反函数为

$$f^{-1}(x) = \begin{cases} x, & x < 1, \\ \sqrt{x}, & 1 \leqslant x \leqslant 16, \\ \log_2 x, & x > 16. \end{cases}$$

5. 解 设 $y = f(u) = 2u^2 + u, u = g(x) = \mathrm{e}^{x-1}$，将 $g(x)$ 代入 $f(u)$ 中，有

$$f[g(x)] = 2(\mathrm{e}^{x-1})^2 + \mathrm{e}^{x-1} = \mathrm{e}^{x-1}(2\mathrm{e}^{x-1} + 1).$$

设 $y = g(u) = \mathrm{e}^{u-1}, u = f(x) = 2x^2 + x$，将 $f(x)$ 代入 $g(u)$ 中，有

$$g[f(x)] = \mathrm{e}^{2x^2 + x - 1}.$$

6. 分析 分时收费问题，应为分段函数，分段设定.

解 设小王每天平均上网 x 小时，则由题设，当 $0 \leqslant x \leqslant 2$ 时，$y = 2x$；当 $2 < x \leqslant 4$ 时，$y = 1.5x$；当 $x > 4$ 时，考虑到封顶价，由 $30a = 300$，$a = 10$，于是 $4 < x \leqslant 10$ 时，$y = x$；当 $x > 10$，$y = 10$，从而有函数关系

$$y = \begin{cases} 2x, & 0 \leqslant x \leqslant 2, \\ 1.5x, & 2 < x \leqslant 4, \\ x, & 4 < x \leqslant 10, \\ 10, & 10 < x \leqslant 24. \end{cases} \quad (\text{单位：元})$$

7. 解 （1）设 $f_1(x)$ 表示将 x 美元兑换成加拿大元数，$f_2(x)$ 表示将加拿大元兑换成美元数，则

$$f_1(x) = x + x \cdot 12\% = 1.12x, \quad x \geqslant 0,$$
$$f_2(x) = x - x \cdot 12\% = 0.88x, \quad x \geqslant 0,$$
$$f_2(f_1(x)) = 0.88 \times 1.12x = 0.9856x < x,$$

由反函数的性质

$$f_2(f_1(x)) = x$$

可知：f_1, f_2 不互为反函数.

（2）由（1）得到：

$$f_2(f_1(x)) = 0.9856x,$$

现在 $x = 10\,000$,则
$$f_2(f_1(x)) = 9\,856.$$
由题意:
$$10\,000 - 9\,856 = 144(美元).$$

故此人亏损,亏损值为 144 美元.

第二章 极限的计算

一、知识点

1. 数列极限；
2. 函数极限；
3. 无穷小量与无穷大量；
4. 极限的运算法则；
5. 两个重要极限；
6. 函数的连续性和连续函数的运算；
7. 闭区间上连续函数的性质.

二、基本要求

1. 理解数列和函数极限的定义；
2. 理解函数的左、右极限的概念. 会讨论分段函数分段点的极限是否存在；
3. 深刻理解无穷小量和无穷大量的定义，并能运用它们求某些极限；
4. 熟练掌握极限的四则运算法则和两个重要极限，掌握两个重要极限的结构特征，能运用它们求某些极限；
5. 掌握连续函数的定义，会求函数的间断点和连续区间，对给定的函数讨论它的连续性；
6. 了解闭区间上连续函数的两个性质.

三、复习要点

(一) 重要概念及性质

1. 数列的极限

(1) 数列的定义

定义 2.1 按照一定顺序排列的可列个数：
$$x_1, x_2, \cdots, x_n, \cdots$$
称为**数列**，记为 $\{x_n\}$，其中 x_n 称为**第 n 项**或**通项**，n 称为 x_n 的序号．

（2）数列的极限

给定数列 $\{x_n\}$，如果当 n 无限增大时，x_n 无限地趋向于某一个常数 A，那么我们就称 A 为 n 趋于无穷时数列 $\{x_n\}$ 的极限，记作
$$\lim_{n\to\infty} x_n = A \quad 或 \quad x_n \to A(n \to \infty).$$

定义 2.2（数列极限） 给定数列 $\{x_n\}$．如果存在常数 A，对于任意给定的正数 ε，不论它怎样小，都存在着这样一个非负整数 N，使得当 $n > N$ 时，不等式
$$|x_n - A| < \varepsilon$$
都成立，那么我们就称 A 为 n **趋于无穷时** $\{x_n\}$ **的极限**，并称 $\{x_n\}$ **收敛于** A．记作
$$\lim_{n\to\infty} x_n = A \quad 或 \quad x_n \to A \ (n \to \infty).$$
如果数列 $\{x_n\}$ 没有极限，那么我们就称 $\{x_n\}$ 是**发散的**．

数列极限的几何意义是：如果我们用数轴上的点表示 $\{x_n\}$ 的值，则对于任意给定的 $\varepsilon > 0$，总存在着一个非负整数 N，使得数列从第 $N+1$ 项以后的一切 x_n 的值
$$x_{N+1}, x_{N+2}, \cdots, x_n, \cdots$$
都落在 A 的 ε 邻域 $N_\varepsilon(A)$ 内（见图 2-1）．这就是说，尽管邻域半径 ε 可以任意地小，但是 x_n 大都落在 $N_\varepsilon(A)$ 这个邻域内，而最多只有有限个点（不会超过 N 个）在 $N_\varepsilon(A)$ 的外面．换句话说，x_n 几乎都"聚集"在 A 点附近．

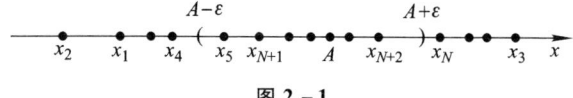

图 2-1

2. 函数的极限

(1) 当 $x \to \infty$ 时,函数 $f(x)$ 的极限

给定函数 $f(x)$,如果当 x 无限增大时,$f(x)$ 无限地趋向于某一个常数 A,那么我们就称 A 为 x 趋于正无穷时函数 $f(x)$ 的**极限**,记作

$$\lim_{x \to +\infty} f(x) = A \quad 或 \quad f(x) \to A \ (x \to +\infty).$$

定义 2.3($x \to +\infty$ **时的函数极限**) 给定函数 $f(x)$. 如果存在常数 A,对于任意给定的正数 ε,不论它怎样小,都存在着这样一个正数 X,使得当 $x > X$ 时,不等式

$$|f(x) - A| < \varepsilon$$

都成立,那么我们就称 A **为** x **趋于正无穷时** $f(x)$ **的极限**,并称 $f(x)$ **收敛于** A. 如果函数 $f(x)$ 没有极限,那么我们就称 $f(x)$ 是**发散的**.

$x \to +\infty$ 时的函数极限的几何意义是:对于任意给定 $\varepsilon > 0$,总存在着一个正实数 X,使得横坐标大于 X 的一切点 $(x, f(x))$ 都落在两条直线 $y = A + \varepsilon$ 与 $y = A - \varepsilon$ 之间. 这就是说,尽管两条直线之间距离 2ε 可以任意地小,但在直线 $x = X$ 右面的曲线 $y = f(x)$ 都被夹在这两条平行线之间. 换句话说,曲线 $y = f(x)$ 几乎与直线 $y = A$ "重合"在一起了(见图 2-2).

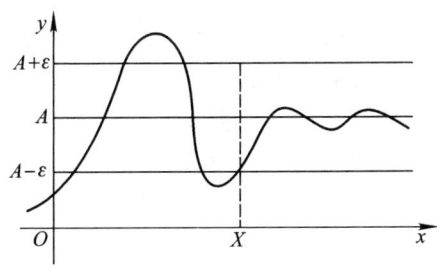

图 2-2

定义 2.4($x \to -\infty$ **时的函数极限**) 给定函数 $f(x)$. 如果存在

常数 A，对于任意给定的正数 ε，不论它怎样小，都存在着这样一个正数 X，使得当 $x < -X$ 时，不等式 $|f(x) - A| < \varepsilon$ 都成立，那么我们就称 A 为 x 趋于负无穷时 $f(x)$ 的**极限**，记作

$$\lim_{x \to -\infty} f(x) = A \quad 或 \quad f(x) \to A(x \to -\infty).$$

定义 2.5（$x \to \infty$ 时的函数极限） 给定函数 $f(x)$. 如果存在常数 A，对于任意给定的正数 ε，不论它怎样小，都存在着这样一个正数 X，使得当 $|x| > X$ 时，不等式 $|f(x) - A| < \varepsilon$ 都成立，那么我们就称 A 为 x 趋于无穷时 $f(x)$ 的**极限**，记作

$$\lim_{x \to \infty} f(x) = A \quad 或 \quad f(x) \to A(x \to \infty).$$

（2）当 $x \to x_0$ 时，函数 $f(x)$ 的极限

设函数 $f(x)$ 在点 x_0 的 δ 去心邻域 $N_\delta(\bar{x}_0)$ 上有定义，如果当 x 无限地趋向于 x_0 时，$f(x)$ 无限地趋向于某一个常数 A，那么我们就称 A 为 x 趋于 x_0 时（或在点 x_0 处）函数 $f(x)$ 的**极限**，记作

$$\lim_{x \to x_0} f(x) = A \quad 或 \quad f(x) \to A(x \to x_0).$$

定义 2.6（$x \to x_0$ 时函数的极限） 给定函数 $f(x)$. 如果存在常数 A，对于任意给定的正数 ε，不论它怎样小，都存在着这样一个正数 δ，使得 $x \in N_\delta(\bar{x}_0)$ 时，不等式

$$|f(x) - A| < \varepsilon$$

都成立，那么我们就称 A 为 x 趋于 x_0 时（或在点 x_0 处）$f(x)$ 的**极限**，并称 $f(x)$ **在点 x_0 收敛于** A. 如果函数 $f(x)$ 在点 x_0 没有极限，那么我们就称 $f(x)$ **在点 x_0 是发散的**.

当 $x \to x_0$ 时，函数极限的几何意义是：对于任意给定的一个以 A 为中心的 ε 邻域，总存在着以 x_0 为中心的 δ 去心邻域 $N_\delta(\bar{x}_0)$，当自变量 x 在 $N_\delta(\bar{x}_0)$ 内变化时，其函数值 $f(x)$ 都落在 $N_\varepsilon(A)$ 内（见图 2-3）.

注意 $\lim\limits_{x \to x_0} f(x)$ 存在，$f(x)$ 在 x_0 处不一定有定义. 例如，函数 $f(x) = \dfrac{2x^2 - 2a^2}{x - a}$ 在 $x = a$ 点没有定义，但 $\lim\limits_{x \to a} f(x) = 4a$.

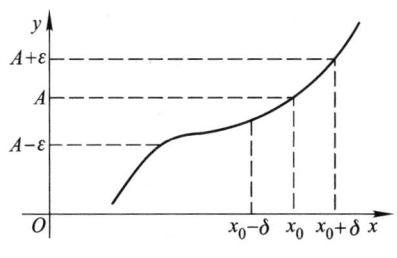

图 2-3

(3) 单侧极限

定义 2.7 设函数 $f(x)$ 在 x_0 的右去心邻域 $N_h^+(\bar{x}_0) = \{x \mid x_0 < x \leq h\}$ 上有定义. 如果存在常数 A, 对于任意给定的正数 ε, 不论它怎样小, 都存在着这样一个正数 δ, 使得 $x \in N_\delta^+(\bar{x}_0)$ 时, 不等式 $|f(x) - A| < \varepsilon$ 都成立. 那么我们就称 A 为在点 x_0 处 $f(x)$ 的**右极限**, 记作

$$\lim_{x \to x_0 + 0} f(x) = A \quad \text{或} \quad f(x) \to A(x \to x_0 + 0).$$

右极限 A 也可简记为 $f(x_0 + 0)$. 为简便起见, 常将 $x_0 + 0$ 记为 x_0^+.

同样可以定义函数 $f(x)$ 在点 x_0 的**左极限** $f(x_0 - 0)$ (或 $f(x_0^-)$).

可以证明: 函数 $f(x)$ 在点 x_0 处极限存在的充要条件是, $f(x)$ 在点 x_0 处的两个单侧极限都存在并且相等. 即

$$\lim_{x \to x_0} f(x) = A \Longleftrightarrow f(x_0 - 0) = A = f(x_0 + 0).$$

由此可见, 如果一个函数在某一点处的两个单侧极限存在, 但不相等, 那么这个函数在该点的极限一定不存在.

3. 变量极限

给定变量 y, 如果在某一个无限变化过程中, y 无限地趋向于某一个常数 A, 那么我们就称 A 为此过程中变量 y 的极限, 记作

$$\lim y = A \quad \text{或} \quad y \to A.$$

定义 2.8(变量极限) 给定变量 y. 如果对于任意给定的正

数 ε,不论它怎样小,在变量 y 的变化过程中,都存在着这样的一个时刻,使得在这个时刻以后,对所有的 y,不等式 $|y-A|<\varepsilon$ 都成立,那么我们就称 A **为变量** y **的极限**,并称 y 是**收敛的**. 如果变量 y 没有极限,那么我们就称 y 是**发散的**.

这样一来,变量极限就有了一个明确的数量关系,其他各种变化过程中的数列、函数极限都是变量极限的特殊形式. 因此由变量极限讨论的一切性质对其他极限都成立. 变量极限与其他七种类型极限过程对照如下表所示.

过 程	类 型	时 刻	条 件	不 等 式
$t\to\infty$	$y\to A$	T	$t>T$	$\|y-A\|<\varepsilon$
$n\to\infty$	$x_n\to A$	N	$n>N$	$\|x_n-A\|<\varepsilon$
$x\to a$	$f(x)\to A$	$\dfrac{1}{\delta}$	$\dfrac{1}{\|x-a\|}>\dfrac{1}{\delta}$	$\|f(x)-A\|<\varepsilon$
$x\to a+0$			$\dfrac{1}{x-a}>\dfrac{1}{\delta}$	
$x\to a-0$			$\dfrac{1}{a-x}>\dfrac{1}{\delta}$	
$x\to\infty$		X	$\|x\|>X$	
$x\to+\infty$			$x>X$	
$x\to-\infty$			$-x>X$	

4. 无穷小量与无穷大量

(1) 无穷小量

定义 2.9 以零为极限的变量称为无穷小量,即若
$$\lim y=0,$$
则称 y 为一**无穷小量**.

无穷小量的几个性质.

性质 1 两个无穷小量的和是无穷小量.

性质 2 无穷小量与有界变量的积是无穷小量.

性质 3 变量以 A 为极限的充要条件是变量为 A 与无穷小量的和.

(2) 无穷大量

定义 2.10 在某一个变化过程中,绝对值无限增大的变量,称为**无穷大量**.

所谓变量 y 的绝对值 $|y|$ 无限增大是指在其变化过程中,总有这样一个时刻,在这个时刻以后,$|y|$ 就可以大于事先给定任意大的正数.

变量 y 为无穷大量记作 $\lim y = \infty$,并说 y 的极限为 ∞. 类似地我们也可以定义

$$\lim y = +\infty \quad \text{或} \quad \lim y = -\infty.$$

在某一个变化过程中

① 若 y 是无穷大量,则 $\dfrac{1}{y}$ 是无穷小量;

② 若 y 是无穷小量,且 $y \neq 0$,则 $\dfrac{1}{y}$ 是无穷大量.

5. 函数连续性

定义 2.11 称函数 $f(x)$ 在点 x_0 处是**连续的**,如果它满足:

(1) $f(x)$ 在 x_0 处有定义;

(2) $f(x)$ 在 x_0 处有极限存在,即

$$\lim_{x \to x_0} f(x) = A;$$

(3) $f(x)$ 在 x_0 处的极限值等于函数值,即

$$A = f(x_0).$$

这时称点 x_0 为 $f(x)$ 的**连续点**. 否则就说函数在 x_0 是**间断的**,并称点 x_0 为 $f(x)$ 的**间断点**.

函数在一点连续也可以用极限形式给出:当 x 趋向于 x_0 时,函数 $f(x)$ 以 $f(x_0)$ 为极限,即

$$\lim_{x \to x_0} f(x) = f(x_0).$$

如果我们记自变量的改变量为 Δx,那么 $x = x_0 + \Delta x$. 这样一来,$x \to x_0$ 就是 $\Delta x \to 0$,相应的函数的改变量为 Δy,有

$$\Delta y = f(x_0 + \Delta x) - f(x_0) = f(x) - f(x_0).$$

利用 $\Delta x, \Delta y$ 的符号上面的极限又可以写成
$$\lim_{\Delta x \to 0} \Delta y = 0.$$
这就是说当函数 $f(x)$ 在点 x_0 处连续时,只要 x 无限地趋向于 x_0,即只要 $\Delta x \to 0$, $f(x)$ 就无限地趋向于 $f(x_0)$,即就有函数的改变量 $\Delta y \to 0$.

若函数 $f(x)$ 在开区间 (a,b) 内的每一点处都连续,则称 $f(x)$ 在开区间 (a,b) 内是连续的;若函数 $f(x)$ 在开区间 (a,b) 内连续,并且在区间的左端点 a 处是右连续的(即 $f(a+0)=f(a)$),在区间的右端点 b 处是左连续的(即 $f(b-0)=f(b)$),则称 $f(x)$ 在闭区间 $[a,b]$ 上是连续的. 若一个函数 $f(x)$ 在它的定义域上的每一点都是连续的,则称它是连续函数.

(二) 重要定理及公式

定理 2.1 若函数 $f(x)$ 与 $g(x)$ 在同一点 $x=x_0$ 处是连续的,则
$$f(x) \pm g(x), \quad f(x) \cdot g(x), \quad f(x)/g(x)(g(x_0) \neq 0)$$
在点 x_0 处也是连续的.

定理 2.1 可以扩充到有限多个函数的情况:在点 $x=x_0$ 处有限多个连续函数的和、差、积、商(在商的情况下,要求分母不为 0)在点 $x=x_0$ 处也都是连续的.

定理 2.2 设有两个函数 $y=f(u)$ 与 $u=\varphi(x)$. 若函数 $u=\varphi(x)$ 在点 $x=x_0$ 处连续,函数 $y=f(u)$ 在点 $u_0=\varphi(x_0)$ 处连续,则复合函数
$$y = f[\varphi(x)]$$
在点 $x=x_0$ 处也连续.

定理 2.3 单调连续函数的反函数也是单调连续的.

定理 2.4(最大最小值定理) 若函数 $f(x)$ 在 $[a,b]$ 上连续,则 $f(x)$ 一定有最大值与最小值. 即存在 $x_1, x_2 \in [a,b]$,对于任意的 $x \in [a,b]$,有

$$f(x) \leq f(x_1) = \max_{a \leq x \leq b}\{f(x)\},$$
$$f(x) \geq f(x_2) = \min_{a \leq x \leq b}\{f(x)\}.$$

x_1, x_2 分别称为函数的最大值点与最小值点.

这个性质从几何上看是明显的. 设函数 $y = f(x)$ 在 $[a, b]$ 上连续, 从图 2-4 不难看出, 从点 $A(a, f(a))$ 到点 $B(b, f(b))$ 的连续曲线 $y = f(x)$ 一定有最高点 $C(c_1, f(c_1))$ 和最低点 $D(c_2, f(c_2))$. 需要指出的是, 函数的最大值与最小值都是唯一的, 而最大值点与最小值点却不一定是唯一的 (图 2-4 中 c_2 与 c_3 之间的任意一个点都是函数的最小值点).

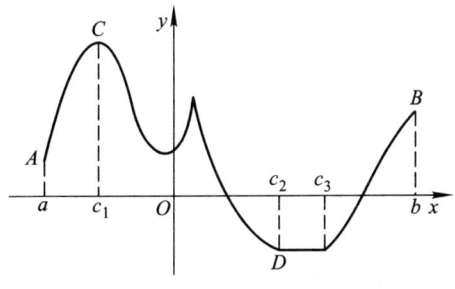

图 2-4

注意, 在开区间上的连续函数不一定有最大值和最小值. 例如函数 $f(x) = 1/x$ 在 $(0, 1)$ 上是连续的, 但在这个区间上它没有最大值与最小值.

定理 2.5 (中间值定理) 若函数 $f(x)$ 在 $[a, b]$ 上连续, 且 $f(a) \neq f(b)$, η 为 $f(a)$ 与 $f(b)$ 之间的任意一个值, 则至少存在一点 $c \in [a, b]$, 使得
$$f(c) = \eta.$$

这个性质的几何意义是, 设 $y = f(x)$ 是从点 $A(a, f(a))$ 到点 $B(b, f(b))$ 的连续曲线, 在 $f(a)$ 与 $f(b)$ 之间任取一点 η, 作直线 $y = \eta$, 则这条直线一定与曲线 $y = f(x)$ 相交 (见图 2-5).

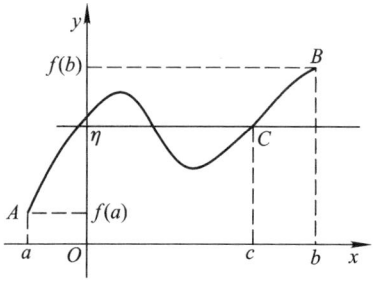

图 2-5

推论 1 若函数 $f(x)$ 在 $[a,b]$ 上连续,且 $f(a)$ 与 $f(b)$ 异号,则至少存在一点 $c \in [a,b]$,使得
$$f(c) = 0.$$

推论 2 在闭区间上连续的函数一定可以取得最大值与最小值之间的一切值.

(三) 重要方法

1. 极限的四则运算

若变量 f 和 g 收敛,且
$$\lim f = A, \quad \lim g = B,$$
则

(1) 变量 $f \pm g$ 也收敛,且
$$\lim(f \pm g) = A \pm B = \lim f \pm \lim g;$$

(2) 变量 kf 也收敛(其中 k 为常数),且
$$\lim(kf) = kA = k \lim f;$$

(3) 变量 $f \cdot g$ 也收敛,且
$$\lim(f \cdot g) = A \cdot B = (\lim f) \cdot (\lim g);$$

(4) 变量 f/g 也收敛,且
$$\lim \frac{f}{g} = \frac{A}{B} = \frac{\lim f}{\lim g} \quad (B \neq 0).$$

其中(1),(3)还可以推广到有限个具有极限的函数的和与积

的情况.

不难证明,对于任意有限次多项式
$$P(x) = a_0 x^k + a_1 x^{k-1} + \cdots + a_{k-1} x + a_k,$$
有
$$\lim_{x \to a} P(x) = \lim_{x \to a} a_0 x^k + \lim_{x \to a} a_1 x^{k-1} + \cdots + \lim_{x \to a} a_{k-1} x + \lim_{x \to a} a_k$$
$$= P(a).$$

同样地,对于任意有理函数 $R(x) = \dfrac{P(x)}{Q(x)}$(其中 $P(x), Q(x)$ 为多项式),只要 $Q(a) \neq 0$,就有

$$\lim_{x \to a} R(x) = \frac{\lim_{x \to a} P(x)}{\lim_{x \to a} Q(x)} = \frac{P(a)}{Q(a)} = R(a).$$

2. 两个重要极限

第一个重要极限
$$\lim_{x \to 0} \frac{\sin x}{x} = 1.$$

第二个重要极限
$$\lim_{n \to \infty} \left(1 + \frac{1}{n}\right)^n = e.$$

可以证明,当 x 以任何方式趋向于 ∞ 时都有
$$\lim_{x \to \infty} \left(1 + \frac{1}{x}\right)^x = e.$$

若令 $y = \dfrac{1}{x}$,那么当 $x \to \infty$ 时,$y \to 0$,则上式可改写成下面的形式:
$$\lim_{y \to 0} (1 + y)^{\frac{1}{y}} = e.$$

可见这两种写法只是形式上不同,实质是一样的.

利用这两个重要极限,我们也可以求出另外一些函数的极限.

3. 初等函数的连续性

根据初等函数的连续性,我们可以来计算初等函数的极限.

例1 求 $\lim\limits_{x\to 0}\dfrac{\ln(1+x)}{x}$.

解 $\dfrac{\ln(1+x)}{x}=\ln(1+x)^{\frac{1}{x}}$ 在 $x=0$ 处不连续.

令 $u=(1+x)^{\frac{1}{x}}$，当 $x\to 0$ 时 $u\to e$，则

$$\lim_{x\to 0}\dfrac{\ln(1+x)}{x}=\lim_{x\to 0}\ln(1+x)^{\frac{1}{x}}$$
$$=\lim_{u\to e}\ln u \quad (\text{初等函数的连续性})$$
$$=\ln e=1.$$

例2 求函数 $y=\dfrac{x}{\ln(1+2x)}$ 的连续区间.

解 所给函数为初等函数，其定义区间即连续区间. 因此有
$$1+2x>0 \text{ 且 } 1+2x\neq 1,$$
即
$$x>-\dfrac{1}{2} \text{ 且 } x\neq 0.$$

函数 $y=\dfrac{x}{\ln(1+2x)}$ 的连续区间为 $\left(-\dfrac{1}{2},0\right)\cup(0,+\infty)$.

四、典型例题分析

例1 $\lim\limits_{n\to\infty}\dfrac{4n^3-n+1}{5n^3+n^2+n}=(\quad)$.

(A) $\dfrac{4}{5}$； (B) 0； (C) $\dfrac{1}{2}$； (D) ∞.

答案是：A.

分析 将分子、分母同时除以 n^3，得到

$$\lim_{n\to\infty}\dfrac{4n^3-n+1}{5n^3+n^2+n}=\lim_{n\to\infty}\dfrac{4-\dfrac{1}{n^2}+\dfrac{1}{n^3}}{5+\dfrac{1}{n}+\dfrac{1}{n^2}}=\dfrac{4}{5}.$$

例2 设 $\lim\limits_{n\to\infty}\left(1+\dfrac{2}{n}\right)^{kn}=\mathrm{e}^{-3}$，则 $k=(\quad)$.

(A) $\dfrac{3}{2}$;　　(B) $\dfrac{2}{3}$;　　(C) $-\dfrac{3}{2}$;　　(D) $-\dfrac{2}{3}$.

答案是：C.

分析 由于

$$\lim_{n\to\infty}\left(1+\frac{2}{n}\right)^{kn}=\lim_{n\to\infty}\left(1+\frac{1}{\frac{n}{2}}\right)^{\frac{n}{2}\cdot 2k}=\mathrm{e}^{-3},$$

所以 $2k=-3$，即 $k=-\dfrac{3}{2}$.

故选择 C.

例3 设 $f(x)=\begin{cases}3x+2, & x\leq 0,\\ x^2-2, & x>0,\end{cases}$ 则 $\lim\limits_{x\to 0^+}f(x)=(\quad)$.

(A) 2;　　(B) 0;　　(C) -1;　　(D) -2.

答案是：D.

分析 由于 $x>0$ 时，$f(x)=x^2-2$，所以

$$\lim_{x\to 0^+}f(x)=\lim_{x\to 0^+}(x^2-2)=-2.$$

故选择 D.

例4 函数 $f(x)=\dfrac{x-3}{x^2-3x+2}$ 的间断点是（　）.

(A) $x=1$ 或 $x=2$;　　(B) $x=3$;
(C) $x=1, x=2, x=3$;　　(D) 无间断点.

答案是：A.

分析 由 $x^2-3x+2=0$ 得到 $x=1$ 或 $x=2$.

故选择 A.

例5 函数 $y=f(x)$ 在点 $x=x_0$ 处有定义是它在该点处连续的一个（　）.

(A)必要条件;　　　　　(B)充分条件;
(C)充要条件;　　　　　(D)无关条件.

答案是:A.

分析　由函数连续定义可知,函数在一点处有定义是它在该点处连续的一个必要条件.

故选择 A.

例6　当 $n \to \infty$ 时,$n\sin\dfrac{1}{n}$ 是一个(　　).

(A)无穷小量;　　　　(B)无穷大量;
(C)无界变量;　　　　(D)有界变量.

答案是:D.

分析　由于当 $n \to \infty$ 时,

$$n\sin\frac{1}{n} = \frac{\sin\dfrac{1}{n}}{\dfrac{1}{n}} \to 1,$$

可见,它不是无穷小量,而是一个有界变量.

故选择 D.

例7　下列函数中在其定义域内不连续的是(　　).

(A) $f(x) = \begin{cases} x^2, & x > 0, \\ 2x - 1, & x < 0; \end{cases}$

(B) $f(x) = \dfrac{|x|}{\sin x}$;

(C) $f(x) = \begin{cases} x^2, & x > 0, \\ 2x - 1, & x \leq 0; \end{cases}$

(D) $f(x) = 1 + \sin x + \sin^2 x + \cdots, |x| < \dfrac{\pi}{2}$.

答案是:C.

分析　在 C 中由

$$\lim_{x \to 0^+} x^2 = 0, \quad \lim_{x \to 0^-}(2x - 1) = -1,$$

可知 $\lim_{x\to 0^+}f(x) \neq \lim_{x\to 0^-}f(x)$,可知 $f(x)$ 在 $x=0$ 处间断,故选择 C. 另外 B、D 中函数均为初等函数,则在其定义域内连续;而 A 中函数定义域为 $(-\infty,0) \cup (0,+\infty)$,对其中任一点 $x_0 \in D_f$,均有 $\lim_{x\to x_0}f(x) = f(x_0)$,连续.

例8 "$f(x)$ 在点 $x=a$ 处连续"是函数 $|f(x)|$ 在点 $x=a$ 处连续的( )条件.

（A）必要但非充分； （B）充分而非必要；
（C）充分必要； （D）既非充分又非必要.

答案是：B.

分析 $y=|f(x)|$ 从直观图形看,是曲线 $y=f(x)$ 以 x 轴为准线向上翻转. 若 $f(x)$ 在 $x=a$ 连续,则必有 $|f(x)|$ 在 $x=a$ 连续,但反之不然. 如 $f(x) = \begin{cases} 1+x, & x \leq 0, \\ -1-x, & x > 0 \end{cases}$ 在 $x=0$ 间断,但 $|f(x)|$ 在 $x=0$ 处连续.

故选择 B.

例9 求极限 $\lim_{n\to\infty}\dfrac{\sqrt{4n^2+1}+\sqrt[3]{n}}{\sqrt[4]{n^3-n^2}-n}$.

分析 分子、分母都是无穷大量的运算,必须同时除以最高阶的无穷大量 n 才能去掉无穷大因子.

解 原式 $= \lim_{n\to\infty}\dfrac{\sqrt{4+\dfrac{1}{n^2}}+\sqrt[3]{\dfrac{1}{n^2}}}{\sqrt[4]{\dfrac{1}{n}-\dfrac{1}{n^2}}-1} = \dfrac{\sqrt{4}+0}{0-1} = -2.$

例10 求 $\lim_{x\to 2}\dfrac{2-x}{\sqrt{x-1}-1}$.

分析 先将分母有理化,然后去掉零因子.

解 原式 $= \lim\limits_{x \to 2} \dfrac{(2-x)(\sqrt{x-1}+1)}{x-1-1}$

$= \lim\limits_{x \to 2} -(\sqrt{x-1}+1) = -2.$

例 11 求 $\lim\limits_{x \to +\infty} (\sqrt{(x+a)(x+b)} - x)$.

分析 先将分子有理化,然后再将分子分母同时除以 x 的最高次.

解 原式 $= \lim\limits_{x \to +\infty} \dfrac{(x+a)(x+b) - x^2}{\sqrt{(x+a)(x+b)} + x}$

$= \lim\limits_{x \to +\infty} \dfrac{(a+b)x + ab}{\sqrt{(x+a)(x+b)} + x}$

$= \lim\limits_{x \to +\infty} \dfrac{(a+b) + \dfrac{ab}{x}}{\sqrt{\left(1+\dfrac{a}{x}\right)\left(1+\dfrac{b}{x}\right)} + 1} = \dfrac{a+b}{2}.$

例 12 函数 $f(x) = \dfrac{\sqrt{x-3}}{(x+1)(x+2)}$ 有几个间断点?

解 $x = -1, x = -2$ 使 $f(x)$ 无定义,但是 $f(x)$ 的定义域必须满足 $x \geq 3$,$f(x)$ 在 $x = -1, x = -2$ 的某邻域内也无定义,所以 $f(x)$ 间断点的个数为 0.

例 13 求下列函数的连续区间:

(1) $y = \dfrac{\sqrt{x+2}}{(x+1)(x+4)}$;

(2) $f(x) = \begin{cases} 2x, & 0 \leq x < 1, \\ -x^2 + 4x - 2, & 1 \leq x < 3, \\ 4 - x, & 3 \leq x < 4. \end{cases}$

解 (1) 函数的定义域由下列不等式组的解确定:

$\begin{cases} x + 2 \geq 0, \\ (x+1)(x+4) \neq 0, \end{cases}$ 即 $\begin{cases} x \geq -2, \\ x \neq -1, x \neq -4. \end{cases}$

由于初等函数在定义区间内连续,故连续区间为 $[-2, -1)$,

$(-1, +\infty)$.

(2) 分段函数在各个定义区间上连续,只需考虑分段点上的连续性:

$$\lim_{x \to 1-0} f(x) = \lim_{x \to 1-0} (2x) = 2,$$
$$\lim_{x \to 1+0} f(x) = \lim_{x \to 1+0} (-x^2 + 4x - 2)$$
$$= -1 + 4 - 2 = 1 \ne \lim_{x \to 1-0} f(x),$$

所以 $f(x)$ 在 $x \to 1$ 时极限不存在,$f(x)$ 在 $x = 1$ 处不连续;

$$\lim_{x \to 3-0} f(x) = \lim_{x \to 3-0} (-x^2 + 4x - 2) = -9 + 12 - 2 = 1,$$
$$\lim_{x \to 3+0} f(x) = \lim_{x \to 3+0} (4 - x) = 1,$$

所以 $\lim_{x \to 3} f(x) = 1 = f(3)$,$f(x)$ 在 $x = 3$ 处连续,所以 $f(x)$ 的连续区间为 $(0, 1), [1, 4)$.

例 14 讨论 $f(x) = \begin{cases} x^2 + 2, & x > 0, \\ \dfrac{\sin 2x}{x}, & x < 0 \end{cases}$ 在 $x = 0$ 点是否存在极限.

分析 $x = 0$ 是它的分段点,在 $x = 0$ 的两侧 $f(x)$ 的表达式不同,所以必须求出左、右极限.

解 根据 $f(x)$ 表达式,有

$$\lim_{x \to 0+0} f(x) = \lim_{x \to 0+0} (x^2 + 2) = 2,$$
$$\lim_{x \to 0-0} f(x) = \lim_{x \to 0-0} \frac{\sin 2x}{x} = \lim_{x \to 0} \frac{\sin 2x}{2x} \cdot 2 = 2 = \lim_{x \to 0+0} f(x),$$

所以 $\lim_{x \to 0} f(x) = 2$.

注意 虽然 $f(x)$ 在 $x = 0$ 无定义,但是当 $x \to 0$ 时,$f(x)$ 存在极限.

例 15 某人借债 a 万元,若按连续复利计算,至少经过多少年债务额要翻一番(借债年利率为 5%)?

分析 此题为连续复利问题.

解 依题设,借债 a 万元,则 t 年后,债务额为 $ae^{0.05t}$,要使 $ae^{0.05t} = 2a$,应有

$$t = \frac{\ln 2}{0.05} = 20\ln 2 \approx 14(\text{年}),$$

即 14 年后债务额要翻一番.

例 16 证明方程 $x - 2\sin x = 0$ 在区间 $[\pi/2, \pi]$ 上至少有一个根.

证明 设函数 $f(x) = x - 2\sin x$,显然 $f(x)$ 在区间 $[\pi/2, \pi]$ 上是连续的. 考虑到

$$f\left(\frac{\pi}{2}\right) = \frac{\pi}{2} - 2\sin\frac{\pi}{2} = \frac{\pi}{2} - 2 < 0,$$

$$f(\pi) = \pi - 2\sin\pi = \pi - 0 > 0,$$

可见 $f\left(\frac{\pi}{2}\right) \cdot f(\pi) < 0$. 根据推论 1 可知,在 $[\pi/2, \pi]$ 上至少存在一点 c,使得 $f(c) = 0$. 这就证明了方程

$$x - 2\sin x = 0$$

在 $[\pi/2, \pi]$ 上至少有一个根.

五、练习题

(一) 选择题

1. 数列 $x_n = \dfrac{1-n}{n}$ 的极限是(   ).

   (A) 0;   (B) 1;   (C) -1;   (D) 不存在.

2. 数列 $S_n = 1 + \dfrac{1}{2} + \dfrac{1}{2^2} + \cdots + \dfrac{1}{2^n}$ 的极限是(   ).

   (A) 4;   (B) 3;   (C) 2;   (D) 不存在.

3. 设

$$f(x) = \begin{cases} -2, & x < 0, \\ 0, & x = 0, \\ 2, & x > 0, \end{cases}$$

则 $\lim\limits_{x\to 1} f(x)$ 的值为(　　).

(A) -2; 　(B) 2; 　(C) 0; 　(D) 不存在.

4. 设
$$f(x) = \begin{cases} |x|+1, & x\neq 0, \\ 2, & x=0, \end{cases}$$

则 $\lim\limits_{x\to 0} f(x)$ 的值为(　　).

(A) 0; 　(B) 1; 　(C) 2; 　(D) 不存在.

5. 当 $x\to\infty$ 时,下列函数中有极限的是(　　).

(A) $\sin x$; 　(B) $\dfrac{1}{e^x}$; 　(C) $\dfrac{x+1}{x^2-1}$; 　(D) $\arctan x$.

6. $\lim\limits_{n\to\infty}\dfrac{1-2n^2}{4n^2+2n-3}=(\quad)$.

(A) 1; 　(B) $-1/2$; 　(C) $-1/3$; 　(D) $1/4$.

7. $\lim\limits_{n\to\infty}(\sqrt{n+1}-\sqrt{n})=(\quad)$.

(A) 0; 　(B) 1; 　(C) $1/2$; 　(D) ∞.

8. $\lim\limits_{x\to 3}\dfrac{x^2-x-6}{x^2-2x-3}=(\quad)$.

(A) 0; 　(B) $4/3$; 　(C) $5/4$; 　(D) ∞.

9. $\lim\limits_{x\to 2}\left(\dfrac{1}{x-2}-\dfrac{4}{x^2-4}\right)=(\quad)$.

(A) 0; 　(B) $1/4$; 　(C) $1/2$; 　(D) ∞.

10. $\lim\limits_{x\to\infty} x\sin\dfrac{\pi}{x}=(\quad)$.

(A) 0; 　(B) 1; 　(C) π; 　(D) 不存在.

11. $\lim\limits_{x\to 2}\dfrac{\sin(x-2)}{x^2-x-2}=(\quad)$.

(A) 0; 　(B) $1/3$; 　(C) $1/2$; 　(D) 1.

12. $\lim\limits_{x\to 0}(1-x)^{2-\frac{1}{x}}=(\quad)$.

(A) 1; 　(B) e; 　(C) e^{-1}; 　(D) e^2.

13. 若 $\lim\limits_{x \to +\infty} \left(\dfrac{x+a}{x-a}\right)^x = e^2$，则 $a = ($ 　　$)$.

(A) 0； (B) 1； (C) 2； (D) 4.

14. $\lim\limits_{x \to 0} \dfrac{\arcsin 4x}{\tan 2x} = ($ 　　$)$.

(A) 4； (B) 2； (C) 1； (D) 0.

15. 函数 $f(x) = \dfrac{x+1}{x^2 - 2x - 3}$ 的间断点为($\quad$).

(A) $x = 3$； (B) $x = -1$；

(C) $x = -1$ 和 $x = 3$； (D) 不存在.

16. $\lim\limits_{x \to \infty} e^{\sin \frac{1}{1+x}} = ($ 　　$)$.

(A) 0； (B) 1； (C) e； (D) 不存在.

17. $\lim\limits_{x \to \infty} \dfrac{\sin x}{x} = ($ 　　$)$.

(A) 1； (B) 0； (C) ∞； (D) 不存在.

18. 下列变量在给定的变化过程中为无穷小量的是($\quad$).

(A) $e^{-x} + 1 \ (x \to +\infty)$； (B) $e^{\frac{1}{x}} - 1 \ (x \to -\infty)$；

(C) $e^{-x} - 1 \ (x \to +\infty)$； (D) $e^{-\frac{1}{x}} + 1 \ (x \to -\infty)$.

19. 当 $x \to +\infty$ 时，下列变量中无穷大量是($\quad$).

(A) $\ln(1+x)$； (B) $\dfrac{x}{\sqrt{x^2+1}}$；

(C) $e^{-x} + 1$； (D) $x\cos x$.

20. $\lim\limits_{n \to \infty} \left(\sum\limits_{k=1}^{n} \dfrac{1}{k(k+1)}\right)^n = ($ 　　$)$.

(A) 0； (B) e^2； (C) e^{-1}； (D) e^{-2}.

(二) 解答题

1. 求下列各极限：

(1) $\lim\limits_{x \to \infty} \dfrac{(x+1)^3 - (x-2)^3}{x^2 + 2x - 3}$； (2) $\lim\limits_{n \to \infty} \left(\dfrac{1}{n^2} + \dfrac{2}{n^2} + \cdots + \dfrac{n}{n^2}\right)$.

2. 讨论 $f(x) = \dfrac{e^{\frac{1}{x}} - 1}{e^{\frac{1}{x}} + 1}$ 在 $x \to 0$ 时是否存在极限.

3. 求下列函数的极限：

(1) $\displaystyle\lim_{x \to -8} \dfrac{\sqrt{1-x} - 3}{2 + \sqrt[3]{x}}$; (2) $\displaystyle\lim_{x \to \infty} \left(\dfrac{x^3}{2x^2 - 1} - \dfrac{x^2}{2x + 1} \right)$;

(3) $\displaystyle\lim_{x \to \infty} \dfrac{\sqrt[4]{x^3} \cos x}{1 + x^2}$; (4) $\displaystyle\lim_{x \to \infty} \dfrac{x^2 + \cos^2 x - 1}{(x + \sin x)^2}$.

4. 求 $\displaystyle\lim_{x \to 0} \dfrac{x^2 \sin \dfrac{1}{x}}{\sin x}$.

5. 指出下列函数的连续区间与间断点：

(1) $y = \dfrac{x^3}{1 + x}$; (2) $y = \sqrt{x - 1}$;

(3) $y = \dfrac{1}{2^x}$; (4) $y = \lg(x^2 - 9)$;

(5) $y = \dfrac{|x|}{x}$; (6) $y = \begin{cases} 2, & x = 1, \\ \dfrac{1}{1-x}, & x \neq 1. \end{cases}$

6. 利用函数连续性计算下列各极限：

(1) $\displaystyle\lim_{x \to 6} \dfrac{\sqrt{x + 3} - 3}{x - 6}$; (2) $\displaystyle\lim_{x \to 0} \dfrac{\ln(1 + x)}{2x}$;

(3) $\displaystyle\lim_{x \to \frac{\pi}{4}} \dfrac{x^4 + \ln\left(1 - \dfrac{\pi}{4} + x\right)}{\sin x}$; (4) $\displaystyle\lim_{x \to 0} \dfrac{\sqrt{1 + x^2} - 1}{2x}$.

7. 设

$$f(x) = \begin{cases} \dfrac{kx}{\sqrt{1+x} - \sqrt{1-x}}, & -\dfrac{1}{2} < x < 0, \\ e^{\sin x} - 3, & x \geq 0 \end{cases}$$

在 $x = 0$ 连续，求 k.

8. 设函数

$$f(x) = \begin{cases} x - a, & x \leq 0, \\ 1 + x^2, & 0 < x \leq 1, \\ bx^{-1}, & x > 1. \end{cases}$$

求 a, b 的值,使函数在 $(-\infty, +\infty)$ 上连续.

9. 设 $f(x)$ 在 (a,b) 内连续,在 (a,b) 内插入三个点,即 $a < x_1 < x_2 < x_3 < b$. 求证:在 $[x_1, x_3]$ 上至少存在一点 ξ,使得

$$f(\xi) = \frac{f(x_1) + f(x_2) + f(x_3)}{3}.$$

10. 试证方程 $x \cdot 3^x = 1$ 至少有一个小于 1 的正根.

六、练习题解答与分析

(一) 选择题

1. 答案是:C.

分析 先来看一下,当 n 无限增大时,x_n 的变化趋势:

$$0, -\frac{1}{2}, -\frac{2}{3}, -\frac{3}{4}, \cdots.$$

可见随着 n 的增大,x_n 越来越趋向于 -1.

故选择 C.

2. 答案是:C.

分析 由等比数列和的公式,得到

$$S_n = 2 - \frac{1}{2^n}.$$

可见,当 n 无限增大时,S_n 趋向于 2.

故选择 C.

3. 答案是:B.

分析 当 $x \in N_{\frac{1}{2}}(1)$ 时,有 $f(x) = 2$,所以 $\lim\limits_{x \to 1} 2 = 2$.

故选择 B.

4. 答案是:B.

分析 当 $x>0$ 时,$f(x)=x+1$,于是
$$\lim_{x\to 0+0} f(x)=\lim_{x\to 0+0}(x+1)=1.$$
当 $x<0$ 时,$f(x)=-x+1$,于是
$$\lim_{x\to 0-0} f(x)=\lim_{x\to 0-0}(-x+1)=1,$$
因此 $\lim\limits_{x\to 0} f(x)=1.$

故选择 B.

5. 答案是:C.

分析 由于 $x\to\infty$ 时 $\sin x$ 在 1 与 -1 之间无限次摆动,所以没有极限;而函数 $y=\dfrac{1}{e^x}$,当 $x\to+\infty$ 时,极限为 0,但 $x\to-\infty$ 时,它的极限不存在,所以也没有极限;$\lim\limits_{x\to\infty}\dfrac{x+1}{x^2-1}=\lim\limits_{x\to\infty}\dfrac{1}{x-1}=0$,而 $\arctan x$,当 $x\to+\infty$ 时 $\arctan x$ 趋向于 $\dfrac{\pi}{2}$,而 $x\to-\infty$ 时,$\arctan x$ 趋向于 $-\dfrac{\pi}{2}$. 因此,它也没有极限.

故选择 C.

6. 答案是:B.

分析 将原式分子、分母同时除以 n^2,得到
$$原式=\lim_{n\to\infty}\dfrac{\dfrac{1}{n^2}-2}{4+\dfrac{2}{n}-\dfrac{3}{n^2}}=-\dfrac{2}{4}=-\dfrac{1}{2}.$$

故选择 B.

7. 答案是:A.

分析 将原式有理化,得到
$$原式=\lim_{n\to\infty}\dfrac{(\sqrt{n+1}-\sqrt{n})(\sqrt{n+1}+\sqrt{n})}{\sqrt{n+1}+\sqrt{n}}$$
$$=\lim_{n\to\infty}\dfrac{1}{\sqrt{n+1}+\sqrt{n}}=0.$$

故选择 A.

8. 答案是:C.

分析 将原式分子、分母进行因式分解,约去不为零的公因子 $(x-3)$,得到

$$原式 = \lim_{x \to 3}\frac{(x-3)(x+2)}{(x-3)(x+1)} = \lim_{x \to 3}\frac{x+2}{x+1} = \frac{5}{4}.$$

故选择 C.

9. 答案是:B.

分析 将原式通分后,约去不为零的公因子 $(x-2)$,得到

$$原式 = \lim_{x \to 2}\frac{x+2-4}{x^2-4} = \lim_{x \to 2}\frac{x-2}{x^2-4} = \lim_{x \to 2}\frac{1}{x+2} = \frac{1}{4}.$$

故选择 B.

10. 答案是:C.

分析 将原式化成重要极限的形式. 令 $\frac{\pi}{x} = y$,得到

$$原式 = \lim_{x \to \infty} \pi \frac{\sin \frac{\pi}{x}}{\frac{\pi}{x}} = \pi \lim_{x \to \infty} \frac{\sin \frac{\pi}{x}}{\frac{\pi}{x}} = \pi \lim_{y \to 0} \frac{\sin y}{y} = \pi.$$

故选择 C.

11. 答案是:B.

分析 将原式分母进行因式分解,得

$$原式 = \lim_{x \to 2}\frac{\sin(x-2)}{(x-2)(x+1)}$$

$$= \lim_{x \to 2}\frac{\sin(x-2)}{x-2} \lim_{x \to 2}\frac{1}{x+1} = 1 \times \frac{1}{3} = \frac{1}{3}.$$

故选择 B.

12. 答案是:B.

分析 $原式 = \lim_{x \to 0}(1-x)^2 \cdot \lim_{x \to 0}(1-x)^{-\frac{1}{x}} = 1 \cdot e = e.$

故选择 B.

13. 答案是:B.

分析 原式 $= \lim\limits_{x \to +\infty} \left(1 + \dfrac{2a}{x-a}\right)^x$

$= \lim\limits_{x \to +\infty} \left[\left(1 + \dfrac{2a}{x-a}\right)^{\frac{x-a}{2a}}\right]^{2a} \left(1 + \dfrac{2a}{x-a}\right)^a$

$= \lim\limits_{x \to +\infty} \left[\left(1 + \dfrac{2a}{x-a}\right)^{\frac{x-a}{2a}}\right]^{2a} \cdot \lim\limits_{x \to +\infty} \left(1 + \dfrac{2a}{x-a}\right)^a$

$= \mathrm{e}^{2a} \cdot 1 = \mathrm{e}^{2a}.$

根据 $\mathrm{e}^{2a} = \mathrm{e}^2$,所以 $a = 1$.

故选择 B.

14. 答案是:B.

分析 原式 $= \lim\limits_{x \to 0} 2 \dfrac{\arcsin 4x}{4x} \cdot \dfrac{2x}{\tan 2x}$

$= 2 \lim\limits_{x \to 0} \dfrac{\arcsin 4x}{4x} \cdot \lim\limits_{x \to 0} \dfrac{2x}{\tan 2x}.$

令 $\arcsin 4x = y$,则 $4x = \sin y$,并且当 $x \to 0$ 时,有 $y \to 0$. 于是

$$\lim\limits_{x \to 0} \dfrac{\arcsin 4x}{4x} = \lim\limits_{y \to 0} \dfrac{y}{\sin y} = 1,$$

$$\lim\limits_{x \to 0} \dfrac{2x}{\tan 2x} = \lim\limits_{x \to 0} \dfrac{2x}{\sin 2x} \cdot \cos 2x = 1 \times 1 = 1,$$

所以原式 $= 2 \times 1 \times 1 = 2.$

故选择 B.

15. 答案是:C.

分析 因为 $x^2 - 2x - 3 = (x+1)(x-3)$,所以函数 $f(x)$ 在 $x = -1$ 和 $x = 3$ 点没有定义. 因此 $x = -1$ 和 $x = 3$ 为间断点.

故选择 C.

16. 答案是:B.

分析 原式 $= \mathrm{e}^{\lim\limits_{x \to \infty} \sin \frac{1}{x+1}} = \mathrm{e}^{\sin \lim\limits_{x \to \infty} \frac{1}{x+1}} = \mathrm{e}^{\sin 0} = \mathrm{e}^0 = 1.$ 故选择 B.

17. 答案是:B.

分析 因为 $\lim\limits_{x\to\infty}\dfrac{1}{x}=0$,即 $\dfrac{1}{x}$ 当 $x\to\infty$ 时是一个无穷小量,而 $|\sin x|\leqslant 1$,即 $\sin x$ 是一个有界变量. 根据无穷小量与有界变量乘积仍是无穷小量,所以 $\lim\limits_{x\to\infty}\dfrac{\sin x}{x}=0$. 故选择 B.

18. 答案是:B.

分析 因为

$$\lim_{x\to+\infty}(\mathrm{e}^{-x}+1)=1,\qquad \lim_{x\to-\infty}(\mathrm{e}^{\frac{1}{x}}-1)=0,$$

$$\lim_{x\to+\infty}(\mathrm{e}^{-x}-1)=-1,\qquad \lim_{x\to-\infty}(\mathrm{e}^{-\frac{1}{x}}+1)=2.$$

故选择 B.

19. 答案是:A.

解 因 $\lim\limits_{x\to+\infty}\ln(1+x)=+\infty$,$\lim\limits_{x\to+\infty}\dfrac{x}{\sqrt{x^2+1}}=1$,$\lim\limits_{x\to+\infty}\mathrm{e}^{-x}+1=1$,$\lim\limits_{x\to+\infty}x\cos x$ 不存在,也不是无穷大.

故选择 A.

20. 答案是:C.

分析 由 $\sum\limits_{k=1}^{n}\dfrac{1}{k(k+1)}=\sum\limits_{k=1}^{n}\left(\dfrac{1}{k}-\dfrac{1}{k+1}\right)=1-\dfrac{1}{n+1}$,于是

$$原极限 = \lim_{n\to\infty}\left(1-\dfrac{1}{n+1}\right)^n = \lim_{n\to\infty}\dfrac{\left(1-\dfrac{1}{n+1}\right)^{n+1}}{1-\dfrac{1}{n+1}} = \mathrm{e}^{-1}.$$

故选择 C.

(二) 解答题

1. 解 (1) 先将分子化简,再求极限.

$$原式 = \lim_{x\to\infty}\dfrac{9x^2-9x+9}{x^2+2x-3} = 9.$$

(2) $原式 = \lim\limits_{n\to\infty}\dfrac{\dfrac{1}{2}n(n+1)}{n^2} = \dfrac{1}{2}.$

2. 解 由 $\lim\limits_{x\to 0^-}\dfrac{1}{x}=-\infty$，所以 $\lim\limits_{x\to 0^-}e^{\frac{1}{x}}=0$，而 $\lim\limits_{x\to 0^+}\dfrac{1}{x}=+\infty$，$\lim\limits_{x\to 0^+}e^{\frac{1}{x}}=+\infty$，因此

$$\lim_{x\to 0^-}\frac{e^{\frac{1}{x}}-1}{e^{\frac{1}{x}}+1}=\frac{0-1}{0+1}=-1.$$

而

$$\lim_{x\to 0^+}\frac{e^{\frac{1}{x}}-1}{e^{\frac{1}{x}}+1}=\lim_{x\to 0^+}\frac{1-e^{-\frac{1}{x}}}{1+e^{-\frac{1}{x}}}=1\neq \lim_{x\to 0^-}\frac{e^{\frac{1}{x}}-1}{e^{\frac{1}{x}}+1},$$

所以 $f(x)$ 在 $x\to 0$ 时不存在极限.

3. 解 （1） $\lim\limits_{x\to -8}\dfrac{\sqrt{1-x}-3}{2+\sqrt[3]{x}}$

$$=\lim_{x\to -8}\frac{(\sqrt{1-x}-3)(\sqrt{1-x}+3)(4-2\sqrt[3]{x}+\sqrt[3]{x^2})}{(2+\sqrt[3]{x})(4-2\sqrt[3]{x}+\sqrt[3]{x^2})(\sqrt{1-x}+3)}$$

$$=\lim_{x\to -8}\frac{-(8+x)(4-2\sqrt[3]{x}+\sqrt[3]{x^2})}{(8+x)(\sqrt{1-x}+3)}$$

$$=\lim_{x\to -8}\frac{-(4-2\sqrt[3]{x}+\sqrt[3]{x^2})}{\sqrt{1-x}+3}$$

$$=\frac{-(4-2(-2)+4)}{3+3}=-2.$$

（2） $\lim\limits_{x\to \infty}\left(\dfrac{x^3}{2x^2-1}-\dfrac{x^2}{2x+1}\right)$

$$=\lim_{x\to \infty}\frac{x^3(2x+1)-x^2(2x^2-1)}{(2x^2-1)(2x+1)}$$

$$=\lim_{x\to \infty}\frac{x^3+x^2}{(2x^2-1)(2x+1)}$$

$$=\lim_{x\to \infty}\frac{x^3+x^2}{4x^3+2x^2-2x-1}=\frac{1}{4}.$$

（3）因为 $|\cos x|\leq 1$ 有界，而 $\lim\limits_{x\to\infty}\dfrac{\sqrt[4]{x^3}}{1+x^2}=0$，所以

$$\lim_{x\to\infty}\frac{\sqrt[4]{x^3}\cos x}{1+x^2}=0.$$

（4）**分析** $x\to\infty$ 时，$\sin x,\cos x$ 都无限振荡，极限不存在，所以不能用极限的四则运算法则，也不能用洛必达法则. 但是 $\sin x$ 与 $\cos x$ 都是有界量，只要分子分母同时除以 x^2，就能用有界量与无穷小量之积仍为无穷小量来求出极限.

解 原式 $=\lim\limits_{x\to\infty}\dfrac{1+\left(\dfrac{\cos x}{x}\right)^2-\dfrac{1}{x^2}}{\left(1+\dfrac{\sin x}{x}\right)^2}=1$，其中理由是：$\lim\limits_{x\to\infty}\dfrac{1}{x}=0$，而 $|\sin x|\leq 1$，$|\cos x|\leq 1$，所以 $\lim\limits_{x\to\infty}\dfrac{\cos x}{x}=0$，且 $\lim\limits_{x\to\infty}\dfrac{\sin x}{x}=0.$

4. 分析 $x\to 0$ 时，$\dfrac{1}{x}\to\infty$，而 $\dfrac{x^2\sin\dfrac{1}{x}}{\sin x}=\dfrac{x}{\sin x}\cdot x\sin\dfrac{1}{x}.$

前者可用重要极限，后者则必须用有界量与无穷小量的乘积，即 $\lim\limits_{x\to 0}x=0$，$\left|\sin\dfrac{1}{x}\right|\leq 1$，所以 $\lim\limits_{x\to 0}x\sin\dfrac{1}{x}=0.$

解 原式 $=\lim\limits_{x\to 0}\dfrac{x}{\sin x}\cdot\lim\limits_{x\to 0}x\sin\dfrac{1}{x}=1\cdot 0=0.$

5. 解 （1）由于函数 $\dfrac{x^3}{1+x}$ 在 $x=-1$ 点没有定义，并且 $\lim\limits_{x\to -1}\dfrac{x^3}{1+x}=\infty$，即不存在，所以其连续区间为 $(-\infty,-1)$ 或 $(-1,+\infty)$；间断点为 $x=-1.$

（2）由于函数 $\sqrt{x-1}$ 是一个初等函数，其定义区间为 $[1,+\infty)$，根据初等函数在其定义区间上是连续的，所以函数 $\sqrt{x-1}$ 的连续区间为 $[1,+\infty)$；没有间断点.

(3) 由于函数 $\dfrac{1}{2^x}$ 是一个初等函数,其定义区间为 $(-\infty, +\infty)$,根据初等函数在其定义区间上是连续的,所以函数 $\dfrac{1}{2^x}$ 的连续区间为 $(-\infty, +\infty)$;没有间断点.

(4) 由于函数 $\lg(x^2-9)$ 是一个初等函数,其定义区间为 $(-\infty, -3)$ 或 $(3, +\infty)$,根据初等函数在其定义区间上是连续的,所以函数 $\lg(x^2-9)$ 的连续区间为 $(-\infty, -3)$ 或 $(3, +\infty)$;没有间断点.

(5) 由于函数 $\dfrac{|x|}{x}$ 在 $x=0$ 点没有定义,并且

$$\lim_{x \to 0^+} \dfrac{|x|}{x} = \lim_{x \to 0^+} \dfrac{x}{x} = 1,$$

$$\lim_{x \to 0^-} \dfrac{|x|}{x} = \lim_{x \to 0^-} \dfrac{-x}{x} = -1,$$

所以其连续区间为 $(-\infty, 0)$ 或 $(0, +\infty)$;间断点为 $x=0$.

(6) 由于函数 $y = \begin{cases} 2, & x=1, \\ \dfrac{1}{1-x}, & x \neq 1 \end{cases}$ 在 $x=1$ 点的极限 $\lim\limits_{x \to 1} \dfrac{1}{1-x} = \infty$,即不存在,所以其连续区间为 $(-\infty, 1)$ 或 $(1, +\infty)$;间断点为 $x=1$.

6. 解 (1) $\lim\limits_{x \to 6} \dfrac{\sqrt{x+3}-3}{x-6} = \lim\limits_{x \to 6} \dfrac{(\sqrt{x+3}-3)(\sqrt{x+3}+3)}{(x-6)(\sqrt{x+3}+3)}$

$\qquad\qquad\qquad = \lim\limits_{x \to 6} \dfrac{x+3-9}{(x-6)(\sqrt{x+3}+3)} = \dfrac{1}{6}.$

(2) $\lim\limits_{x \to 0} \dfrac{\ln(1+x)}{2x} = \lim\limits_{x \to 0} \dfrac{1}{2} \ln(1+x)^{\frac{1}{x}}$

$\qquad\qquad = \dfrac{1}{2} \ln\left[\lim\limits_{x \to 0}(1+x)^{\frac{1}{x}}\right] = \dfrac{1}{2}\ln e = \dfrac{1}{2}.$

(3) $\lim\limits_{x \to \frac{\pi}{4}} \dfrac{x^4 + \ln\left(1 - \dfrac{\pi}{4} + x\right)}{\sin x} = \dfrac{\left(\dfrac{\pi}{4}\right)^4 + \ln 1}{\sin \dfrac{\pi}{4}} = \dfrac{\left(\dfrac{\pi}{4}\right)^4}{\sin \dfrac{\pi}{4}}$

$$= \frac{\pi^4}{4^4 \cdot \sin\frac{\pi}{4}} = \frac{\pi^4 \sqrt{2}}{256}.$$

(4) $\lim\limits_{x\to 0}\dfrac{\sqrt{1+x^2}-1}{2x} = \lim\limits_{x\to 0}\dfrac{1+x^2-1}{2x(\sqrt{1+x^2}+1)}$

$$= \lim_{x\to 0}\frac{1}{2}\frac{x^2}{x(\sqrt{x^2+1}+1)} = 0.$$

7. 解 因为 $f(x)$ 在 $x=0$ 的两侧表达式不同,所以必须求左、右极限:

$$f(0) = \lim_{x\to 0^+}f(x) = e^{\sin 0} - 3 = -2,$$

$$\lim_{x\to 0^-}f(x) = \lim_{x\to 0^-}\frac{kx}{\sqrt{1+x}-\sqrt{1-x}}$$

$$= \lim_{x\to 0^-}\frac{kx(\sqrt{1+x}+\sqrt{1-x})}{1+x-(1-x)} = k.$$

因为 $f(x)$ 在 $x=0$ 处连续,所以 $f(0) = \lim\limits_{x\to 0^+}f(x) = \lim\limits_{x\to 0^-}f(x)$, 即 $k = -2$.

8. 解 $\lim\limits_{x\to 0-0}f(x) = \lim\limits_{x\to 0-0}(x-a) = -a = f(0),$

$$\lim_{x\to 0+0}f(x) = \lim_{x\to 0+0}(1+x^2) = 1.$$

要使函数 $f(x)$ 在 $x=0$ 点连续应满足

$$f(0) = \lim_{x\to 0+0}f(x),$$

即 $a = -1$. 又由于

$$\lim_{x\to 1-0}f(x) = \lim_{x\to 1-0}(1+x^2) = 2 = f(1),$$

$$\lim_{x\to 1+0}f(x) = \lim_{x\to 1+0}bx^{-1} = b.$$

要使函数 $f(x)$ 在 $x=1$ 点连续应满足

$$f(1) = \lim_{x\to 1+0}f(x),$$

即 $b=2$. 因此,当 $a=-1, b=2$ 时函数在 $(-\infty, +\infty)$ 上连续.

9. 证 $f(x)$ 在 (a,b) 内连续,且 $a < x_1 < x_2 < x_3 < b$,所以 $f(x)$

在$[x_1, x_3]$上连续.

由最值定理可知, $f(x)$在$[x_1, x_3]$上有最大值M和最小值m, 于是$m \leq f(x_1) \leq M, m \leq f(x_2) \leq M, m \leq f(x_3) \leq M$, 三式相加, 即可得 $m \leq \dfrac{f(x_1) + f(x_2) + f(x_3)}{3} \leq M$. 由中间值定理可知, 在$[x_1, x_3]$上至少有一点$\xi$, 使得

$$f(\xi) = \frac{f(x_1) + f(x_2) + f(x_3)}{3}.$$

10. 证 设$f(x) = x \cdot 3^x - 1$, 则它在$[0,1]$上连续, 并且
$$f(0) = -1 < 0, \quad f(1) = 2 > 0.$$
由中间值定理可知, 在$(0,1)$内至少存在一点ξ, 使得$f(\xi) = 0$, 即方程$x \cdot 3^x = 1$至少有一个小于1的正根.

第三章 导数与微分

一、知识点

1. 导数的定义及其几何意义和物理意义;
2. 函数可导与连续的关系;
3. 可导函数的和、差、积、商的求导法则;
4. 基本初等函数的导数;
5. 复合函数的求导法则;
6. 高阶导数;
7. 微分的定义和微分的基本公式及运算法则.

二、基本要求

1. 理解导数的概念,会用导数的定义求分段函数分段点处的导数;
2. 理解函数可导和连续的关系;
3. 熟练掌握基本求导公式、导数的四则运算法则、复合函数的求导法则,并运用它们计算函数的导数;
4. 理解高阶导数的定义,掌握其计算方法;
5. 理解导数的几何意义,会求曲线在一点的切线方程和法线方程;
6. 理解微分的概念,掌握微分的运算法则、基本微分公式及一阶微分形式的不变性,会求函数的微分.

三、复习要点

(一) 重要概念及性质

1. 导数

定义 3.1 设函数 $y = f(x)$ 在点 x_0 的某邻域 $N(x_0)$ 内有定义.

给 x_0 一个改变量 Δx，使得 $x_0 + \Delta x \in N(x_0)$，函数 $y = f(x)$ 相应地有改变量
$$\Delta y = f(x_0 + \Delta x) - f(x_0).$$
如果极限
$$\lim_{\Delta x \to 0} \frac{\Delta y}{\Delta x} = \lim_{\Delta x \to 0} \frac{f(x_0 + \Delta x) - f(x_0)}{\Delta x}$$
存在，那么就称此极限为函数 $f(x)$ 在 x_0 点的**导数**(或**微商**)，记作
$$f'(x_0) \quad \text{或} \quad y' \big|_{x = x_0} \quad \text{或} \quad \frac{\mathrm{d}y}{\mathrm{d}x} \bigg|_{x = x_0},$$
并称函数 $y = f(x)$ 在点 x_0 处是**可导的**.

类似左、右极限的定义，在这里我们定义
$$\lim_{\Delta x \to 0^-} \frac{\Delta y}{\Delta x}$$
为函数 $f(x)$ 在点 x_0 处的**左导数**，记为 $f'_-(x_0)$；定义
$$\lim_{\Delta x \to 0^+} \frac{\Delta y}{\Delta x}$$
为函数 $f(x)$ 在点 x_0 处的**右导数**，记为 $f'_+(x_0)$.

左导数与右导数统称为**单侧导数**. 如果函数 $y = f(x)$ 在区间 (a,b) 内的每一点处都可导，则称函数 $f(x)$ 在区间 (a,b) 内**可导**. 对于区间 $[a,b]$ 的左端点 a 来说，函数 $f(x)$ 只能有右导数，而对右端点 b 来说，它只能有左导数. 但对于区间内某一点 c 来说，只有当它的左导数存在，右导数也存在，并且两者相等的情况下，我们才称函数在 c 点可导.

如果 $f(x)$ 在 (a,b) 内可导，那么对于 (a,b) 内任意一点 x 都有一个导数 $f'(x)$ 与它对应. 也就是说 $f'(x)$ 仍为 x 的函数，我们称之为 $f(x)$ 的**导函数**. 为了方便起见，也称导函数为**导数**，记作 $f'(x)$ 或 y'. 例如，对于函数 $y = x^2$ 在 $(-\infty, +\infty)$ 内的每一点 x 处，都可以按照定义求出它的导数值为 $2x$，因而有 $y' = 2x$. 我们称 $2x$ 为 $y = x^2$ 的导数.

2. 高阶导数

定义 3.2 设函数 $y=f(x)$ 在点 x 的某邻域 $N(x)$ 内是可导的,如果其导函数 $f'(x)$ 在点 x 处又有导数

$$[f'(x)]' = \lim_{\Delta x \to 0} \frac{f'(x+\Delta x)-f'(x)}{\Delta x},$$

则称它为函数 $f(x)$ 在点 x 处的**二阶导数**,记作

$$f^{(2)}(x),\ y'',\ \frac{\mathrm{d}^2 y}{\mathrm{d}x^2} \text{ 或 } \frac{\mathrm{d}^2 f}{\mathrm{d}x^2},$$

并称函数在点 x 处是**二阶可导的**.

如果函数 $y=f(x)$ 在区间 (a,b) 内的每一点处都是二阶可导的,那么称 $f(x)$ 在 (a,b) 内**二阶可导**.

类似二阶导数,我们可以定义 n 阶导数:

定义 3.3 设函数 $y=f(x)$ 在 $N(x)$ 内有直到 $n-1$ 阶的导数,如果它的 $n-1$ 阶导数 $f^{(n-1)}(x)$ 在点 x 处可导,那么就称 $f^{(n-1)}(x)$ 在点 x 的导数为函数 $f(x)$ 在点 x 处的 n **阶导数**,记作

$$f^{(n)}(x) \text{ 或 } \frac{\mathrm{d}^n y}{\mathrm{d}x^n} \quad (n=1,2,\cdots).$$

为了方便起见,我们把函数本身称为零阶导数,记作

$$f(x) = f^{(0)}(x).$$

同样地,如果函数 $y=f(x)$ 在区间 (a,b) 内的每一点处都是 n 阶可导的,那么就称 $f(x)$ 在 (a,b) 内 n **阶可导**.

3. 微分

定义 3.4 设函数 $y=f(x)$ 在 x_0 可导,Δx 为自变量 x 的改变量,则称

$$f'(x_0) \cdot \Delta x$$

为函数 $y=f(x)$ 在 x_0 点的**微分**,记作

$$\mathrm{d}f(x_0) \quad \text{或} \quad \mathrm{d}y|_{x=x_0},$$

并称 $f(x)$ 在 x_0 点**可微**.

为了运算方便,我们规定自变量 x 的微分 $\mathrm{d}y$ 就是 Δx,这一规

定与计算函数 $y=x$ 的微分所得到的结果是一致的,即
$$dy = dx = x'\Delta x = \Delta x.$$
于是微分的定义式也可以写成 $dy = f'(x_0)dx$.

在复习一元函数微分学时,可以将其中的基本概念之间的关系加以总结.下面用一张框图来表示.

设一元函数 $y=f(x)$ 在点 x 处：

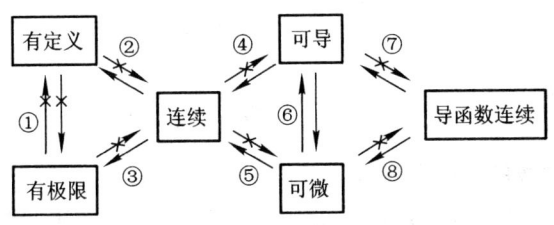

其中"$A \to B$"表示由 A 推出 B;"$C \nrightarrow D$"表示由 C 不能推出 D.

如果我们能够在各个概念之间加上一两个例子进行说明,这样就会加深对概念的理解,有助于进一步理解其他知识.例如,在图中④处(即"可导必连续,反之不真")为了说明"连续不一定可导",可以选择函数 $y = |x|$,显然它在 $x=0$ 处是连续的,但是,它的左导数(等于 -1)和右导数(等于 $+1$)不等,因而是不可导的.又如,在①处(即"有定义"与"有极限"是无关的)可以选择函数 $y = 1(x \neq 0)$,可见它在点 $x=0$ 处是没有定义的,但是它在点 $x=0$ 处的左极限(等于 1)和右极限(等于 1)是相等的,因而在点 $x=0$ 处是有极限的,说明一个函数在一点有极限而可以没有定义,即极限是函数在一点附近的变化趋势而与该点是否有定义是无关的.

(二) 重要定理及公式

1. 导数与连续之间的关系

定理 3.1 如果函数 $y = f(x)$ 在点 x_0 处是可导的,那么 $y = f(x)$ 在点 x_0 处是连续的,反之不真.

该定理说明函数在某点连续是函数在该点可导的必要条件,但不是充分条件.

2. 基本初等函数的求导公式

(1) $(C)' = 0$; (2) $(x^\alpha)' = \alpha x^{\alpha-1}$;

(3) $(a^x)' = a^x \ln a, (e^x)' = e^x$; (4) $(\log_a x)' = \dfrac{1}{x \ln a}, (\ln x)' = \dfrac{1}{x}$;

(5) $(\sin x)' = \cos x$; (6) $(\cos x)' = -\sin x$;

(7) $(\tan x)' = \sec^2 x$; (8) $(\cot x)' = -\csc^2 x$;

(9) $(\arcsin x)' = \dfrac{1}{\sqrt{1-x^2}}$; (10) $(\arccos x)' = -\dfrac{1}{\sqrt{1-x^2}}$;

(11) $(\arctan x)' = \dfrac{1}{1+x^2}$; (12) $(\text{arccot } x)' = -\dfrac{1}{1+x^2}$.

3. 导数的四则运算法则

定理 3.2 若函数 $u(x), v(x)$ 在点 x 处可导，则函数 $u(x) \pm v(x), u(x) \cdot v(x), \dfrac{u(x)}{v(x)}(v(x) \neq 0)$ 分别在该点处也可导，并且有

(1) $[u(x) \pm v(x)]' = u'(x) \pm v'(x)$;

(2) $[u(x) \cdot v(x)]' = u'(x)v(x) + u(x)v'(x)$;

(3) $[Cu(x)]' = Cu'(x)$;

(4) $\left[\dfrac{u(x)}{v(x)}\right]' = \dfrac{u'(x)v(x) - u(x)v'(x)}{[v(x)]^2}$.

注意 由(1),(2)两式可知，求有限多个函数的线性组合的导数，可以先求每个函数的导数，然后再线性组合，即

$$\left(\sum_{i=1}^n a_i f_i(x)\right)' = \sum_{i=1}^n a_i f_i'(x).$$

4. 复合函数的导数

定理 3.3 设函数 $u = \varphi(x)$ 在一点 x 处有导数 $u_x' = \varphi'(x)$，又函数 $y = f(u)$ 在对应点 u 处有导数 $y_u' = f_u'$，则复合函数 $y = f[\varphi(x)]$ 在点 x 处也有导数，并且

$$y_x' = y_u' \cdot u_x' \quad \text{或} \quad \dfrac{dy}{dx} = \dfrac{dy}{du} \cdot \dfrac{du}{dx}.$$

利用复合函数的求导公式计算导数的关键是,适当地选取中间变量,将所给的函数拆成两个或几个基本初等函数的复合,然后用一次或几次复合函数求导公式,求出所给函数的导数.需要指出的是,以后在利用复合函数求导公式解题时,不要求写出中间变量 u,只要在心中默记就可以了.

5. 可微与可导之间的关系

定理 3.4 函数 $y=f(x)$ 在点 x_0 处可微的充要条件是:函数 $f(x)$ 在 x_0 点可导.

这个定理告诉我们,对于一元函数来说,可导与可微是两个等价的概念.

6. 微分的基本公式和运算法则

(1) 基本初等函数的微分公式

$dC = 0$; $\quad\quad dx^\alpha = ax^{\alpha-1}dx$;

$da^x = a^x \ln a\, dx$; $\quad\quad de^x = e^x dx$;

$d\log_a x = \dfrac{1}{x\ln a}dx$; $\quad\quad d\ln x = \dfrac{1}{x}dx$;

$d\sin x = \cos x\, dx$; $\quad\quad d\cos x = -\sin x\, dx$;

$d\tan x = \sec^2 x\, dx$; $\quad\quad d\cot x = -\csc^2 x\, dx$;

$d\arcsin x = \dfrac{1}{\sqrt{1-x^2}}dx$; $\quad\quad d\arccos x = -\dfrac{1}{\sqrt{1-x^2}}dx$;

$d\arctan x = \dfrac{1}{1+x^2}dx$; $\quad\quad d\text{arccot}\, x = -\dfrac{1}{1+x^2}dx$.

(2) 微分四则运算法则

设函数 $u(x), v(x)$ 可微,则

$$d(u \pm v) = du \pm dv;$$
$$d(uv) = v\,du + u\,dv;$$
$$d(Cu) = C\,du;$$
$$d\left(\frac{u}{v}\right) = \frac{v\,du - u\,dv}{v^2} \quad (v(x) \neq 0).$$

(三) 重要方法

1. 一阶微分形式的不变性

设由 $y=f(u)$,$u=\varphi(x)$ 复合而成的复合函数是 $y=f[\varphi(x)]$,根据微分定义及复合函数求导法则,我们可以给出复合函数的微分法则,即

$$dy = f'(u) \cdot \varphi'(x)dx.$$

考虑到 $du = \varphi'(x)dx$,上式又可以写成

$$dy = f'(u)du.$$

因此,不论 u 是自变量还是中间变量,函数 $y=f(u)$ 的微分都具有同样的形式:

$$dy = f'(u)du.$$

这个性质称为**一阶微分形式的不变性**.利用它进行微分运算时,可以不必分辨 u 是自变量还是因变量,这比求导数的运算来得方便些.

2. 导数的几何意义

函数 $y=f(x)$ 在一点 x_0 处的导数 $f'(x_0)$ 在几何上表示曲线 $y=f(x)$ 在 x_0 点的切线的斜率,如图 3-1 所示.图中,φ 是割线 AB 的倾角.显然,当 $\Delta x \to 0$ 时,B 点沿曲线移动而趋向于 A 点,这时割线 AB 以 A 为支点逐渐转动而趋于一极限位置,即为直线 AT,直线 AT 即为曲线 $y=f(x)$ 在 A 点处的切线.相应地,割线 AB 的斜率 $\tan \varphi$ 随 $\Delta x \to 0$ 而趋于切线 AT 的斜率 $\tan \alpha$(α 是切线的倾角),即

$$\tan \alpha = \lim_{\varphi \to \alpha} \tan \varphi = \lim_{\Delta x \to 0} \frac{\Delta y}{\Delta x} = \lim_{\Delta x \to 0} \frac{f(x_0 + \Delta x) - f(x_0)}{\Delta x}.$$

从而可知当 $f'(x_0) \neq 0$ 时,曲线 $y=f(x)$ 在点 $(x_0, f(x_0))$ 处的切线方程为

$$y - y_0 = f'(x_0)(x - x_0);$$

法线方程为

$$y - y_0 = -\frac{1}{f'(x_0)}(x - x_0).$$

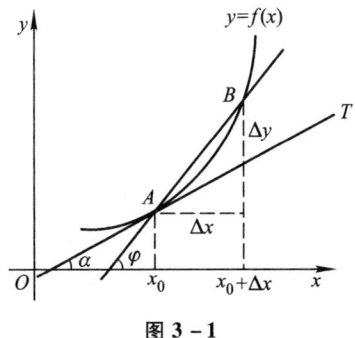

图 3-1

3. 微分的应用

如果函数 $y=f(x)$ 在点 x_0 处的微商 $f'(x_0) \neq 0$,则当 $\Delta x \to 0$ 时,有

$$\Delta y = f(x_0 + \Delta x) - f(x_0) = f'(x_0)\Delta x + o(\Delta x).$$

略去高阶无穷小 $o(\Delta x)$ 便得到

$$f(x_0 + \Delta x) - f(x_0) \approx f'(x_0)\Delta x. \tag{1}$$

因此当 $|\Delta x|$ 很小时,可以用(1)式来计算函数增量 Δy 的近似值.

在(1)式中,令 $x = x_0 + \Delta x$,即 $\Delta x = x - x_0$,于是(1)式可以改写成

$$f(x) \approx f(x_0) + f'(x_0)(x - x_0). \tag{2}$$

可见,当 $|\Delta x|$ 很小时,可以用(2)式来计算点 x 处的函数值 $f(x)$.

四、典型例题分析

例1 函数 $f(x) = |x - 2|$ 在点 $x = 2$ 处的导数为( ).

(A) 1;   (B) 0;   (C) -1;   (D) 不存在.

答案是:D.

分析 函数 $f(x) = |x - 2|$ 在点 $x = 2$ 处的左、右导数分别为:

$$f'_-(2) = \lim_{\Delta x \to 0^-} \frac{f(2 + \Delta x) - f(2)}{\Delta x}$$

$$= \lim_{\Delta x \to 0^-} \frac{-\Delta x - 0}{\Delta x} = -1.$$

同理

$$f'_+(2) = 1.$$

由于 $f'_-(2) \neq f'_+(2)$, 因此 $f(x)$ 在 $x = 2$ 处的导数不存在.

故选择 D.

例2 若两个函数 $f(x), g(x)$ 在区间 (a,b) 内各点的导数相等, 则该二函数在区间 (a,b) 内( ).

(A) 不相等;   (B) 相等;

(C) 仅相差一个常数;   (D) 均为常数.

答案是: C.

分析 由于 $f'(x) = g'(x)$, 有
$$[f(x) - g(x)]' = 0,$$
因此
$$f(x) - g(x) = C(常数).$$

故选择 C.

例3 根据函数在一点处连续和可导的关系, 可知函数

$$f(x) = \begin{cases} x^2 + 2x, & x \leq 0; \\ 2x, & 0 < x < 1; \\ \dfrac{1}{x}, & x \geq 1 \end{cases}$$

的不可导点是( ).

(A) $x = -1$;   (B) $x = 0$;   (C) $x = 1$;   (D) $x = 2$.

答案是: C.

分析 由于函数 $f(x)$ 在 $x = 1$ 处左极限为
$$f(1 - 0) = \lim_{x \to 1-0} f(x) = \lim_{x \to 1-0} 2x = 2,$$
而 $f(1) = 1$. 可见, $f(x)$ 在 $x = 1$ 处不连续, 因此也不可导.

故选择 C.

例4 设 $f(x) = \dfrac{\ln x}{2 - \ln x}$, 则 $f'(1) = ($).

(A) 0;   (B) $-\dfrac{1}{2}$;   (C) $\dfrac{1}{2}$;   (D) 1.

答案是：C.

分析 首先化简 $f(x)$，有
$$f(x) = \frac{2-(2-\ln x)}{2-\ln x} = \frac{2}{2-\ln x} - 1,$$

因此
$$f'(x) = -2(2-\ln x)^{-2}\left(-\frac{1}{x}\right) = \frac{2}{x}(2-\ln x)^{-2},$$
$$f'(1) = \frac{2}{4} = \frac{1}{2}.$$

故选择 C.

例 5 设 $y = f(-x)$，则 $y' = (\quad)$.
(A) $f'(x)$； (B) $-f'(x)$； (C) $f'(-x)$； (D) $-f'(-x)$.

答案是：D.

分析 根据复合函数求导法则，有
$$y' = f'(-x) \cdot (-x)' = -f'(-x).$$

故选择 D.

注意 如果函数仅在这一点可导，应使用导数定义导出.

例 6 设 $f(x) = x^n$（n 为自然数），则 $f^{(n+1)}(x) = (\quad)$.
(A) $(n+1)!$； (B) 0； (C) $n!$； (D) ∞.

答案是：B.

分析 由幂函数的求导法则，有
$$f'(x) = (x^n)' = nx^{n-1},$$
$$f''(x) = n(n-1)x^{n-2},$$
$$\cdots\cdots$$
$$f^{(n)}(x) = n!.$$

而
$$f^{(n+1)}(x) = 0.$$

故选择 B.

例 7 $d(\sin 2x) = (\quad)$.

(A) $\cos 2x dx$; (B) $-\cos 2x dx$;
(C) $2\cos 2x dx$; (D) $-2\cos 2x dx$.

答案是：C.

分析 根据一阶微分形式不变性,有
$$d(\sin 2x) = \cos 2x d(2x) = 2\cos 2x dx.$$
故选择 C.

例8 过点$(1,3)$且切线斜率为$2x$的曲线方程$y=y(x)$应满足的关系是( ).

(A) $y' = 2x$; (B) $y'' = 2x$;
(C) $y' = 2x, y(1) = 3$; (D) $y'' = 2x, y(1) = 3$.

答案是：C.

分析 由题设,可知曲线方程首先满足
$$y' = 2x,$$
又由于它过$(1,3)$点,还应满足
$$y(1) = 3.$$
故选择 C.

五、练习题

(一) 选择题

1. 设$f(x) = \ln(1-2x)$,则
$$\lim_{\Delta x \to 0} \frac{f(x_0) - f(x_0 - \Delta x)}{\Delta x} = (\qquad).$$
(A) $\dfrac{2x_0}{2x_0 - 1}$; (B) $\dfrac{-2x_0}{2x_0 - 1}$; (C) $\dfrac{2}{2x_0 - 1}$; (D) $\dfrac{-2}{2x_0 - 1}$.

2. 函数
$$f(x) = \begin{cases} 2x + 1, & x < 0, \\ x^2, & x \geq 0 \end{cases}$$
在 $x = 0$ 处( ).

(A) 没有极限; (B) 有极限但不连续;

(C) 连续但不可导； (D) 可导.

3. 函数
$$f(x) = \begin{cases} \sin x, & x \leq 0, \\ \sqrt{1+x} - \sqrt{1-x}, & 0 < x \leq 1, \end{cases}$$
则 $f'(0)$ 的值为( ).

(A) 0； (B) 1； (C) 2； (D) 不存在.

4. 函数 $f(x) = (x^2 - x - 2)|x^3 - x|$ 有( )个不可导点.

(A) 1； (B) 2； (C) 3； (D) 0.

5. 设 $f(x) = \begin{cases} x\arctan\dfrac{1}{|x|}, & x \neq 0, \\ 0, & x = 0, \end{cases}$ 则 $f(x)$ 在 $x = 0$ 处( ).

(A) 不连续； (B) 连续但不可导；
(C) 可导但 $f'(x)$ 不连续； (D) 可导且 $f'(x)$ 连续.

6. 设函数 $f(x) = x^2$，则 $\lim\limits_{x \to 2} \dfrac{f(x) - f(2)}{x - 2} = ($).

(A) $2x$； (B) 2； (C) 4； (D) 不存在.

7. 设 $f(x) = \text{arccot}\, x^2$，则 $f'(x_0) = ($).

(A) $\dfrac{2x_0}{1+x_0^2}$； (B) $\dfrac{-2x_0}{1+x_0^2}$； (C) $\dfrac{2x_0}{1+x_0^4}$； (D) $\dfrac{-2x_0}{1+x_0^4}$.

8. 设 $f\left(\dfrac{1}{x}\right) = x$，则 $f'(x) = ($).

(A) $\dfrac{1}{x}$； (B) $-\dfrac{1}{x}$； (C) $\dfrac{1}{x^2}$； (D) $-\dfrac{1}{x^2}$.

9. 设 $y = x\ln x$，则 $y^{(3)} = ($).

(A) $\ln x$； (B) x； (C) $\dfrac{1}{x^2}$； (D) $-\dfrac{1}{x^2}$.

10. 设 $y = xe^x$，则 $y^{(n)} = ($).

(A) nxe^x； (B) $(n-x)e^x$； (C) $(n+x)e^x$； (D) $(1+x)^n e^x$.

11. 设 $y = -\ln 3$，则 $dy = ($).

(A) $3dx$；　　(B) $-\frac{1}{3}dx$；　　(C) $\frac{1}{3}dx$；　　(D) 0.

12. 设 $y = \cos x^2$，则 $dy = ($　　$)$.

(A) $-2x\cos x^2 dx$；　　　　(B) $2x\cos x^2 dx$；

(C) $-2x\sin x^2 dx$；　　　　(D) $2x\sin x^2 dx$.

(二) 解答题

1. 若下面的极限都存在，判别下式是否正确.

(1) $\lim\limits_{\Delta x \to 0} \dfrac{f(x_0) - f(x_0 - \Delta x)}{\Delta x} = f'(x_0)$；

(2) $\lim\limits_{\Delta x \to 0} \dfrac{f(x_0 + \Delta x) - f(x_0 - \Delta x)}{2\Delta x} = f'(x_0)$.

2. 试讨论函数

$$f(x) = \begin{cases} x^k \sin \dfrac{1}{x}, & x \neq 0, \\ 0, & x = 0 \end{cases}$$

当 k 分别为 $0,1,2$ 时，在点 $x = 0$ 处的可导性.

3. 函数 $y = |\sin x|$ 在点 $x = 0$ 处导数是否存在？为什么？

4. 若函数

$$f(x) = \begin{cases} x^2, & x \leqslant x_0, \\ ax + b, & x > x_0, \end{cases}$$

试选择 a, b 使 $f(x)$ 处处可导，并作出草图来.

5. 求下列函数的导数：

(1) $y = \dfrac{x}{x^2 + 1}$；　　　　(2) $y = (x^3 - 3x + 2)(x^4 + x^2 - 1)$；

(3) $y = x\ln x$；　　　　(4) $y = x\sin x \ln x$；

(5) $y = \dfrac{1}{\sqrt{1 - x^2}}$；　　　　(6) $y = (x^3 - x)^6$；

(7) $y = x\sec^2 x - \tan x$；　　(8) $y = \dfrac{x\sin x}{1 + \tan x}$；

(9) $y = \arctan x^2$；　　　　(10) $y = e^{\sqrt{x+1}}$；

(11) $y = 2^{\frac{x}{\ln x}}$; (12) $y = \arccos \frac{2}{x}$;

(13) $y = \ln^3(x^2)$; (14) $y = \ln[\ln(\ln x)]$.

6. 判断函数
$$f(x) = \begin{cases} x^2 + 1, & x \leq 1, \\ 2x + 3, & x > 1 \end{cases}$$
在 $x = 1$ 是否可导.

7. 若
$$g(x) = \begin{cases} x^3 \sin \frac{1}{x}, & x \neq 0, \\ 0, & x = 0, \end{cases}$$
$f(x)$ 在点 $x = 0$ 处可导,$F(x) = f[g(x)]$,求 $F'(0)$.

8. 求由曲线 $y = e^x - 3\sin x + 1$ 在点 $(0, 2)$ 处的切线方程与法线方程.

9. 设 $y = (1 + x^2)\arctan x$,求 y''.

10. 验证函数 $y = \dfrac{x-3}{x+4}$ 满足关系式
$$2(y')^2 = (y-1)y''.$$

11. 设 $y = f(x)$ 为偶函数,且 $f'(0)$ 存在,则 $f'(0) = 0$.

12. 设 $y = \ln(x + \sqrt{x^2 + a^2})$,求 dy.

六、练习题解答与分析

(一) 选择题

1. 答案是:C.

分析
$$\lim_{\Delta x \to 0} \frac{f(x_0) - f(x_0 - \Delta x)}{\Delta x}$$
$$= \lim_{\Delta x \to 0} \frac{f(x_0 - \Delta x) - f(x_0)}{-\Delta x} = f'(x_0).$$

而 $f'(x) = -\dfrac{2}{1-2x}$,所以 $f'(x_0) = \dfrac{2}{2x_0 - 1}$.

故选择 C.

2. 答案是：A.

分析 $f(0-0) = \lim\limits_{x \to 0^-} f(x) = \lim\limits_{x \to 0^-}(2x+1) = 1,$

$$f(0+0) = \lim\limits_{x \to 0^+} f(x) = \lim\limits_{x \to 0^+} x^2 = 0.$$

因为 $f(0-0) \neq f(0+0)$，所以 $f(x)$ 在 $x=0$ 处没有极限.

故选择 A.

3. 答案是：B.

分析 $f'_-(0) = \lim\limits_{\Delta x \to 0-0} \dfrac{f(0+\Delta x) - f(0)}{\Delta x}$

$$= \lim\limits_{\Delta x \to 0-0} \dfrac{\sin \Delta x - 0}{\Delta x} = 1,$$

$$f'_+(0) = \lim\limits_{\Delta x \to 0+0} \dfrac{f(0+\Delta x) - f(0)}{\Delta x}$$

$$= \lim\limits_{\Delta x \to 0+0} \dfrac{\sqrt{1+\Delta x} - \sqrt{1-\Delta x} - 0}{\Delta x}$$

$$= \lim\limits_{\Delta x \to 0+0} \dfrac{2}{\sqrt{1+\Delta x} + \sqrt{1-\Delta x}} = 1.$$

因为 $f'_-(0) = f'_+(0) = 1$，所以 $f'(0) = 1$.

故选择 B.

4. 答案是：B.

分析 由 $|x^3 - x| = 0$ 可知 $x=0, x = \pm 1$ 三个点有可能导数不存在，将其分别代入 $g(x) = x^2 - x - 2$ 中，由于 $g(-1) = 0, g(1) \neq 0$，$g(0) \neq 0$，可知有两个不可导点：$x = 0, x = 1$.

故选择 B.

5. 答案是：D.

分析 由

$$\lim\limits_{x \to 0} x \arctan \dfrac{1}{|x|} = 0$$

可知 $f(x)$ 在 $x=0$ 处连续. 又由

$$\lim_{x\to 0}\frac{f(x)}{x} = \lim_{x\to 0}\arctan\frac{1}{|x|} = \frac{\pi}{2}$$

可知 $f'(0)$ 存在且为 $\frac{\pi}{2}$. 当 $x>0$ 时,

$$f'(x) = \arctan\frac{1}{x} - x\frac{1}{1+\frac{1}{x^2}}\frac{1}{x^2} = \arctan\frac{1}{x} - \frac{x}{1+x^2}.$$

当 $x<0$ 时,

$$f'(x) = -\arctan\frac{1}{x} + \frac{x}{1+x^2}.$$

于是

$$f'(x) = \begin{cases} \dfrac{x}{1+x^2} - \arctan\dfrac{1}{x}, & x<0, \\ \dfrac{\pi}{2}, & x=0, \\ -\dfrac{x}{1+x^2} + \arctan\dfrac{1}{x}, & x>0, \end{cases}$$

且

$$\lim_{x\to 0^+}f'(x) = \frac{\pi}{2}, \quad \lim_{x\to 0^-}f'(x) = \frac{\pi}{2}, \quad \lim_{x\to 0}f'(x) = f'(0),$$

即 $f(x)$ 在 $x=0$ 处可导,且 $f'(x)$ 连续.

故选择 D.

6. 答案是：C.

分析 $\lim\limits_{x\to 2}\dfrac{f(x)-f(2)}{x-2} = \lim\limits_{x\to 2}\dfrac{x^2-4}{x-2} = \lim\limits_{x\to 2}(x+2) = 4$, 或根据导数定义, $f'(2) = 2\times 2 = 4$.

故选择 C.

7. 答案是：D.

分析 $f'(x) = (\operatorname{arccot} x^2)' = \dfrac{-2x}{1+(x^2)^2} = \dfrac{-2x}{1+x^4}$, 所以

$$f'(x_0) = \frac{-2x_0}{1+x_0^4}.$$

故选择 D.

8. 答案是：D.

分析 由 $f\left(\dfrac{1}{x}\right) = x = \dfrac{1}{\frac{1}{x}}$，得到 $f(x) = \dfrac{1}{x}$. 所以

$$f'(x) = -\frac{1}{x^2}.$$

故选择 D.

9. 答案是：D.

分析 $y' = (x\ln x)' = x'\ln x + x(\ln x)' = \ln x + 1$，

$$y'' = \frac{1}{x}, \quad y^{(3)} = \left(\frac{1}{x}\right)' = -\frac{1}{x^2}.$$

故选择 D.

10. 答案是：C.

分析 $y' = e^x + xe^x = (1+x)e^x$，

$y'' = e^x + (1+x)e^x = (2+x)e^x$，

$y^{(3)} = e^x + (2+x)e^x = (3+x)e^x$，

…………

$y^{(n)} = (n+x)e^x.$

故选择 C.

11. 答案是：D.

分析 $y' = (-\ln 3)' = 0$，$dy = 0 dx = 0$.

故选择 D.

12. 答案是：C.

分析 因为

$$y' = -\sin x^2 \cdot 2x = -2x\sin x^2,$$

所以 $dy = -2x\sin x^2 dx$.

故选择 C.

(二) 解答题

1. 解 (1) 由于
$$\lim_{\Delta x \to 0} \frac{f(x_0) - f(x_0 - \Delta x)}{\Delta x} = \lim_{\Delta x \to 0} \frac{f(x_0 - \Delta x) - f(x_0)}{-\Delta x},$$
这里把 $-\Delta x$ 当成增量,在 $\Delta x \to 0$ 时,显然 $-\Delta x \to 0$,故(1)正确.

(2) 若 $f(x)$ 在 x_0 可导,我们有
$$\lim_{\Delta x \to 0} \frac{f(x_0 + \Delta x) - f(x_0 - \Delta x)}{2\Delta x}$$
$$= \lim_{\Delta x \to 0} \frac{f(x_0 + \Delta x) - f(x_0)}{2\Delta x} + \lim_{\Delta x \to 0} \frac{f(x_0) - f(x_0 - \Delta x)}{2\Delta x}$$
$$= \frac{1}{2}f'(x_0) + \frac{1}{2}f'(x_0) = f'(x_0).$$

故(2)正确. 否则(2)不正确,例如对于 $f(x) = |x|$ 在 $x_0 = 0$ 的情况,则有
$$\lim_{\Delta x \to 0} \frac{f(x_0 + \Delta x) - f(x_0 - \Delta x)}{2\Delta x} = \lim_{\Delta x \to 0} \frac{|\Delta x| - |-\Delta x|}{2\Delta x} = 0,$$
但在 $f(x) = |x|$ 时,$f'(0)$ 并不存在,故此时(2)不正确.

2. 解 当 $k = 0$ 时,函数
$$f(x) = \begin{cases} \sin\dfrac{1}{x}, & x \neq 0, \\ 0, & x = 0 \end{cases}$$

在点 $x = 0$ 处的极限 $\lim\limits_{x \to 0} \sin\dfrac{1}{x}$ 不存在,因此 $f(x)$ 在点 $x = 0$ 处一定不连续,所以它在 $x = 0$ 点不可导;当 $k = 1$ 时,函数
$$f(x) = \begin{cases} x\sin\dfrac{1}{x}, & x \neq 0, \\ 0, & x = 0 \end{cases}$$

在点 $x = 0$ 处的极限 $\lim\limits_{x \to 0} x\sin\dfrac{1}{x} = 0 = f(0)$,因此 $f(x)$ 在点 $x = 0$ 处

连续,但是

$$\lim_{\Delta x \to 0}\frac{f(0+\Delta x)-f(0)}{\Delta x}=\lim_{\Delta x \to 0}\frac{\Delta x \sin\frac{1}{\Delta x}-0}{\Delta x}=\lim_{\Delta x \to 0}\sin\frac{1}{\Delta x}$$

不存在,所以它在点 $x=0$ 处仍不可导;当 $k=2$ 时,函数

$$f(x)=\begin{cases} x^2\sin\frac{1}{x}, & x\neq 0,\\ 0, & x=0 \end{cases}$$

在点 $x=0$ 处,有

$$\lim_{\Delta x \to 0}\frac{f(0+\Delta x)-f(0)}{\Delta x}=\lim_{\Delta x \to 0}\frac{\Delta x^2\sin\frac{1}{\Delta x}-0}{\Delta x}$$

$$=\lim_{\Delta x \to 0}\Delta x \cdot \sin\frac{1}{\Delta x}=0,$$

所以它在点 $x=0$ 处可导,并且 $f'(0)=0$.

3. 解 不存在.因为函数在点 $x=0$ 处的右导数

$$f'_+(0)=\lim_{\Delta x \to 0^+}\frac{f(0+\Delta x)-f(0)}{\Delta x}=\lim_{\Delta x \to 0^+}\frac{|\sin\Delta x|-0}{\Delta x}$$

$$=\lim_{\Delta x \to 0^+}\frac{\sin\Delta x}{\Delta x}=1,$$

而左导数

$$f'_-(0)=\lim_{\Delta x \to 0^-}\frac{f(0+\Delta x)-f(0)}{\Delta x}$$

$$=\lim_{\Delta x \to 0^-}\frac{-\sin\Delta x}{\Delta x}=-1,$$

可见 $f'_+(0)\neq f'_-(0)$,所以函数 $y=|\sin x|$ 在点 $x=0$ 处的导数不存在.

4. 解 由于当 $x\leq x_0$ 时, $f'(x)=(x^2)'=2x$, $f(x)$ 处处可导;当 $x>x_0$ 时, $f'(x)=(ax+b)'=a$, $f(x)$ 处处可导,因此只需要讨论 $f(x)$ 在点 $x=x_0$ 处的可导性.

根据函数"可导必连续",首先要求 a,b 满足条件 I:

$$\lim_{x \to x_0^+} f(x) = f(x_0),$$

即
$$\lim_{x \to x_0^+} (ax + b) = x_0^2,$$

亦即
$$ax_0 + b = x_0^2. \tag{1}$$

再根据函数在一点可导的充要条件：左、右导数存在并相等，又要求 a,b 满足条件 II：

$$f'_+(x_0) = f'_-(x_0),$$

即
$$\lim_{\Delta x \to 0^+} \frac{f(x_0 + \Delta x) - f(x_0)}{\Delta x} = 2x_0,$$

亦即
$$\lim_{\Delta x \to 0^+} \frac{a(x_0 + \Delta x) + b - x_0^2}{\Delta x} = 2x_0.$$

由(1)式得到
$$\lim_{\Delta x \to 0^+} \frac{(ax_0 + b - x_0^2) + a\Delta x}{\Delta x} = a = 2x_0. \tag{2}$$

把(1),(2)两式联立起来,解得
$$\begin{cases} a = 2x_0, \\ b = -x_0^2. \end{cases}$$

图 3-2 给出了当 $a = 2x_0, b = -x_0^2$ 时，函数 $f(x)$ 的图像.

5. 解 （1）$y' = \dfrac{x'(x^2+1) - x(x^2+1)'}{(x^2+1)^2}$

$= \dfrac{x^2 + 1 - x(2x)}{(x^2+1)^2}$

$= \dfrac{1 - x^2}{(x^2+1)^2}.$

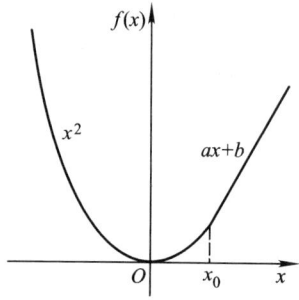

图 3-2

(2) $y' = (x^3 - 3x + 2)'(x^4 + x^2 - 1) + (x^3 - 3x + 2)(x^4 + x^2 - 1)'$
$= (3x^2 - 3)(x^4 + x^2 - 1) + (x^3 - 3x + 2)(4x^3 + 2x)$
$= 7x^5 - 10x^4 + 8x^3 - 12x^2 + 4x + 3.$

(3) $y' = x' \ln x + x(\ln x)' = \ln x + x \dfrac{1}{x}$
$= \ln x + 1.$

(4) $y' = x' \sin x \ln x + x(\sin x)' \ln x + x \sin x (\ln x)'$
$= \sin x \ln x + x \cos x \ln x + x \sin x \cdot \dfrac{1}{x}$
$= (1 + \ln x) \sin x + x \cos x \ln x.$

(5) $y' = \dfrac{-(\sqrt{1-x^2})'}{(\sqrt{1-x^2})^2}$
$= \dfrac{-(1-x^2)'}{2(1-x^2)\sqrt{1-x^2}}$
$= \dfrac{x}{\sqrt{(1-x^2)^3}}.$

(6) $y' = 6(x^3 - x)^5 \cdot (x^3 - x)'$
$= 6(x^3 - x)^5 (3x^2 - 1).$

(7) $y' = \left(\dfrac{x}{\cos^2 x} \right)' - (\tan x)'$

$$= \frac{\cos^2 x + x \cdot 2\cos x \sin x}{\cos^4 x} - \frac{1}{\cos^2 x}$$

$$= \frac{\cos x + 2x\sin x}{\cos^3 x} - \frac{\cos x}{\cos^3 x}$$

$$= \frac{2x\sin x}{\cos^3 x}.$$

(8) $y' = \dfrac{1}{(1 + \tan x)^2}[(x\sin x)'(1 + \tan x) - x\sin x(1 + \tan x)']$

$= \dfrac{1}{(1 + \tan x)^2}[(\sin x + x\cos x)(1 + \tan x) - x\sin x \sec^2 x].$

(9) $y' = \dfrac{1}{1 + (x^2)^2}(x^2)' = \dfrac{2x}{1 + x^4}.$

(10) $y' = e^{\sqrt{x+1}}(\sqrt{x+1})'$

$= e^{\sqrt{x+1}} \dfrac{1}{2\sqrt{x+1}}$

$= \dfrac{e^{\sqrt{x+1}}}{2\sqrt{x+1}}.$

(11) $y' = 2^{\frac{x}{\ln x}} \cdot \ln 2 \left(\dfrac{x}{\ln x}\right)'$

$= 2^{\frac{x}{\ln x}} \cdot \ln 2 \dfrac{\ln x - x \dfrac{1}{x}}{\ln^2 x}$

$= 2^{\frac{x}{\ln x}} \dfrac{\ln x - 1}{\ln^2 x} \cdot \ln 2.$

(12) $y' = -\dfrac{1}{\sqrt{1 - \left(\dfrac{2}{x}\right)^2}} \cdot \left(\dfrac{2}{x}\right)'$

$= -\dfrac{x}{\sqrt{x^2 - 4}} \cdot \left(-\dfrac{2}{x^2}\right)$

$= \dfrac{2}{x\sqrt{x^2 - 4}}.$

(13) $y' = 3\ln^2(x^2) \cdot [\ln(x^2)]'$

$= 3\ln^2(x^2) \cdot \dfrac{1}{x^2} \cdot (x^2)'$

$= 3\ln^2(x^2) \cdot \dfrac{1}{x^2} \cdot 2x$

$= \dfrac{6\ln^2(x^2)}{x}.$

(14) $y' = \dfrac{1}{\ln(\ln x)}[\ln(\ln x)]'$

$= \dfrac{1}{\ln(\ln x)} \cdot \dfrac{1}{\ln x}(\ln x)'$

$= \dfrac{1}{x\ln x \ln(\ln x)}.$

6. 解 由于

$$\lim_{x\to 1^-}f(x) = \lim_{x\to 1^-}(x^2+1) = 2,$$

但

$$\lim_{x\to 1^+}f(x) = \lim_{x\to 1^+}(2x+3) = 5,$$

故 $f(x)$ 在 $x=1$ 不连续,因此 $f(x)$ 在 $x=1$ 不可导.

7. 解 由定义

$F'(0) = \lim\limits_{x\to 0}\dfrac{F(x)-F(0)}{x-0} = \lim\limits_{x\to 0}\dfrac{f[g(x)]-f[g(0)]}{x-0}$

$= \lim\limits_{x\to 0}\dfrac{f\left(x^3\sin\dfrac{1}{x}\right)-f(0)}{x^3\sin\dfrac{1}{x}} \cdot x^2\sin\dfrac{1}{x}$

$= f'(0) \cdot 0 = 0.$

8. 解 因为 $y' = e^x - 3\cos x$. 所以曲线 $y = e^x - 3\sin x + 1$ 在点 $(0,2)$ 处的切线斜率为

$$k_1 = y'\big|_{x=0} = e^0 - 3\cos 0 = -2.$$

故切线方程为

$$y - 2 = -2(x - 0),$$

即

$$2x + y - 2 = 0.$$

曲线 $y = e^x - 3\sin x + 1$ 在点 $(0,2)$ 处的法线斜率为

$$k_2 = -\frac{1}{k_1} = \frac{1}{2},$$

故法线方程为

$$y - 2 = \frac{1}{2}(x - 0),$$

即

$$x - 2y + 4 = 0.$$

9. 解 $y' = 2x\arctan x + (1 + x^2) \cdot \dfrac{1}{1 + x^2} = 1 + 2x\arctan x,$

所以

$$y'' = 2\arctan x + \frac{2x}{1 + x^2}.$$

10. 证 因为

$$y' = \left(\frac{x-3}{x+4}\right)' = \frac{7}{(x+4)^2},$$

$$y'' = \frac{-14}{(x+4)^3},$$

所以

$$2(y')^2 = 2\left[\frac{7}{(x+4)^2}\right]^2 = \frac{98}{(x+4)^4},$$

而

$$(y - 1)y'' = \left(\frac{x-3}{x+4} - 1\right)\frac{-14}{(x+4)^3} = \frac{98}{(x+4)^4}.$$

故

$$2(y')^2 = (y - 1)y''.$$

11. 证 不妨假设当 $x \in N^-(0)$ 时,$f(x) \geqslant f(0)$. 由于 $f(x)$ 为

偶函数,则 $x \in N^+(0)$ 时,$f(x) \geqslant f(0)$.于是就有,当 $x>0$ 时,$\dfrac{f(x)-f(0)}{x} \geqslant 0$;当 $x<0$ 时,$\dfrac{f(x)-f(0)}{x} \leqslant 0$.根据左、右导数的定义,有

$$f'_-(0) = \lim_{x \to 0^-} \dfrac{f(x)-f(0)}{x} \leqslant 0,$$

$$f'_+(0) = \lim_{x \to 0^+} \dfrac{f(x)-f(0)}{x} \geqslant 0.$$

由于 $f'(0)$ 存在,所以 $f'_-(0) = f'_+(0) = f'(0)$,即

$$f'(0) \geqslant 0 \quad 且 \quad f'(0) \leqslant 0,$$

于是

$$f'(0) = 0.$$

12. 解 $y' = \dfrac{1}{x+\sqrt{x^2+a^2}} \cdot (x+\sqrt{x^2+a^2})'$

$= \dfrac{1}{x+\sqrt{x^2+a^2}} \cdot \left(1 + \dfrac{1}{2\sqrt{x^2+a^2}} \cdot (x^2+a^2)'\right)$

$= \dfrac{1}{x+\sqrt{x^2+a^2}} \cdot \left(1 + \dfrac{2x}{2\sqrt{x^2+a^2}}\right)$

$= \dfrac{1}{x+\sqrt{x^2+a^2}} \cdot \dfrac{\sqrt{x^2+a^2}+x}{\sqrt{x^2+a^2}} = \dfrac{1}{\sqrt{x^2+a^2}}.$

所以

$$\mathrm{d}y = \dfrac{\mathrm{d}x}{\sqrt{x^2+a^2}}.$$

第四章 积　　分

一、知识点

1. 原函数和不定积分的概念,不定积分的线性性质;
2. 基本积分公式;
3. 不定积分的第一换元积分法;
4. 定积分的概念;
5. 定积分的基本性质和中值定理;
6. 微积分基本定理和牛顿－莱布尼茨公式.

二、基本要求

1. 理解原函数和不定积分的概念,了解不定积分的性质和不定积分的几何意义;
2. 熟记基本积分公式和常用积分公式,并能对被积函数进行简单的恒等变换,灵活地应用这些公式求不定积分;
3. 掌握不定积分的第一换元法;
4. 理解定积分的概念,掌握定积分的性质;
5. 掌握变上限函数的概念和变上限函数的导数;
6. 掌握牛顿－莱布尼茨定理的条件和结论,熟练地掌握定积分的计算方法.

三、复习要点

（一）重要概念及性质

1. 原函数

定义 4.1 设函数 $f(x)$ 在区间 X 上有定义,如果存在 $F(x)$,使得

$$F'(x) = f(x), \quad 对任意 x \in X,$$

或者
$$dF(x) = f(x)dx, \quad 对任意 x \in X,$$
那么称 $F(x)$ 是 $f(x)$ 的一个**原函数**.

如果函数 $f(x)$ 存在原函数,那么也称 $f(x)$ 是**可积的**.

例如,由于 $(\sin x)' = \cos x$,所以 $\sin x$ 是 $\cos x$ 的一个原函数;又由于 $(x^2)' = (x^2+1)' = 2x$,因而 x^2 和 x^2+1 都是 $2x$ 的原函数.

2. 不定积分

(1) **定义 4.2** 设函数 $f(x)$ 在区间 X 上有定义,称 $f(x)$ 的全体原函数为 $f(x)$ 的**不定积分**,记作
$$\int f(x)dx,$$
其中 $\int$ 称为**积分号**,x 称为**积分变量**,$f(x)$ 称为**被积函数**,$f(x)dx$ 称为**被积表达式**.

(2) 性质

性质 1 设函数 $f(x), g(x)$ 可积,则
$$\int [f(x) \pm g(x)]dx = \int f(x)dx \pm \int g(x)dx.$$

性质 2 设函数 $f(x)$ 可积,k 为不等于零的常数,则
$$\int kf(x)dx = k\int f(x)dx.$$

由性质 1、性质 2 容易得到:设 $f_k(x)(k=1,2,\cdots,n)$ 为可积函数,$a_k(k=1,2,\cdots,n)$ 为不全等于零的常数,则
$$\int \sum_{k=1}^{n} a_k f_k(x)dx = \sum_{k=1}^{n} a_k \int f_k(x)dx.$$
即有限多个函数线性组合的不定积分等于它们不定积分的线性组合,积分的这种性质又称为积分运算的线性性质.

3. 定积分

(1) 定积分的定义

定义 4.3 设函数 $y = f(x)$ 在区间 $[a,b]$ 上有界,将区间

$[a,b]$ 任意分成 n 份,分点依次为

$$a = x_0 < x_1 < x_2 < \cdots < x_{n-1} < x_n = b.$$

在每一个小区间 $[x_{i-1}, x_i]$ 上任取一点 c_i,作乘积

$$f(c_i)\Delta x_i \quad (\Delta x_i = x_i - x_{i-1}, \ i = 1, 2, \cdots, n)$$

及和数

$$\sigma = \sum_{i=1}^{n} f(c_i)\Delta x_i.$$

无论区间的分法如何,c_i 在 $[x_{i-1}, x_i]$ 上的取法如何,如果当最大区间的长度

$$\lambda = \max_{1 \le i \le n}\{\Delta x_i\}$$

趋向于零时和数 σ 的极限存在,那么我们就说函数 $f(x)$ 在区间 $[a,b]$ 上可积,并称这个极限 I 为函数 $f(x)$ 在区间 $[a,b]$ 上的**定积分**,记为

$$I = \lim_{\lambda \to 0} \sum_{i=1}^{n} f(c_i)\Delta x_i = \int_a^b f(x)\,\mathrm{d}x,$$

其中 $f(x)$ 称为**被积函数**,x 称为**积分变量**.$[a,b]$ 称为**积分区间**.a 称为**积分下限**,b 称为**积分上限**,和数 σ 称为**积分和**.

注意 定积分与不定积分是两个完全不同的概念.不定积分是微分的逆运算,而定积分是一种特殊的和的极限;函数 $f(x)$ 的不定积分是(无穷多个)函数,而 $f(x)$ 在 $[a,b]$ 上的定积分是一个完全由被积函数 $f(x)$ 的形式和积分区间 $[a,b]$ 所确定的值,它与积分变量采用什么符号是无关的.于是我们可以把

$$\int_a^b f(x)\,\mathrm{d}x \ \text{写成} \ \int_a^b f(t)\,\mathrm{d}t.$$

(2) 定积分的性质

性质 1 设函数 $f(x), g(x)$ 在 $[a,b]$ 上可积,则

$$\int_a^b [f(x) \pm g(x)]\,\mathrm{d}x = \int_a^b f(x)\,\mathrm{d}x \pm \int_a^b g(x)\,\mathrm{d}x.$$

性质 2 设函数 $f(x)$ 在 $[a,b]$ 上可积,k 为一任意常数,则

$$\int_a^b kf(x)\,\mathrm{d}x = k\int_a^b f(x)\,\mathrm{d}x.$$

由性质 1、性质 2 容易得到：设 $f_k(x)(k=1,2,\cdots,n)$ 在 $[a,b]$ 上可积，$a_k(k=1,2,\cdots,n)$ 为任意常数，则

$$\int_a^b \sum_{k=1}^n a_k f_k(x)\,\mathrm{d}x = \sum_{k=1}^n a_k \int_a^b f_k(x)\,\mathrm{d}x.$$

上述性质称为定积分的线性性质.

性质 3 设函数 $f(x)$ 在 $[a,b]$ 上可积，c 为 $[a,b]$ 上一个分点，则

$$\int_a^b f(x)\,\mathrm{d}x = \int_a^c f(x)\,\mathrm{d}x + \int_c^b f(x)\,\mathrm{d}x.$$

性质 4 设函数 $f(x), g(x)$ 在 $[a,b]$ 上可积，且 $f(x) \leqslant g(x)$，则

$$\int_a^b f(x)\,\mathrm{d}x \leqslant \int_a^b g(x)\,\mathrm{d}x.$$

性质 5 设函数 $f(x)$ 在 $[a,b]$ 上可积，且

$$m \leqslant f(x) \leqslant M, \quad 对任意\ x \in [a,b],$$

其中 m, M 为常数，则

$$m(b-a) \leqslant \int_a^b f(x)\,\mathrm{d}x \leqslant M(b-a).$$

性质 6 设函数 $f(x)$ 在 $[a,b]$ 上可积，则

$$\left|\int_a^b f(x)\,\mathrm{d}x\right| \leqslant \int_a^b |f(x)|\,\mathrm{d}x.$$

性质 7 积分中值定理 设函数 $f(x)$ 在 $[a,b]$ 上连续，则存在 $c \in [a,b]$，使得

$$\int_a^b f(x)\,\mathrm{d}x = f(c)(b-a).$$

上述公式的几何意义是，当 $f(x) \geqslant 0$ 时，$\int_a^b f(x)\,\mathrm{d}x$ 表示由曲线 $y = f(x)$，直线 $x = a, x = b$ 以及 $y = 0$ 所围成的曲边梯形的面积；而 $f(c)(b-a)$ 表示以 $[a,b]$ 为底，以 $f(c)$ 为高的矩形的面积. 积分

中值定理说明,在曲边梯形的所有变化的高度 $f(x)(a\leqslant x\leqslant b)$ 之中,至少有一个高度 $f(c)(a\leqslant c\leqslant b)$,使得以 $f(c)$ 为高的同底矩形与此曲边梯形有相同的面积. 因此, $f(c)$ 称为**曲边梯形的平均高度**,并称

$$\frac{1}{b-a}\int_a^b f(x)\,dx$$

为函数 $f(x)$ 在 $[a,b]$ 上的**积分平均值**.

4. 变上限的定积分

定义 4.4 设函数 $f(x)$ 在 $[a,b]$ 上可积,则对于任意 $x(a\leqslant x\leqslant b)$, $f(x)$ 在 $[a,x]$ 上也可积,称 $\int_a^x f(t)\,dt$ 为 $f(x)$ 的**变上限的定积分**,记作 $\Phi(x)$,即

$$\Phi(x)=\int_a^x f(t)\,dt.$$

当函数 $f(x)\geqslant 0$ 时,变上限的定积分 $\Phi(x)$ 在几何上表示为右侧邻边可以变动的曲边梯形面积.

(二)重要定理及公式

定理 4.1 若 $F(x)$ 是 $f(x)$ 的一个原函数,则 $F(x)+C$(C 为任意常数)仍是 $f(x)$ 的原函数,而且 $f(x)$ 的任何原函数都可以表成 $F(x)+C$ 的形式.

由上述定理可知,如果 $F(x)$ 是 $f(x)$ 的一个原函数,那么

$$\int f(x)\,dx=F(x)+C \quad (C\text{ 为任意常数}),$$

就是 $f(x)$ 的全体原函数.

基本积分表

根据不定积分的定义和基本初等函数的微分公式,即可写出对应的不定积分公式. 我们把这些公式列成下面的基本积分表(其中的 C 与 C_1 均为任意常数):

(1) $\int 0\,dx=C$;

(2) $\int x^{\alpha} dx = \dfrac{1}{\alpha+1} x^{\alpha+1} + C \quad (\alpha \neq -1)$;

(3) $\int \dfrac{1}{x} dx = \ln|x| + C$; (4) $\int \sin x dx = -\cos x + C$;

(5) $\int \cos x dx = \sin x + C$; (6) $\int \csc^2 x dx = -\cot x + C$;

(7) $\int \sec^2 x dx = \tan x + C$; (8) $\int e^x dx = e^x + C$;

(9) $\int a^x dx = \dfrac{1}{\ln a} a^x + C \quad (a > 0, a \neq 1)$;

(10) $\int \dfrac{1}{1+x^2} dx = \arctan x + C = -\operatorname{arccot} x + C_1$;

(11) $\int \dfrac{1}{\sqrt{1-x^2}} dx = \arcsin x + C = -\arccos x + C_1$.

注意 在公式(3)中,当 $x > 0$ 时,公式显然成立;当 $x < 0$ 时,有

$$(\ln|x| + C)' = [\ln(-x)]' = \dfrac{1}{-x}(-1) = \dfrac{1}{x},$$

所以对一切的 $x \neq 0$,都有

$$\int \dfrac{1}{x} dx = \ln|x| + C.$$

由公式(2),(3)还可以看出幂函数 x^{α} 的不定积分是

$$\int x^{\alpha} dx = \begin{cases} \dfrac{1}{\alpha+1} x^{\alpha+1} + C, & \alpha \neq -1, \\ \ln|x| + C, & \alpha = -1. \end{cases}$$

由此可见,幂函数(除 x^{-1} 外)的原函数都是幂函数.

定理 4.2(第一换元法) 若 u 为自变量时,有

$$\int f(u) du = F(u) + C,$$

则 u 为 x 的可微函数 $u = \varphi(x)$ 时,也有

$$\int f[\varphi(x)] \varphi'(x) dx = \int f[\varphi(x)] d\varphi(x) = F[\varphi(x)] + C.$$

定理 4.3(连续函数的原函数存在定理) 设函数 $f(x)$ 在区间 $[a,b]$ 上连续,则函数

$$\Phi(x) = \int_a^x f(t)\mathrm{d}t \quad (a \leqslant x \leqslant b)$$

在 $[a,b]$ 上可导,并且

$$\Phi'(x) = f(x) \quad (a \leqslant x \leqslant b),$$

即 $\Phi(x)$ 是 $f(x)$ 在 $[a,b]$ 上的一个原函数.

这个定理告诉我们,任何连续的函数都有原函数存在,并且这个原函数正是 $f(x)$ 的变上限的定积分,即

$$\Phi'(x) = \frac{\mathrm{d}}{\mathrm{d}x}\left[\int_a^x f(t)\mathrm{d}t\right] = f(x).$$

定理 4.4(微积分学基本定理) 设函数 $f(x)$ 在 $[a,b]$ 上连续,且 $F(x)$ 是 $f(x)$ 的一个原函数,则

$$\int_a^b f(x)\mathrm{d}x = F(b) - F(a).$$

这个公式称为微积分学基本公式,它常常写成下面的形式

$$\int_a^b f(x)\mathrm{d}x = F(x)\Big|_a^b.$$

微积分学基本公式告诉我们,要求已知函数 $f(x)$ 在 $[a,b]$ 上的定积分,只要先求出函数 $f(x)$ 在 $[a,b]$ 上的任意一个原函数 $F(x)$,然后再计算它由 a 点到 b 点的改变量 $F(b)-F(a)$ 即可,由于这个公式是由牛顿和莱布尼茨发现的,因此,也称为**牛顿-莱布尼茨公式**.

微积分学基本定理揭示了定积分与不定积分之间的联系,并把计算定积分的问题转化为计算不定积分的问题,为我们计算定积分提供了一种简便的方法.需要指出的是,上述定理中的条件($f(x)$ 在 $[a,b]$ 上连续)给得强了一些.实际上只是 $f(x)$ 在区间 $[a,b]$ 上可积,便可由定积分的定义直接证明公式是成立的.

(三) 重要方法及应用

1. 不定积分的几何意义

由于 $f(x)$ 的不定积分为 $F(x)+C$（C 为任意常数），对于 C 的一个确定的值 C_0，就对应有 $f(x)$ 的一个原函数 $F(x)+C_0$. 在直角坐标系 Oxy 中，称曲线 $y=F(x)+C_0$ 为 $f(x)$ 的一条**积分曲线**. 因为 C 可以取一切实数值，所以积分曲线有无穷多条. 我们把 $f(x)$ 的一条积分曲线沿 y 轴方向平行移动一定的距离，就可以得到它的另一条积分曲线，而且 $f(x)$ 的一切积分曲线都可以用这样的方法得到. 我们称积分曲线的全体为 $f(x)$ 的**积分曲线族**（见图 4-1），因此，不定积分 $\int f(x)\mathrm{d}x$ 在几何上表示函数 $f(x)$ 的积分曲线族 $y=F(x)+C$. 这族曲线的特点是，它在横坐标相同的点处，所有的切线都是彼此平行的.

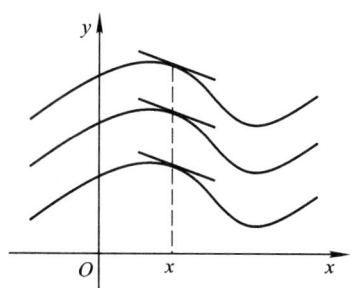

图 4-1

例 1 设一曲线通过点 $(3,4)$，并且在曲线上的每一点处切线的斜率都为 $5x$，求此曲线方程.

解 设此曲线方程为 $y=f(x)$，则有 $y'=f'(x)=5x$，两边积分，得到

$$y=\frac{5}{2}x^2+C.$$

由于该曲线通过(3,4)点,有
$$4 = \frac{5}{2} \times 3^2 + C,$$
因此 $C = -\frac{37}{2}$. 所以该曲线方程为
$$y = \frac{5}{2}x^2 - \frac{37}{2}.$$

2. 定积分的几何意义

函数 $f(x)$ 在区间 $[a,b]$ 上的定积分在几何上表示由曲线 $y = f(x)$,直线 $x = a, x = b, y = 0$ 所围成的几个曲边梯形的面积的代数和(即在 x 轴上方的面积取正号,在 x 轴下方的面积取负号). 设这几个曲边梯形的面积为 S_1, S_2, S_3(见图 4 – 2),则有
$$\int_a^b f(x)\,\mathrm{d}x = S_1 - S_2 + S_3.$$

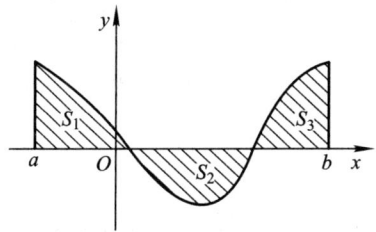

图 4 – 2

特别地,在区间 $[a,b]$ 上 $f(x) \equiv 1$,由定积分的定义直接可得
$$\int_a^b 1\,\mathrm{d}x = \int_a^b \mathrm{d}x = b - a.$$
这就是说,定积分 $\int_a^b \mathrm{d}x$ 在数值上等于区间长度. 从几何上看,宽度为 1 的矩形的面积在数值上等于矩形的底边长度.

例如
$$\int_{-\pi}^{\pi} \sin x\,\mathrm{d}x = 0,$$

这是因为函数 $y = \sin x$ 当 $x \in [0, \pi]$ 时,曲线在 x 轴上方,而当 $x \in [-\pi, 0]$ 时,曲线在 x 轴下方,而面积是相同的缘故.

四、典型例题分析

例1 若 $f(x)$ 是 $g(x)$ 的一个原函数,则正确的是( ).

(A) $\int f(x) dx = g(x) + C$; (B) $\int g(x) dx = f(x) + C$;

(C) $\int g'(x) dx = f(x) + C$; (D) $\int f'(x) dx = g(x) + C$.

答案是:B.

分析 由原函数与不定积分的定义,可知
$$(f(x) + C)' = f'(x) = g(x).$$
故选择 B.

例2 若 $f(x)$ 的一个原函数是 $\sin x$,则 $\int f'(x) dx = ($).

(A) $\sin x + C$; (B) $\cos x + C$;

(C) $-\sin x + C$; (D) $-\cos x + C$.

答案是:B.

分析 由于 $(\sin x)' = f(x)$,所以 $f(x) = \cos x$. 因此
$$\int f'(x) dx = f(x) + C = \cos x + C.$$
故选择 B.

例3 下列函数中,哪一个是函数 $2(e^{2x} - e^{-2x})$ 的原函数( ).

(A) $e^x + e^{-x}$; (B) $4(e^{2x} + e^{-2x})$;

(C) $e^x - e^{-x}$; (D) $(e^x + e^{-x})^2$.

答案是:D.

分析 由原函数的定义,有
$$\begin{aligned}
[(e^x + e^{-x})^2]' &= 2(e^x + e^{-x})(e^x + e^{-x})' \\
&= 2(e^x + e^{-x})(e^x - e^{-x}) \\
&= 2(e^{2x} - e^{-2x}).
\end{aligned}$$

故选择 D.

例 4 已知 $I = \int \dfrac{dx}{3-4x}$，则 $I = ($ \qquad $)$.

(A) $-\dfrac{1}{4}\ln|3-4x|$; \qquad (B) $\ln|3-4x| + C$;

(C) $\dfrac{1}{4}\ln(3-4x) + C$; \qquad (D) $-\dfrac{1}{4}\ln|3-4x| + C$.

答案是：D.

分析 由公式
$$\int f(ax+b)dx = \dfrac{1}{a}F(ax+b) + C$$
可知
$$\int \dfrac{1}{3-4x}dx = -\dfrac{1}{4}\ln|3-4x| + C.$$

故选择 D.

例 5 若 $\int f(x)dx = x^2 + C$，则 $\int xf(1-x^2)dx = ($ \qquad $)$.

(A) $2(1-x^2)^2 + C$; \qquad (B) $-2(1-x^2)^2 + C$;

(C) $\dfrac{1}{2}(1-x^2)^2 + C$; \qquad (D) $-\dfrac{1}{2}(1-x^2)^2 + C$.

答案是：D.

分析 由于
$$\int xf(1-x^2)dx = -\dfrac{1}{2}\int f(1-x^2)d(1-x^2),$$
又由于
$$\int f(x)dx = x^2 + C,$$
因此
$$\int xf(1-x^2)dx = -\dfrac{1}{2}(1-x^2)^2 + C.$$

故选择 D.

例6 $\int x\mathrm{d}e^{-x} = (\quad)$.

(A) $xe^{-x} + C$; (B) $-xe^{-x} + C$;

(C) $xe^{-x} + e^{-x} + C$; (D) $xe^{-x} - e^{-x} + C$.

答案是：C.

分析 $\int x\mathrm{d}e^{-x} = xe^{-x} - \int e^{-x}\mathrm{d}x = xe^{-x} + \int e^{-x}\mathrm{d}(-x)$
$= xe^{-x} + e^{-x} + C$.

故选择 C.

例7 设 $f(x) = \begin{cases} x^2, & x > 0, \\ x, & x \leq 0, \end{cases}$ 则 $\int_{-1}^{1} f(x)\mathrm{d}x = (\quad)$.

(A) $2\int_{-1}^{0} x\mathrm{d}x$; (B) $2\int_{0}^{1} x^2\mathrm{d}x$;

(C) $\int_{0}^{1} x^2\mathrm{d}x + \int_{-1}^{0} x\mathrm{d}x$; (D) $\int_{0}^{1} x\mathrm{d}x + \int_{-1}^{0} x^2\mathrm{d}x$.

答案是：C.

分析 由于 $f(x)$ 是一个分段函数，所以

$$\int_{-1}^{1} f(x)\mathrm{d}x = \int_{-1}^{0} f(x)\mathrm{d}x + \int_{0}^{1} f(x)\mathrm{d}x = \int_{-1}^{0} x\mathrm{d}x + \int_{0}^{1} x^2\mathrm{d}x.$$

故选择 C.

例8 $\int_{-\frac{\pi}{2}}^{\frac{\pi}{2}} |\sin x|\mathrm{d}x = (\quad)$.

(A) 0; (B) π; (C) $\frac{\pi}{2}$; (D) 2.

答案是：D.

分析 由于

$$|\sin x| = \begin{cases} \sin x, & 0 \leq x \leq \frac{\pi}{2}, \\ -\sin x, & -\frac{\pi}{2} \leq x \leq 0, \end{cases}$$

我们有

$$\int_{-\frac{\pi}{2}}^{\frac{\pi}{2}} |\sin x| \, dx = \int_{-\frac{\pi}{2}}^{0} (-\sin x) \, dx + \int_{0}^{\frac{\pi}{2}} \sin x \, dx$$

$$= 2\int_{0}^{\frac{\pi}{2}} \sin x \, dx = 2(-\cos x) \Big|_{0}^{\frac{\pi}{2}} = 2.$$

故选择 D.

例 9 $\int_{0}^{3} |x-1| \, dx = ($).

(A) 0; (B) 1; (C) $\frac{5}{2}$; (D) 2.

答案是：C.

分析 由于

$$|x-1| = \begin{cases} x-1, & 1 \leqslant x \leqslant 3, \\ 1-x, & 0 \leqslant x < 1, \end{cases}$$

我们有

$$\int_{0}^{3} |x-1| \, dx = \int_{0}^{1} (1-x) \, dx + \int_{1}^{3} (x-1) \, dx$$

$$= \left(x - \frac{x^2}{2}\right) \Big|_{0}^{1} + \left(\frac{x^2}{2} - x\right) \Big|_{1}^{3}$$

$$= \frac{1}{2} + \left(\frac{9}{2} - 3\right) - \left(\frac{1}{2} - 1\right) = \frac{5}{2}.$$

故选择 C.

例 10 $\int_{a}^{x} f'(2t) \, dt = ($).

(A) $2[f(x) - f(a)]$; (B) $f(2x) - f(2a)$;

(C) $2[f(2x) - f(2a)]$; (D) $\frac{1}{2}[f(2x) - f(2a)]$.

答案是：D.

分析 $\int_{0}^{x} f'(2t) \, dt = \frac{1}{2} \int_{0}^{x} f'(2t) \, d(2t) = \frac{1}{2} f(2t) \Big|_{a}^{x}$

$$= \frac{1}{2}[f(2x) - f(2a)].$$

故选择 D.

例 11 设 $y = \int_0^x (t-1)(t-2)dt$,则 $y'(0) = ($ $)$.

(A) -2;   (B) -1;   (C) 1;   (D) 2.

答案是:D.

分析 由于
$$y' = (x-1)(x-2),$$
所以
$$y'(0) = (-1) \times (-2) = 2.$$

故选择 D.

五、练习题

(一)选择题

1. 若 $\ln|x|$ 是函数 $f(x)$ 的原函数,那么 $f(x)$ 的另一个原函数是(   ).

(A) $\ln|ax|$;   (B) $\frac{1}{a}\ln|ax|$;

(C) $\ln|x+a|$;   (D) $\frac{1}{2}(\ln x)^2$.

2. 设 $f(x)$ 为 $[-a, a]$ 上定义的连续奇函数,且当 $x > 0$ 时,$f(x) > 0$,则由 $y = f(x), x = -a, x = a$ 及 x 轴围成的图形面积 $S = ($ $)$ 为不正确.

(A) $2\int_0^a f(x)dx$;   (B) $\int_{-a}^a |f(x)|dx$;

(C) $\int_0^a f(x)dx - \int_{-a}^0 f(x)dx$;   (D) $\int_0^a f(x)dx + \int_{-a}^0 f(x)dx$.

3. 设 $f'(x)$ 存在且连续,则 $\left(\int df(x)\right)' = ($ $)$.

(A) $f(x)$;   (B) $f'(x)$;

(C) $f'(x) + C$; (D) $f(x) + C$.

4. $\int \cos(1-2x)\,dx = ($ $)$.

(A) $-\dfrac{1}{2}\sin(1-2x) + C$; (B) $\dfrac{1}{2}\sin(1-2x) + C$;

(C) $-\sin(1-2x) + C$; (D) $2\sin(1-2x) + C$.

5. 若 $\int f(x)\,dx = F(x) + C$,则 $\int e^{-x} f(e^{-x})\,dx = ($ $)$.

(A) $F(e^x) + C$; (B) $-F(e^{-x}) + C$;

(C) $F(e^{-x}) + C$; (D) $\dfrac{F(e^{-x})}{x} + C$.

6. 若 $\int_0^x f(t)\,dt = \dfrac{x^4}{2}$,则 $\int_0^4 \dfrac{1}{\sqrt{x}} f(\sqrt{x})\,dx = ($ $)$.

(A) 16; (B) 8; (C) 4; (D) 2.

7. $\dfrac{d}{dx}\int_b^x \dfrac{\sin t}{t}\,dt = ($ $)$.

(A) $\dfrac{\sin x}{x}$; (B) $\dfrac{\cos x}{x}$; (C) $\dfrac{\sin b}{b}$; (D) $\dfrac{\sin t}{t}$.

(二) 解答题

1. 已知质点在时刻 t 的加速度为 $t^2 + 1$,且当 $t = 0$ 时,速度 $v = 1$,距离 $s = 0$,求此质点运动的方程.

2. 已知函数 $y = f(x)$ 的导数等于 $x + 2$,且 $x = 2$ 时,$y = 5$,求这个函数.

3. 验证下列各组函数是否为同一函数的原函数:

(1) $f(x) = \ln(x + \sqrt{x^2 + a^2})$,$g(x) = \ln\dfrac{1}{\sqrt{x^2 + a^2} - x}$;

(2) $f(x) = \arcsin(2x - 1)$,$g(x) = 7 - 2\arcsin\sqrt{1-x}$.

4. 求下列各不定积分:

(1) $\int \dfrac{1}{x^3}\,dx$; (2) $\int \dfrac{(1-x)^2}{\sqrt[3]{x}}\,dx$;

(3) $\int 3^x e^x dx$;

(4) $\int \dfrac{\sqrt{1+x^2}}{\sqrt{1-x^4}} dx$;

(5) $\int 2\sin^2 \dfrac{x}{2} dx$;

(6) $\int \dfrac{1+2x^2}{x^2(1+x^2)} dx$;

(7) $\int \dfrac{\cos 2x}{\cos^2 x \sin^2 x} dx$;

(8) $\int \dfrac{1+\cos^2 x}{1+\cos 2x} dx$.

5. 利用换元法求下列各不定积分:

(1) $\int \dfrac{1}{\sqrt[3]{3-2x}} dx$;

(2) $\int 10^{2x} dx$;

(3) $\int e^{-3x} dx$;

(4) $\int \tan 5x \, dx$;

(5) $\int \dfrac{dx}{\sqrt{1+16x^2}}$;

(6) $\int \dfrac{x^2 dx}{x^3+1}$;

(7) $\int x\sqrt{1-x^2} dx$;

(8) $\int e^{x^2} x \, dx$;

(9) $\int e^x \sin e^x dx$;

(10) $\int \dfrac{2x-3}{x^2-3x+8} dx$;

(11) $\int \dfrac{1}{x^2-a^2} dx$;

(12) $\int \sec^4 x \, dx$;

(13) $\int \sin^3 x \cos^5 x \, dx$;

(14) $\int \dfrac{1}{\sqrt{4-9x^2}} dx$.

6. 求不定积分 $\int \cos^5 x \, dx$.

7. 求 $\int \sin \sqrt{x} \, dx$.

8. 用定积分的定义计算积分 $\int_0^1 e^x dx$.

9. 利用定积分的性质估计积分值 $\int_0^1 e^x dx$.

10. 证明: $\sqrt{\dfrac{2}{e}} < \int_{-\frac{1}{\sqrt{2}}}^{\frac{1}{\sqrt{2}}} e^{-x^2} dx < \sqrt{2}$.

六、练习题解答与分析

(一) 选择题

1. 答案是:A.

分析 因为函数$f(x)$不同的两个原函数只相差一个常数,故知$\ln|ax|$为所求.

故选择 A.

2. 答案是:D.

分析 因为$f(x)$为奇函数,$x>0$时,$f(x)>0$,$x<0$时,$f(x)<0$. 所以当$-a \leqslant x \leqslant 0$时,所求图形(见图$4-3$)的面积应为$-\int_{-a}^{0} f(x)\mathrm{d}x$. D 的写法不正确.

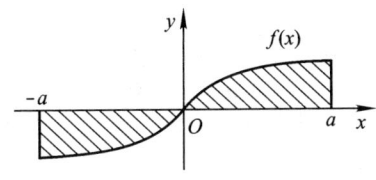

图 $4-3$

故选择 D.

3. 答案是:B.

分析 由不定积分的性质,有
$$\left(\int \mathrm{d}f(x)\right)' = (f(x)+C)' = f'(x).$$

故选择 B.

4. 答案是:A.

分析
$$\int \cos(1-2x)\mathrm{d}x = -\frac{1}{2}\int \cos(1-2x)\mathrm{d}(1-2x)$$
$$= -\frac{1}{2}\sin(1-2x) + C.$$

故选择 A.

5. 答案是：B.

分析 $\int e^{-x} f(e^{-x}) dx = -\int f(e^{-x}) d(e^{-x}) = -F(e^{-x}) + C.$

故选择 B.

6. 答案是：A.

分析 由变上限定积分函数求导定理得 $f(x) = \left(\dfrac{x^4}{2}\right)' = 2x^3$，代入后得

$$\int_0^4 \dfrac{1}{\sqrt{x}} \cdot 2(\sqrt{x})^3 dx = \int_0^4 2x dx = x^2 \Big|_0^4 = 16.$$

故选择 A.

7. 答案是：A.

分析 由变上限定积分函数求导定理得

$$\dfrac{d}{dx} \int_b^x \dfrac{\sin t}{t} dt = \dfrac{\sin x}{x}.$$

故选择 A.

(二) 解答题

1. 解 因为 $s' = v, s'' = a$，所以

$$s' = \int a dt = \int (t^2 + 1) dt = \dfrac{1}{3} t^3 + t + C.$$

因为当 $t = 0$ 时，$s' = v = 1$，所以

$$1 = \dfrac{1}{3} \times 0 + 0 + C, \quad C = 1,$$

所以

$$v = \dfrac{1}{3} t^3 + t + 1.$$

因为

$$s = \int v dt = \int \left(\dfrac{1}{3} t^3 + t + 1\right) dt$$

$$= \frac{1}{12}t^4 + \frac{1}{2}t^2 + t + C,$$

并且当 $t=0$ 时,$s=0$,所以

$$0 = 0+0+0+C, \quad C = 0,$$

由此得

$$s = \frac{1}{12}t^4 + \frac{1}{2}t^2 + t.$$

2. 解 因为 $y' = x+2$,所以

$$y = f(x) = \int (x+2)\mathrm{d}x = \frac{1}{2}x^2 + 2x + C.$$

因为 $x=2$ 时,$y=5$,所以

$$\frac{1}{2} \times 2^2 + 2 \times 2 + C = 5, \quad C = -1.$$

所以

$$y = \frac{1}{2}x^2 + 2x - 1.$$

3. 证

(1) $f'(x) = \dfrac{1}{x+\sqrt{x^2+a^2}}\left(1 + \dfrac{1}{2}\dfrac{1}{\sqrt{x^2+a^2}} \cdot 2x\right)$

$= \dfrac{\sqrt{x^2+a^2}+x}{x+\sqrt{x^2+a^2}} \cdot \dfrac{1}{\sqrt{x^2+a^2}} = \dfrac{1}{\sqrt{x^2+a^2}},$

$g'(x) = -\dfrac{1}{\sqrt{x^2+a^2}-x}\left(\dfrac{1}{2}\dfrac{1}{\sqrt{x^2+a^2}} \cdot 2x - 1\right)$

$= -\dfrac{x-\sqrt{x^2+a^2}}{\sqrt{x^2+a^2}-x} \cdot \dfrac{1}{\sqrt{x^2+a^2}} = \dfrac{1}{\sqrt{x^2+a^2}},$

故 $f'(x) = g'(x)$,从而 $f(x)$ 与 $g(x)$ 为同一个函数 $y = \dfrac{1}{\sqrt{x^2+a^2}}$ 的原函数.

(2) $f'(x) = \dfrac{1}{\sqrt{1-(2x-1)^2}} \times 2 = \dfrac{2}{\sqrt{4x-4x^2}} = \dfrac{1}{\sqrt{x-x^2}},$

$g'(x) = -2 \dfrac{1}{\sqrt{1-(1-x)}} \cdot \dfrac{1}{2} \dfrac{1}{\sqrt{1-x}} \cdot (-1)$

$= \dfrac{1}{\sqrt{x-x^2}},$

注意 $g'(x)$ 的最后一个等式是由于 $g(x)$ 的定义域为 $[0,1]$,从而 $\dfrac{1}{\sqrt{x}} \dfrac{1}{\sqrt{1-x}} = \dfrac{1}{\sqrt{x-x^2}}$. 于是 $f'(x) = g'(x)$, 即 $f(x)$ 与 $g(x)$ 表示同一个函数的原函数.

4. 解 (1) $\int \dfrac{1}{x^3} dx = \int x^{-3} dx = \dfrac{x^{-3+1}}{-3+1} + C = -\dfrac{1}{2x^2} + C.$

(2) $\int \dfrac{(1-x)^2}{\sqrt[3]{x}} dx = \int \dfrac{1-2x+x^2}{x^{\frac{1}{3}}} dx = \int (x^{-\frac{1}{3}} - 2x^{\frac{2}{3}} + x^{\frac{5}{3}}) dx$

$= \dfrac{3}{2} x^{\frac{2}{3}} - \dfrac{6}{5} x^{\frac{5}{3}} + \dfrac{3}{8} x^{\frac{8}{3}} + C.$

(3) $\int 3^x e^x dx = \int (3e)^x dx = \dfrac{(3e)^x}{\ln(3e)} + C = \dfrac{3^x e^x}{1+\ln 3} + C.$

(4) $\int \dfrac{\sqrt{1+x^2}}{\sqrt{1-x^4}} dx = \int \dfrac{\sqrt{1+x^2}}{\sqrt{1+x^2}\sqrt{1-x^2}} dx = \int \dfrac{1}{\sqrt{1-x^2}} dx$

$= \arcsin x + C.$

(5) $\int 2\sin^2 \dfrac{x}{2} dx = \int (1-\cos x) dx = \int dx - \int \cos x dx$

$= x - \sin x + C.$

(6) $\int \dfrac{1+2x^2}{x^2(1+x^2)} dx = \int \left[\dfrac{1+x^2}{x^2(1+x^2)} + \dfrac{x^2}{x^2(1+x^2)} \right] dx$

$= \int \dfrac{1}{x^2} dx + \int \dfrac{1}{1+x^2} dx$

$= -\dfrac{1}{x} + \arctan x + C.$

(7) $\int \dfrac{\cos 2x}{\cos^2 x \sin^2 x} dx = \int \dfrac{\cos^2 x - \sin^2 x}{\cos^2 x \sin^2 x} dx = \int \left(\dfrac{1}{\sin^2 x} - \dfrac{1}{\cos^2 x} \right) dx$

$\qquad = -\cot x - \tan x + C.$

(8) $\int \dfrac{1 + \cos^2 x}{1 + \cos 2x} dx = \int \dfrac{1 + \cos^2 x}{2\cos^2 x} dx = \int \dfrac{1}{2} \left(\dfrac{1}{\cos^2 x} + 1 \right) dx$

$\qquad = \dfrac{1}{2} \left(\int \dfrac{1}{\cos^2 x} dx + \int dx \right)$

$\qquad = \dfrac{1}{2} (\tan x + x) + C.$

5. 解 (1) $\int \dfrac{1}{\sqrt[3]{3 - 2x}} dx = \int (3 - 2x)^{-\frac{1}{3}} dx$

$\qquad = -\dfrac{1}{2} \int (3 - 2x)^{-\frac{1}{3}} d(3 - 2x)$

$\qquad = -\dfrac{3}{4} (3 - 2x)^{\frac{2}{3}} + C.$

(2) $\int 10^{2x} dx = \dfrac{1}{2} \int 10^{2x} d(2x) = \dfrac{1}{2} \dfrac{10^{2x}}{\ln 10} + C$

$\qquad = \dfrac{10^{2x}}{2\ln 10} + C.$

(3) $\int e^{-3x} dx = -\dfrac{1}{3} \int e^{-3x} d(-3x)$

$\qquad = -\dfrac{1}{3} e^{-3x} + C.$

(4) $\int \tan 5x\, dx = \int \dfrac{\sin 5x}{\cos 5x} dx = -\dfrac{1}{5} \int \dfrac{d\cos 5x}{\cos 5x}$

$\qquad = -\dfrac{1}{5} \ln |\cos 5x| + C.$

(5) $\int \dfrac{dx}{\sqrt{1 + 16x^2}} = \dfrac{1}{4} \int \dfrac{d(4x)}{\sqrt{1 + (4x)^2}}$

$\qquad = \dfrac{1}{4} \ln \left(4x + \sqrt{1 + 16x^2} \right) + C.$

(6) $\int \dfrac{x^2 \mathrm{d}x}{x^3+1} = \dfrac{1}{3}\int \dfrac{\mathrm{d}(x^3+1)}{x^3+1} = \dfrac{1}{3}\ln|x^3+1| + C.$

(7) $\int x\sqrt{1-x^2}\mathrm{d}x = -\dfrac{1}{2}\int \sqrt{1-x^2}\mathrm{d}(1-x^2)$
$= -\dfrac{1}{3}(1-x^2)^{\frac{3}{2}} + C.$

(8) $\int \mathrm{e}^{x^2}x\mathrm{d}x = \dfrac{1}{2}\int \mathrm{e}^{x^2}\mathrm{d}x^2 = \dfrac{1}{2}\mathrm{e}^{x^2} + C.$

(9) $\int \mathrm{e}^x \sin \mathrm{e}^x \mathrm{d}x = \int \sin \mathrm{e}^x \mathrm{d}\mathrm{e}^x = -\cos \mathrm{e}^x + C.$

(10) $\int \dfrac{2x-3}{x^2-3x+8}\mathrm{d}x = \int \dfrac{\mathrm{d}(x^2-3x+8)}{x^2-3x+8}$
$= \ln|x^2-3x+8| + C.$

(11) $\int \dfrac{1}{x^2-a^2}\mathrm{d}x = \dfrac{1}{2a}\int \left(\dfrac{1}{x-a} - \dfrac{1}{x+a}\right)\mathrm{d}x$
$= \dfrac{1}{2a}\left(\int \dfrac{1}{x-a}\mathrm{d}x - \int \dfrac{1}{x+a}\mathrm{d}x\right)$
$= \dfrac{1}{2a}(\ln|x-a| - \ln|x+a|) + C$
$= \dfrac{1}{2a}\ln\left|\dfrac{x-a}{x+a}\right| + C.$

(12) $\int \sec^4 x \mathrm{d}x = \int \sec^2 x \mathrm{d}\tan x = \int (1+\tan^2 x)\mathrm{d}\tan x$
$= \tan x + \dfrac{1}{3}\tan^3 x + C.$

(13) $\int \sin^3 x \cos^5 x \mathrm{d}x = \int (\cos^2 x - 1)\cos^5 x \, \mathrm{d}\cos x$
$= \int (\cos^7 x - \cos^5 x)\mathrm{d}\cos x$
$= \dfrac{1}{8}\cos^8 x - \dfrac{1}{6}\cos^6 x + C.$

(14) $\int \dfrac{1}{\sqrt{4-9x^2}}\mathrm{d}x = \int \dfrac{1}{2\sqrt{1-\left(\dfrac{3}{2}x\right)^2}}\mathrm{d}x$

$$= \frac{1}{3} \int \frac{1}{\sqrt{1 - \left(\frac{3}{2}x\right)^2}} \mathrm{d}\left(\frac{3}{2}x\right)$$

$$= \frac{1}{3} \arcsin \frac{3}{2}x + C.$$

6. 解 $\int \cos^5 x \mathrm{d}x = \int \cos x \cos^4 x \mathrm{d}x$

$$= \int \cos x (1 - \sin^2 x)(1 - \sin^2 x) \mathrm{d}x$$

$$= \int (1 - 2\sin^2 x + \sin^4 x) \mathrm{d}\sin x$$

$$= \sin x - \frac{2}{3}\sin^3 x + \frac{1}{5}\sin^5 x + C.$$

7. 解 设 $u = \sqrt{x}$,则 $x = u^2, \mathrm{d}x = 2u\mathrm{d}u$,

$$\int \sin \sqrt{x} \mathrm{d}x = \int 2u \sin u \mathrm{d}u = \int 2u \mathrm{d}(-\cos u)$$

$$= -2u \cos u + \int 2\cos u \mathrm{d}u$$

$$= -2u \cos u + 2\sin u + C$$

$$= -2\sqrt{x} \cos \sqrt{x} + 2\sin \sqrt{x} + C.$$

8. 解 用分点 $x_0 = a = 0, x_1 = \frac{1}{n}, \cdots, x_i = \frac{i}{n}, \cdots, x_n = b = 1$ 将区间 $[0,1]$ 分成 n 等份,则第 i 个小区间 $\left[\frac{i-1}{n}, \frac{i}{n}\right]$ 的长为 $\Delta x_i = \frac{1}{n}$ ($i = 1, 2, \cdots, n$). 在第 i 个小区间上取 $\xi_i = x_i$(其中 $i = 1, 2, \cdots, n$),则积分和为

$$S_n = \sum_{i=1}^{n} f(\xi_i) \Delta x_i = \sum_{i=1}^{n} f(x_i) \Delta x_i$$

$$= \sum_{i=1}^{n} e^{x_i} \frac{1}{n} = \sum_{i=1}^{n} e^{\frac{i}{n}} \cdot \frac{1}{n} = \frac{1}{n} \sum_{i=1}^{n} e^{\frac{i}{n}}$$

$$= \frac{1}{n} \left[(e^{\frac{1}{n}})^1 + (e^{\frac{1}{n}})^2 + \cdots + (e^{\frac{1}{n}})^n \right]$$

$$= \frac{1}{n} \cdot \frac{\left[(e^{\frac{1}{n}})^1 + (e^{\frac{1}{n}})^2 + \cdots + (e^{\frac{1}{n}})^n\right](e^{\frac{1}{n}} - 1)}{e^{\frac{1}{n}} - 1}$$

$$= \frac{1}{n} \cdot \frac{e^{\frac{1}{n}}\left[(e^{\frac{1}{n}})^0 + (e^{\frac{1}{n}})^1 + (e^{\frac{1}{n}})^2 + \cdots + (e^{\frac{1}{n}})^{n-1}\right](e^{\frac{1}{n}} - 1)}{e^{\frac{1}{n}} - 1}$$

$$= \frac{1}{n} \cdot \frac{e^{\frac{1}{n}}\left[(e^{\frac{1}{n}})^n - 1\right]}{e^{\frac{1}{n}} - 1} = \frac{e^{\frac{1}{n}}(e - 1)}{\dfrac{(e^{\frac{1}{n}} - 1)}{\dfrac{1}{n}}}.$$

所以

$$\lim_{n \to \infty} S_n = \lim_{n \to \infty} \frac{e^{\frac{1}{n}}(e - 1)}{\dfrac{e^{\frac{1}{n}} - 1}{\dfrac{1}{n}}} = \frac{\lim\limits_{n \to \infty} e^{\frac{1}{n}}(e - 1)}{\lim\limits_{n \to \infty} \dfrac{e^{\frac{1}{n}} - 1}{\dfrac{1}{n}}} = e - 1,$$

这里利用 $\lim\limits_{n \to \infty} \dfrac{e^{\frac{1}{n}} - 1}{\dfrac{1}{n}} = 1$. 因此所求积分 $\int_0^1 e^x dx = e - 1$.

9. 解 在区间 $[0,1]$ 上，$f(x) = e^x$ 最大值 $M = e$，最小值 $m = 1$. 所以根据定积分的性质 $m(b-a) \leqslant \int_a^b f(x) dx \leqslant M(b-a)$ 有

$$1 \times (1 - 0) \leqslant \int_0^1 e^x dx \leqslant e(1 - 0),$$

即

$$1 \leqslant \int_0^1 e^x dx \leqslant e.$$

10. 证 设 $f(x) = e^{-x^2}$，则 $f(x)$ 在 $\left[-\dfrac{1}{\sqrt{2}}, \dfrac{1}{\sqrt{2}}\right]$ 上连续，对 $f(x)$ 求导得：$f'(x) = -2xe^{-x^2}$，令 $f'(x) = 0$，解出 $x = 0$，

$$f\left(-\dfrac{1}{\sqrt{2}}\right) = e^{-\frac{1}{2}} = \sqrt{\dfrac{1}{e}},$$

$$f(0)=1, \quad f\left(\frac{1}{\sqrt{2}}\right)=\mathrm{e}^{-\frac{1}{2}}=\sqrt{\frac{1}{\mathrm{e}}}.$$

所以 $\max\limits_{\left[-\frac{1}{\sqrt{2}},\frac{1}{\sqrt{2}}\right]} f(x) = 1$, $\min\limits_{\left[-\frac{1}{\sqrt{2}},\frac{1}{\sqrt{2}}\right]} f(x) = \sqrt{\frac{1}{\mathrm{e}}}$, 故

$$\sqrt{\frac{1}{\mathrm{e}}}\left(\frac{1}{\sqrt{2}}+\frac{1}{\sqrt{2}}\right) < \int_{-\frac{1}{\sqrt{2}}}^{\frac{1}{\sqrt{2}}} \mathrm{e}^{-x^2}\mathrm{d}x < \frac{1}{\sqrt{2}}+\frac{1}{\sqrt{2}},$$

即

$$\sqrt{\frac{2}{\mathrm{e}}} < \int_{-\frac{1}{\sqrt{2}}}^{\frac{1}{\sqrt{2}}} \mathrm{e}^{-x^2}\mathrm{d}x < \sqrt{2}.$$

第二部分 线性代数简介

第一章 矩　　阵

一、知识点

1. 矩阵的概念、各种特殊矩阵的定义；
2. 矩阵的代数运算；
3. 矩阵的转置；
4. 矩阵的简单应用.

二、基本要求

1. 理解矩阵和各种特殊矩阵(行向量、列向量、方阵、单位矩阵、对角矩阵、三角形矩阵、对称矩阵)的定义；
2. 熟练掌握矩阵的运算法则(矩阵的加法、数与矩阵的乘法、矩阵与矩阵的乘法、矩阵的转置)；
3. 了解矩阵的简单应用.

三、复习要点

(一) 重要概念及性质

1. 矩阵的定义

定义 1.1　由 $m \times n$ 个数排成的 m 行 n 列的一张表

$$\begin{bmatrix} a_{11} & a_{12} & \cdots & a_{1n} \\ a_{21} & a_{22} & \cdots & a_{2n} \\ \vdots & \vdots & & \vdots \\ a_{m1} & a_{m2} & \cdots & a_{mn} \end{bmatrix}$$

称为 $m \times n$ **矩阵**,其中 a_{ij} 为**元素**$(i=1,2,\cdots,m;j=1,2,\cdots,n)$. 矩阵通常用大写字母 $A,B,C,\cdots$ 表示. 矩阵可记作 A_{mn} 或 $A_{m \times n}$,简记作 A;也可记作 $(a_{ij})_{mn}$ 或 $(a_{ij})_{m \times n}$,简记作 (a_{ij}),即

$$A = (a_{ij})_{m \times n} = \begin{bmatrix} a_{11} & a_{12} & \cdots & a_{1n} \\ a_{21} & a_{22} & \cdots & a_{2n} \\ \vdots & \vdots & & \vdots \\ a_{m1} & a_{m2} & \cdots & a_{mn} \end{bmatrix}.$$

特别地,当 $m=n$ 时,则 A 为 n 阶**方阵**,简记作 $(a_{ij})_n$.

2. 几种特殊矩阵的定义

设

$$A = (a_{ij})_{m \times n} = \begin{bmatrix} a_{11} & a_{12} & \cdots & a_{1n} \\ a_{21} & a_{22} & \cdots & a_{2n} \\ \vdots & \vdots & & \vdots \\ a_{m1} & a_{m2} & \cdots & a_{mn} \end{bmatrix},$$

当 $n=1$ 时,称 A 为一个 m 维的**列向量**,即

$$A = \begin{bmatrix} a_{11} \\ a_{21} \\ \vdots \\ a_{m1} \end{bmatrix},$$

其中 a_{i1} 为向量 A 的第 i 个分量$(i=1,2,\cdots,m)$;当 $m=1$ 时,称 A 为一个 n 维的**行向量**,即

$$A = (a_{11}, a_{12}, \cdots, a_{1n}).$$

所有元素都是零的矩阵,称为**零矩阵**,记作 O.

在矩阵 $A = (a_{ij})$ 所有元素的前面都加上负号所得到的矩阵,称为 A 的**负矩阵**,记作 $-A$,即

$$-A = (-a_{ij}).$$

从方阵 A 的左上角到右下角的斜线位置称为**主对角线**.

主对角线上以外的元素都是零的方阵,称为**对角矩阵**;主对角

线上所有元素都是 1 的对角矩阵,称为**单位矩阵**,记作 I.

主对角线以下的元素都等于零的方阵,即

$$\begin{bmatrix} a_{11} & a_{12} & \cdots & a_{1n} \\ 0 & a_{22} & \cdots & a_{2n} \\ \vdots & \vdots & & \vdots \\ 0 & 0 & \cdots & a_{nn} \end{bmatrix}$$

称为**上三角形矩阵**;同样地,主对角线上面的元素全为零的方阵称为**下三角形矩阵**. 上、下三角形矩阵统称为**三角形矩阵**.

对于某些矩阵 A 与 B,若 $AB = BA$,则称 A 与 B 是**可交换的**.

对于方阵 A,若 $A = A'$,则称 A 为**对称矩阵**.

(二) 重要定理及公式

1. 矩阵的代数运算

(1) 矩阵相等

设 $A = (a_{ij})_{m \times n}$,$B = (b_{ij})_{k \times l}$,如果 $m = k, n = l$,并且 $a_{ij} = b_{ij}$ 对 $i = 1, 2, \cdots, m; j = 1, 2, \cdots, n$ 都成立,则称 A 与 B 是**相等的**,记作 $A = B$.

(2) 加法

当 $m = k, n = l$ 时,矩阵 A 与 B 的和用 $A + B$ 表示,即

$$A + B \xlongequal{\text{def}} \begin{bmatrix} a_{11} + b_{11} & a_{12} + b_{12} & \cdots & a_{1n} + b_{1n} \\ a_{21} + b_{21} & a_{22} + b_{22} & \cdots & a_{2n} + b_{2n} \\ \vdots & \vdots & & \vdots \\ a_{m1} + b_{m1} & a_{m2} + b_{m2} & \cdots & a_{mn} + b_{mn} \end{bmatrix},$$

简记作 $(a_{ij} + b_{ij})_{m \times n}$.

加法满足:

① $A + B = B + A$(交换律);

② $(A + B) + C = A + (B + C)$(结合律).

利用负矩阵可以定义矩阵的减法:

$$A - B \xlongequal{\text{def}} A + (-B).$$

（3）数乘

λ 为任一实数，数 λ 与 A 相乘，用 λA 表示，有
$$\lambda A \xlongequal{\text{def}} (\lambda a_{ij})_{m \times n}.$$

数乘满足：

① $\lambda(A + B) = \lambda A + \lambda B$ （数对矩阵的分配律）；

② $(\lambda + \mu)A = \lambda A + \mu A$ （矩阵对数的分配律）；

③ $\lambda(\mu A) = (\lambda \mu)A$ （结合律）.

（4）乘法

当 $n = k$ 时，矩阵 A 与 B 的积用 AB 表示，

$$AB \xlongequal{\text{def}} \begin{bmatrix} c_{11} & c_{12} & \cdots & c_{1l} \\ c_{21} & c_{22} & \cdots & c_{2l} \\ \vdots & \vdots & & \vdots \\ c_{m1} & c_{m2} & \cdots & c_{ml} \end{bmatrix},$$

其中

$$c_{ij} = a_{i1}b_{1j} + a_{i2}b_{2j} + \cdots + a_{in}b_{nj} = \sum_{s=1}^{n} a_{is}b_{sj}.$$

特别地，对于方阵 A，若 $AA \xlongequal{\text{def}} A^2 = A$，则称 A 为**幂等矩阵**.

注意 矩阵的乘法一般不满足交换律，即 $AB \neq BA$，因此通常称 AB 为 A 左乘 B，或 B 右乘 A. 另外，一般情况下，不能从 $AB = O$ 推出矩阵 $A = O$ 或 $B = O$.

乘法满足：

① $(AB)C = A(BC)$（结合律）；

② $A(B + C) = AB + AC$（左分配律）；

③ $(A + B)C = AC + BC$（右分配律）.

2. 矩阵的转置

设

$$A = (a_{ij})_{m \times n} = \begin{bmatrix} a_{11} & a_{12} & \cdots & a_{1n} \\ a_{21} & a_{22} & \cdots & a_{2n} \\ \vdots & \vdots & & \vdots \\ a_{m1} & a_{m2} & \cdots & a_{mn} \end{bmatrix},$$

把矩阵 A 的行和列对调以后,所得的矩阵记为

$$(a'_{ij})_{n \times m} = \begin{bmatrix} a_{11} & a_{21} & \cdots & a_{m1} \\ a_{12} & a_{22} & \cdots & a_{m2} \\ \vdots & \vdots & & \vdots \\ a_{1n} & a_{2n} & \cdots & a_{mn} \end{bmatrix},$$

称其为 A 的**转置矩阵**,用 A' 表示,即

$$A' = (a'_{ij})_{n \times m}.$$

有时也用符号 A^T 来表示 A'.

转置满足:

(1) $(A')' = A$; (2) $(A \pm B)' = A' \pm B'$;
(3) $(kA)' = kA'$(k 是数); (4) $(AB)' = B'A'$;
(5) 若 A 为对称矩阵,则 $A' = A$.

四、典型例题分析

例 1 两矩阵 A 与 B 既可相加又可相乘的充要条件是_____.
答案是:A, B 为同阶方阵.

分析 设 $A = (a_{ij})_{m \times n}$, $B = (b_{ij})_{k \times l}$.

若要满足可相加,要求 A 的行、列数与 B 的行、列数分别相同,即 $m = k, n = l$.

若要满足可相乘,要求 A 的列数与 B 的行数相同,即 $n = k$.

因此,两矩阵 A 与 B 既可相加又可相乘的充要条件是:$m = k = n = l$,即 A, B 为同阶方阵.

例 2 已知矩阵 $A, B, C = (c_{ij})_{s \times n}$ 满足 $AC = CB$,则 A 与 B 分别是_____矩阵.

答案是:$s \times s$, $n \times n$.

分析 由于 $C = (c_{ij})_{s \times n}$,并且 $AC = CB$.

(1) 根据矩阵相等条件,为满足 $AC = CB$,要求 A 的行数等于 C 的行数 s,B 的列数等于 C 的列数 n;

(2) 根据矩阵乘法运算条件,为满足 AC,要求 A 的列数等于 C 的行数 s,于是 $A = (a_{ij})_{s \times s}$;

(3) 根据矩阵乘法运算条件,为满足 CB,要求 B 的行数等于 C 的列数 n,于是 $B = (b_{ij})_{n \times n}$.

例3 设

$$A = \begin{bmatrix} 1 & 0 \\ 1 & 1 \end{bmatrix},$$

试求出所有与 A 可交换的矩阵.

解 显然,与 A 可交换的矩阵必须是二阶方阵,设其为 X,则

$$X = \begin{bmatrix} x_{11} & x_{12} \\ x_{21} & x_{22} \end{bmatrix}.$$

由

$$AX = \begin{bmatrix} 1 & 0 \\ 1 & 1 \end{bmatrix} \begin{bmatrix} x_{11} & x_{12} \\ x_{21} & x_{22} \end{bmatrix} = \begin{bmatrix} x_{11} & x_{12} \\ x_{11} + x_{21} & x_{12} + x_{22} \end{bmatrix},$$

$$XA = \begin{bmatrix} x_{11} & x_{12} \\ x_{21} & x_{22} \end{bmatrix} \begin{bmatrix} 1 & 0 \\ 1 & 1 \end{bmatrix} = \begin{bmatrix} x_{11} + x_{12} & x_{12} \\ x_{21} + x_{22} & x_{22} \end{bmatrix}$$

满足 $AX = XA$,可推出 $x_{12} = 0$,$x_{11} = x_{22}$. 取 $x_{11} = x_{22} = a$,$x_{21} = b$ (a,b 为任意常数),则所有与 A 可交换的矩阵为

$$X = \begin{bmatrix} a & 0 \\ b & a \end{bmatrix}.$$

例4 设 A,B 为 n 阶方阵,且 $A = \dfrac{1}{2}(B + I)$,证明:$A^2 = A$ 的充分必要条件是 $B^2 = I$.

证 充分性 当 $B^2 = I$ 时,有

$$A^2 = \left[\frac{1}{2}(B+I)\right]^2 = \frac{1}{4}(B+I)^2 = \frac{1}{4}(B^2+2B+I)$$
$$= \frac{1}{4}(I+2B+I) \quad (因为 B^2 = I)$$
$$= \frac{1}{4}(2I+2B) = \frac{1}{2}(I+B) = A.$$

必要性 当 $A^2 = A$ 时,有
$$A^2 = \left[\frac{1}{2}(B+I)\right]^2 = \frac{1}{4}(B+I)^2 = \frac{1}{4}(B^2+2B+I).$$

又
$$A = \frac{1}{2}(B+I),$$

所以
$$\frac{1}{4}(B^2+2B+I) = \frac{1}{2}(B+I),$$

即
$$B^2 + 2B + I = 2B + 2I,$$

亦即
$$B^2 = I.$$

五、练习题

(一) 选择题

1. 设 $A = \begin{bmatrix} 1 & 2 \\ 4 & 3 \end{bmatrix}, B = \begin{bmatrix} x & 1 \\ 2 & y \end{bmatrix}$,当 x 与 y 之间具有关系(   )时,则有 $AB = BA$.

(A) $2x = 7$;   (B) $2y = x$;
(C) $y = x+1$;   (D) $y = x-1$.

(二) 解答题

1. 设 A, B 为 n 阶方阵,下面等式是否恒成立:
(1) $(A+B)(A-B) = A^2 - B^2$(记 $A^2 = AA$);
(2) $(A+B)^2 = A^2 + 2AB + B^2$.

2. 已知
$$A = \begin{bmatrix} 0 & 0 & 0 \\ -1 & 1 & 1 \\ 1 & -1 & -1 \end{bmatrix},$$
求 A^2.

3. 设
$$A = \begin{bmatrix} a & b & c & d \\ b & -a & -d & c \\ c & d & -a & -b \\ d & -c & b & -a \end{bmatrix}.$$
求 AA'.

六、练习题解答与分析

(一) 选择题

1. 答案是: C.

分析 由于
$$AB = \begin{bmatrix} 1 & 2 \\ 4 & 3 \end{bmatrix} \begin{bmatrix} x & 1 \\ 2 & y \end{bmatrix} = \begin{bmatrix} x+4 & 1+2y \\ 4x+6 & 4+3y \end{bmatrix},$$
而
$$BA = \begin{bmatrix} x & 1 \\ 2 & y \end{bmatrix} \begin{bmatrix} 1 & 2 \\ 4 & 3 \end{bmatrix} = \begin{bmatrix} x+4 & 2x+3 \\ 2+4y & 4+3y \end{bmatrix},$$
若要 $AB = BA$, 有
$$\begin{cases} 1+2y = 2x+3, \\ 4x+6 = 2+4y, \end{cases}$$
即
$$1+2y = 2x+3,$$
亦即
$$y = x+1.$$
故选择 C.

(二)解答题

1. 解 (1) 因为 $(A+B)(A-B) = A^2 + BA - AB - B^2$,而 AB 一般不等于 BA,所以(1)式一般不成立.

(2) 因为 $(A+B)^2 = (A+B)(A+B) = A^2 + BA + AB + B^2$, 而 AB 不一定与 BA 相等,所以(2)式一般不成立.

注意 对于某些矩阵 A 与 B,若满足 $AB = BA$,则称 A 与 B 是**可交换的**. 例如

$$\begin{bmatrix} 2 & 1 \\ 3 & 4 \end{bmatrix} \begin{bmatrix} 5 & 0 \\ 0 & 5 \end{bmatrix} = \begin{bmatrix} 10 & 5 \\ 15 & 20 \end{bmatrix} = \begin{bmatrix} 5 & 0 \\ 0 & 5 \end{bmatrix} \begin{bmatrix} 2 & 1 \\ 3 & 4 \end{bmatrix},$$

即矩阵 $\begin{bmatrix} 2 & 1 \\ 3 & 4 \end{bmatrix}$ 与 $\begin{bmatrix} 5 & 0 \\ 0 & 5 \end{bmatrix}$ 是可交换的.

2. 解 由

$$A^2 = AA = \begin{bmatrix} 0 & 0 & 0 \\ -1 & 1 & 1 \\ 1 & -1 & -1 \end{bmatrix} \begin{bmatrix} 0 & 0 & 0 \\ -1 & 1 & 1 \\ 1 & -1 & -1 \end{bmatrix}$$

$$= \begin{bmatrix} 0 & 0 & 0 \\ 0 & 0 & 0 \\ 0 & 0 & 0 \end{bmatrix}$$

可见,若 $A^2 = O$,不一定 $A = O$.

3. 解

$$AA' = \begin{bmatrix} a & b & c & d \\ b & -a & -d & c \\ c & d & -a & -b \\ d & -c & b & -a \end{bmatrix} \begin{bmatrix} a & b & c & d \\ b & -a & d & -c \\ c & -d & -a & b \\ d & c & -b & -a \end{bmatrix}$$

$$= \begin{bmatrix} a^2+b^2+c^2+d^2 & 0 & 0 & 0 \\ 0 & b^2+a^2+d^2+c^2 & 0 & 0 \\ 0 & 0 & c^2+d^2+a^2+b^2 & 0 \\ 0 & 0 & 0 & d^2+c^2+b^2+a^2 \end{bmatrix}$$

$$= (a^2+b^2+c^2+d^2)I_4.$$

第二章 行列式简介

一、知识点

1. 余子式与代数余子式的概念；
2. 行列式的定义；
3. 行列式的性质；
4. 行列式的计算方法；
5. 克拉默法则.

二、基本要求

1. 理解余子式与代数余子式的概念和行列式的递推定义；
2. 理解行列式的性质，并运用行列式的性质计算一些简单的行列式；
3. 掌握行列式的展开定理，会用展开定理计算行列式；
4. 会计算四阶行列式；
5. 掌握克拉默法则，能运用克拉默法则求解线性方程组，讨论有关齐次线性方程组的解的情况.

三、复习要点

（一）重要概念及性质

行列式的定义及性质

（1）行列式的定义

定义 1.1 由 n^2 个数排列成 n 行 n 列（横的称行，竖的称列），并左、右两边各加一竖线，即

$$\begin{vmatrix} a_{11} & a_{12} & \cdots & a_{1n} \\ a_{21} & a_{22} & \cdots & a_{2n} \\ \vdots & \vdots & & \vdots \\ a_{n1} & a_{n2} & \cdots & a_{nn} \end{vmatrix}$$

称为 n **阶行列式**,它代表一个由确定的运算关系所得到的数,可简记为 D,其值为

$$D = \sum_{j=1}^{n} a_{ij} A_{ij},$$

其中数 a_{ij} 称为第 i 行第 j 列的**元素**;

$$A_{ij} \xlongequal{\text{def}} (-1)^{i+j} M_{ij}$$

称为 a_{ij} 的**代数余子式**;M_{ij} 为由 D 划去第 i 行和第 j 列后余下元素构成的 $n-1$ 阶行列式,称为 a_{ij} 的**余子式**.

注意 对于一阶行列式 $|a|$,其值就定义为 a.

(2)行列式性质

性质 1 行列互换,行列式的值不变.

性质 2 两行互换,行列式反号.

推论 若行列式中有两行的对应元素相等,则行列式等于零.

性质 3 用数 k 乘行列式某一行的所有元素等于用数 k 乘这个行列式.

推论 1 若行列式中有一行的元素全为零,则行列式等于零.

推论 2 若行列式中有两行对应元素成比例,则行列式等于零.

性质 4 若行列式的某一行的元素都是两项之和,则这个行列式等于拆开这两项所得到的两个行列式之和.

性质 5 用数 k 乘行列式某一行的所有元素并加到另一行的对应元素上去,所得到的行列式和原行列式相等.

性质 6 行列式等于它的任一行的各元素与其代数余子式的乘积之和,即

$$D = a_{i1}A_{i1} + a_{i2}A_{i2} + \cdots + a_{in}A_{in}$$
$$= \sum_{j=1}^{n} a_{ij}A_{ij} \quad (i = 1,2,\cdots,n).$$

推论 行列式中任一行的各元素与另一行对应元素的代数余子式的乘积之和等于零,即
$$a_{i1}A_{k1} + a_{i2}A_{k2} + \cdots + a_{in}A_{kn} = 0 \quad (i \neq k).$$
把性质 6 及其推论合并起来可以表成下式
$$\sum_{j=1}^{n} a_{ij}A_{kj} = \begin{cases} D, & i = k, \\ 0, & i \neq k. \end{cases}$$

(二) 重要定理及公式

定理 1.1(克拉默法则) 设 n 元线性方程组的一般形式为
$$\begin{cases} a_{11}x_1 + a_{12}x_2 + \cdots + a_{1n}x_n = b_1, \\ a_{21}x_1 + a_{22}x_2 + \cdots + a_{2n}x_n = b_2, \\ \cdots\cdots\cdots\cdots \\ a_{n1}x_1 + a_{n2}x_2 + \cdots + a_{nn}x_n = b_n, \end{cases}$$
如果它的系数行列式 $D \neq 0$,那么它有唯一解
$$x_j = \frac{D_j}{D} \quad (j = 1,2,\cdots,n).$$

这里的 D_j 是把 D 中第 j 列的元素 $a_{1j}, a_{2j}, \cdots, a_{nj}$ 换成方程组右端的常数项 $b_1, b_2, \cdots, b_n$ 所得到的行列式.

注意 克拉默法则仅给出了方程个数与未知量个数相等,并且系数行列式不等于零的线性方程组求解的一种方法.

推论 齐次线性方程组
$$\begin{cases} a_{11}x_1 + a_{12}x_2 + \cdots + a_{1n}x_n = 0, \\ a_{21}x_1 + a_{22}x_2 + \cdots + a_{2n}x_n = 0, \\ \cdots\cdots\cdots\cdots \\ a_{n1}x_1 + a_{n2}x_2 + \cdots + a_{nn}x_n = 0, \end{cases}$$
如果它的系数行列式 $D \neq 0$,那么它只有零解.

注意 如果齐次线性方程组有非零解,那么它的系数行列式 $D=0$.

(三)重要方法

行列式的计算方法

计算行列式的基本方法之一是选择零元素最多的行或列,然后按这一行或列展开(当然在展开之前也可以利用性质把某一行或某一列的元素尽量多地化为零,然后再展开),变为低一阶的行列式,如此继续下去,直到化为三阶或二阶行列式.这是计算行列式的一个行之有效的办法.

例 1 计算行列式

$$D = \begin{vmatrix} a & b & b & b \\ b & a & b & b \\ b & b & a & b \\ b & b & b & a \end{vmatrix} \quad (\text{其中 } a \neq b).$$

解 由于该行列式每行均有一个 a 和三个 b,故先将各列都加到第 1 列上,得

$$D = \begin{vmatrix} a+3b & b & b & b \\ a+3b & a & b & b \\ a+3b & b & a & b \\ a+3b & b & b & a \end{vmatrix} \xrightarrow[\text{因子 } a+3b]{\text{提出第 1 列公}} (a+3b) \begin{vmatrix} 1 & b & b & b \\ 1 & a & b & b \\ 1 & b & a & b \\ 1 & b & b & a \end{vmatrix}$$

$$\xrightarrow{-1① + \text{各行}} (a+3b) \begin{vmatrix} 1 & b & b & b \\ 0 & a-b & 0 & 0 \\ 0 & 0 & a-b & 0 \\ 0 & 0 & 0 & a-b \end{vmatrix}$$

$$= (a+3b)(a-b)^3.$$

例 2 计算三阶范德蒙德行列式

$$V_3 = \begin{vmatrix} 1 & 1 & 1 \\ x_1 & x_2 & x_3 \\ x_1^2 & x_2^2 & x_3^2 \end{vmatrix}.$$

解 从最后一行开始,各行加上相邻上一行的 $-x_1$ 倍,然后按第 1 列展开,得到

$$V_3 = \begin{vmatrix} 1 & 1 & 1 \\ 0 & x_2 - x_1 & x_3 - x_1 \\ 0 & x_2(x_2 - x_1) & x_3(x_3 - x_1) \end{vmatrix}$$

$$= 1 \begin{vmatrix} x_2 - x_1 & x_3 - x_1 \\ x_2(x_2 - x_1) & x_3(x_3 - x_1) \end{vmatrix}$$

$$= (x_2 - x_1)(x_3 - x_1) \begin{vmatrix} 1 & 1 \\ x_2 & x_3 \end{vmatrix}$$

$$= (x_2 - x_1)(x_3 - x_1)(x_3 - x_2)$$

$$= (x_3 - x_2)(x_3 - x_1)(x_2 - x_1).$$

注意 对于 n 阶范德蒙德行列式,我们可以用归纳法及与上面类似的方法,得到

$$V_n = \begin{vmatrix} 1 & 1 & 1 & \cdots & 1 \\ x_1 & x_2 & x_3 & \cdots & x_n \\ x_1^2 & x_2^2 & x_3^2 & \cdots & x_n^2 \\ \vdots & \vdots & \vdots & & \vdots \\ x_1^{n-1} & x_2^{n-1} & x_3^{n-1} & \cdots & x_n^{n-1} \end{vmatrix}$$

$$= \prod_{1 \leq j < i \leq n}(x_i - x_j).$$

例 3 计算行列式

$$D = \begin{vmatrix} 1 & 1 & 1 & 1 \\ 16 & 8 & 2 & 4 \\ 81 & 27 & 3 & 9 \\ 256 & 64 & 4 & 16 \end{vmatrix}.$$

分析 这不是一个范德蒙德行列式. 经第 2 列与第 3、4 列作相邻互换以及第 1 列与第 2、3、4 列作相邻互换后,行列式的值变号,再从各行提出公因子,便可得到一个四阶范德蒙德行列式.

解

$$D = \begin{vmatrix} 1 & 1 & 1 & 1 \\ 16 & 8 & 2 & 4 \\ 81 & 27 & 3 & 9 \\ 256 & 64 & 4 & 16 \end{vmatrix} = - \begin{vmatrix} 1 & 1 & 1 & 1 \\ 2 & 4 & 8 & 16 \\ 3 & 9 & 27 & 81 \\ 4 & 16 & 64 & 256 \end{vmatrix}$$

$$= -2 \times 3 \times 4 \begin{vmatrix} 1 & 1 & 1 & 1 \\ 1 & 2 & 4 & 8 \\ 1 & 3 & 9 & 27 \\ 1 & 4 & 16 & 64 \end{vmatrix} = -2 \times 3 \times 4 \begin{vmatrix} 1 & 1 & 1 & 1 \\ 1 & 2 & 2^2 & 2^3 \\ 1 & 3 & 3^2 & 3^3 \\ 1 & 3 & 4^2 & 4^3 \end{vmatrix}$$

$$= -2 \times 3 \times 4(4-3)(4-2)(4-1)(3-2)(3-1)(2-1)$$
$$= -2 \times 3 \times 4 \times 2 \times 3 \times 2 = -288.$$

四、典型例题分析

例1 设行列式 $D = \begin{vmatrix} 1 & 3 & 2 \\ -1 & 0 & 2 \\ 1 & 1 & -2 \end{vmatrix}$,则 D 中元素 $a_{23} = 2$ 的余子式 $M_{23} = \underline{\qquad}$.

答案是:-2.

分析 由于

$$M_{23} = \begin{vmatrix} 1 & 3 \\ 1 & 1 \end{vmatrix} = -2.$$

例2 行列式 $\begin{vmatrix} x & y & z \\ 1 & 2 & 3 \\ 2 & 3 & 1 \end{vmatrix}$ 中元素 y 的代数余子式是 $\underline{\qquad}$.

答案是:5.

分析 a_{12} 的代数余子式是

$$A_{12} = (-1)^{1+2} \begin{vmatrix} 1 & 3 \\ 2 & 1 \end{vmatrix} = -(1-6) = 5.$$

例3 若齐次线性方程组

$$\begin{cases} a_{11}x_1 + a_{12}x_2 + \cdots + a_{1n}x_n = 0, \\ a_{21}x_1 + a_{22}x_2 + \cdots + a_{2n}x_n = 0, \\ \cdots\cdots\cdots\cdots\cdots \\ a_{n1}x_1 + a_{n2}x_2 + \cdots + a_{nn}x_n = 0 \end{cases}$$

有非零解,则其系数行列式_____.

答案是:等于 0.

分析 由克拉默法则推论,可知其系数行列式等于 0.

例 4 行列式 $\begin{vmatrix} a & 0 & 0 & 0 \\ 0 & 0 & 0 & 1 \\ 0 & 0 & 1 & 0 \\ 0 & -1 & 1 & 0 \end{vmatrix} = 3$,则 $a = $ _____.

答案是: 3.

分析 由于

$$\begin{vmatrix} a & 0 & 0 & 0 \\ 0 & 0 & 0 & 1 \\ 0 & 0 & 1 & 0 \\ 0 & -1 & 1 & 0 \end{vmatrix} = a \begin{vmatrix} 0 & 0 & 1 \\ 0 & 1 & 0 \\ -1 & 1 & 0 \end{vmatrix} = a,$$

因此 $a = 3$.

例 5 已知 $\begin{vmatrix} x & 4 & 0 \\ 2 & -1 & 0 \\ 3 & 5 & x+2 \end{vmatrix} = 0$,则 $x = $ _____.

答案是:-2 或 -8.

分析 由已知,有

$$\begin{vmatrix} x & 4 & 0 \\ 2 & -1 & 0 \\ 3 & 5 & x+2 \end{vmatrix} = (x+2)(-1)^{3+3} \begin{vmatrix} x & 4 \\ 2 & -1 \end{vmatrix}$$

$$= (x+2)(-x-8).$$

令 $(x+2)(-x-8) = 0$,有

$$x_1 = -2 \quad 或 \quad x_2 = -8.$$

例 6 用克拉默法则解线性方程组

$$\begin{cases} 2x_1 + 3x_2 + 11x_3 + 5x_4 = 6, \\ x_1 + x_2 + 5x_3 + 2x_4 = 2, \\ 2x_1 + x_2 + 3x_3 + 4x_4 = 2, \\ x_1 + x_2 + 3x_3 + 4x_4 = 2. \end{cases}$$

解 因为其系数行列式为

$$D = \begin{vmatrix} 2 & 3 & 11 & 5 \\ 1 & 1 & 5 & 2 \\ 2 & 1 & 3 & 4 \\ 1 & 1 & 3 & 4 \end{vmatrix} \xrightarrow[\substack{-2④+① \\ -④+② \\ -2④+③}]{} \begin{vmatrix} 0 & 1 & 5 & -3 \\ 0 & 0 & 2 & -2 \\ 0 & -1 & -3 & -4 \\ 1 & 1 & 3 & 4 \end{vmatrix}$$

$$\xrightarrow{③+①} \begin{vmatrix} 0 & 0 & 2 & -7 \\ 0 & 0 & 2 & -2 \\ 0 & -1 & -3 & -4 \\ 1 & 1 & 3 & 4 \end{vmatrix}$$

$$\xrightarrow{-②+①} \begin{vmatrix} 0 & 0 & 0 & -5 \\ 0 & 0 & 2 & -2 \\ 0 & -1 & -3 & -4 \\ 1 & 1 & 3 & 4 \end{vmatrix}$$

$$= 10 \neq 0,$$

所以方程组有唯一解. 由于

$$D_1 = \begin{vmatrix} 6 & 3 & 11 & 5 \\ 2 & 1 & 5 & 2 \\ 2 & 1 & 3 & 4 \\ 2 & 1 & 3 & 4 \end{vmatrix} \xrightarrow{-2②+①} \begin{vmatrix} 0 & 3 & 11 & 5 \\ 0 & 1 & 5 & 2 \\ 0 & 1 & 3 & 4 \\ 0 & 1 & 3 & 4 \end{vmatrix} = 0,$$

$$D_2 = \begin{vmatrix} 2 & 6 & 11 & 5 \\ 1 & 2 & 5 & 2 \\ 2 & 2 & 3 & 4 \\ 1 & 2 & 3 & 4 \end{vmatrix} \xrightarrow[\substack{-2④+① \\ -④+② \\ -④+③}]{} \begin{vmatrix} 0 & 2 & 5 & -3 \\ 0 & 0 & 2 & -2 \\ 1 & 0 & 0 & 0 \\ 1 & 2 & 3 & 4 \end{vmatrix}$$

$$= (-1)^{3+1} \begin{vmatrix} 2 & 5 & -3 \\ 0 & 2 & -2 \\ 2 & 3 & 4 \end{vmatrix}$$

$$\xrightarrow{-①+③} \begin{vmatrix} 2 & 5 & -3 \\ 0 & 2 & -2 \\ 0 & -2 & 7 \end{vmatrix} = 20,$$

$$D_3 = \begin{vmatrix} 2 & 3 & 6 & 5 \\ 1 & 1 & 2 & 2 \\ 2 & 1 & 2 & 4 \\ 1 & 1 & 2 & 4 \end{vmatrix} = 0,$$

$$D_4 = \begin{vmatrix} 2 & 3 & 11 & 6 \\ 1 & 1 & 5 & 2 \\ 2 & 1 & 3 & 2 \\ 1 & 1 & 3 & 2 \end{vmatrix} = 0,$$

方程的解为

$$x_1 = \frac{D_1}{D} = 0, \quad x_2 = \frac{D_2}{D} = 2,$$

$$x_3 = \frac{D_3}{D} = 0, \quad x_4 = \frac{D_4}{D} = 0.$$

例 7 当 λ 取何值时下列齐次线性方程组有非零解：

$$\begin{cases} \lambda x_1 + x_2 + x_3 = 0, \\ x_1 + \lambda x_2 - x_3 = 0, \\ 2x_1 - x_2 + x_3 = 0. \end{cases}$$

解 由于其系数行列式

$$D = \begin{vmatrix} \lambda & 1 & 1 \\ 1 & \lambda & -1 \\ 2 & -1 & 1 \end{vmatrix} \xrightarrow[-\lambda②+①]{-2②+③} \begin{vmatrix} 0 & 1-\lambda^2 & 1+\lambda \\ 1 & \lambda & -1 \\ 0 & -1-2\lambda & 3 \end{vmatrix}$$

$$= - \begin{vmatrix} 1-\lambda^2 & 1+\lambda \\ -1-2\lambda & 3 \end{vmatrix}$$

$$= 3(\lambda^2 - 1) + (1 + \lambda)(-1 - 2\lambda)$$
$$= \lambda^2 - 3\lambda - 4 = (\lambda + 1)(\lambda - 4),$$

因此 $\lambda = -1$ 或 $\lambda = 4$ 时,系数行列式 $D = 0$. 这时齐次线性方程组有非零解.

五、练习题

(一) 选择题

1. 已知 $|A| = \begin{vmatrix} -1 & 0 & x & 1 \\ 1 & 1 & -1 & -1 \\ 1 & -1 & 1 & -1 \\ 1 & -1 & -1 & 1 \end{vmatrix}$,则 $|A|$ 中 x 的一次项系数是( ).

(A) 1;   (B) -1;   (C) 2^2;   (D) -2^2.

2. 设 $\begin{vmatrix} a_1 & a_2 & a_3 \\ b_1 & b_2 & b_3 \\ c_1 & c_2 & c_3 \end{vmatrix} = 2$,则

$$\begin{vmatrix} a_1 & a_2 & a_3 \\ 3a_1 - b_1 & 3a_2 - b_2 & 3a_3 - b_3 \\ c_1 & c_2 & c_3 \end{vmatrix} = (\quad).$$

(A) 2;   (B) -2;   (C) 6;   (D) -6.

3. 行列式 $\begin{vmatrix} 0 & 0 & 0 & 1 \\ 0 & 0 & a & 0 \\ 0 & 2 & 0 & 0 \\ 1 & 0 & 0 & a \end{vmatrix} = -1$,则 $a = (\quad)$.

(A) $\dfrac{1}{2}$;   (B) -1;   (C) $-\dfrac{1}{2}$;   (D) 1.

4. 设

$$f(x) = \begin{vmatrix} 1 & 1 & 2 \\ 1 & 1 & x^2 - 2 \\ 2 & x^2 + 1 & 1 \end{vmatrix},$$

则 $f(x) = 0$ 的根是( ).

(A) 1, 1, 2, 2; (B) -1, -1, 2, 2;
(C) 1, -1, 2, -2; (D) -1, -1, -2, -2.

5. 已知 x 的一次多项式

$$|A| = \begin{vmatrix} 1 & 1 & 1 & 1 \\ 1 & 1 & -1 & -1 \\ 1 & -1 & 1 & -1 \\ x & -1 & -1 & 1 \end{vmatrix},$$

则该多项式的根为( ).

(A) 0; (B) -1; (C) -2; (D) -3.

6. 设线性方程组 $\begin{cases} \lambda x_1 - x_2 - x_3 = 1, \\ x_1 + \lambda x_2 + x_3 = 1, \\ -x_1 + x_2 + \lambda x_3 = 1 \end{cases}$ 有唯一解,则 λ 的值应为( ).

(A) 0; (B) 1;
(C) -1; (D) 异于 0 与 ±1 的实数.

7. 齐次线性方程组

$$\begin{cases} x_1 + 2x_2 + x_3 = 0, \\ 2x_1 - x_2 - x_3 = 0, \\ 2x_1 + 4x_2 + \lambda x_3 = 0 \end{cases}$$

有非零解,则 $\lambda = ($).

(A) 0; (B) 1; (C) 2; (D) 3.

(二) 解答题

1. 分别按第 1 行与第 2 列展开行列式

$$D = \begin{vmatrix} 1 & 0 & -2 \\ 2 & 1 & 3 \\ -2 & 3 & 1 \end{vmatrix}$$

并求其值.

2. 设
$$|A| = \begin{vmatrix} a_1 & a_2 & a_3 & a_4 \\ b_1 & b_2 & b_3 & b_4 \\ c_1 & c_2 & c_3 & c_4 \\ d_1 & d_2 & d_3 & d_4 \end{vmatrix},$$

$$|B| = \begin{vmatrix} a_1 & a_2 & a_3 & a_4 \\ 2b_1 + c_1 & 2b_2 + c_2 & 2b_3 + c_3 & 2b_4 + c_4 \\ c_1 & c_2 & c_3 & c_4 \\ d_1 & d_2 & d_3 & d_4 \end{vmatrix},$$

且 $|A| \neq 0$,试问:$|A|$ 与 $|B|$ 是否相等?

3. 已知 152,209,399 都是 19 的倍数,证明:
$$D = \begin{vmatrix} 1 & 5 & 2 \\ 2 & 0 & 9 \\ 3 & 9 & 9 \end{vmatrix}$$
也是 19 的倍数.

4. 证明行列式
$$D = \begin{vmatrix} a^2 & (a+1)^2 & (a+2)^2 & (a+3)^2 \\ b^2 & (b+1)^2 & (b+2)^2 & (b+3)^2 \\ c^2 & (c+1)^2 & (c+2)^2 & (c+3)^2 \\ d^2 & (d+1)^2 & (d+2)^2 & (d+3)^2 \end{vmatrix}$$
的值等于零.

5. 当 λ 为何值时,线性方程组
$$\begin{cases} \lambda x_1 + x_2 + 2x_3 = 1, \\ 2x_1 - x_2 + 2x_3 = -4, \\ 4x_1 + x_2 + 4x_3 = -2 \end{cases}$$
有唯一解?并求出其解.

6. 若齐次线性方程组

$$\begin{cases} (3a+1)x_1 + (5a-2)x_2 = 0, \\ (9-a)x_1 + 2(a+2)x_2 = 0 \end{cases}$$

只有零解,则 a 应满足什么条件?

7. 用克拉默法则解线性方程组

$$\begin{cases} x_1 + x_2 + x_3 + x_4 = 0, \\ x_2 + x_3 + x_4 + x_5 = 0, \\ x_1 + 2x_2 + 3x_3 = 2, \\ x_2 + 2x_3 + 3x_4 = -2, \\ x_3 + 2x_4 + 3x_5 = 2. \end{cases}$$

8. 若齐次线性方程组

$$\begin{cases} x_1 - x_2 - x_3 + kx_4 = 0, \\ -x_1 + x_2 + kx_3 - x_4 = 0, \\ -x_1 + kx_2 + x_3 - x_4 = 0, \\ kx_1 - x_2 - x_3 + x_4 = 0 \end{cases}$$

有非零解,求 k 值.

六、练习题解答与分析

(一) 选择题

1. 答案是: D.

分析 由于 a_{13} 的代数余子式为

$$A_{13} = (-1)^{1+3} \begin{vmatrix} 1 & 1 & -1 \\ 1 & -1 & -1 \\ 1 & -1 & 1 \end{vmatrix}$$

$$= \begin{vmatrix} 1 & 1 & -1 \\ 0 & -2 & 0 \\ 0 & -2 & 2 \end{vmatrix} = -4,$$

因此 $|A|$ 中 x 的一次项系数为 -4. 故选择 D.

2. 答案是: B.

分析 由行列式的性质,有

$$\begin{vmatrix} a_1 & a_2 & a_3 \\ 3a_1-b_1 & 3a_2-b_2 & 3a_3-b_3 \\ c_1 & c_2 & c_3 \end{vmatrix} \xlongequal{-3①+②} \begin{vmatrix} a_1 & a_2 & a_3 \\ -b_1 & -b_2 & -b_3 \\ c_1 & c_2 & c_3 \end{vmatrix}$$

$$= -\begin{vmatrix} a_1 & a_2 & a_3 \\ b_1 & b_2 & b_3 \\ c_1 & c_2 & c_3 \end{vmatrix} = -2.$$

故选择 B.

3. 答案是:C.

分析 由于

$$\begin{vmatrix} 0 & 0 & 0 & 1 \\ 0 & 0 & a & 0 \\ 0 & 2 & 0 & 0 \\ 1 & 0 & 0 & a \end{vmatrix} = 2a = -1,$$

因此 $a = -\dfrac{1}{2}$. 故选择 C.

4. 答案是:C.

分析 由于

$$f(x) = \begin{vmatrix} 1 & 1 & 2 \\ 1 & 1 & x^2-2 \\ 2 & x^2+1 & 1 \end{vmatrix} = \begin{vmatrix} 1 & 1 & 2 \\ 0 & 0 & x^2-4 \\ 0 & x^2-1 & -3 \end{vmatrix}$$

$$= -(x^2-4)(x^2-1) = 0,$$

解得 $x = 1, -1, 2, -2$. 故选择 C.

5. 答案是:D.

分析 首先计算 $|A|$. 我们有

$$|A| = \begin{vmatrix} 1 & 1 & 1 & 1 \\ 1 & 1 & -1 & -1 \\ 1 & -1 & 1 & -1 \\ x & -1 & -1 & 1 \end{vmatrix}$$

$$\xrightarrow{-①+各列} \begin{vmatrix} 1 & 0 & 0 & 0 \\ 1 & 0 & -2 & -2 \\ 1 & -2 & 0 & -2 \\ x & -1-x & -1-x & 1-x \end{vmatrix}$$

$$= \begin{vmatrix} 0 & -2 & -2 \\ -2 & 0 & -2 \\ -x-1 & -x-1 & 1-x \end{vmatrix}$$

$$= -4(1+x) - 4(x+1) - 4(1-x) = -4x - 12.$$

然后令 $|A| = 0$,解得 $x = -3$. 故选择 D.

6. 答案是:D.

分析 根据克拉默法则,有

$$\begin{vmatrix} \lambda & -1 & -1 \\ 1 & \lambda & 1 \\ -1 & 1 & \lambda \end{vmatrix} \xrightarrow[③+①]{②+①} \begin{vmatrix} \lambda & \lambda & \lambda \\ 1 & \lambda & 1 \\ -1 & 1 & \lambda \end{vmatrix}$$

$$= \lambda \begin{vmatrix} 1 & 1 & 1 \\ 1 & \lambda & 1 \\ -1 & 1 & \lambda \end{vmatrix} \xrightarrow[①+③]{-①+②} \lambda \begin{vmatrix} 1 & 1 & 1 \\ 0 & \lambda-1 & 0 \\ 0 & 2 & 1+\lambda \end{vmatrix}$$

$$= \lambda(\lambda-1) \begin{vmatrix} 1 & 1 \\ 0 & 1+\lambda \end{vmatrix} = \lambda(\lambda^2 - 1) \neq 0.$$

故选择 D.

7. 答案是:C.

分析 齐次线性方程组有非零解的充要条件是

$$|A| = \begin{vmatrix} 1 & 2 & 1 \\ 2 & -1 & -1 \\ 2 & 4 & \lambda \end{vmatrix} = 0,$$

解得 $\lambda = 2$. 故选择 C.

(二) 解答题

1. 解 按第 1 行展开,有

$$D = 1 \times (-1)^{1+1} \begin{vmatrix} 1 & 3 \\ 3 & 1 \end{vmatrix} + 0 \times (-1)^{1+2} \begin{vmatrix} 2 & 3 \\ -2 & 1 \end{vmatrix}$$

$$+ (-2) \times (-1)^{1+3} \begin{vmatrix} 2 & 1 \\ -2 & 3 \end{vmatrix}$$

$$= 1 \times (-8) + 0 + (-2) \times 8 = -24.$$

按第 2 列展开,有

$$D = 0 \times (-1)^{1+2} \begin{vmatrix} 2 & 3 \\ -2 & 1 \end{vmatrix} + 1 \times (-1)^{2+2} \begin{vmatrix} 1 & -2 \\ -2 & 1 \end{vmatrix}$$

$$+ 3 \times (-1)^{3+2} \begin{vmatrix} 1 & -2 \\ 2 & 3 \end{vmatrix}$$

$$= 0 + 1 \times (-3) + 3 \times (-1) \times 7 = -3 - 21 = -24.$$

2. 解 由行列式的性质,有

$$|\boldsymbol{B}| = \begin{vmatrix} a_1 & a_2 & a_3 & a_4 \\ 2b_1 & 2b_2 & 2b_3 & 2b_4 \\ c_1 & c_2 & c_3 & c_4 \\ d_1 & d_2 & d_3 & d_4 \end{vmatrix} + \begin{vmatrix} a_1 & a_2 & a_3 & a_4 \\ c_1 & c_2 & c_3 & c_4 \\ c_1 & c_2 & c_3 & c_4 \\ d_1 & d_2 & d_3 & d_4 \end{vmatrix}$$

$$= 2|\boldsymbol{A}| + 0 = 2|\boldsymbol{A}|,$$

所以,$|\boldsymbol{A}| \neq 0$ 时,$|\boldsymbol{A}| \neq |\boldsymbol{B}|$.

3. 证 将 D 的第 1 列的 100 倍与第 2 列的 10 倍加到第 3 列,得到

$$D = \begin{vmatrix} 1 & 5 & 2 \\ 2 & 0 & 9 \\ 3 & 9 & 9 \end{vmatrix} = \begin{vmatrix} 1 & 5 & 152 \\ 2 & 0 & 209 \\ 3 & 9 & 399 \end{vmatrix} = 19 \begin{vmatrix} 1 & 5 & 8 \\ 2 & 0 & 11 \\ 3 & 9 & 21 \end{vmatrix},$$

因此该行列式是 19 的倍数.

4. 证 从第 4 列开始,各列加上相邻前一列的 (-1) 倍,得到

$$\begin{vmatrix} a^2 & 2a+1 & 2a+3 & 2a+5 \\ b^2 & 2b+1 & 2b+3 & 2b+5 \\ c^2 & 2c+1 & 2c+3 & 2c+5 \\ d^2 & 2d+1 & 2d+3 & 2d+5 \end{vmatrix}$$

$$\xrightarrow[-②+③]{-③+④} \begin{vmatrix} a^2 & 2a+1 & 2 & 2 \\ b^2 & 2b+1 & 2 & 2 \\ c^2 & 2c+1 & 2 & 2 \\ d^2 & 2d+1 & 2 & 2 \end{vmatrix}.$$

由于第3,4列元素对应相等,故
$$D = 0.$$

5. 解 系数行列式

$$D = \begin{vmatrix} \lambda & 1 & 2 \\ 2 & -1 & 2 \\ 4 & 1 & 4 \end{vmatrix} = \begin{vmatrix} \lambda+2 & 0 & 4 \\ 2 & -1 & 2 \\ 6 & 0 & 6 \end{vmatrix}$$

$$= (-1)\begin{vmatrix} \lambda+2 & 4 \\ 6 & 6 \end{vmatrix} = (-6)\begin{vmatrix} \lambda+2 & 4 \\ 1 & 1 \end{vmatrix}$$

$$= -6(\lambda-2),$$

而

$$D_1 = \begin{vmatrix} 1 & 1 & 2 \\ -4 & -1 & 2 \\ -2 & 1 & 4 \end{vmatrix} = \begin{vmatrix} 1 & 1 & 2 \\ -3 & 0 & 4 \\ -3 & 0 & 2 \end{vmatrix} = -6,$$

$$D_2 = \begin{vmatrix} \lambda & 1 & 2 \\ 2 & -4 & 2 \\ 4 & -2 & 4 \end{vmatrix} = \begin{vmatrix} \lambda & 1 & 2 \\ 2 & -4 & 2 \\ 0 & 6 & 0 \end{vmatrix} = -12(\lambda-2),$$

$$D_3 = \begin{vmatrix} \lambda & 1 & 1 \\ 2 & -1 & -4 \\ 4 & 1 & -2 \end{vmatrix} = \begin{vmatrix} \lambda & 1 & 1 \\ 2+\lambda & 0 & -3 \\ 4-\lambda & 0 & -3 \end{vmatrix} = 6(\lambda-1),$$

故由克拉默法则知,当 $D \neq 0$,即 $\lambda \neq 2$ 时,方程组有唯一解

$$\begin{cases} x_1 = \dfrac{1}{\lambda-2}, \\ x_2 = 2, \\ x_3 = \dfrac{1-\lambda}{\lambda-2}. \end{cases}$$

6. 解 因为线性方程组的系数行列式为

$$D = \begin{vmatrix} 3a+1 & 5a-2 \\ 9-a & 2a+4 \end{vmatrix}$$

$$= (3a+1)(2a+4) - (5a-2)(9-a)$$

$$= (6a^2 + 14a + 4) - (-5a^2 + 47a - 18)$$

$$= 11a^2 - 33a + 22$$

$$= 11(a^2 - 3a + 2)$$

$$= 11(a-1)(a-2),$$

所以根据克拉默法则,当 $D \neq 0$,即 $a \neq 1$ 且 $a \neq 2$ 时,线性方程组只有零解.

7. 解 因为其系数行列式为

$$D = \begin{vmatrix} 1 & 1 & 1 & 1 & 0 \\ 0 & 1 & 1 & 1 & 1 \\ 1 & 2 & 3 & 0 & 0 \\ 0 & 1 & 2 & 3 & 0 \\ 0 & 0 & 1 & 2 & 3 \end{vmatrix} \xrightarrow{-①+③} \begin{vmatrix} 1 & 1 & 1 & 1 & 0 \\ 0 & 1 & 1 & 1 & 1 \\ 0 & 1 & 2 & -1 & 0 \\ 0 & 1 & 2 & 3 & 0 \\ 0 & 0 & 1 & 2 & 3 \end{vmatrix}$$

$$\xrightarrow[-②+④]{-②+③} \begin{vmatrix} 1 & 1 & 1 & 1 & 0 \\ 0 & 1 & 1 & 1 & 1 \\ 0 & 0 & 1 & -2 & -1 \\ 0 & 0 & 1 & 2 & -1 \\ 0 & 0 & 1 & 2 & 3 \end{vmatrix} = \begin{vmatrix} 1 & 1 & 1 & 1 & 0 \\ 0 & 1 & 1 & 1 & 1 \\ 0 & 0 & 1 & -2 & -1 \\ 0 & 0 & 0 & 4 & 0 \\ 0 & 0 & 0 & 4 & 4 \end{vmatrix}$$

$$= 16 \neq 0,$$

所以方程组有唯一解. 由于

$$D_1 = \begin{vmatrix} 0 & 1 & 1 & 1 & 0 \\ 0 & 1 & 1 & 1 & 1 \\ 2 & 2 & 3 & 0 & 0 \\ -2 & 1 & 2 & 3 & 0 \\ 2 & 0 & 1 & 2 & 3 \end{vmatrix} = 16,$$

$$D_2 = \begin{vmatrix} 1 & 0 & 1 & 1 & 0 \\ 0 & 0 & 1 & 1 & 1 \\ 1 & 2 & 3 & 0 & 0 \\ 0 & -2 & 2 & 3 & 0 \\ 0 & 2 & 1 & 2 & 3 \end{vmatrix} = -16,$$

$$D_3 = \begin{vmatrix} 1 & 1 & 0 & 1 & 0 \\ 0 & 1 & 0 & 1 & 1 \\ 1 & 2 & 2 & 0 & 0 \\ 0 & 1 & -2 & 3 & 0 \\ 0 & 0 & 2 & 2 & 3 \end{vmatrix} = 16,$$

$$D_4 = \begin{vmatrix} 1 & 1 & 1 & 0 & 0 \\ 0 & 1 & 1 & 0 & 1 \\ 1 & 2 & 3 & 2 & 0 \\ 0 & 1 & 2 & -2 & 0 \\ 0 & 0 & 1 & 2 & 3 \end{vmatrix} = -16,$$

$$D_5 = \begin{vmatrix} 1 & 1 & 1 & 1 & 0 \\ 0 & 1 & 1 & 1 & 0 \\ 1 & 2 & 3 & 0 & 2 \\ 0 & 1 & 2 & 3 & -2 \\ 0 & 0 & 1 & 2 & 2 \end{vmatrix} = 16,$$

故方程组的解为

$$x_1 = \frac{D_1}{D} = 1, \quad x_2 = \frac{D_2}{D} = -1,$$

$$x_3 = \frac{D_3}{D} = 1, \quad x_4 = \frac{D_4}{D} = -1,$$

$$x_5 = \frac{D_5}{D} = 1.$$

8. 解 原线性方程组的系数行列式为

$$D = \begin{vmatrix} 1 & -1 & -1 & k \\ -1 & 1 & k & -1 \\ -1 & k & 1 & -1 \\ k & -1 & -1 & 1 \end{vmatrix}$$

$$\xlongequal[\substack{①+② \\ ①+③ \\ -k①+④}]{} \begin{vmatrix} 1 & -1 & -1 & k \\ 0 & 0 & k-1 & k-1 \\ 0 & k-1 & 0 & k-1 \\ 0 & k-1 & k-1 & 1-k^2 \end{vmatrix}$$

$$\xlongequal{\text{按第 1 列展开}} \begin{vmatrix} 0 & k-1 & k-1 \\ k-1 & 0 & k-1 \\ k-1 & k-1 & 1-k^2 \end{vmatrix}$$

$$\xlongequal{\text{第 1 行、第 1 列提出 } k-1} (k-1)^2 \begin{vmatrix} 0 & 1 & 1 \\ 1 & 0 & k-1 \\ 1 & k-1 & 1-k^2 \end{vmatrix}$$

$$= (k-1)^2 (k^2 + 2k - 3)$$
$$= (k-1)^3 (k+3).$$

线性方程组有非零解,则 $D=0$,即 $k=1$ 或 $k=-3$.

第三章　线性方程组的消元解法

一、知识点

1. n 元齐次线性方程组与 n 元非齐次线性方程组；
2. 方程组的初等变换；
3. n 元非齐次线性方程组的消元解法；
4. n 元齐次线性方程组的消元解法.

二、基本要求

1. 理解 n 元齐次线性方程组与 n 元非齐次线性方程组概念；
2. 掌握方程组的初等变换；
3. 会用消元法解 n 元线性方程组.

三、复习要点

（一）重要概念及性质

1. 线性方程组

（1）线性方程组的一般形式

n 个变量 m 个方程所组成的方程组为

$$\begin{cases} a_{11}x_1 + a_{12}x_2 + \cdots + a_{1n}x_n = b_1, \\ a_{21}x_1 + a_{22}x_2 + \cdots + a_{2n}x_n = b_2, \\ \cdots\cdots\cdots\cdots \\ a_{m1}x_1 + a_{m2}x_2 + \cdots + a_{mn}x_n = b_m, \end{cases}$$

若常数项 $b_1 = b_2 = \cdots = b_m = 0$，称上式为 n 元齐次线性方程组，否则称为 n 元非齐次线性方程组.

设 $(k_1, k_2, \cdots, k_n)$ 是一个 n 元有序数组，如果变量 $x_1, x_2, \cdots, x_n$ 分别用 $k_1, k_2, \cdots, k_n$ 代入后，使得方程组中每个等式都变成恒等式，则称有序数组 $(k_1, k_2, \cdots, k_n)$ 是方程组的一个解.

方程组的解的全体称为它的解集合.

如果两个方程组有相同的解集合,称它们是同解方程组.

(2) 线性方程组的矩阵表示

设

$$A = \begin{bmatrix} a_{11} & a_{12} & \cdots & a_{1n} \\ a_{21} & a_{22} & \cdots & a_{2n} \\ \vdots & \vdots & & \vdots \\ a_{m1} & a_{m2} & \cdots & a_{mn} \end{bmatrix}, \quad X = \begin{bmatrix} x_1 \\ x_2 \\ \vdots \\ x_n \end{bmatrix}, \quad B = \begin{bmatrix} b_1 \\ b_2 \\ \vdots \\ b_m \end{bmatrix},$$

则方程组可记作

$$AX = B,$$

其中 A 称为方程组的系数矩阵,B 称为常数项矩阵,分块矩阵 (A,B) 称为方程组的增广矩阵.

2. 方程组的初等变换

(1) 方程组的初等变换

以下三种变换称为方程组的初等变换:

① 用一个非零的数乘某一个方程;

② 把一个方程的倍数加到另一个方程上;

③ 互换两个方程的位置.

(2) 方程组的初等变换和方程组的解的关系

对方程组作初等变换,总是把方程组变成同解的方程组.

(二) 重要方法

1. n 元非齐次线性方程组的消元解法

对原方程组通过初等变换总可化成阶梯形方程组

$$\begin{cases} c_{11}x_1 + c_{12}x_2 + \cdots + c_{1r}x_r + \cdots + c_{1n}x_n = d_1, \\ \qquad\quad c_{22}x_2 + \cdots + c_{2r}x_r + \cdots + c_{2n}x_n = d_2, \\ \qquad\qquad\qquad \cdots\cdots\cdots\cdots \\ \qquad\qquad\qquad\qquad c_{rr}x_r + \cdots + c_{rn}x_n = d_r, \\ \qquad\qquad\qquad\qquad\qquad\qquad\qquad\quad 0 = d_{r+1}, \\ \qquad\qquad\qquad\qquad\qquad\qquad\qquad\quad 0 = 0, \\ \qquad\qquad\qquad \cdots\cdots\cdots\cdots \\ \qquad\qquad\qquad\qquad\qquad\qquad\qquad\quad 0 = 0, \end{cases}$$

其中 $c_{ii} \neq 0, i = 1, 2, \cdots, r$.

(1) 如果 $d_{r+1} \neq 0$, 则原方程组无解;

(2) 如果 $d_{r+1} = 0$, 则原方程组有解, 且

① 当 $r = n$ 时, 方程组有唯一解;

② 当 $r < n$ 时, 方程组有无穷多解.

2. n 元齐次线性方程组的消元解法

n 元齐次线性方程组通过初等变换总可化成阶梯形方程组

$$\begin{cases} c_{11}x_1 + c_{12}x_2 + \cdots + c_{1r}x_r + \cdots + c_{1n}x_n = 0, \\ \qquad\quad c_{22}x_2 + \cdots + c_{2r}x_r + \cdots + c_{2n}x_n = 0, \\ \qquad\qquad\qquad \cdots\cdots\cdots\cdots \\ \qquad\qquad\qquad\qquad c_{rr}x_r + \cdots + c_{rn}x_n = 0, \end{cases}$$

其中 $c_{ii} \neq 0, i = 1, 2, \cdots, r$.

(1) 如果 $r = n$, 方程组只有唯一零解;

(2) 如果 $r < n$, 方程组有非零解.

四、典型例题分析

例1 解齐次线性方程组

$$\begin{cases} x_1 + x_2 - 2x_3 = 0, \\ 5x_1 - 2x_2 + 7x_3 = 0, \\ 2x_1 - 5x_2 + 4x_3 = 0. \end{cases}$$

解 利用消元法将方程组化为阶梯形

$$\begin{cases} x_1 + x_2 - 2x_3 = 0, \\ -7x_2 + 17x_3 = 0, \\ x_3 = 0. \end{cases}$$

由此可见,$r = n = 3$,故方程组仅有零解 $x_1 = x_2 = x_3 = 0$.

例 2 解齐次线性方程组

$$\begin{cases} x_1 + x_2 - x_3 = 0, \\ x_1 + 2x_2 + x_3 = 0, \\ 3x_1 + 5x_2 + x_3 = 0. \end{cases}$$

解 利用消元法将方程组化为阶梯形

$$\begin{cases} x_1 - 3x_3 = 0, \\ x_2 + 2x_3 = 0, \\ 0 = 0. \end{cases}$$

再施行一次初等变换,得到原方程组的一般解

$$\begin{cases} x_1 = 3x_3, \\ x_2 = -2x_3, \end{cases}$$

其中 x_3 是自由未知量.

例 3 解非齐次线性方程组

$$\begin{cases} 2x_1 + x_2 + 3x_3 = 6, \\ 3x_1 + 2x_2 + x_3 = 1, \\ 5x_1 + 3x_2 + 4x_3 = 27. \end{cases}$$

解 利用消元法将方程化为阶梯形

$$\begin{cases} 2x_1 + x_2 + 3x_3 = 6, \\ x_2 - 7x_3 = -8, \\ 0 = 20. \end{cases}$$

由此可见,原方程组无解.

例 4 解非齐次线性方程组

$$\begin{cases} 2x_1 + 5x_2 + x_3 + 15x_4 = 7, \\ x_1 + 2x_2 - x_3 + 4x_4 = 2, \\ x_1 + 3x_2 + 2x_3 + 11x_4 = 5. \end{cases}$$

解 利用消元法将方程化为阶梯形

$$\begin{cases} x_1 \quad - 7x_3 - 10x_4 = -4, \\ \quad x_2 + 3x_3 + 7x_4 = 3, \\ \quad\quad\quad\quad\quad 0 = 0. \end{cases}$$

于是得到

$$\begin{cases} x_1 = 7x_3 + 10x_4 - 4, \\ x_2 = -3x_3 - 7x_4 + 3 \end{cases}$$

为原方程组的一般解,其中 x_3, x_4 是自由未知量.

五、练习题

选择题

1. 线性方程组

$$\begin{cases} x_1 + x_2 - x_3 = 2, \\ x_1 - x_2 - 2x_3 = 1, \\ x_1 - x_2 - x_3 = 2 \end{cases}$$

的解是( ).

(A) $(0, -1, -1)'$;　　(B) $(3, 0, 1)'$;

(C) $\left(\dfrac{9}{2}, \dfrac{1}{2}, 2\right)'$;　　(D) $(2, 0, 0)'$.

2. 线性方程组

$$\begin{cases} x_1 + x_2 + x_3 + x_4 = 4, \\ 2x_2 + x_3 + x_4 = 4, \\ x_3 + x_4 = 2, \\ \lambda(\lambda + 1)x_4 = \lambda^2 - 1 \end{cases}$$

无解,则 $\lambda = ($ 　　).

(A) 0； (B) 1； (C) -1； (D) 任意实数.

3. 线性方程组

$$\begin{cases} x_1 + x_2 - x_3 = 2, \\ x_1 - x_2 + x_3 = 3, \\ -x_1 + x_2 - x_3 = 0 \end{cases}$$

解的情形是（ ）.

(A) 有唯一解； (B) 有一个特解 $(1,1,0)'$；
(C) 有无穷多解； (D) 无解.

六、练习题解答与分析

选择题

1. 答案是：B.

分析 将 $(3,0,1)'$ 代入方程组，变成恒等式. 故选择 B.

2. 答案是：A.

分析 由原方程组，可知若要方程组无解，应满足

$$\begin{cases} \lambda(\lambda+1) = 0, \\ \lambda^2 - 1 \neq 0, \end{cases}$$

得到 $\lambda = 0$. 故选择 A.

3. 答案是：D.

分析 由于利用消元法将方程化为阶梯形如下

$$\begin{cases} x_1 + x_2 - x_3 = 2, \\ -2x_2 + 2x_3 = 1, \\ 0 = 3. \end{cases}$$

因此可见方程组无解. 故选择 D.

第三部分 概率统计初步

第一章 随机事件的概率

一、知识点

1. 样本空间、随机试验与随机事件；
2. 事件的关系与运算；
3. 事件的概率与概型（包括古典概型、几何概型与二项概型）；
4. 条件概率；
5. 概率的加法公式、乘法公式.

二、基本要求

1. 了解样本空间的概念，理解随机事件的概念；
2. 掌握事件之间的关系和运算，会用这些关系和运算来表示各种事件；
3. 了解概率的定义和基本性质，掌握古典概型、几何概型及其概率计算；
4. 理解条件概率的概念；
5. 掌握概率的加法公式、乘法公式，能熟练地应用这些公式计算概率；
6. 理解事件的独立性概念，能熟练地应用事件的独立性进行概率计算；
7. 掌握二项概型及其概率计算.

三、复习要点

(一)重要概念及性质

1. 随机现象

在一定的条件下,具有多种可能结果,即事先不能预言会出现何种结果,称这一类现象为**随机现象**.

2. 随机试验与随机事件

如果一个试验满足下列三条:

(1)可以在相同的条件下重复进行;

(2)每次试验的可能结果不止一个,并且能够事先明确试验的所有可能结果;

(3)每次试验的结果在事前是不可预言的,

那么我们就称它是一个**随机试验**.一般用字母 E 表示.

在随机试验 E 中,每一个可能出现的不能再分解的最简单的结果称为随机试验 E 的**基本事件**,用 ω 表示;全体基本事件的集合称为**基本事件空间**(或**样本空间**),记为 $\Omega = \{\omega\}$.所谓随机事件是指基本事件空间 Ω 中的一个子集.事件发生当且仅当子集中的一个基本事件发生.我们把随机事件简称为**事件**.记为 A, B, C 等.显然基本事件也是随机事件.

注意 我们把基本事件空间 Ω 也作为一个事件.因为事件 Ω 在每次试验中必定发生,所以 Ω 是一个必定发生的事件.在每次试验中必定要发生的事件称为**必然事件**,记作 U.同样,我们把不包含任何基本事件的空集 $\varnothing$ 也作为一个事件.显然它在每次试验中都不发生,所以 $\varnothing$ 是一个不可能发生的事件.在每次试验中必定不会发生的事件称为**不可能事件**,记为 V.

3. 随机事件的关系与运算

(1)事件的包含关系与等价关系

设 A, B 为两个事件,如果事件 A 发生,必然导致事件 B 发生,

那么称事件 B **包含**事件 A，或称事件 A 包含于事件 B，记作 $A \subset B$，或 $B \supset A$。

如果事件 A 包含事件 B，且事件 B 又包含事件 A，即 $A \supset B$，且 $B \supset A$，那么称事件 A 与事件 B **等价**（或相等），记为 $A = B$。

（2）事件的并与交

设 A, B 为两个事件，称事件 $\{A$ 与 B 中至少有一个发生$\}$ 为事件 A 与事件 B 的**并**（或和），记作 $A \cup B$（或 $A + B$）。

称事件 $\{A$ 与 B 同时发生$\}$ 为事件 A 与事件 B 的**交**（或积），记作 $A \cap B$（或 $A \cdot B$），有时也简记为 AB。

（3）事件的互不相容关系与事件的逆

如果事件 A 与事件 B 在同一次试验中不能同时发生，即 $AB = V$，则称事件 A 与 B 是**互不相容**的（或互斥的），也称 A, B 之间具有互斥性。

设有事件 A，称事件 $\{A$ 不发生$\}$ 为事件 A 的**逆**（又称为 A 的**对立事件**），记为 $\bar{A}$。

根据上面的基本运算定义，不难验证事件之间的运算满足以下的几个规律：

① 交换律
$$A + B = B + A, \quad AB = BA;$$

② 结合律
$$A + (B + C) = (A + B) + C,$$
$$(AB)C = A(BC);$$

③ 分配律
$$(A + B)C = AC + BC,$$
$$A + BC = (A + B)(A + C);$$

④ 德摩根（De Morgan）定理：
$$\overline{A + B} = \bar{A} \cdot \bar{B}, \quad \overline{A \cdot B} = \bar{A} + \bar{B}.$$

4. 概率的定义与基本性质

（1）定义

定义 1.1 设 E 是一个随机试验，Ω 为它的样本空间，以 E 中所有的随机事件组成的集合为定义域，定义一个函数 $P(A)$（其中 A 为任一随机事件），且 $P(A)$ 满足以下三条公理：

公理 1 $0 \leqslant P(A) \leqslant 1$；

公理 2 $P(\Omega) = 1$；

公理 3 若 $A_1, A_2, \cdots, A_n, \cdots$ 两两互斥，则
$$P\left(\bigcup_{i=1}^{\infty} A_i\right) = \sum_{i=1}^{\infty} P(A_i),$$
则称函数 $P(A)$ 为事件 A 的**概率**.

（2）概率的基本性质

性质 1（有限可加性） 设 $A_1, A_2, \cdots, A_n$ 两两互斥，则
$$P\left(\bigcup_{i=1}^{n} A_i\right) = \sum_{i=1}^{n} P(A_i).$$

性质 2（加法公式） 设 A, B 为任意两个随机事件，则
$$P(A + B) = P(A) + P(B) - P(AB).$$

性质 3 设 A 为任意随机事件，则
$$P(\overline{A}) = 1 - P(A).$$

性质 4 设 A, B 为两个任意的随机事件，若 $A \subset B$，则
$$P(B - A) = P(B) - P(A).$$

5. 条件概率

我们把"在事件 A 已发生"这一附加条件下，事件 B 发生的概率称为**条件概率**，记作 $P(B|A)$，读作在 A 发生的条件下事件 B 的概率.

由此可以看出，在一般情况下，如果 A, B 是条件 S 下的两个随机事件，且 $P(A) \neq 0$，则在 A 发生的前提下 B 发生的概率为
$$P(B|A) = \frac{P(AB)}{P(A)}.$$

6. 事件的独立性

定义 1.2 设 A, B 为两个事件,如果
$$P(AB) = P(A)P(B),$$
那么称 A 与 B 是**统计独立**的,简称独立的。由于上式中 A 与 B 的位置是对称的,因此我们也称 A 与 B 是相互独立的。

可以证明,如果事件 A 与 B 独立,那么 A 与 $\overline{B}$,$\overline{A}$ 与 B,$\overline{A}$ 与 $\overline{B}$ 也独立。

定义 1.3 设 $A_1, A_2, \cdots, A_n$ 为 n 个事件,如果对于所有可能的组合 $1 \leq i < j < k < \cdots \leq n$,下列各式同时成立:
$$\begin{cases} P(A_i A_j) = P(A_i)P(A_j), \\ P(A_i A_j A_k) = P(A_i)P(A_j)P(A_k), \\ \cdots\cdots\cdots \\ P(A_1 A_2 \cdots A_n) = P(A_1)P(A_2)\cdots P(A_n), \end{cases}$$
那么称 $A_1, A_2, \cdots, A_n$ 是相互独立的。

7. 重复独立实验

我们把试验条件完全相同并且相互独立的多次试验称为**重复独立试验**(又称为 n 重伯努利(Bernoulli)试验)。

(二) 重要定理及公式

定理 1.1(概率的乘法公式) 两个事件 A 与 B 积的概率等于事件 A 的概率乘在 A 发生的前提下 B 发生的概率,即
$$P(AB) = P(A)P(B|A) \quad (P(A) > 0).$$
同理有
$$P(AB) = P(B)P(A|B) \quad (P(B) > 0).$$
上述的计算公式可以推广到有限多个事件的情形,例如对于三个事件 A_1, A_2, A_3(若 $P(A_1) > 0, P(A_1 A_2) > 0$)有
$$P(A_1 A_2 A_3) = P(A_1)P(A_2|A_1)P(A_3|A_1 A_2).$$

(三) 重要方法

1. 古典概型

具有下面两个性质:

(1) 试验的结果为有限个,即 $\Omega = \{\omega_1, \omega_2, \cdots, \omega_n\}$;
(2) 每个结果出现的可能性是相同的,即
$$P(\omega_i) = P(\omega_j) \quad (i,j = 1,2,\cdots,n)$$
的试验称之为**古典型试验**. 在古典型随机试验中,如果事件 A 是由 n 个样本点中的 m 个组成,那么事件 A 的概率为
$$P(A) = \frac{m}{n},$$
并把利用上述关系式来讨论事件的概率的数学模型称为**古典概型**.

2. 几何概型

具有下面两个性质:
(1) 试验的结果是无限且不可列的;
(2) 每个结果出现的可能性是均匀的

随机试验称为**几何型随机试验**. 在几何型随机试验中,如果其基本事件空间中的所有基本事件可以用一个有界区域来描述,而其中一部分区域可以表示事件 A 所包含的基本事件,那么称事件 A 发生的概率为
$$P(A) = \frac{L(A)}{L(\Omega)},$$
其中 $L(\Omega)$ 与 $L(A)$ 分别为 Ω 与 A 的**几何度量**. 并把利用上述关系式来讨论事件发生的概率的数学模型称为**几何概型**.

3. 二项概型

设在每次试验中事件 A 发生的概率为 $p(0<p<1)$,记 n 重伯努利试验中事件 A 发生了 k 次的概率为 $P_n(\mu = k)$,其中 μ 表示事件 A 发生的次数,则
$$P_n(\mu = k) = C_n^k p^k (1-p)^{n-k} \quad (k = 0,1,2,\cdots,n).$$
利用上述关系式来讨论事件概率的数学模型称为**二项概型**.

四、典型例题分析

例1 "A,B,C 三个事件中至少有两个发生",这一事件可以

表示为_____.

答案是:$AB+AC+BC$.

分析 根据事件的关系与运算,我们有"A,B,C 三个事件恰有两个发生"表示为 $AB\bar{C}+A\bar{B}C+\bar{A}BC$;而"$A,B,C$ 三个事件都发生"表示为 ABC. 于是,有
$$AB\bar{C}+A\bar{B}C+\bar{A}BC+ABC=AB+AC+BC.$$

例2 事件 A,B 满足 $P(A)=0.5$,$P(B)=0.6$,$P(B|A)=0.8$,则 $P(A+B)=$_____.

答案是:0.7.

分析 根据概率的加法公式与乘法公式,我们有
$$\begin{aligned}P(A+B)&=P(A)+P(B)-P(AB)\\&=P(A)+P(B)-P(A)P(B|A)\\&=0.5+0.6-0.5\times0.8=0.7.\end{aligned}$$

例3 事件 A,B 互不相容,且 $P(A)=0.4$,$P(B)=0.3$,则 $P(\bar{A}\,\bar{B})=$_____.

答案是:0.3.

分析 根据事件的关系与运算,我们有
$$P(\bar{A}\,\bar{B})=P(\overline{A+B})=1-P(A+B)=1-P(A)-P(B)=0.3.$$

例4 A,B 为两事件,如果 $P(A)>0$,且 $P(B|A)=P(B)$,则 A 与 B _____.

答案是:相互独立.

分析 根据事件的相互关系,由独立的定义
$$P(B|A)=P(B)\quad(\text{当 }P(A)>0\text{ 时}),$$
可知 A 与 B 是相互独立的.

例5 若事件 A,B 符合 $A\subset B$,则 $P(B-A)=$_____.

答案是:$P(B)-P(A)$.

分析 当 $A\subset B$ 时,有
$$B=A+(B-A).$$
而 A 与 $B-A$ 互斥,由性质1(令其中 $n=2$)得到

$$P(B) = P(A) + P(B-A),$$
即
$$P(B-A) = P(B) - P(A).$$

例6 已知事件 A, B 相互独立,且 $P(A+B) = a, P(A) = b$,则 $P(B) = $ _____.

答案是:$\dfrac{a-b}{1-b}$.

分析 由于 A, B 相互独立,$P(AB) = P(A)P(B)$,因此
$$\begin{aligned}P(A+B) &= P(A) + P(B) - P(A)P(B)\\ &= P(A) + P(B)[1 - P(A)].\end{aligned}$$
考虑到 $P(A+B) = a, P(A) = b$,解得
$$P(B) = \dfrac{P(A+B) - P(A)}{1 - P(A)} = \dfrac{a-b}{1-b}.$$

例7 甲、乙两人独立地对同一目标射击一次,其命中率分别为 0.6 和 0.5,现已知目标被命中,则它是甲射中的概率为 _____.

答案是:0.75.

分析 设 A, B, C 分别表示甲命中、乙命中、目标被命中的事件,于是有
$$C = A + B.$$
根据加法公式,我们有
$$\begin{aligned}P(C) &= P(A+B) = P(A) + P(B) - P(AB)\\ &= P(A) + P(B) - P(A)P(B)\\ &= 0.6 + 0.5 - 0.6 \times 0.5 = 0.8.\end{aligned}$$
考虑到
$$AC = A,$$
因此
$$P(C) \cdot P(A \mid C) = P(AC) = P(A),$$
故
$$P(A \mid C) = \dfrac{P(A)}{P(C)} = \dfrac{0.6}{0.8} = 0.75.$$

例8 已知 $P(A)=a, P(B)=b, P(C)=c, P(AC)=d$ 且 A 与 B 相互独立,B 与 C 互不相容,计算:

(1) $P(A+B)$;　　(2) $P(A+B+C)$.

解 (1) $P(A+B)=P(A)+P(B)-P(AB)=a+b-ab.$

(2) $P(A+B+C)=P(A)+P(B)+P(C)-P(AB)$
$$-P(AC)-P(BC)+P(ABC)$$
$$=a+b+c-ab-d.$$

例9 掷两颗骰子,出现"点数之和为偶数或小于5"的概率是多少?

解 设 $A=\{$出现点数之和为偶数$\}, B=\{$点数之和小于5$\}$,
$$P(A+B)=P(A)+P(B)-P(AB)=\frac{18}{36}+\frac{6}{36}-\frac{4}{36}=\frac{5}{9}.$$

例10 若 $P(A)=0.6, P(B)=0.8, P(B|\overline{A})=0.2$,计算 $P(A|B)$.

解 $P(\overline{A}B)=P(\overline{A})P(B|\overline{A})=0.4\times0.2=0.08,$
$$P(A|B)=1-P(\overline{A}|B)=1-\frac{P(\overline{A}B)}{P(B)}=1-\frac{0.08}{0.8}=0.9.$$

例11 设 $P(A)=0.6, P(A+B)=0.84, P(\overline{B}|A)=0.4$,求 $P(B)$.

解 $P(A+B)=P(A)+P(B)-P(AB),$
$P(B)=P(A+B)+P(AB)-P(A),$
$P(A)=P(AB+A\overline{B})=P(AB)+P(A\overline{B})$
$\quad\quad=P(AB)+P(A)\cdot P(\overline{B}|A),$
$P(AB)=P(A)-P(A)\cdot P(\overline{B}|A),$

即
$$P(B)=P(A+B)+P(A)-P(A)\cdot P(\overline{B}|A)-P(A)$$
$$=P(A+B)-P(A)\cdot P(\overline{B}|A)$$
$$=0.84-0.6\times0.4=0.6.$$

例12 已知事件 A 的概率 $P(A)=0.4$,事件 B 的概率 $P(B)=0.8$,事件 $\overline{A}B$ 的概率 $P(\overline{A}B)=0.5$,求 $P(B|A)$.

解 由于 $P(B) = P(\bar{A}B + AB) = P(\bar{A}B) + P(AB)$,因此
$$P(AB) = P(B) - P(\bar{A}B),$$
故
$$P(B|A) = \frac{P(AB)}{P(A)} = \frac{P(B) - P(\bar{A}B)}{P(A)} = \frac{0.8 - 0.5}{0.4} = \frac{3}{4}.$$

例 13 设在一批产品中有 2/3 是合格品,验收这批产品时规定:先从中任取一个,若它是合格品就放回去,然后再取一个,若仍为合格品,则接收这批产品;否则拒收. 求这批产品被拒收的概率.

解 设 A 表示"接收这批产品"的事件,于是
$$P(\bar{A}) = 1 - P(A) = 1 - \frac{2}{3} \times \frac{2}{3} = \frac{5}{9},$$
即这批产品被拒收的概率为 $\frac{5}{9}$.

例 14 一箱中有 10 个产品,其中 5 个一级品,3 个二级品,2 个三级品,从中任意取出 3 个,求下列事件的概率:

(1) $A = \{$一、二、三级品各取一个$\}$;

(2) $B = \{$没有三级品$\}$;

(3) $C = \{$至少有一个三级品$\}$.

解 这是古典概型问题,我们有

(1) $P(A) = \dfrac{C_5^1 C_3^1 C_2^1}{C_{10}^3} = \dfrac{1}{4}$; (2) $P(B) = \dfrac{C_8^3}{C_{10}^3} = \dfrac{7}{15}$;

(3) $P(C) = 1 - P(B) = 1 - \dfrac{7}{15} = \dfrac{8}{15}.$

因此 A, B, C 的概率分别为 $\dfrac{1}{4}, \dfrac{7}{15}, \dfrac{8}{15}$.

例 15 从一副 52 张的扑克牌中,随机地抽取 5 张,则其中至少有一张 A 字牌的概率为多少?

解 设 A 表示"抽取 5 张中没有 A 字牌"的事件,于是有

$$P(A) = \frac{C_{48}^5}{C_{52}^5} \approx 0.659,$$

$$P(\overline{A}) = 1 - P(A) \approx 1 - 0.659 = 0.341,$$

即抽出的 5 张中至少有一张 A 字牌的概率为 0.341.

例 16(会面问题) 两人相约于早晨 8 时至 9 时之间在某地会面,并约定先到者等候另一人 30 分钟后就可离开. 试求两人能会面的概率.

解 设 x,y 分别表示两人到达某地的时刻(单位: 分),由于两人在 8 时至 9 时之间到达是随机的,故 x,y 都分别等可能地在 $[0,60]$ 上取值,点 (x,y) 就是平面区域 $\Omega = \{(x,y) \mid 0 \leq x \leq 60, 0 \leq y \leq 60\}$ 上等可能的随机点. 设 $A = \{两人能够会面\}$,依题意,事件 A 发生的充要条件是 $|x-y| \leq 30$,即随机点落在区域

$$D = \{(x,y) \mid |x-y| \leq 30\}$$

上, 而 Ω 的面积为 60^2,D 的面积为 $60^2 - (60-30)^2 = 2\,700$($D$ 如图 1-1 所示). 由几何概率定义,$P(A) = \dfrac{2\,700}{60^2} = \dfrac{3}{4}$.

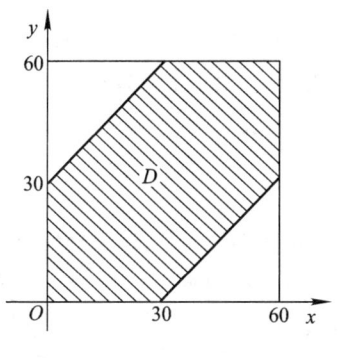

图 1-1

例 17 袋中有 5 个白球和 3 个黑球,从中任取两球,则取得两球颜色相同的概率为多少?

解 设 A 表示"取得两个白球"的事件，B 表示"取得两个黑球"的事件. 由于 $AB = \emptyset$，因此

$$P(A+B) = P(A) + P(B) = \frac{C_5^2}{C_8^2} + \frac{C_3^2}{C_8^2} = \frac{13}{28},$$

即取得两球颜色相同的概率为 $\frac{13}{28}$.

例 18 某种商品甲厂生产的占市场的 60%，乙厂生产的占市场的 40%，甲厂的正品率为 90%，乙厂的正品率为 95%，市场中的一件这种产品是正品的概率是多少？

解 设 A 表示"甲厂生产"的事件，B 表示"正品"的事件，由题意有

$$P(A) = 0.6,\ P(\overline{A}) = 0.4,\ P(B|A) = 0.9,\ P(B|\overline{A}) = 0.95,$$

则有

$$\begin{aligned} P(B) &= P(BA + B\overline{A}) = P(BA) + P(B\overline{A}) \\ &= P(A) \cdot P(B|A) + P(\overline{A}) \cdot P(B|\overline{A}) \\ &= 0.6 \times 0.9 + 0.4 \times 0.95 = 0.92, \end{aligned}$$

即市场中的一件这种产品是正品的概率是 0.92.

例 19 口袋中装有 5 个球，大小相同，其中 3 个白球、2 个黑球，有甲、乙两人依次从中各随机地抽取一球，抽取后不放回，设 A 表示甲抽取的是黑球，B 表示乙抽取的是黑球，求 $P(A)$ 与 $P(B)$.

解 $P(A) = \frac{2}{5}$,

$$\begin{aligned} P(B) &= P(AB + \overline{A}B) = P(AB) + P(\overline{A}B) \\ &= P(A) \cdot P(B|A) + P(\overline{A}) \cdot P(B|\overline{A}) \\ &= \frac{2}{5} \times \frac{1}{4} + \frac{3}{5} \times \frac{2}{4} = \frac{2}{5}. \end{aligned}$$

例 20 某机床有 $\frac{1}{3}$ 的时间加工零件 A，其余时间加工零件 B，加工零件 A 时，停机的概率是 0.6，加工零件 B 时，停机的概率是 0.3，求此机床停机的概率.

解 设 A,B 分别表示加工零件 A,B 的事件,C 表示停机的事件.

$$\begin{aligned}P(C)&=P(AC+BC)=P(AC)+P(BC)\\&=P(A)\cdot P(C|A)+P(B)P(C|B)\\&=\frac{1}{3}\times 0.6+\frac{2}{3}\times 0.3=0.4,\end{aligned}$$

即此机床停机的概率为 0.4.

例 21 某单位同时装有两种警报系统 A 与 B,每种系统单独使用时,其有效的概率 $P(A)=0.9,P(B)=0.95$,在 A 有效的条件下,B 有效的概率为 $P(B|A)=0.97$,求 $P(A+B)$.

解 $$\begin{aligned}P(A+B)&=P(A)+P(B)-P(AB)\\&=P(A)+P(B)-P(A)\cdot P(B|A)\\&=0.9+0.95-0.9\times 0.97=0.977.\end{aligned}$$

例 22 某种产品有 80% 是正品,用某种仪器检查时,正品被误定为次品的概率为 3%,次品被误认为是正品的概率为 2%.设 A 表示一产品经检查被定为正品,B 表示产品确为正品,求:

(1) $P(B),P(\overline{B})$; (2) $P(AB),P(A\overline{B})$; (3) $P(A)$.

解 (1) $P(B)=0.8,P(\overline{B})=0.2$;

(2) $P(AB)=P(B)\cdot P(A|B)=0.8\times 0.97=0.776$,

$P(A\overline{B})=P(\overline{B})\cdot P(A|\overline{B})=0.2\times 0.02=0.004$;

(3) $P(A)=P(AB+A\overline{B})=P(AB)+P(A\overline{B})$

$=0.776+0.004=0.78.$

例 23 事件 A,B 相互独立,且 $P(A)>0,P(B)>0$,证明:A 与 B 必不互斥.

证 由于 A,B 相互独立,有

$$P(AB)=P(A)\cdot P(B),$$

而 $P(A)\cdot P(B)>0$,即 $P(AB)>0$,因此 A 与 B 必不互斥.

例 24 事件 A,B 互斥,且 $P(A)>0$,证明:$P(B|A)=0$.

证 由于 A,B 互斥,即 $A\cdot B=\varnothing$,所以 $P(AB)=0$.而 $P(AB)=$

$P(A) \cdot P(B|A)$,由于 $P(A) > 0$,故 $P(B|A) = 0$.

五、练习题

(一) 选择题

1. 设 A, B, C 是三个事件,A, B, C 中恰好出现一个的事件是( ).

(A) $A + B + C$; (B) $\overline{A}\,\overline{B} + \overline{A}\,\overline{C} + \overline{B}\,\overline{C}$;

(C) $A\overline{B}\,\overline{C}$; (D) $A\overline{B}\,\overline{C} + \overline{A}B\overline{C} + \overline{A}\,\overline{B}C$.

2. 设 A, B 为两事件,则 $\overline{AB}$ = ( ).

(A) $\overline{A}\,\overline{B}$; (B) $A + B$; (C) $\overline{A} + \overline{B}$; (D) $\overline{A + B}$.

3. 若 A, B 之积为不可能事件,则称 A 与 B ( ).

(A) 独立; (B) 互不相容;

(C) 对立; (D) 构成完备事件组.

4. A, B 为两事件,则 $AB + A\overline{B}$ = ( ).

(A) $\varnothing$; (B) U; (C) A; (D) $A + B$.

5. 设 $P(A) = 0.8, P(A|B) = 0.8$,则下列结论正确的是( ).

(A) 事件 A 与 B 互相独立; (B) 事件 A 与 B 互斥;

(C) $B \supset A$; (D) $A \supset B$.

6. 从一副 52 张的扑克牌中,任意抽出 5 张,其中没有 K 字牌的概率为( ).

(A) $\dfrac{48}{52}$; (B) $\dfrac{C_{48}^{5}}{C_{52}^{5}}$; (C) $\dfrac{C_{48}^{5}}{52}$; (D) $\dfrac{48^5}{52^5}$.

7. 设 A, B 为两个互斥事件,且 $P(A) > 0, P(B) > 0$,则结论正确的是( ).

(A) $P(B|A) > 0$; (B) $P(A|B) = P(A)$;

(C) $P(A|B) = 0$; (D) $P(AB) = P(A) \cdot P(B)$.

8. 若 $P(A) = \dfrac{1}{2}, P(B) = \dfrac{1}{3}, P(AB) = \dfrac{1}{5}$,则 $P(A + B)$ = ( ).

(A) $\frac{1}{6}$;　　(B) $\frac{5}{6}$;　　(C) $\frac{19}{30}$;　　(D) $\frac{2}{5}$.

9. 若 $P(A) = \frac{1}{2}, P(B) = \frac{1}{3}, P(AB) = \frac{1}{6}$，则 A, B 之间的关系为(　　).

(A) 两任意事件;　　　　(B) 互不相容;
(C) 相互独立;　　　　　(D) 对立事件.

10. 对于任意二事件 A 和 B，则 $P(A-B)$ 必是(　　).
(A) $P(A) - P(B)$;　　　　(B) $P(A) - P(B) + P(AB)$;
(C) $P(A) - P(AB)$;　　　(D) $P(A) + P(\overline{B}) - P(A\overline{B})$.

11. 若 $P(A) = \frac{1}{2}, P(B) = \frac{1}{3}, P(B|A) = \frac{2}{3}$，则 $P(A|B) =$ (　　).

(A) 1;　　(B) 0;　　(C) $\frac{1}{6}$;　　(D) $\frac{2}{3}$.

12. 设 $P(A) = \frac{1}{3}, P(B) = \frac{1}{2}, P(AB) = \frac{1}{4}$，则 $P[(A+B)|B] = $ (　　).

(A) 0;　　(B) 1;　　(C) $\frac{1}{12}$;　　(D) $\frac{1}{4}$.

(二) 解答题

1. 设某工人连续生产了四个零件，A_i 表示他生产的第 i 个零件是正品 $(i=1,2,3,4)$，试用 A_i 表示下列各事件：
(1) 没有一个是次品;　　(2) 至少有一个是次品;
(3) 只有一个是次品;　　(4) 至少有三个不是次品;
(5) 恰好有三个是次品;　(6) 至多有一个是次品.

2. 下列各式说明 A 与 B 之间具有何种包含关系？
(1) $AB = A$;　　　　(2) $A + B = A$.

3. 从 5 副不同的手套中任取 4 只，求这 4 只都不配对的概率.

4. 袋内放有 2 个伍分、3 个贰分和 5 个壹分的钱币,任取其中 5 个,求钱额总数超过 1 角的概率.

5. 某企业生产的电子产品,分一等品、二等品与废品三种.如果生产一等品的概率为 0.8,二等品的概率为 0.19,问:生产合格品的概率是多少?

6. 一批产品共有 100 件,其中 90 件是合格品,10 件是次品,从这批产品中任取 3 件,求其中有次品的概率.

7. 某一企业与甲乙两公司签订某物资长期供货关系的合同.由以前的统计得知,甲公司按时供货的概率为 0.9,乙公司能按时供货的概率为 0.75,两公司都能按时供货的概率为 0.7,求至少有一公司能按时供货的概率.

8. 一个电路上装有甲、乙两根保险丝,当电流强度超过一定值时,甲烧断的概率为 0.82,乙烧断的概率为 0.74,两根保险丝同时烧断的概率为 0.63,求至少烧断一根保险丝的概率.

9. 在某城市中,共发行三种报纸 A, B, C. 在这城市的居民中,订购 A 的占 45%,订购 B 的占 35%,订购 C 的占 30%,同时订购 A 及 B 的占 10%,同时订购 A 及 C 的占 8%,同时订购 B 及 C 的占 5%,同时订购 A, B, C 的占 3%. 试求下列百分率:

(1) 只订购 A 的;　　　　(2) 只订购 A 及 B 的;
(3) 只订购一种报纸的;　(4) 正好订购两种报纸的;
(5) 至少订购一种报纸的;(6) 不订购任何报纸的.

10. 设随机事件 B 是 A 的子事件,已知 $P(A) = \frac{1}{4}, P(B) = \frac{1}{6}$,求 $P(B|A)$.

11. 某牌号的电视机使用到 3 万小时的概率为 0.6,使用到 5 万小时的概率为 0.24,一台电视机已使用到 3 万小时,求这台电视机使用到 5 万小时的概率.

12. 在 100 件产品中有 5 件是不合格的,无放回地抽取 2 件,求第一次取到正品而第二次取到次品的概率.

13. (抓阄问题)5 个人抓一个有物之阄,求第二个人抓到的概率.

14. 一盒螺钉共有 20 个,其中 19 个是合格的,另一盒螺母也有 20 个,其中 18 个是合格的. 现从两盒中各取 1 个螺钉和螺母,求 2 个都是合格品的概率.

15. 设 10 件产品中有 4 件不合格品,从中任取 2 件,已知所取的 2 件产品中有一件是不合格品,求另一件也是不合格品的概率.

16. 某种动物由出生活到 10 岁的概率为 0.8,活到 12 岁的概率为 0.56,问现年 10 岁的这种动物活到 12 岁的概率是多少?

17. 某厂的产品中有 4% 的废品,在 100 件合格品中有 75 件一等品,试求在该厂中任取一件产品是一等品的概率.

18. 一批产品废品率为 10%,每次抽取一个,观察后再放回去,独立地重复 5 次,求 5 次观察中恰有 2 次是废品的概率.

19. 某车间有 10 台用电各为 7.5 千瓦的机床,如果每台机床使用情况是相互独立的,且每台机床平均每小时开动 12 分钟,问全部机床用电超过 48 千瓦的概率为多少.

20. 设 $0 < P(A) < 1, 0 < P(B) < 1, P(A|B) + P(\overline{A}|\overline{B}) = 1$. 问 A 与 B 是否独立.

21. 某批产品中有 20% 的次品,进行重复抽样检查,共取 5 件样品,计算 5 件样品中,求:(1)恰有 2 件次品的概率;(2)至多有 2 件次品的概率.

22. 箱中有一号袋 1 个,二号袋 2 个,一号袋中装 1 个红球, 2 个黄球;每个二号袋中装 2 个红球,1 个黄球. 今从箱中随机抽取一个袋,再从袋中随机抽取一个球,结果为红球,求这个红球来自一号袋的概率.

23. 设 A,B 为两个随机事件,若 $B \subset \overline{A}$,证明: $\overline{A} + \overline{B} = U$.

24. 若事件 A,B 相互独立,证明 $\overline{A}$ 与 $\overline{B}$ 亦相互独立.

六、练习题解答与分析

(一) 选择题

1. 答案是:D.

分析 根据事件的关系与运算,可知

$A+B+C$ 表示 A,B,C 中至少有一个发生;

$A\bar{B}\bar{C}$ 表示 A,B,C 中只有 A 发生;

$\bar{A}\bar{B}+\bar{A}\bar{C}+\bar{B}\bar{C}$ 表示 A,B,C 中至多有一个发生;

$A\bar{B}\bar{C}+\bar{A}B\bar{C}+\bar{A}\bar{B}C$ 表示 A,B,C 中恰有一个发生.

故选择 D.

2. 答案是:C.

分析 根据事件运算的德摩根律,有
$$\overline{A+B} = \bar{A} + \bar{B}.$$

故选择 C.

3. 答案是:B.

分析 根据事件的关系与运算,有
$$AB = \varnothing$$

为事件 A 与 B 不能同时发生,即 A,B 互不相容. 故选择 B.

4. 答案是:C.

分析 由于 $AB + A\bar{B} = A(B+\bar{B}) = AU = A$. 故选择 C.

5. 答案是:A.

分析 根据事件独立的定义,若
$$P(A) = P(A|B) \quad (P(A) > 0),$$

则称 A 与 B 相互独立. 故选择 A.

6. 答案是:B.

分析 根据概率的古典概型,有:

设 $A = \{$任取 5 张,没有 K 字牌$\}$,则
$$n = C_{52}^5, \quad m = C_{48}^5,$$

因此 $P(A) = \dfrac{C_{48}^5}{C_{52}^5}$. 故选择 B.

7. 答案是：C.

分析 因为 A,B 互斥，所以 $AB = \varnothing$，即 $P(AB) = 0$. 由 $P(AB) = P(B) \cdot P(A|B) = 0$，得 $P(A|B) = 0$. 故选择 C.

8. 答案是：C.

分析 根据概率的加法公式，有
$$P(A+B) = P(A) + P(B) - P(AB)$$
$$= \dfrac{1}{2} + \dfrac{1}{3} - \dfrac{1}{5} = \dfrac{19}{30}.$$

故选择 C.

9. 答案是：C.

分析 根据事件独立的定义，由于
$$P(AB) = \dfrac{1}{6} = \dfrac{1}{2} \times \dfrac{1}{3} = P(A)P(B),$$

因此 A 与 B 相互独立. 故选择 C.

10. 答案是：C.

分析 由于 $A - B = A\overline{B}$，$A = AB + A\overline{B}$，根据加法公式有
$$P(A) = P(AB) + P(A\overline{B}),$$

因此
$$P(A - B) = P(A\overline{B}) = P(A) - P(AB).$$

故选择 C.

11. 答案是：A.

分析 由于 $P(A) \cdot P(B|A) = P(AB) = P(B) \cdot P(A|B)$，因此
$$P(A|B) = \dfrac{P(A) \cdot P(B|A)}{P(B)} = \dfrac{\dfrac{1}{2} \times \dfrac{2}{3}}{\dfrac{1}{3}} = 1.$$

故选择 A.

12. 答案是：B.

分析 由于
$$P[(A+B)|B] \cdot P(B) = P[(A+B)B] = P(AB+B),$$
因此
$$P((A+B)|B) = \frac{P(AB+B)}{P(B)}$$
$$= \frac{P(AB) + P(B) - P(AB)}{P(B)} = 1.$$

故选择(B).

(二) 解答题

1. 解 (1) $A_1 A_2 A_3 A_4$；　(2) $\overline{A_1 A_2 A_3 A_4}$；

(3) $\overline{A_1} A_2 A_3 A_4 + A_1 \overline{A_2} A_3 A_4 + A_1 A_2 \overline{A_3} A_4 + A_1 A_2 A_3 \overline{A_4}$；

(4) $A_1 A_2 A_3 \overline{A_4} + A_1 A_2 \overline{A_3} A_4 + A_1 \overline{A_2} A_3 A_4 + \overline{A_1} A_2 A_3 A_4 + A_1 A_2 A_3 A_4$；

(5) $A_1 \overline{A_2} \overline{A_3} \overline{A_4} + \overline{A_1} A_2 \overline{A_3} \overline{A_4} + \overline{A_1} \overline{A_2} A_3 \overline{A_4} + \overline{A_1} \overline{A_2} \overline{A_3} A_4$；

(6) $A_1 A_2 A_3 A_4 + \overline{A_1} A_2 A_3 A_4 + A_1 \overline{A_2} A_3 A_4 + A_1 A_2 \overline{A_3} A_4 + A_1 A_2 A_3 \overline{A_4}$.

2. 解 (1) 因为"$AB = A$"与"$AB \subset A$ 且 $A \subset AB$"是等价的,由 $A \subset AB$ 可以推出 $A \subset A$ 且 $A \subset B$,因此有 $A \subset B$.

(2) 因为"$A + B = A$"与"$A + B \subset A$ 且 $A \subset A + B$"是等价的,由 $A + B \subset A$ 可以推出 $A \subset A$ 且 $B \subset A$,因此有 $B \subset A$.

3. 解 这是一个古典概型问题.设 $A = \{$这 4 只都不配对$\}$,考虑用组合数及乘法原理计算,由题意,有
$$n = C_{10}^4, \quad m = C_5^4 \cdot C_2^1 \cdot C_2^1 \cdot C_2^1 \cdot C_2^1,$$
所以
$$P(A) = \frac{8}{21}.$$

4. 解 这是一个古典概型问题.设 $A = \{$取 5 个钱币钱额超 1 角$\}$,于是有
$$n = C_{10}^5.$$
由题意可知,当取 2 个伍分币,其余的 3 个可任取,其种数为

$$C_2^2 C_3^3 + C_2^2 C_3^3 C_5^1 + C_2^2 C_3^1 C_5^2 + C_2^2 C_5^3.$$

而当取 1 个伍分币,贰分币至少要取 2 个,其种数为

$$C_2^1 C_3^3 C_5^1 + C_2^1 C_3^2 C_5^2.$$

因此有利于事件 A 的基本事件总数为

$$\begin{aligned} m &= C_2^2 C_3^3 + C_2^2 C_3^2 C_5^1 + C_2^2 C_3^1 C_5^2 \\ &\quad + C_2^2 C_5^3 + C_2^1 C_3^3 C_5^1 + C_2^1 C_3^2 C_5^2 = 126, \end{aligned}$$

故

$$P(A) = \frac{126}{C_{10}^5} = \frac{1}{2}.$$

5. 解 设 $A = \{$生产的是一等品$\}$,$B = \{$生产的是二等品$\}$,用 $A \cup B$ 表示"生产的是合格品",这样由性质 1,可知生产合格品的概率为

$$P(A \cup B) = P(A) + P(B) = 0.8 + 0.19 = 0.99.$$

6. 解 方法一 设 $A = \{$有次品$\}$,$A_i = \{$有 i 件次品$\}$,$i = 1, 2, 3$,故 $A = A_1 \cup A_2 \cup A_3$,并且 A_1, A_2, A_3 是两两互斥的. 由概率的古典定义,我们有

$$P(A_1) = \frac{C_{10}^1 \cdot C_{90}^2}{C_{100}^3} = 0.24768,$$

$$P(A_2) = \frac{C_{10}^2 \cdot C_{90}^1}{C_{100}^3} = 0.02504,$$

$$P(A_3) = \frac{C_{10}^3}{C_{100}^3} = 0.00074,$$

再由有限可加性,有

$$P(A) = P(A_1) + P(A_2) + P(A_3) = 0.2735.$$

方法二 由于事件 A 的对立事件 $\overline{A} = \{$取出的 3 件产品全是合格品$\}$,故

$$P(\overline{A}) = \frac{C_{90}^3}{C_{100}^3} = 0.7265.$$

由概率的基本性质,有

$$P(A) = 1 - P(\overline{A}) = 1 - 0.7265 = 0.2735.$$

7. 解 分别用 A,B 表示甲乙两公司按时供货的事件,由题意,A,B 为非互斥事件,我们有
$$P(A \cup B) = P(A) + P(B) - P(AB)$$
$$= 0.9 + 0.75 - 0.7 = 0.95.$$
故至少有一公司能按时供货的概率为 0.95.

8. 解 设 A,B 分别表示保险丝甲、乙烧断的事件,问题归结为计算 $A \cup B$ 的概率. 由于事件 A 与 B 是非互斥的任意事件,故有
$$P(A \cup B) = P(A) + P(B) - P(AB),$$
因此所求的概率为
$$P(A \cup B) = 0.82 + 0.74 - 0.63 = 0.93.$$

9. 解

(1) $P(只订购 A 的) = P(A\overline{B}\,\overline{C}) = P(A - (B \cup C))$
$$= P(A - A(B \cup C)) = P(A) - P(AB \cup AC)$$
$$= P(A) - P(AB) - P(AC) + P(ABC)$$
$$= 0.45 - 0.10 - 0.08 + 0.03$$
$$= 0.30 = 30\%.$$

(2) $P(只订购 A 及 B 的) = P(AB\overline{C}) = P(AB - ABC)$
$$= P(AB) - P(ABC) = 0.10 - 0.03$$
$$= 0.07 = 7\%.$$

(3) $P(只订购 B 的) = P(B\overline{A}\,\overline{C}) = P(B - B(A \cup C))$
$$= P(B) - P(BA \cup BC)$$
$$= P(B) - P(BA) - P(BC) + P(ABC)$$
$$= 0.35 - 0.10 - 0.05 + 0.03 = 0.23.$$

$P(只订购 C 的) = P(C\overline{A}\,\overline{B}) = P(C - C(A \cup B))$
$$= P(C) - P(AC \cup BC)$$
$$= P(C) - P(AC) - P(BC) + P(ABC)$$
$$= 0.30 - 0.08 - 0.05 + 0.03 = 0.20,$$

所以

P(只订购一种报纸的)
$= P$(只订购 A 的) $+ P$(只订购 B 的) $+ P$(只订购 C 的)
$= 0.30 + 0.23 + 0.20 = 0.73 = 73\%$.

(4) P(正好订两种报纸的) $= P(AB\overline{C} \cup A\overline{B}C \cup \overline{A}BC)$
$= P(AB\overline{C}) + P(A\overline{B}C) + P(\overline{A}BC)$
$= P(AB - ABC) + P(AC - ABC)$
$\quad + P(BC - ABC)$
$= P(AB) - P(ABC) + P(AC)$
$\quad - P(ABC) + P(BC) - P(ABC)$
$= 0.10 + 0.08 + 0.05 - 0.03 \times 3$
$= 0.14 = 14\%$.

(5) P(至少订购一种报纸的) $= P(A \cup B \cup C)$
$= P(A) + P(B) + P(C) - P(AB)$
$\quad - P(AC) - P(BC) + P(ABC)$
$= 0.45 + 0.35 + 0.30 - 0.10$
$\quad - 0.08 - 0.05 + 0.03$
$= 0.90 = 90\%$.

(6) P(不订购任何报纸的) $= 1 - P$(至少订购一种报纸的)
$= 1 - 0.90 = 0.10 = 10\%$.

10. 解 因为 $B \subset A$,所以 $P(B) = P(AB)$.因此,
$$P(B|A) = \frac{P(AB)}{P(A)} = \frac{P(B)}{P(A)} = \frac{2}{3}.$$

11. 解 设 $A = \{$使用到 3 万小时$\}$, $B = \{$使用到 5 万小时$\}$,
于是 $P(A) = 0.6$, $P(AB) = P(B) = 0.24$,则
$$P(B|A) = \frac{P(AB)}{P(A)} = 0.4.$$

12. 解 设事件
$A = \{$第一次取到正品$\}$, $B = \{$第二次取到次品$\}$,

用古典概型方法可求出

$$P(A) = \frac{95}{100} \neq 0.$$

由于第一次取到正品后不放回,那么第二次是在 99 件中(不合格品仍是 5 件)任取一件,所以

$$P(B|A) = \frac{5}{99}.$$

由乘法公式,有

$$P(AB) = P(A)P(B|A) = \frac{95}{100} \cdot \frac{5}{99} = \frac{19}{396}.$$

13. 解 这是一个乘法公式的问题. 设 $A_i = \{$第 i 个人抓到有物之阄$\}$ $(i = 1, 2, 3, 4, 5)$,有

$$\begin{aligned} A_2 &= A_2 \Omega = A_2(A_1 + \overline{A}_1) \\ &= A_1 A_2 + \overline{A}_1 A_2 = \varnothing + \overline{A}_1 A_2 = \overline{A}_1 A_2. \end{aligned}$$

根据事件相同对应概率相等,有

$$P(A_2) = P(\overline{A}_1 A_2) = P(\overline{A}_1) P(A_2 | \overline{A}_1).$$

又因为 $P(A_1) = \frac{1}{5}, P(\overline{A}_1) = \frac{4}{5}, P(A_2 | \overline{A}_1) = \frac{1}{4}$,所以

$$P(A_2) = \frac{4}{5} \times \frac{1}{4} = \frac{1}{5}.$$

14. 解 令

$A = \{$任取一个,螺钉合格$\}$, $B = \{$任取一个,螺母合格$\}$,

显然 A 与 B 是相互独立的,并且有

$$P(A) = \frac{C_{19}^1}{C_{20}^1} = \frac{19}{20}, \quad P(B) = \frac{C_{18}^1}{C_{20}^1} = \frac{9}{10},$$

所以由公式有

$$P(AB) = P(A)P(B) = \frac{19}{20} \times \frac{9}{10} = \frac{171}{200}.$$

15. 解 设 A 表示所取两件产品中有一件是不合格品的事件,B 表示另一件也是不合格品的事件,则 AB 表示所取两件产品

都是不合格品的事件. 由于
$$P(A) = \frac{(C_4^1 C_6^1 + C_4^2)}{C_{10}^2}, \quad P(AB) = \frac{C_4^2}{C_{10}^2},$$
故所求概率为
$$P(B|A) = \frac{P(AB)}{P(A)} = \frac{C_4^2/C_{10}^2}{(C_4^2 + C_4^1 C_6^1)/C_{10}^2}$$
$$= \frac{C_4^2}{C_4^2 + C_4^1 C_6^1} = \frac{6}{30} = \frac{1}{5}.$$

16. 解 $A = \{$活到 10 岁以上$\}$，$B = \{$活到 12 岁以上$\}$，显然 $B \subset A$. 因为 $P(A) = 0.8$，$P(B) = 0.56$，又 $B \subset A, AB = B, P(AB) = P(B) = 0.56$，所以所求概率
$$P(B|A) = \frac{P(AB)}{P(A)} = \frac{P(B)}{P(A)} = \frac{0.56}{0.8} = 0.7.$$

17. 解 $A = \{$任取一件产品是合格品$\}$，$B = \{$任取一件产品是一等品$\}$，显然 $B \subset A$. 又
$$P(A) = 1 - P(\bar{A}) = 96\%, \quad P(B|A) = 75\%,$$
所以
$$P(B) = P(AB) = P(A)P(B|A) = 0.96 \times 0.75 = 0.72.$$

18. 解 设 A 表示"1 次观察中出现废品"，B 表示"5 次观察中出现 2 次废品"，由题意可知 $P(A) = 0.1$，这样我们就有
$$P(B) = C_5^2 [P(A)]^2 [1 - P(A)]^{5-2}$$
$$= 10 \times 0.1^2 \times 0.9^3 = 0.0729.$$

19. 解 设事件 A 为一台机床工作，则
$$P(A) = \frac{12}{60} = \frac{1}{5}, \quad P(\bar{A}) = \frac{4}{5},$$
故由二项概型知某一时刻恰有 k 台机床工作的概率为
$$C_{10}^k \left(\frac{1}{5}\right)^k \left(\frac{4}{5}\right)^{10-k}, \quad k = 0, 1, \cdots, 10.$$
此外，48 千瓦可供 6 台机床同时工作，故事件"用电超过 48 千瓦"

就等价于事件"有 7 台或 7 台以上的机床在工作". 因此,用电超过 48 千瓦的概率为

$$\sum_{k=7}^{10} C_{10}^k \left(\frac{1}{5}\right)^k \left(\frac{4}{5}\right)^{10-k}.$$

20. 解 因为 $P(A|B) + P(\overline{A}|\overline{B}) = 1$,所以 $P(A|B) = 1 - P(\overline{A}|\overline{B}) = P(A|\overline{B})$,即

$$\frac{P(AB)}{P(B)} = \frac{P(A\overline{B})}{P(\overline{B})}, \quad P(AB)[1 - P(B)] = P(B)P(A\overline{B}),$$

$$P(AB) = P(B)[P(AB) + P(A\overline{B})] = P(B)P(AB \cup A\overline{B})$$

$$= P(A(B \cup \overline{B}))P(B) = P(A)P(B).$$

故 A 与 B 相互独立.

21. 分析 抽样检查也是一种伯努利试验,每次试验只有两种结果:正品、次品. 每次试验重复进行,且相互独立,所以这是一个伯努利概型,其中 $n = 5, p = 0.2$.

解 设 A_0, A_1, A_2 依次为 5 个样品中恰有 0 件、1 件、2 件零件为次品.

(1) $P(A_2) = C_5^2 (0.2)^2 (1-0.2)^3 = 0.2048$.

(2) 至多有 2 件次品记作事件 B,则 $B = A_0 + A_1 + A_2$,于是

$$P(B) = P(A_0) + P(A_1) + P(A_2)$$

$$= (0.8)^5 + C_5^1 \times 0.2 \times 0.8^4 + C_5^2 \times 0.2^2 \times 0.8^3$$

$$= 0.3277 + 0.4096 + 0.2048 = 0.9421.$$

22. 解 设 A 表示取到一号袋的事件,B 表示取到红球的事件,由题设可知

$$P(A) = \frac{1}{3}, \quad P(\overline{A}) = \frac{2}{3},$$

$$P(B|A) = \frac{1}{3}, \quad P(B|\overline{A}) = \frac{2}{3},$$

根据条件概率公式,有

$$P(A|B) = \frac{P(AB)}{P(B)} = \frac{P(A) \cdot P(B|A)}{P(A)P(B|A) + P(\overline{A})P(B|\overline{A})}$$

$$= \frac{\frac{1}{3} \times \frac{1}{3}}{\frac{1}{3} \times \frac{1}{3} + \frac{2}{3} \times \frac{2}{3}} = \frac{1}{5},$$

即这个红球来自一号袋的概率为 $\frac{1}{5}$.

23. 证 由于 $B \subset \overline{A}$, 所以 A 与 B 互斥, 即 $AB = \varnothing$, 因此
$$\overline{A} + \overline{B} = \overline{A \cdot B} = \overline{\varnothing} = U.$$

24. 证 因为 A 与 B 相互独立, 有
$$P(AB) = P(A)P(B).$$
根据事件的关系与运算, 我们有
$$\begin{aligned}
P(\overline{A} \cdot \overline{B}) &= P(\overline{A+B}) = 1 - P(A+B) \\
&= 1 - P(A) - P(B) + P(AB) \\
&= 1 - P(A) - P(B) + P(A) \cdot P(B) \\
&= 1 - P(A) - P(B)[1 - P(A)] \\
&= [1 - P(A)] \cdot [1 - P(B)] \\
&= P(\overline{A}) \cdot P(\overline{B}),
\end{aligned}$$
所以 $\overline{A}$ 与 $\overline{B}$ 亦相互独立.

第二章 一元正态分布

一、知识点

1. 随机变量的概念；
2. 离散型随机变量及其概率分布；
3. 连续型随机变量及其分布密度；
4. 一元正态分布.

二、基本要求

1. 了解随机变量的概念；
2. 了解离散型随机变量；
3. 了解连续型随机变量；
4. 掌握一元正态分布，并会计算有关概率.

三、复习要点

（一）重要概念及性质

1. 随机变量

定义 2.1 在条件 S 下，随机试验的每一个可能的结果 ω 都用一个实数 $X = X(\omega)$ 来表示，且实数 X 满足

① X 是由 ω 唯一确定；

② 对于任意给定的实数 x，事件 $\{X \leqslant x\}$ 都是有概率的，则称 X 为一**随机变量**.

2. 分布

定义 2.2 如果随机变量 X 的取值是可以一一列举出来的，则称 X 为**离散型**随机变量. 设 X 取值是 $x_1, x_2, \cdots, x_n, \cdots$，相应的概率

$$p_k = P\{X = x_k\} \quad (k = 1, 2, 3, \cdots, n, \cdots)$$

称为离散型随机变量 X 的**概率分布**. 将 X 的取值及相应的概率列

成下表:

x_k	x_1	x_2	x_3	⋯	x_n	⋯
p_k	p_1	p_2	p_3	⋯	p_n	⋯

此表称为 X 的**概率分布表**.

随机变量取值的概率 $p_k(k=1,2,\cdots,n,\cdots)$ 满足

① $p_k \geq 0$ $(k=1,2,\cdots,n,\cdots)$;

② $\sum_k p_k = 1$.

定义 2.3 对于随机变量 X,如果存在非负可积函数
$$p(x) \quad (-\infty < x < +\infty),$$
使得对于任意 $a,b(a<b)$ 都有
$$P\{a < X < b\} = \int_a^b p(x)\mathrm{d}x,$$
则称 X 为**连续型**随机变量;且称 $p(x)$ 为**概率密度函数**(简称概率密度).

概率密度函数 $p(x)$ 满足:

① $p(x) \geq 0$;

② $\int_{-\infty}^{+\infty} p(x)\mathrm{d}x = 1$.

3. 正态分布

定义 2.4 设随机变量 X 的概率密度函数为
$$p(x) = \frac{1}{\sqrt{2\pi}\sigma}\mathrm{e}^{-\frac{(x-\mu)^2}{2\sigma^2}} \quad (-\infty < x < +\infty, \sigma > 0),$$
则称 X 服从**正态分布**,记为 $X \sim N(\mu,\sigma^2)$,其中 μ,σ 为参数.

特别地,称 $\mu=0,\sigma=1$ 的正态分布为**标准正态分布**,记为 $N(0,1)$.

(二)重要方法

正态分布在任一区间上取值概率的计算

为计算方便,人们已经编制了标准正态分布函数 $\Phi(x)$ 值的

表(见教材附表1),其中

$$\Phi(x) = \int_{-\infty}^{x} \frac{1}{\sqrt{2\pi}} e^{-\frac{t^2}{2}} dt \quad (x \geq 0)$$

(见图 2-1). 由 $\Phi(x)$ 的性质可知,表中只需列出 $x \geq 0$ 的值.

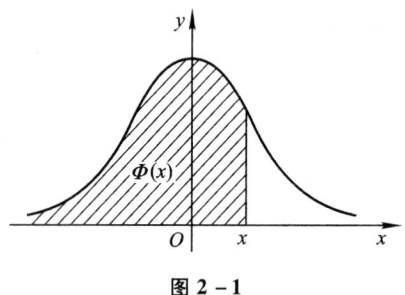

图 2-1

对于服从标准正态分布的随机变量可以直接利用 $x \geq 0$ 时 $\Phi(x)$ 的值来计算其取值于任一区间的概率.

对于服从非标准正态分布 $N(\mu, \sigma^2)$ 的随机变量,我们只需进行积分变换,有

$$P\{\alpha < X < \beta\} = \int_{\alpha}^{\beta} \frac{1}{\sqrt{2\pi}\sigma} e^{-\frac{(x-\mu)^2}{2\sigma^2}} dx$$

$$\xrightarrow{\diamondsuit t = \frac{x-\mu}{\sigma}} \int_{\frac{\alpha-\mu}{\sigma}}^{\frac{\beta-\mu}{\sigma}} \frac{1}{\sqrt{2\pi}} e^{-\frac{t^2}{2}} dt$$

$$= \Phi\left(\frac{\beta-\mu}{\sigma}\right) - \Phi\left(\frac{\alpha-\mu}{\sigma}\right).$$

查表即可求出此值.

四、典型例题分析

例1 设 X 服从正态分布 $N(3,4)$,则 $P\{2 < X \leq 5\} = $ _____, $P\{-2 < X \leq 7\} = $ _____;若 $P\{X > c\} = P\{X \leq c\}$,则 $c = $ _____.

答案是:0.5328,0.957,3.

分析

$$P\{2 < X \leq 5\} = P\left\{\frac{2-3}{2} < \frac{X-3}{2} \leq \frac{5-3}{2}\right\}$$
$$= \Phi(1) - \Phi(-0.5) = \Phi(1) + \Phi(0.5) - 1$$
$$= 0.8413 + 0.6915 - 1 = 0.5328;$$

$$P\{-2 < X \leq 7\} = P\left\{\frac{-2-3}{2} < \frac{X-3}{2} \leq \frac{7-3}{2}\right\}$$
$$= \Phi(2) - \Phi(-2.5) = 0.9772 - 1 + 0.9798$$
$$= 0.957;$$

$$P\{X > c\} = 1 - P\{X \leq c\} \xrightarrow{\text{由题条件}} P\{X \leq c\},$$

由此得

$$2P\{X \leq c\} = 1, \quad P\{X \leq c\} = \frac{1}{2},$$

$$P\left\{\frac{X-3}{2} \leq \frac{c-3}{2}\right\} = \Phi\left(\frac{c-3}{2}\right) = \frac{1}{2}.$$

查表得 $\frac{c-3}{2} = 0$,即 $c = 3$.

五、练习题

(一) 选择题

1. 设服从正态分布 $N(0,1)$ 的随机变量 X,其密度函数为 $p(x)$,则 $p(0)$ 等于(   ).

(A) 0;   (B) $\frac{1}{\sqrt{2\pi}}$;   (C) 1;   (D) $\frac{1}{2}$.

(二) 解答题

1. 设 $X \sim N(1,4)$,求:

(1) $P\{X > -3\}$;   (2) $P\{|X-1| < 2\}$.

2. 已知 $X \sim N(20, 0.04)$,求 c,使 $P\{|X-20| \leq c\} = 0.95$.

3. 随机变量 $X \sim N(0,1)$,$\Phi(x)$ 表示 X 的分布函数,

求 $P\{-1 < X < 0\}$.

4. 若 $X \sim N(\mu, \sigma^2)$，求 $P(|X - \mu| \leqslant 3\sigma)$.

六、例题解答与分析

(一) 选择题

1. 答案是：B.

分析 根据标准正态分布密度函数的定义. 故选择 B.

(二) 解答题

1. 解 由于 $X \sim N(1, 4)$，故 $Y = \dfrac{X-1}{2} \sim N(0, 1)$. 从而

(1) $P\{X > -3\} = 1 - P\{X \leqslant -3\}$

$$= 1 - P\left\{\dfrac{X-1}{2} \leqslant \dfrac{-3-1}{2}\right\}$$

$$= 1 - \Phi(-2) = \Phi(2) = 0.9772;$$

(2) $P\{|X - 1| < 2\} = P\{-2 < X - 1 < 2\}$

$$= P\left\{-1 < \dfrac{X-1}{2} < 1\right\} = \Phi(1) - \Phi(-1)$$

$$= 2\Phi(1) - 1 = 2 \times 0.8413 - 1 = 0.6826.$$

2. 解 由

$$P\{|X - 20| \leqslant c\} = P\left(\left|\dfrac{X-20}{0.2}\right| \leqslant \dfrac{c}{0.2}\right)$$

$$= 2\Phi\left(\dfrac{c}{0.2}\right) - 1 = 0.95$$

得

$$\Phi\left(\dfrac{c}{0.2}\right) = 0.975.$$

查表得 $\dfrac{c}{0.2} = 1.96$，即 $c = 0.392$.

3. 解 由于 $X \sim N(0, 1)$，有

$$P\{-1 < X < 0\} = \Phi(0) - \Phi(-1) = \Phi(0) + \Phi(1) - 1$$

$$= 0.5 + 0.8413 - 1 = 0.3413.$$

4. 解

$$\begin{aligned}
P\{|X-\mu| \leqslant 3\sigma\} &= P\{-3\sigma \leqslant X-\mu \leqslant 3\sigma\} \\
&= P\left\{-3 \leqslant \frac{X-\mu}{\sigma} \leqslant 3\right\} \\
&= \Phi(3) - \Phi(-3) = 2\Phi(3) - 1 \\
&= 2 \times 0.9987 - 1 = 0.9974.
\end{aligned}$$

第三章　数理统计基础

一、知识点

1. 总体、样本与样本函数；
2. 描述统计中的一些基本概念；
3. 直方图与经验分布函数.

二、基本要求

1. 理解总体与个体、简单随机样本、统计量等概念；
2. 掌握描述数据组的几个重要数字特征的量：平均数、中位数、众数、极差、平均绝对偏差、方差和标准差；
3. 了解直方图和经验分布函数的概念.

三、复习要点

（一）重要概念及性质

1. 总体与样本

在数理统计中，常把被考察对象的某一个（或多个）指标的全体称为**总体**（或**母体**）；而把总体中的每一个单元称为**样品**（或**个体**）.

我们把从总体中抽取的部分样品 $X_1, X_2, \cdots, X_n$ 称为**样本**；样本中所含的样品数称为**样本容量**. 样本 $X_1, X_2, \cdots, X_n$ 的观测值记为 $x_1, x_2, \cdots, x_n$.

在一般情况下，总是把样本看成是 n 个相互独立的且与总体有相同分布的随机变量. 这样的样本称为**简单随机样本**.

2. 统计量

样本函数是数理统计中的一个重要概念，一般记为
$$\varphi = \varphi(X_1, X_2, \cdots, X_n),$$

其中 φ 为一个连续函数. 如果 φ 中不包含任何未知参数,则称 $\varphi(X_1, X_2, \cdots, X_n)$ 为一个**统计量**.

(1) 样本矩

样本矩分为原点矩和中心矩.

原点矩: $A_k = \dfrac{1}{n} \sum_{i=1}^{n} X_i^k (k = 1, 2, \cdots)$ 称为 k **阶原点矩**,当 $k = 1$ 时称为**样本均值**,记为 $\overline{X} = \dfrac{1}{n} \sum_{i=1}^{n} X_i$.

中心矩: $B_k = \dfrac{1}{n} \sum_{i=1}^{n} (X_i - \overline{X})^k$ 称为 k **阶中心矩**, $k = 1, 2, \cdots$; $k = 2$ 时,称为**样本方差**,记作 $S_n^2 = \dfrac{1}{n} \sum_{i=1}^{n} (X_i - \overline{X})^2$ (有时也用 $\tilde{S}^2$ 表示,另一个常用统计量 $S^2 = \dfrac{1}{n-1} \sum_{i=1}^{n} (X_i - \overline{X})^2$ 称为**修正后的样本方差**).

样本均值 $\overline{X}$ 和样本方差 S_n^2 是随机变量,它们不同于总体的均值 $E(X)$ 和总体的方差 $D(X)$,总体的均值和方差是两个常数.

(2) 顺序统计量

设样本 $X_1, X_2, \cdots, X_n$,其一组观测值 $x_1, \cdots, x_n$ 按从小到大的顺序排列为 $x_1^* \leqslant x_2^* \leqslant \cdots \leqslant x_n^*$,定义 X_k^* 取值为 x_k^*,并称由此得到的 $X_1^*, X_2^*, \cdots, X_n^*$ 为样本的顺序统计量.

$R = x_n^* - x_1^* = \max\{x_1, \cdots, x_n\} - \min\{x_1, \cdots, x_n\}$ 称为样本的**极差**.

$$Md = \begin{cases} x_{\frac{n+1}{2}}^*, & n \text{ 为奇数}, \\ \dfrac{1}{2}\left(x_{\frac{n}{2}}^* + x_{\frac{n}{2}+1}^*\right), & n \text{ 为偶数} \end{cases}$$

称为样本的**中位数**.

3. 数学特性描述中的位置特征

（1）平均数

① n 个数值 $x_1, x_2, \cdots, x_n$，其算求平均数 $\bar{x}$ 为

$$\bar{x} = \frac{1}{n} \sum_{i=1}^{n} x_i.$$

② 假如 n 个数据分为 l 个组（区间），各组的中点是 $x_1, x_2, \cdots, x_l$，相应的频数是 $f_1, f_2, \cdots, f_l$，那么平均数 $\bar{x}$ 为

$$\bar{x} = \frac{1}{n} \sum_{i=1}^{l} x_i f_i.$$

（2）中位数

n 个数按递增大小为 $x_1^*, x_2^*, \cdots, x_n^*$，其中位数 M_d 为

$$M_d = \begin{cases} x_{\frac{n+1}{2}}^*, & n \text{ 为奇数}, \\ \frac{1}{2}\left(x_{\frac{n}{2}}^* + x_{\frac{n}{2}+1}^*\right), & n \text{ 为偶数}. \end{cases}$$

（3）众数

频数最大的那个数称为众数，记为 M_0。

4. 图形描述

（1）直方图

直方图是一种条形图，它是描述分组资料最普遍的一种图形。横轴 x 标出取值的区间 $[a_0, a_1), [a_1, a_2), \cdots, [a_{l-1}, a_l]$，纵轴 y 表示与频数成正比的各区间的条形高。

如果数据是一个连续型随机变量的观察值，则直方图顶部的阶梯形图形是它的分布密度曲线的近似。

（2）经验分布函数

设总体 X 的 n 个样本值可以按大小次序排列成

$$x_1 \leqslant x_2 \leqslant \cdots \leqslant x_n.$$

如果 $x_k \leqslant x < x_{k+1}$，则不大于 x 的样本值的频率为 $\frac{k}{n}$，因而函数

$$F_n(x) = \begin{cases} 0, & x < x_1, \\ \dfrac{k}{n}, & x_k \leq x < x_{k+1} \\ 1, & x \geq x_n \end{cases} \quad (k = 1, 2, \cdots, n-1),$$

与事件 $\{X \leq x\}$ 在 n 次重复独立试验中出现的频率是相同的. 我们称 $F_n(x)$ 为**样本的分布函数**或**经验分布函数**.

$$x_1 = \frac{a_1 + a_0}{2}, \quad x_2 = \frac{a_2 + a_1}{2}, \quad \cdots, \quad x_l = \frac{a_l + a_{l-1}}{2},$$

纵轴 y 表示区间的累加频率.

如果数据是一个连续型随机变量的观察值,那么累积频率函数图是它的分布函数曲线的近似.

四、典型例题分析

例1 设对某指标测得的数据为 $2, 3, 4, 3, 1, 3$,则平均数 $\bar{x} = $ _____,中位数 $M_d = $ _____,众数 $M_0 = $ _____,极差 $R = $ _____,方差 $s_n^2 = $ _____.

答案是:$2.667, 3, 3, 3, 0.444$.

分析 以上结果是将数据代入相应公式算得.

例2 样本的不含未知参数的函数 $T(X_1, X_2, \cdots, X_n)$ 称为_____.

答案是:统计量.

分析 根据样本函数及统计量的定义.

例3 某学校对学生某科的期末成绩按如下方法考评:平时作业占 20%,期中考试占 30%,期末考试占 50%. 现在甲、乙两位学生的成绩(分)如下:

	平时作业	期中考试	期末考试
甲	90	95	100
乙	100	95	90

试求这两位学生的期末成绩和标准差.

解 根据加权平均数和加权标准差的概念，

$$\bar{x}_甲 = 90 \times 0.2 + 95 \times 0.3 + 100 \times 0.5 = 96.5,$$

$$\bar{x}_乙 = 100 \times 0.2 + 95 \times 0.3 + 90 \times 0.5 = 93.5.$$

$$s_甲^2 = (90 - 96.5)^2 \times 0.2 + (95 - 96.5)^2 \times 0.3$$
$$+ (100 - 96.5)^2 \times 0.5 = 15.25,$$

$$s_甲 \approx 3.91,$$

$$s_乙^2 = (100 - 93.5)^2 \times 0.2 + (95 - 93.5)^2 \times 0.3$$
$$+ (90 - 93.5)^2 \times 0.5 = 15.25,$$

$$s_乙 \approx 3.91.$$

故甲、乙学生的期末成绩分别为 96.5,93.5;标准差均为 3.91.

例 4 调查 A 单位职工月收入情况,如下表：

工资档次/元	人数	工资档次/元	人数
300~500	12	800~900	84
500~600	25	900~1000	45
600~700	66	1000~1300	15
700~800	128		

试计算该单位职工的平均月收入.

解 组中值

$$x_1 = \frac{300 + 500}{2} = 400, \quad x_2 = \frac{500 + 600}{2} = 550,$$

$$x_3 = \frac{600 + 700}{2} = 650, \quad x_4 = \frac{700 + 800}{2} = 750,$$

$$x_5 = \frac{800 + 900}{2} = 850, \quad x_6 = \frac{900 + 1000}{2} = 950,$$

$$x_7 = \frac{1000 + 1300}{2} = 1150.$$

总人数：

$12+25+66+128+84+45+15=375$,

$\bar{x} = \dfrac{1}{375}(12 \times 400 + 25 \times 550 + 66 \times 650 + 128 \times 750$
$+ 84 \times 850 + 45 \times 950 + 15 \times 1150) \approx 770.27$,

即该单位职工的平均月收入为 770.27 元.

例 5 现有 50 个数据：

168　162　162　163　146　150　155　148　155　159
159　160　157　154　155　176　163　156　153　159
159　160　152　159　165　175　160　148　161　162
160　154　160　150　178　165　166　157　162　162
170　166　162　167　152　149　164　168　170　149

（1）试列出这 50 个数据的频数分布表；
（2）作出频数直方图；
（3）作出频率直方图.

解　（1）数据中最大值为 178，最小值为 148. 设 $a=145, b=180$，则数据都落在 $(145,180)$ 内. 将数据分成 5 组，组距 $d = \dfrac{1}{5}(180-145)=7$，频数分布表如下：

组限	组中值 $\bar{x}_i$	组频数 v_i	组频率 f_i	f_i/d
145~152	148.5	7	0.14	0.02
152~159	155.5	11	0.22	0.031
159~166	162.5	22	0.44	0.063
166~173	169.5	7	0.14	0.02
173~180	176.5	3	0.06	0.009
合计		50	1	

（2）

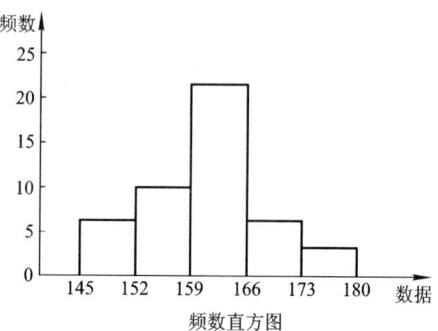
频数直方图

（3）

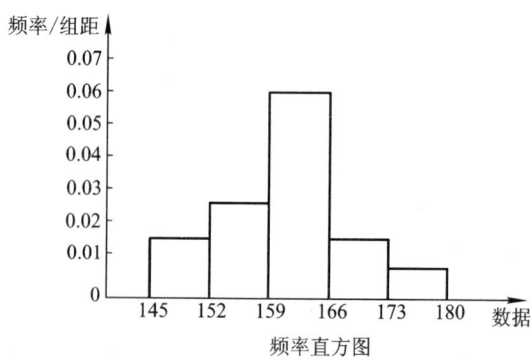
频率直方图

五、练习题

（一）选择题

1. 设有数据 $x_1, x_2, \cdots, x_{96}$，按其数值大小的顺序重新排列成 $x_1^* \leqslant x_2^* \leqslant \cdots \leqslant x_{96}^*$，则（　　）是数据的中位数.

(A) x_{48}；

(B) x_{48}^*；

(C) $\dfrac{1}{2}(x_{47}^* + x_{48}^*)$；

(D) $\dfrac{1}{2}(x_{48}^* + x_{49}^*)$.

2. 实际问题中，测量一物体的长度，反复测量 6 次，所得数据如下：

数据	4.8	4.9	5.0
次数	3	2	1

则该物体的长度计算公式应选用(   ).

(A) $\frac{1}{6}(4.8+4.9+5.0)$；

(B) $\frac{1}{3}(4.8+4.9+5.0)$；

(C) $\frac{1}{6}(3\times4.8+2\times4.9+1\times5.0)$；

(D) $\frac{1}{3}(3\times4.8+2\times4.9+1\times5.0)$.

3. 设有 23,25,22,35,20,24 一组数据,那么这组数据的中位数是(   ).

(A) 22；   (B) 23；   (C) 24；   (D) 23.5.

4. 反映数据组 $x_1, x_2, \cdots, x_n$ 的变异特征,人们常用(   ).

(A) 中位数； (B) 众数； (C) 方差； (D) 平均数.

5. 一组数据 $x_1, x_2, \cdots, x_n$ 的修正标准差是指(   ).

(A) $s=\sqrt{\frac{1}{n-1}\sum_{i=1}^{n}(x_i-\bar{x})^2}$；   (B) $s^2=\frac{1}{n-1}\sum_{i=1}^{n}(x_i-\bar{x})^2$；

(C) $s^2=\frac{1}{n}\sum_{i=1}^{n}(x_i-\bar{x})^2$；   (D) $s=\sqrt{\frac{1}{n}\sum_{i=1}^{n}(x_i-\bar{x})^2}$.

6. 设 $X_1, X_2, \cdots, X_n$ 为来自 $N(\mu, \sigma^2)$ 的样本, μ 为未知参数,则(   )是一个统计量.

(A) $\frac{1}{n}\sum_{i=1}^{n}X_i^2$；   (B) $\sum_{i=1}^{n}(X_i-\mu)^2$；

(C) $\bar{X}-\mu$；   (D) $(\bar{X}-\mu)^2+\sigma^2$.

(二) 解答题

1. 从某大学 2000 名一年级学生中随机选出 15 名学生,调查其年龄,得样本值(18,18,17,19,18,19,16,17,18,20,18,19,19,

18,17),试构造出它们的经验分布函数.

六、练习题解答与分析

(一) 选择题

1. 答案是:D.

分析 因为数据个数为偶数,所以中位数

$$M_d = \frac{1}{2}(x_{48}^* + x_{49}^*).$$

故选择 D.

2. 答案是:C.

分析 长度公式应选用 6 次测量长度均值(即平均数)

$$\bar{x} = \frac{1}{6}(4.8 + 4.8 + 4.8 + 4.9 + 4.9 + 5.0).$$

故选择 C.

3. 答案是:D.

分析 由中位数的公式

$$M_d = \frac{1}{2}(23 + 24) = 23.5.$$

故选择 D.

4. 答案是:C.

分析 由于变异特征是描述观测值之间的差异或分散程度的量,因此人们常选用方差. 故选择 C.

5. 答案是:A.

分析 由修正方差定义 $s^2 = \frac{1}{n-1}\sum_{i=1}^{n}(x_i - \bar{x})^2$ 可知,修正标准差为

$$s = \sqrt{\frac{1}{n-1}\sum_{i=1}^{n}(x_i - \bar{x})^2}.$$

故选择 A.

6. 答案是:A.

分析 因为只有 A 中

$$\frac{1}{n}\sum_{i=1}^{n}X_i^2$$

不含有任何未知参数,根据统计量的定义. 故选择 A.

(二) 解答题

1. 解 由于样本频率分布为

年龄 X	16	17	18	19	20
频率 $\frac{m_i}{n}$	$\frac{1}{15}$	$\frac{3}{15}$	$\frac{6}{15}$	$\frac{4}{15}$	$\frac{1}{15}$

因此函数为

$$F_n(x) = \begin{cases} 0, & x < 16, \\ \frac{1}{15}, & 16 \leqslant x < 17, \\ \frac{4}{15}, & 17 \leqslant x < 18, \\ \frac{10}{15}, & 18 \leqslant x < 19, \\ \frac{14}{15}, & 19 \leqslant x < 20, \\ 1, & x \geqslant 20, \end{cases}$$

其图形如图 3-1 所示.

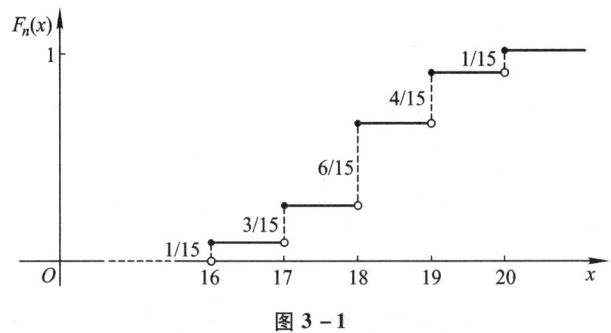

图 3-1

下篇 提 高 篇

- 第四部分 一元微积分
- 第五部分 线性代数
- 第六部分 初等概率论
- 第七部分 一元统计分析初步

第四部分　一元微积分

第一章　一元微分学

一、知识点

1. 反函数、隐函数求导法则；
2. 微分中值定理——罗尔定理,拉格朗日中值定理；
3. 未定式的洛必达法则；
4. 函数单调性的判定；
5. 函数的极值及其求法；
6. 函数的最值及其应用.

二、基本要求

1. 熟练掌握反函数和隐函数的求导法则,并运用它们计算有关函数的导数；
2. 会叙述罗尔定理、拉格朗日中值定理,理解定理的条件和结论；
3. 熟练掌握洛必达法则,能熟练地用洛必达法则求各种未定型的极限；
4. 掌握用导数的符号研究函数的单调增减区间的方法；
5. 理解函数极值的概念,能熟练地求出函数的极值点和极值；
6. 理解函数最大值和最小值的概念,会求闭区间上连续函数的最大值和最小值.能用导数作为工具求一些应用问题中的最大值和最小值.

三、复习要点

(一) 重要概念及性质

1. 函数的极值

定义 1.1 设函数 $y=f(x)$ 在 $N(x_0)$ 内有定义,如果
$$f(x) < f(x_0), \quad 任意的\ x \in N(\bar{x}_0),$$
那么就称函数 $f(x)$ 在点 x_0 处取得**极大值**;如果
$$f(x) > f(x_0), \quad 任意的\ x \in N(\bar{x}_0),$$
那么就称函数 $f(x)$ 在点 x_0 处取得**极小值**.

函数的极大值与极小值统称为**极值**. 使函数取得极值的点称为**极值点**.

2. 函数的最大值、最小值

定义 1.2 设函数 $f(x)$ 在 $[a,b]$ 上有定义,若存在 x_1, x_2 使得
$$f(x) \leqslant f(x_1) = \max_{a \leqslant x \leqslant b}\{f(x)\},$$
$$f(x) \geqslant f(x_2) = \min_{a \leqslant x \leqslant b}\{f(x)\},$$
则称 x_1, x_2 分别称为函数的**最大值点**与**最小值点**;称 $f(x_1), f(x_2)$ 分别为函数的**最大值**与**最小值**.

函数的最大值与最小值统称为**最值**;使函数取得最值的点称为**最值点**.

注意 (1) 函数的最值点不唯一,例如, $y=|x|$ 在 $[-1,1]$ 上的最大值点为 ± 1;

(2) 函数的最值概念是一个区别极值的整体概念,它一般是在连续区间上定义的.

(二) 重要定理及公式

定理 1.1(罗尔定理) 若函数 $f(x)$ 在闭区间 $[a,b]$ 上连续,在开区间 (a,b) 内可导,并且 $f(a)=f(b)$,则在开区间 (a,b) 内至少存在一点 x_0,使得 $f'(x_0)=0.$

定理 1.2(拉格朗日中值定理) 若函数 $f(x)$ 在闭区间 $[a,b]$

上连续，在开区间 (a,b) 内可导，则在开区间 (a,b) 内至少存在一点 x_0，使得
$$f(b) - f(a) = f'(x_0)(b-a).$$

推论 1　如果函数 $f(x)$ 在区间 (a,b) 内每一点处的导数都是零，即 $f'(x) = 0 (a < x < b)$，那么函数 $f(x)$ 在区间 (a,b) 内为一常数.

推论 2　如果函数 $f(x)$ 与 $g(x)$ 在区间 (a,b) 内每一点处的导数都相等，即 $f'(x) = g'(x)$，那么这两个函数在区间 (a,b) 内最多相差一个常数.

定理 1.3（洛必达法则 I）　设函数 $f(x)$ 与 $g(x)$ 在 $N(\bar{a})$ 内处处可导，并且 $g'(x) \neq 0$. 如果
$$\lim_{x \to a} f(x) = 0, \quad \lim_{x \to a} g(x) = 0,$$
而极限
$$\lim_{x \to a} \frac{f'(x)}{g'(x)} = l \quad (l \text{ 为有限或 } \infty),$$
则
$$\lim_{x \to a} \frac{f(x)}{g(x)} = \lim_{x \to a} \frac{f'(x)}{g'(x)} = l.$$

定理 1.4（洛必达法则 II）　设函数 $f(x)$ 与 $g(x)$ 在 $N(\bar{a})$ 内处处可导，并且 $g'(x) \neq 0$. 如果
$$\lim_{x \to a} f(x) = \infty, \quad \lim_{x \to a} g(x) = \infty,$$
而极限
$$\lim_{x \to a} \frac{f'(x)}{g'(x)} = l \quad (l \text{ 为有限或 } \infty),$$
则
$$\lim_{x \to a} \frac{f(x)}{g(x)} = \lim_{x \to a} \frac{f'(x)}{g'(x)} = l.$$

定理 1.5（函数取得极值的必要条件）　若函数 $f(x)$ 在点 x_0 处可导，并且在 x_0 处 $f(x)$ 取得极值，则它在该点的导数

$f'(x_0) = 0$.

这个定理又称为**费马(Fermat)定理**. 它的几何意义是,当一条连续、光滑的曲线 $y=f(x)$ 在点 $(x_0,f(x_0))$ 处取得极值时,它在该点处的切线一定平行于 x 轴.

我们把使得导数 $f'(x)$ 为零的点称为函数 $f(x)$ 的**驻点**(或称为**稳定点**). 因此,费马定理告诉我们:可导函数 $f(x)$ 的极值点必定是它的驻点.

注意 费马定理的逆定理是不成立的,即驻点不一定是极值点. 例如函数 $y=x^3$ 在点 $x=0$ 处的导数为 0,但 0 点不是它的极值点. 另外,上述定理假定了函数在所论点处是具有导数的. 如果函数在极值点没有导数存在,那么该点就不可能是驻点了. 例如函数 $y=|x|$ 在 $x=0$ 处取得极小值,但它在该点处没有导数. 因此 0 点就不是驻点.

定理 1.6(函数单调性的充分条件) 设函数 $f(x)$ 在区间 (a,b) 内可导,且导函数 $f'(x)$ 不变号.

(1) 若 $f'(x)>0$,则 $f(x)$ 在区间 (a,b) 内是单调递增的;

(2) 若 $f'(x)<0$,则 $f(x)$ 在区间 (a,b) 内是单调递减的.

注意 这个定理只是判定函数单调性的充分条件,而不是必要条件. 当函数 $f(x)$ 的导数 $f'(x)$ 在区间 (a,b) 内,除了在个别点处为零外均为正值(或负值)时,函数 $f(x)$ 在这个区间内仍是单调递增(或递减)的. 例如在区间 $(-\infty,+\infty)$ 内,函数 $f(x)=x^3$ 的导数 $f'(x)=3x^2$ 在点 $x=0$ 处为零,除此之外 $f'(x)$ 均为正值,因而函数 $f(x)=x^3$ 在 $(-\infty,+\infty)$ 内是单调递增的.

定理 1.7(函数取得极值的第一充分条件) 设函数 $f(x)$ 在 $N(x_0)$ 内可导,并且 $f'(x_0)=0$.

(1) 若当 $x \in N^-(\bar{x}_0)$ 时,$f'(x)>0$;当 $x \in N^+(\bar{x}_0)$ 时 $f'(x)<0$,则 $f(x)$ 在点 x_0 处取得极大值;

(2) 若当 $x \in N^-(\bar{x}_0)$ 时,$f'(x)<0$;当 $x \in N^+(\bar{x}_0)$ 时 $f'(x)>0$,则 $f(x)$ 在点 x_0 处取得极小值.

在上面的讨论中,我们假定函数在一点的某个邻域内是可导的. 但是有些函数在它的不可导的点处,也可能取得极值.

例 1 求函数 $f(x) = 3 - (x-2)^{2/5}$ 的极值.

分析 如果函数 $f(x)$ 在点 x_0 处不可导但连续,并在点 x_0 附近都可导的话,那么我们仍可利用第一充分条件的方法来确定函数 $f(x)$ 在点 x_0 处是否取得极值.

解 由

$$f'(x) = -\frac{2}{5}(x-2)^{-3/5},$$

可见 $f'(x) = 0$ 是无解的. 不难看出函数 $f(x)$ 在 $x = 2$ 处是不可导的但连续,并当 $x \in N^-(\overline{2})$ 时,$f'(x) > 0$;而当 $x \in N^+(\overline{2})$ 时,$f'(x) < 0$. 所以函数 $f(x)$ 在点 $x = 2$ 处取得极大值 $f(2) = 3$.

定理 1.8(函数取得极值的第二种充分条件) 设函数 $f(x)$ 在点 x_0 处具有二阶导数,且 $f'(x_0) = 0$.

(1) 若 $f''(x_0) < 0$,则 $f(x)$ 在点 x_0 处取得极大值;

(2) 若 $f''(x_0) > 0$,则 $f(x)$ 在点 x_0 处取得极小值.

注意 当函数 $f(x)$ 在驻点处的二阶导数存在时,特别是当 $f'(x)$ 的符号不易直接判定时,我们可以利用这个定理来判定函数的极值.

(三) 重要方法

1. 反函数的求导法则

定理 1.9 如果直接函数 $x = \varphi(y)$ 是可导的,且 $\varphi'(y) \neq 0$,那么其反函数 $y = f(x)$ 也可导,且

$$f'(x) = \frac{1}{\varphi'(y)}.$$

这就是说,反函数的导数等于直接函数导数的倒数.

2. 隐函数的求导法则

给出一个隐函数,如何求它的导数呢?是不是需要把它化成显函数以后再求导数呢?这是不必要的,更何况有些隐函数根本

不能化成显函数. 我们注意到将方程 $F(x,y)=0$ 所确定的函数 $y=f(x)$ 代入方程后,则方程一定成为恒等式,即 $F(x,f(x))\equiv 0$. 因此,我们把 $F(x,y)=0$ 中的 y 看成是由方程所确定的隐函数时,方程 $F(x,y)=0$ 就成为一个恒等式,这时我们利用复合函数的求导法则对方程直接求导,即可解出 y'_x.

3. 幂指函数求导法则

对形如 $[f(x)]^{g(x)}$ 的幂指函数可以采取两种方法求导数. 一种方法是设 $y=[f(x)]^{g(x)}$,在等式的两边取对数后再求导;另一种方法是化成指数 $y=e^{g(x)\ln f(x)}$ 的形式后再求导数.

对于一般的幂指函数有下面的求导公式

$$([f(x)]^{g(x)})' = g(x)[f(x)]^{g(x)-1} \cdot f'(x) + [f(x)]^{g(x)} \ln f(x) \cdot g'(x).$$

4. 函数的最大值、最小值的求法

我们知道,闭区间上的连续函数一定可以取得最大值与最小值. 一般来说,如果函数在开区间内取得最值,那么这个最值一定也是函数的一个极值. 由于连续函数取得极值的点只可能是该函数的驻点或不可导点,又由于函数的最值也可能在区间的端点上取得. 因此,求函数最值的步骤是:首先找出函数在区间内所有的驻点和不可导点,然后计算出它们及端点的函数值,最后再将这些值进行比较,其中最大(小)者就是函数在该区间上的最大(小)值.

注意 对于某些实际问题,如果我们能够根据问题本身的特点判断出函数应该有一个不在区间端点上的最值,而且在区间内该函数只有一个驻点(或不可导点),那么这个点就是函数的最值点.

例 2 求函数 $f(x)=x^2 e^{-x}$,在区间 $[-1,3]$ 上的最值.

解 由 $y'=2xe^{-x}+x^2(-e^{-x})=xe^{-x}(2-x)$,令 $y'=0$,解得驻点:$x_1=0, x_2=2$,并且它们都在区间 $[-1,3]$ 内.

因为函数 $y = x^2 e^{-x}$ 在区间 $[-1,3]$ 上处处可导,所以只需把这些驻点与区间端点的函数值进行比较:

$$y(0) = 0, \quad y(2) = 4e^{-2}, \quad y(-1) = e, \quad y(3) = 9e^{-3}.$$

因此函数 $y = x^2 e^{-x}$ 在区间 $[-1,3]$ 上的最大值为 $y(-1) = e$,最小值为 $y(0) = 0$.

例 3 做一个体积为 V 的圆柱形容器,已知其两个端面的材料价格为每单位面积 a 元,侧面材料价格为每单位面积 b 元,问底面直径与高的比例为多少时,造价最省?

分析 依题意,$V = \pi R^2 h$,造价为

$$y = 2\pi R h b + 2\pi R^2 a, \quad V = \pi R^2 h,$$

解出 $h = \dfrac{V}{\pi R^2}$,代入化为一元函数极值计算.

解 设圆柱体底面半径为 R,高为 h,造价为 y,依题意有 $V = \pi R^2 h$,$h = \dfrac{V}{\pi R^2}$,又造价为

$$y = 2\pi R^2 a + 2\pi R h b = 2\pi R^2 a + \frac{2Vb}{R}.$$

求导数得

$$y' = 4\pi a R - \frac{2Vb}{R^2}.$$

令 $y' = 0$ 解得 $R^* = \sqrt[3]{\dfrac{Vb}{2\pi a}}$.

又 $y'' = 4\pi a + \dfrac{4Vb}{R^3} > 0$,知 R^* 为最小值点. 此时,有 $h^* = \sqrt[3]{\dfrac{4a^2 V}{\pi b^2}}$,即有 $\dfrac{2R^*}{h^*} = \dfrac{b}{a}$,即底面直径与高的比例为 $b:a$ 时,造价最省.

5. 其他类型的未定式极限的计算

除了 $\dfrac{0}{0}$ 型与 $\dfrac{\infty}{\infty}$ 型的未定式外,还有 $0 \cdot \infty$,$\infty - \infty$,0^0,1^∞ 和 ∞^0 等类型的未定式. 这些类型的未定式求极限的方法是先把它

们化成 $\dfrac{0}{0}$ 型或 $\dfrac{\infty}{\infty}$ 型,然后再分别使用洛必达法则 I,II.

例 4 求极限 $\lim\limits_{x\to\frac{\pi}{2}}(\sec x - \tan x)$.

解 由于 $\lim\limits_{x\to\frac{\pi}{2}}\sec x = \infty, \lim\limits_{x\to\frac{\pi}{2}}\tan x = \infty$,因此这是一个 $\infty - \infty$ 型的不定式. 我们可以把它化成

$$\lim_{x\to\frac{\pi}{2}}(\sec x - \tan x) = \lim_{x\to\frac{\pi}{2}}\frac{1-\sin x}{\cos x},$$

这样一来,就变成了 $\dfrac{0}{0}$ 型的不定式,由法则 I 得到

$$\lim_{x\to\frac{\pi}{2}}(\sec x - \tan x) = \lim_{x\to\frac{\pi}{2}}\frac{1-\sin x}{\cos x} = \lim_{x\to\frac{\pi}{2}}\frac{-\cos x}{-\sin x} = 0.$$

例 5 求极限 $\lim\limits_{x\to 0^+}x^x$.

解 由于 $\lim\limits_{x\to 0}x = 0$,因此这是一个 0^0 型不定式. 设 $y = x^x$. 取对数得到 $\ln y = x\ln x$,当 $x\to 0^+$ 时就变成了 $0\cdot\infty$ 型的不定式;再写成 $\dfrac{\ln x}{1/x}$ 的样子,从而化成了 $\dfrac{\infty}{\infty}$ 型的不定式. 由法则 II 得到

$$\lim_{x\to 0^+}\ln y = \lim_{x\to 0^+}\ln x^x = \lim_{x\to 0^+}x\ln x$$

$$= \lim_{x\to 0^+}\frac{\ln x}{\dfrac{1}{x}} = \lim_{x\to 0^+}(-x) = 0.$$

因为 $y = e^{\ln y}$,且

$$\lim_{x\to 0^+}y = \lim_{x\to 0^+}e^{\ln y} = e^{\lim\limits_{x\to 0^+}\ln y},$$

所以

$$\lim_{x\to 0^+}x^x = \lim_{x\to 0^+}y = e^0 = 1.$$

例 6 求极限 $\lim\limits_{x\to 1}x^{\frac{1}{1-x}}$.

解 由于 $\lim\limits_{x\to 1}\dfrac{1}{1-x} = \infty$,因此这是一个 1^∞ 型不定式. 设 $y = $

$x^{\frac{1}{1-x}}$,取对数得到 $\ln y = \dfrac{1}{1-x}\ln x$,当 $x\to 1$ 时就变成了 $0\cdot\infty$ 型的不定式;再写成 $\dfrac{\ln x}{1-x}$,就化成了 $\dfrac{0}{0}$ 型的不定式,由法则 I 得到

$$\lim_{x\to 1}\ln y = \lim_{x\to 1}\dfrac{1}{1-x}\ln x = \lim_{x\to 1}\dfrac{\ln x}{1-x}$$

$$= \lim_{x\to 1}\dfrac{\dfrac{1}{x}}{-1} = -1.$$

因为 $y = e^{\ln y}$,且

$$\lim_{x\to 1}y = \lim_{x\to 1}e^{\ln y} = e^{\lim\limits_{x\to 1}\ln y},$$

所以

$$\lim_{x\to 1}x^{\frac{1}{1-x}} = \lim_{x\to 1}y = e^{-1} = \dfrac{1}{e}.$$

四、典型例题分析

例 1 在区间 $[-1,1]$ 上,下列函数中不满足罗尔定理的是( ).

(A) $f(x) = e^{x^2} - 1$;   (B) $f(x) = \ln(1+x^2)$;

(C) $f(x) = \sqrt{x}$;   (D) $f(x) = \dfrac{1}{1+x^2}$.

答案是:C.

分析 由于函数 $f(x) = \sqrt{x}$ 的定义域为 $x \geqslant 0$,因此在 $[-1,1]$ 上不满足罗尔定理的条件.

故选择 C.

例 2 设 $y = x^3$ 在闭区间 $[0,1]$ 上满足拉格朗日中值定理,则定理中的 $\xi = ($).

(A) $-\sqrt{3}$;   (B) $\sqrt{3}$;   (C) $-\dfrac{\sqrt{3}}{3}$;   (D) $\dfrac{\sqrt{3}}{3}$.

答案是:D.

分析 由中值定理
$$f'(\xi) = \frac{f(b) - f(a)}{b - a}$$
有 $f'(\xi) = 1$. 由于
$$f'(x) = 3x^2 = 1,$$
解得
$$\xi = \pm \frac{\sqrt{3}}{3}.$$
考虑到在区间 $[0,1]$ 上满足定理,因此只能取 $\xi = \frac{\sqrt{3}}{3}$.

故选择 D.

例 3 $f(x) = x\left(\frac{\pi}{2} - \arctan x\right)$,则 $\lim\limits_{x \to +\infty} f(x)$ 是哪种类型未定式的极限( ).

(A) $\infty - \infty$; (B) $\infty \cdot 0$; (C) $\infty + \infty$; (D) $\infty \cdot \infty$.

答案是:B.

分析 当 $x \to +\infty$ 时,由于 $\arctan x \to \frac{\pi}{2}$,所以
$$\frac{\pi}{2} - \arctan x \to 0.$$
因此 $\lim\limits_{x \to +\infty} f(x) = \lim\limits_{x \to +\infty} x\left(\frac{\pi}{2} - \arctan x\right)$ 是 $\infty \cdot 0$ 型未定式.

故选择 B.

例 4 函数 $y = \sin\left(x + \frac{\pi}{2}\right)$ 在 $x \in [-\pi, \pi]$ 上的极大值点 $x_0 = ($).

(A) π; (B) $-\pi$; (C) $\frac{\pi}{2}$; (D) 0.

答案是:D.

分析 由 $y' = \cos\left(x + \frac{\pi}{2}\right) = 0$ 得到

$$x + \frac{\pi}{2} = k\pi + \frac{\pi}{2}.$$

当 $x \in [-\pi, \pi]$ 时,驻点为 $\pm\pi$ 和 0. 又由于

$$y'' = -\sin\left(x + \frac{\pi}{2}\right),$$

而

$$y''\bigg|_{x=0} = -\sin\frac{\pi}{2} = -1 < 0,$$

因此 $x = 0$ 为极大值点.

故选择 D.

例 5 $f'(x_0) = 0, f''(x_0) > 0$ 是函数 $y = f(x)$ 在点 $x = x_0$ 处有极值的一个( ).

(A) 必要条件; (B) 充要条件;
(C) 充分条件; (D) 无关条件.

答案是:C.

分析 由于当 $f'(x_0) = 0, f''(x_0) > 0$ 时,函数 $y = f(x)$ 在 $x = x_0$ 处一定有极小值,反之不真.

故选择 C.

例 6 函数 $y = (x+1)^3$ 在区间 $(-1, 2)$ 内( ).

(A) 单调增; (B) 单调减; (C) 不增不减; (D) 有增有减.

答案是:A.

分析 由

$$y' = 3(x+1)^2 \geqslant 0$$

可知函数 $y = (x+1)^3$ 在区间 $(-1, 2)$ 内是一个单调递增函数.

故选择 A.

例 7 函数 $y = |x-1| + 2$ 的最小值点是 $x = ($).

(A) 0; (B) 1; (C) 2; (D) -1.

答案是:B.

分析 由于函数

$$f(x) = |x-1| + 2 \geq 2,$$

因此当 $x=1$ 时, $f(1) = 2 \leq f(x)$.

因此选择 B.

五、练习题

(一) 选择题

1. 函数 $f(x) = x\sqrt{3-x}$ 在 $[0,3]$ 上满足罗尔定理的 $\xi = (\quad)$.

(A) 0; (B) 3; (C) 3/2; (D) 2.

2. 设函数 $f(x) = (x-1)(x-2)(x-3)$,则方程 $f'(x) = 0$ 有 ( ).

(A) 一个实根; (B) 两个实根;

(C) 三个实根; (D) 无实根.

3. 函数 $f(x) = x^3 + 2x$ 在区间 $[0,1]$ 上满足拉格朗日中值定理条件,则定理中的 $\xi = (\quad)$.

(A) $\pm\dfrac{1}{\sqrt{3}}$; (B) $\dfrac{1}{\sqrt{3}}$; (C) $-\dfrac{1}{\sqrt{3}}$; (D) $\sqrt{3}$.

4. 下列求极限问题中能够使用洛必达法则的是( ).

(A) $\lim\limits_{x \to 0} \dfrac{x^2 \sin \dfrac{1}{x}}{\sin x}$; (B) $\lim\limits_{x \to 1} \dfrac{1-x}{1-\sin bx}$;

(C) $\lim\limits_{x \to \infty} \dfrac{x - \sin x}{x \sin x}$; (D) $\lim\limits_{x \to +\infty} x\left(\dfrac{\pi}{2} - \arctan x\right)$.

5. 函数 $y = x^2 + 1$ 在区间 $[0,2]$ 上( ).

(A) 单调增加; (B) 单调减少;

(C) 不增不减; (D) 有增有减.

6. 函数 $y = x - \ln(1+x^2)$ 在定义域内( ).

(A) 无极值; (B) 极大值为 $1 - \ln 2$;

(C) 极小值为 $1 - \ln 2$; (D) $f(x)$ 为非单调函数.

7. 设 $f(x) = x^4 - 2x^2 + 5$,则 $f(0)$ 为 $f(x)$ 在区间 $[-2,2]$ 上

的( ).

(A)极小值； (B)最小值； (C)极大值； (D)最大值.

8. 函数 $y = x - \dfrac{3}{2}x^{\frac{2}{3}}$ (   ).

(A)有极大值0； (B)有极大值1；
(C)有极小值 -1； (D)无极值.

(二)解答题

1. 求下列方程所确定的隐函数的导数：
(1) $(x-2)^2 + (y-3)^2 = 25$； (2) $\cos(xy) = x$；
(3) $y = 1 + xe^y$； (4) $x^y = y^x$.

2. 求下列函数的一阶导数：
(1) $y = 2x^{\sqrt{x}}$； (2) $y = (1+x^2)^{\sin x}$；
(3) $y = \sqrt{\dfrac{x-1}{x(x+3)}}$.

3. 设 $x^2 + y^2 = R^2$，求 $y^{(3)}$.

4. 设 $\cos(xy) = x$，求 dy.

5. 对于函数 $f(x) = \ln(\sin x)$，在区间 $\left[\dfrac{\pi}{6}, \dfrac{5}{6}\pi\right]$ 上罗尔定理的条件是否成立？如果成立，把满足定理结论的 ξ 求出来.

6. 用洛必达法则求下列各式的极限：
(1) $\lim\limits_{x \to 0} \dfrac{\sin 5x}{x}$； (2) $\lim\limits_{x \to 0} \dfrac{e^x - e^{-x}}{\sin x}$；
(3) $\lim\limits_{x \to 0} \dfrac{\ln \cos x}{x}$； (4) $\lim\limits_{x \to \frac{\pi}{4}} \dfrac{\tan x - 1}{\sin 4x}$；
(5) $\lim\limits_{x \to 0} x \cot 2x$； (6) $\lim\limits_{x \to \pi} \dfrac{\sin 3x}{\tan 5x}$；
(7) $\lim\limits_{x \to 0} x^2 e^{\frac{1}{x^2}}$； (8) $\lim\limits_{x \to 0+0} (\cot x)^{\frac{1}{\ln x}}$；
(9) $\lim\limits_{x \to 1} \left(\dfrac{1}{\ln x} - \dfrac{x}{\ln x}\right)$； (10) $\lim\limits_{x \to 0+0} \left(\dfrac{1}{x}\right)^{\tan x}$；

(11) $\lim\limits_{x\to 1}\dfrac{x^x-1}{x\ln x}$;   (12) $\lim\limits_{x\to +\infty}\dfrac{x^n}{e^{5x}}$;

(13) $\lim\limits_{x\to +\infty}(x+e^x)^{\frac{1}{x}}$;   (14) $\lim\limits_{x\to 1}\dfrac{\ln\cos(x-1)}{1-\sin(\pi x/2)}$.

7. 求函数 $y=2x^3+3x^2-12x+1$ 的单调区间.

8. 利用导数证明：当 $x>0$ 时，$x>\ln(1+x)$.

9. 证明：方程 $\sin x = x$ 只有一个实数根.

10. 设 $0<a<b$，证明不等式

$$\dfrac{1}{b} < \dfrac{1}{b-a}\ln\dfrac{b}{a} < \dfrac{1}{a}.$$

11. 证明：不等式 $2\sqrt{x} > 3 - \dfrac{1}{x}$ $(x>0)$.

12. 求函数 $f(x)=(x-1)^2(x+1)^3$ 的极值.

13. 求函数 $f(x)=x^3-3x$ 的极值.

14. 求函数 $y=\ln(x^2+1)$ 在区间 $[-1,2]$ 上的最大值与最小值.

15. 求函数 $f(x)=e^{|x-3|}$，$x\in[-5,5]$ 的最大、最小值.

16. 设生产某产品的固定成本为 60 000 元，变动成本为每件 20 元，价格函数 $p=60-\dfrac{x}{1\,000}$ （x 为销售量），假设供销平衡.

问产量为多少时利润最大？最大利润是多少？

六、练习题解答与分析

（一）选择题

1. 答案是：D.

分析 因为 $f(x)=x\sqrt{3-x}$ 在 $[0,3]$ 上连续，又因为

$$f'(x)=\sqrt{3-x}+\dfrac{-x}{2\sqrt{3-x}}=\dfrac{3(2-x)}{2\sqrt{3-x}}$$

在 $(0,3)$ 上有定义，即 $f(x)$ 在 $(0,3)$ 上可导. 又因为

$f(0) = 0\sqrt{3-0} = 0$, $f(3) = 3\sqrt{3-3} = 0$,

满足 $f(0) = f(3)$,所以 $f(x) = x\sqrt{3-x}$ 在 $[0,3]$ 上满足罗尔定理,因此至少有一点 ξ 使 $f'(\xi) = 0$. 因为 $f'(\xi) = \dfrac{3(2-\xi)}{2\sqrt{3-\xi}} = 0$,所以 $\xi = 2$.

故选择 D.

2. 答案是:B.

分析 $f(1) = f(2) = f(3) = 0$,$f(x)$ 在 $[1,2]$,$[2,3]$ 上满足罗尔定理条件.因此在 $(1,2)$ 内至少存在一点 ξ_1,使 $f'(\xi_1) = 0$,ξ_1 是 $f'(x)$ 的一个实根.在 $(2,3)$ 内至少存在一点 ξ_2,使 $f'(\xi_2) = 0$,ξ_2 也是 $f'(x)$ 的一个实根.$f'(x)$ 为二次多项式,只能有两个实根,它们分别在区间 $(1,2)$ 和 $(2,3)$ 内.

故选择 B.

3. 答案是:B.

分析 这里 $a = 0, b = 1, f(0) = 0, f(1) = 3$,由拉格朗日公式

$$\dfrac{f(1) - f(0)}{1 - 0} = (3x^2 + 2)\bigg|_{x=\xi},$$

所以

$$3 = 3\xi^2 + 2, \quad \xi^2 = \dfrac{1}{3}, \quad \xi = \dfrac{1}{\sqrt{3}}.$$

故选择 B.

4. 答案是:D.

分析 对于(A),若使用洛必达法则:

$$\lim_{x \to 0} \dfrac{x^2 \sin \dfrac{1}{x}}{\sin x} = \lim_{x \to 0} \dfrac{2x \sin \dfrac{1}{x} - \cos \dfrac{1}{x}}{\cos x},$$

不能求出极限,故不能使用洛必达法则.

对于(B),不属于 $\dfrac{0}{0}$ 型或 $\dfrac{\infty}{\infty}$ 型的极限,故不能使用洛必达法则.

对于(C),若使用洛必达法则:

$$\lim_{x\to\infty}\frac{x-\sin x}{x\sin x}=\lim_{x\to\infty}\frac{1-\cos x}{\sin x+x\cos x},$$

不能求出极限,故不能使用洛必达法则.

对于(D),

$$\lim_{x\to+\infty}x\left(\frac{\pi}{2}-\arctan x\right)=\lim_{x\to+\infty}\frac{\frac{\pi}{2}-\arctan x}{\frac{1}{x}},$$

变为求 $\frac{0}{0}$ 型极限,可以使用洛必达法则来求极限.

故选择 D.

5. 答案是:A.

分析 $y'=2x,2x$ 在区间 $[0,2]$ 上只有当 $x=0$ 时,$y'=0$,其余均有 $y'>0$,故 y 在区间 $[0,2]$ 上单调增加.

故选择 A.

6. 答案是:A.

分析 $f(x)$ 定义域为 $(-\infty,+\infty)$,

$$y'=1-\frac{2x}{1+x^2}=\frac{(1-x)^2}{1+x^2}.$$

因为 $1+x^2>0,(1-x)^2\geqslant 0$,故只有当 $x=1$ 时,$f'(1)=0$,对其余的 x 均有 $f'(x)>0$,所以 $f(x)$ 在 $(-\infty,+\infty)$ 内单调增加,故函数 y 在定义域内无极值.

故选择 A.

7. 答案是:C.

分析 $f'(x)=4x^3-4x=4x(x^2-1)$,令 $f'(x)=0$,得 $x_1=0$,$x_2=1,x_3=-1$. $y''=12x^2-4,f''(0)=-4<0,f''(1)=f''(-1)=8>0.f(\pm 1)=4,f(\pm 2)=13,f(0)=5.$ 故 $f(0)$ 为 $f(x)$ 在区间 $[-2,2]$ 上的极大值.

故选择 C.

8. 答案是:A.

分析 $f'(x) = 1 - x^{-\frac{1}{3}}$. 当 $x = 1$ 时, $f'(x) = 0$;当 $x = 0$ 时, $f'(x)$ 不存在. 所以函数只能在这两个点取得极值. 如下表所示.

x	$(-\infty, 0)$	0	$(0,1)$	1	$(1, +\infty)$
$f'(x)$	+	不存在	-	0	+
$f(x)$	↗	极大值 0	↘	极小值 $-\frac{1}{2}$	↗

可见 $f(x)$ 在 $x = 0$ 处有极大值 0,在 $x = 1$ 处,有极小值 $-\frac{1}{2}$.

故选择 A.

(二) 解答题

1. 解 (1) 在方程 $(x-2)^2 + (y-3)^2 = 25$ 的两边同时对 x 求导,得到
$$2(x-2) + 2(y-3) \cdot y' = 0,$$
由此解得
$$y' = \frac{2-x}{y-3}.$$

(2) 在方程 $\cos(xy) = x$ 的两边同时对 x 求导,得到
$$-\sin(xy) \cdot (y + xy') = 1,$$
由此解得
$$y' = -\frac{1 + y\sin(xy)}{x\sin(xy)}.$$

(3) 在方程 $y = 1 + xe^y$ 的两边同时对 x 求导,得到
$$y' = e^y + xe^y y',$$
由此解得
$$y' = \frac{e^y}{1 - xe^y} = \frac{e^y}{2 - (1 + xe^y)} = \frac{e^y}{2 - y}.$$

(4) 在方程 $x^y = y^x$ 的两边首先取对数,得到

$$y\ln x = x\ln y,$$

然后对 x 求导

$$y'\ln x + \frac{y}{x} = \ln y + \frac{x}{y}y',$$

由此解得

$$y' = \frac{\ln y - \dfrac{y}{x}}{\ln x - \dfrac{x}{y}} = \frac{xy\ln y - y^2}{xy\ln x - x^2}.$$

2. (1) $y' = (2x^{\sqrt{x}})' = 2[(\sqrt{x}\, x^{\sqrt{x}-1} + x^{\sqrt{x}}\ln x \cdot (\sqrt{x})']$

$\qquad = 2\left(\sqrt{x}\, x^{\sqrt{x}-1} + x^{\sqrt{x}}\ln x \dfrac{1}{2\sqrt{x}}\right)$

$\qquad = x^{\sqrt{x}-\frac{1}{2}}(\ln x + 2).$

(2) $y' = [(1+x^2)^{\sin x}]'$

$\qquad = \sin x(1+x^2)^{\sin x - 1} \cdot (1+x^2)'$

$\qquad\quad + (1+x^2)^{\sin x}\ln(1+x^2) \cdot (\sin x)'$

$\qquad = 2x\sin x(1+x^2)^{\sin x - 1} + (1+x^2)^{\sin x}\ln(1+x^2)\cos x$

$\qquad = (1+x^2)^{\sin x}\left[\cos x\ln(1+x^2) + \dfrac{2x\sin x}{1+x^2}\right].$

(3) 首先对 $y = \sqrt{\dfrac{x-1}{x(x+3)}}$ 两边取以 e 为底的对数,有

$$\ln y = \frac{1}{2}[\ln(x-1) - \ln x - \ln(x+3)],$$

然后在等式两边同时对 x 求导,得

$$\frac{y'}{y} = \frac{1}{2}\left(\frac{1}{x-1} - \frac{1}{x} - \frac{1}{x+3}\right),$$

解出

$$y' = \frac{1}{2}\sqrt{\frac{x-1}{x(x+3)}}\left(\frac{1}{x-1} - \frac{1}{x} - \frac{1}{x+3}\right).$$

3. 解 因为

$$2x + 2y \cdot y' = 0,$$

所以 $y' = -x/y$. 上式两边对 x 求导,得到

$$2 + 2y' \cdot y' + 2y \cdot y'' = 0,$$

$$y'' = -\frac{1+(y')^2}{y} = -\frac{1}{y}\left(1 + \frac{x^2}{y^2}\right) = -\frac{x^2+y^2}{y^3} = -\frac{R^2}{y^3},$$

$$y''' = \frac{3R^2 y'}{y^4} = \frac{3R^2\left(-\dfrac{x}{y}\right)}{y^4} = -\frac{3R^2 x}{y^5}.$$

4. 解
$$-\sin(xy)(xy' + y) = 1,$$

$$xy' = -\frac{1}{\sin(xy)} - y = -\frac{1 + y\sin(xy)}{\sin(xy)},$$

所以

$$y' = -\frac{1 + y\sin(xy)}{x\sin(xy)}.$$

故

$$\mathrm{d}y = -\frac{1 + y\sin(xy)}{x\sin(xy)}\mathrm{d}x.$$

5. 解 $f(x) = \ln(\sin x)$ 在 $\left[\dfrac{\pi}{6}, \dfrac{5}{6}\pi\right]$ 上连续,在 $\left(\dfrac{\pi}{6}, \dfrac{5}{6}\pi\right)$ 上可导,$f\left(\dfrac{\pi}{6}\right) = \ln\left(\sin\dfrac{\pi}{6}\right) = f\left(\dfrac{5}{6}\pi\right) = \ln\left(\sin\dfrac{5}{6}\pi\right) = \ln\dfrac{1}{2}$,所以罗尔定理的条件成立. 由

$$f'(\xi) = [\ln(\sin x)]'\bigg|_{x=\xi} = \frac{\cos x}{\sin x}\bigg|_{x=\xi} = \cot\xi = 0,$$

得到

$$\xi = \frac{\pi}{2}.$$

6. 解 (1) $\lim\limits_{x\to 0}\dfrac{\sin 5x}{x} = \lim\limits_{x\to 0}\dfrac{(\sin 5x)'}{x'}$

$$= \lim_{x\to 0}\frac{5\cos 5x}{1} = 5.$$

(2) $\lim\limits_{x\to 0}\dfrac{e^x - e^{-x}}{\sin x} = \lim\limits_{x\to 0}\dfrac{(e^x - e^{-x})'}{(\sin x)'} = \lim\limits_{x\to 0}\dfrac{e^x + e^{-x}}{\cos x} = 2.$

(3) $\lim\limits_{x\to 0}\dfrac{\ln \cos x}{x} = \lim\limits_{x\to 0}\dfrac{(\ln \cos x)'}{x'} = \lim\limits_{x\to 0}\dfrac{\dfrac{-\sin x}{\cos x}}{1} = 0.$

(4) $\lim\limits_{x\to \frac{\pi}{4}}\dfrac{\tan x - 1}{\sin 4x} = \lim\limits_{x\to \frac{\pi}{4}}\dfrac{(\tan x - 1)'}{(\sin 4x)'} = \lim\limits_{x\to \frac{\pi}{4}}\dfrac{\sec^2 x}{4\cos 4x} = \dfrac{(\sqrt{2})^2}{4(-1)}$

$= -\dfrac{1}{2}.$

(5) $\lim\limits_{x\to 0} x \cot 2x = \lim\limits_{x\to 0}\dfrac{x}{\tan 2x} = \lim\limits_{x\to 0}\dfrac{x'}{(\tan 2x)'} = \lim\limits_{x\to 0}\dfrac{1}{2\sec^2 2x} = \dfrac{1}{2}.$

(6) $\lim\limits_{x\to \pi}\dfrac{\sin 3x}{\tan 5x} = \lim\limits_{x\to \pi}\dfrac{(\sin 3x)'}{(\tan 5x)'} = \lim\limits_{x\to \pi}\dfrac{3\cos 3x}{5\sec^2 5x}$

$= \dfrac{3}{5}\lim\limits_{x\to \pi}(\cos 3x \cdot \cos^2 5x) = -\dfrac{3}{5}.$

(7) $\lim\limits_{x\to 0} x^2 e^{\frac{1}{x^2}} = \lim\limits_{x\to 0}\dfrac{e^{\frac{1}{x^2}}}{\dfrac{1}{x^2}} = \lim\limits_{x\to 0}\dfrac{(e^{\frac{1}{x^2}})'}{\left(\dfrac{1}{x^2}\right)'} = \lim\limits_{x\to 0}\dfrac{e^{\frac{1}{x^2}}\left(-\dfrac{2}{x^3}\right)}{-\dfrac{2}{x^3}} = \lim\limits_{x\to 0} e^{\frac{1}{x^2}} = \infty.$

(8) 这是 ∞^0 型. 设 $y = (\cot x)^{\frac{1}{\ln x}}$,有

$$\lim\limits_{x\to 0^+}\ln y = \lim\limits_{x\to 0^+}\dfrac{\ln \cot x}{\ln x} = \lim\limits_{x\to 0^+}\dfrac{-\dfrac{1}{\cot x}\cdot \csc^2 x}{\dfrac{1}{x}}$$

$$= \lim\limits_{x\to 0^+}\left(-\dfrac{x}{\sin x}\cdot \dfrac{1}{\cos x}\right)$$

$$= -\lim\limits_{x\to 0^+}\dfrac{x}{\sin x}\cdot \lim\limits_{x\to 0^+}\dfrac{1}{\cos x} = -1.$$

因此 $\lim\limits_{x\to 0^+}(\cot x)^{\frac{1}{\ln x}} = \dfrac{1}{e}.$

(9) $\lim\limits_{x\to 1}\left(\dfrac{1}{\ln x} - \dfrac{x}{\ln x}\right)$

$$= \lim_{x \to 1} \frac{1-x}{\ln x}$$

$$= \lim_{x \to 1} \frac{-1}{\frac{1}{x}}$$

$$= -1.$$

(10) 这是 ∞^0 型. 设 $y = \left(\frac{1}{x}\right)^{\tan x}$, 两边取对数得到

$$\ln y = \tan x \ln \frac{1}{x} = -\tan x \ln x.$$

$$\lim_{x \to 0^+} \ln y = \lim_{x \to 0^+} (-\tan x \ln x)$$

$$= \lim_{x \to 0^+} \frac{\ln x}{-\cot x} = \lim_{x \to 0^+} \frac{\frac{1}{x}}{\csc^2 x}$$

$$= \lim_{x \to 0^+} \frac{\sin^2 x}{x} = \lim_{x \to 0^+} \frac{2\sin x \cos x}{1}$$

$$= 0.$$

因此 $\lim\limits_{x \to 0^+} \left(\frac{1}{x}\right)^{\tan x} = 1.$

(11) $\lim\limits_{x \to 1} \dfrac{x^x - 1}{x \ln x} = \lim\limits_{x \to 1} \dfrac{(e^{x \ln x} - 1)'}{(x \ln x)'} = \lim\limits_{x \to 1} \dfrac{e^{x \ln x}(1 + \ln x)}{1 + \ln x}$

$$= \lim_{x \to 1} e^{x \ln x} = 1.$$

(12) $\lim\limits_{x \to +\infty} \dfrac{x^n}{e^{5x}} = \lim\limits_{x \to +\infty} \dfrac{n x^{n-1}}{5 e^{5x}} = \lim\limits_{x \to +\infty} \dfrac{n(n-1) x^{n-2}}{5^2 e^{5x}}$

$$= \cdots (\text{应用洛必达法则 } n \text{ 次})$$

$$= \lim_{x \to +\infty} \frac{n!}{5^n e^{5x}} = 0.$$

(13) $\lim\limits_{x \to +\infty} (x + e^x)^{\frac{1}{x}} = \lim\limits_{x \to +\infty} e^{\frac{1}{x} \ln(x + e^x)} = e^{\lim\limits_{x \to +\infty} \frac{\ln(x + e^x)}{x}}$, 由于

$$\lim_{x\to+\infty}\frac{\ln(x+e^x)}{x}=\lim_{x\to+\infty}\frac{1+e^x}{x+e^x}=1,$$

故

$$\lim_{x\to+\infty}(x+e^x)^{\frac{1}{x}}=e.$$

(14) $\lim\limits_{x\to 1}\dfrac{\ln\cos(x-1)}{1-\sin\left(\dfrac{\pi x}{2}\right)}=\lim\limits_{x\to 1}\dfrac{\dfrac{-\sin(x-1)}{\cos(x-1)}}{-\dfrac{\pi}{2}\cos\dfrac{\pi x}{2}}$

$=\dfrac{2}{\pi}\lim\limits_{x\to 1}\dfrac{\tan(x-1)}{\cos\dfrac{\pi x}{2}}$

$=\dfrac{4}{\pi^2}\lim\limits_{x\to 1}\dfrac{\dfrac{1}{\cos^2(x-1)}}{-\sin\dfrac{\pi x}{2}}=-\dfrac{4}{\pi^2}.$

7. 解 函数 $y=2x^3+3x^2-12x+1$ 的定义域为 $(-\infty,+\infty)$. 由于

$$y'=6x^2+6x-12=6(x-1)(x+2),$$

令 $y'=0$, 得 $x_1=1, x_2=-2$. 这样我们就可以把定义域分成 $(-\infty,-2),(-2,1),(1,+\infty)$ 三个区间来讨论. 当 $x<-2$ 时, $y'>0$; 当 $-2<x<1$ 时, $y'<0$; 当 $x>1$ 时, $y'>0$.

由此得出, 函数 $y=2x^3+3x^2-12x+1$ 在 $(-\infty,-2)$, $(1,+\infty)$ 内单调递增, 在 $(-2,1)$ 内单调递减.

8. 证 设 $F(x)=x-\ln(1+x)$, 则有

$$F'(x)=1-\frac{1}{1+x}.$$

当 $x>0$ 时, $F'(x)>0$, $F(x)$ 单调增加. 所以 $x>0$ 时有

$$F(x)>F(0)=0,\quad x-\ln(1+x)>0,$$

即 $x>\ln(1+x)$.

9. 证 令 $f(x)=\sin x-x, x\in(-\infty,+\infty)$, 易知 $f(0)=0$,

即方程 $f(x) = 0$ 有实根,现证只有一个实根. $f'(x) = \cos x - 1 \leq 0$, $x \in (-\infty, +\infty)$ 且除驻点 $x_n = 2n\pi$ ($n = 0, \pm 1, \pm 2, \cdots$) 外,$f'(x) < 0$,所以 $f(x)$ 单调递减,故 $f(x) = \sin x - x$ 在 $(-\infty, +\infty)$ 上有唯一实根 $x = 0$.

10. 证 只需证 $\dfrac{1}{b} < \dfrac{\ln b - \ln a}{b - a} < \dfrac{1}{a}$ 成立. 令 $f(x) = \ln x$,则它在 $[a, b] \subset (0, +\infty)$ 上满足拉格朗日中值定理的条件,因此有 $\xi \in (a, b)$,使

$$\frac{f(b) - f(a)}{b - a} = f'(\xi), \quad 即 \quad \frac{\ln b - \ln a}{b - a} = \frac{1}{\xi}.$$

由 $0 < a < \xi < b$,所以

$$0 < \frac{1}{b} < \frac{1}{\xi} < \frac{1}{a},$$

就有

$$\frac{1}{b} < \frac{\ln b - \ln a}{b - a} < \frac{1}{a}.$$

故 $\dfrac{1}{b} < \dfrac{1}{b-a} \ln \dfrac{b}{a} < \dfrac{1}{a}$ 成立.

注意,这里用到 $f'(x) = \dfrac{1}{x}$ 当 $x > 0$ 时的递减性,得出 $0 < \dfrac{1}{b} < \dfrac{1}{\xi} < \dfrac{1}{a}$,才完成了证明.

11. 证 令 $y = 2\sqrt{x} - 3 + \dfrac{1}{x}$,因为

$$y' = \frac{1}{\sqrt{x}} - \frac{1}{x^2} = \frac{x\sqrt{x} - 1}{x^2},$$

所以 $x \in (0, 1)$ 时,$y' < 0$;当 $x \in (1, +\infty)$ 时,$y' > 0$,且 $y'(1) = 0$,故知 $x = 1$ 为 $y = 2\sqrt{x} - 3 + \dfrac{1}{x}$ 的唯一极小值点,$y(1) = 0$,且亦为最小值,因此 $y = 2\sqrt{x} - 3 + \dfrac{1}{x} \geq 0$,即

$2\sqrt{x} \geqslant 3 - \dfrac{1}{x}$ $(x > 0)$.

12. 解 $f'(x) = (x-1)(x+1)^2(5x-1)$,令 $f'(x) = 0$,得驻点 $x_1 = -1, x_2 = \dfrac{1}{5}, x_3 = 1$. 如下表所示.

x	$(-\infty, -1)$	-1	$\left(-1, \dfrac{1}{5}\right)$	$\dfrac{1}{5}$	$\left(\dfrac{1}{5}, 1\right)$	1	$(1, +\infty)$
$f'(x)$	$+$	0	$+$	0	$-$	0	$+$
$f(x)$	↗	0 非极值	↗	$\dfrac{3456}{3125}$ 极大值	↘	0 极小值	↗

可见 $f(x)$ 在 $x = \dfrac{1}{5}$ 处有极大值 $\dfrac{3456}{3125}$,在 $x = 1$ 处有极小值 0.

13. 解 $f'(x) = 3x^2 - 3 = 3(x+1)(x-1), f''(x) = 6x$. 令 $f'(x) = 0$ 得 $x = \pm 1$. 由于 $f''(-1) = -6 < 0$,所以 $f(-1) = 2$ 为极大值. $f''(1) = 6 > 0$,所以 $f(1) = -2$ 为极小值.

14. 解 $y' = \dfrac{2x}{x^2 + 1}$,令 $y' = 0$,得 $x = 0$. $f(0) = 0, f(-1) = \ln 2$, $f(2) = \ln 5$. 所以 $f(0) = 0$ 为最小值,$f(2) = \ln 5$ 为最大值.

15. 分析 求 $f(x) = e^{|x-3|}$ 最值,只要求 $g(x) = (x-3)^2$ 最值.

解 要使 $f(x) = e^{|x-3|}$ 最大(最小),只要 $g(x) = (x-3)^2$ 最大(最小),令 $g'(x) = 0$,得 $x = 3$,由 $g(3) = 0, g(5) = 4, g(-5) = 64$,从而知 $|x-3|$ 的最大值为 8,最小值为 0,因此,$f(x)$ 的最大值为 $f(-5) = e^8$,最小值为 $f(3) = 1$.

16. 解 产品的总成本函数 $C(x) = 60\,000 + 20x$.

收益函数 $R(x) = px = \left(60 - \dfrac{x}{1\,000}\right)x = 60x - \dfrac{x^2}{1\,000}$,则利润函数 $L(x) = R(x) - C(x) = -\dfrac{x^2}{1\,000} + 40x - 60\,000$,由此得

$L'(x) = -\dfrac{x}{500} + 40$,令 $L'(x) = 0$ 解得 $x = 20\,000$.

$L''(x) = -\dfrac{1}{500} < 0$.

所以生产 20 000 个产品时利润最大,最大利润为

$$L(20\,000) = 340\,000(元).$$

第二章 一元积分学

一、知识点

1. 不定积分的第二换元法和分部积分法；
2. 定积分的换元积分法和分部积分法；
3. 定积分的应用；
4. 无穷区间上的广义积分.

二、基本要求

1. 掌握不定积分的第二换元法和分部积分法；
2. 熟练地掌握定积分的计算方法；
3. 掌握用积分计算某些应用问题的方法；
4. 理解无穷区间上广义积分的概念，会计算无穷区间上广义积分.

三、复习要点

（一）重要概念及性质

1. 无穷限积分

定义 2.1 设函数 $f(x)$ 在 $[a, +\infty)$ 上有定义，并且对于任意实数 $A(A > a)$，$f(x)$ 在有界区间 $[a, A]$ 上都是可积的，如果当 $A \to +\infty$ 时，极限

$$I = \lim_{A \to +\infty} \int_a^A f(x) \, \mathrm{d}x$$

存在，那么就称此极限值 I 为函数 $f(x)$ 在 $[a, +\infty)$ 上的**无穷限积分**，记作

$$\int_a^{+\infty} f(x) \, \mathrm{d}x = \lim_{A \to +\infty} \int_a^A f(x) \, \mathrm{d}x = I.$$

这时我们说该无穷限积分是**收敛的**，且收敛于 I. 如果极限

不存在,我们就说该无穷限积分是**发散的**. 这时

$$\int_a^{+\infty} f(x)\,dx$$

只是一个符号,而不代表任何数值.

类似地,我们也可以定义函数 $f(x)$ 在区间 $(-\infty, a]$ 上的无穷限积分:

$$\int_{-\infty}^a f(x)\,dx = \lim_{A\to-\infty}\int_A^a f(x)\,dx.$$

对于函数在区间 $(-\infty, +\infty)$ 上的无穷限积分定义为

$$\int_{-\infty}^{+\infty} f(x)\,dx = \int_{-\infty}^a f(x)\,dx + \int_a^{+\infty} f(x)\,dx$$

$$= \lim_{A_1\to-\infty}\int_{A_1}^a f(x)\,dx + \lim_{A_2\to+\infty}\int_a^{A_2} f(x)\,dx,$$

其中 a 为任意一个实数,并且当等式右边的两个无穷限积分都收敛时,才认为 $\int_{-\infty}^{+\infty} f(x)\,dx$ 是收敛的. 注意,积分 $\int_{-\infty}^{+\infty} f(x)\,dx$ 的值不依赖于 a 的选择;并且 $A_1 \to -\infty$ 和 $A_2 \to +\infty$ 的速度可以是不同的.

2. 函数 $y = f(x)$ "可积"的充分、必要条件以及可求积的概念

(1) 有关的分类情况

```
                            ┌ 已掌握的积分法(如换元法、分部积分法等)
                   ┌ 可求积 ┤
           ┌ 可积 ┤        └ 目前尚未掌握的积分法
 y = f(x) ┤      └ 不可求积
           └ 不可积
```

(2) "不可求积"的概念

求不定积分与求导数有很大不同,我们知道任何初等函数的导数仍为初等函数,而许多初等函数的不定积分,例如

$$\int e^{-x^2}dx, \quad \int \frac{\sin x}{x}dx, \quad \int \frac{1}{\ln x}dx,$$

$$\int \sin x^2 dx, \quad \int \sqrt{1+x^3}dx$$

等,虽然它们的被积函数的表达式都很简单,但在初等函数的范围内却积不出来. 这不是因为积分方法不够,而是由于被积函数的原函数不是初等函数的缘故. 我们称这种函数是"**不可求积**"的.

(3) 函数的"可积性"问题

可积的必要条件

若函数 $f(x)$ 在 $[a,b]$ 上是可积的,则 $f(x)$ 在 $[a,b]$ 上必定是有界的.

由上面的定理可知,无界函数是不可积的,今后,在我们讨论函数的可积性时,总是先假定函数是有界的,但还必须看到,有界函数不一定都是可积的.

例如,狄利克雷函数

$$D(x) = \begin{cases} 1, & x \text{ 是有理数}, \\ 0, & x \text{ 是无理数} \end{cases}$$

是有界的,但在任意的区间 $[a,b]$ 上都是不可积的.

可积的充分条件

设函数 $f(x)$ 在 $[a,b]$ 上有定义,若 $f(x)$ 满足下述的条件之一:

① $f(x)$ 在 $[a,b]$ 上是连续的;

② $f(x)$ 在 $[a,b]$ 上只有有限个间断点,且有界;

③ $f(x)$ 在 $[a,b]$ 上是单调、有界的,

则 $f(x)$ 在 $[a,b]$ 上是可积的.

顺便指出,上面我们所提到的"可积"也称为黎曼(Riemann)可积. 这是因为上述意义上的可积在历史上是由黎曼给出的,因此定积分也称为**黎曼积分**.

(二) 重要定理及公式

定理 2.1(第二换元法) 设函数 $x = \psi(t)$ 在开区间上的导数

不为零. 若
$$\int f[\psi(t)]\psi'(t)dt = G(t) + C,$$
则
$$\int f(x)dx = G[\psi^{-1}(x)] + C,$$
其中 $t = \psi^{-1}(x)$ 为 $x = \psi(t)$ 的反函数.

定理常可以写成下面的变换形式
$$\int f(x)dx \xrightarrow{x = \psi(t)} \int f[\psi(t)]\psi'(t)dt = G(t) + C$$
$$\xrightarrow{t = \psi^{-1}(x)} G[\psi^{-1}(x)] + C.$$

可见第二换元法是先作代换 $x = \psi(t)$,然后再求积分,因此第二换元法又称为**作代换法**.

注意 在作代换法中,最常见的是作三角代换.当被积函数中含有二次根式 $\sqrt{a^2 - x^2}, \sqrt{x^2 + a^2}, \sqrt{x^2 - a^2}$ 时,通常我们分别作这样三个变换: $x = a\sin t; x = a\tan t, x = a\sec t$ 来去掉根号.但这并不是去掉根号的唯一方法,例如在 $\int x^3 \sqrt{a^2 - x^2} dx$ 中,作变换 $a^2 - x^2 = u^2$ 会更简便些.

定理 2.2(分部积分法) 设函数 $u = u(x), v = v(x)$ 可导. 若
$$\int u'(x)v(x)dx$$
存在,则
$$\int u(x)v'(x)dx = u(x)v(x) - \int v(x)u'(x)dx.$$

上面的积分公式也可简记为
$$\int u dv = uv - \int v du,$$

称之为**分部积分公式**.这个公式告诉我们,如果积分 $\int u dv$ 计算起来有困难,而积分 $\int v du$ 比较容易计算时,那么可以利用公式把前

者转化为后者计算. 这就是说,按照公式将所求积分分成两部分,一部分已不用再积分,只要对另一部分求积,这也是"分部积分法"名称的来源.

我们这里给出使用分部积分法最常见的三种情况:

(1) 一类函数的分部积分法

当被积函数为 $\ln x, \arcsin x, \arctan x, \sqrt{x^2+a^2}$ 等时也常用分部积分法,这时只要把 dx 看成 dv 即可.

例1 求不定积分 $\int \ln x dx$.

解 $\int \ln x dx = x\ln x - \int x d\ln x = x\ln x - \int x \dfrac{1}{x} dx$
$= x\ln x - x + C.$

对于某些不定积分,有时需要使用两次或两次以上的分部积分法,如 $\int \ln^2 x dx$ 等.

(2) 两类函数的分部积分法

当被积函数为两个函数相乘的形式. 运用分部积分公式有一个如何选取 u 和 v' 的问题. 有时会因 u 和 v' 选取不当,使得积分越积越困难. 因此,先把哪一部分选为 v' 是很重要的. 一般说来,根据不同的被积函数,我们是按照以下的顺序: $e^x, a^x, \sin x, \cos x, x^a$ 依次考虑取作 v',而 $\arctan x, \arcsin x, \ln x$ 等是不能取为 v' 的.

例2 求不定积分 $\int x\sin x dx$.

解 利用分部积分公式时,要先把被积函数中的一部分看成 v' 并和 dx 凑成微分 dv,因此被积表达式改写成 udv 的形式. 这里,设 $u = x, v' = \sin x$,于是

$$\int x\sin x dx = \int x d(-\cos x)$$
$$= x(-\cos x) - \int (-\cos x) dx$$

$$= -x\cos x + \int \cos x\,dx$$

$$= -x\cos x + \sin x + C.$$

（3）循环法

分部积分还有一种用法，就是由它先导出循环公式，设法建立所求积分的函数方程，从中解出所求的不定积分.

例 3 求不定积分 $\int e^x \cos x\,dx$.

解 设 $\int e^x \cos x\,dx = I$，有

$$I = \int \cos x\,de^x = e^x \cos x - \int e^x d\cos x$$

$$= e^x \cos x + \int e^x \sin x\,dx$$

$$= e^x \cos x + \int \sin x\,de^x$$

$$= e^x \cos x + e^x \sin x - \int e^x d\sin x$$

$$= e^x(\cos x + \sin x) - \int e^x \cos x\,dx.$$

可见，分部积分两次以后，等式右端又出现了原来的积分，这样就得到了一个 I 的函数方程

$$I = e^x(\cos x + \sin x) - I.$$

解此方程，并注意到不定积分中都有任意常数，故有

$$\int e^x \cos x\,dx = \frac{1}{2}e^x(\cos x + \sin x) + C.$$

定理 2.3（定积分的换元积分法） 设函数 $f(x)$ 在 $[a,b]$ 上连续. 作变换 $x = x(t)$，它满足：

（1）当 $t = \alpha$ 时，$x = x(\alpha) = a$，当 $t = \beta$ 时，$x = x(\beta) = b$；

（2）当 t 在 $[\alpha,\beta]$ 上变化时，$x = x(t)$ 的值在 $[a,b]$ 上变化；

（3）$x'(t)$ 在 $[\alpha,\beta]$ 上连续，

则有换元积分公式

$$\int_a^b f(x)\,\mathrm{d}x = \int_\alpha^\beta f[x(t)]x'(t)\,\mathrm{d}t.$$

注意 在我们利用换元法计算定积分时,只要随着积分变量的替换相应地改变定积分的上、下限,这样在求出原函数之后,就可以直接代入积分限计算原函数的改变量之值,而不必换回原来的变量. 这就是定积分换元法与不定积分换元法的不同之处.

定理 2.4(定积分的分部积分法) 设函数 $u = u(x)$ 与 $v = v(x)$ 在 $[a,b]$ 上具有连续的导数 $u'(x)$ 与 $v'(x)$,则有分部积分公式

$$\int_a^b u(x)\,\mathrm{d}[v(x)] = u(x)\cdot v(x)\Big|_a^b - \int_a^b v(x)\,\mathrm{d}[u(x)].$$

注意 定积分的分部积分公式与不定积分的分部积分公式的区别是,这个公式的每一项都带有积分限.

(三)重要方法及应用

定积分的应用

(1) 平面图形的面积

设在区间 $[a,b]$ 上,连线曲线 $y = f(x)$ 位于 $y = g(x)$ 的上方,则由这两条曲线以及直线 $x = a, x = b$ 所围成的平面图形的面积 S 为:

$$S = \int_a^b [f(x) - g(x)]\,\mathrm{d}x. \tag{1}$$

例 4 求由曲线 $y = \mathrm{e}^x, y = \mathrm{e}^{-x}$ 以及直线 $x = 1$ 所围成的平面图形(见图 2-1)的面积 S.

解 由于对任意的 $x \in [0,1]$ 有 $\mathrm{e}^x \geq \mathrm{e}^{-x}$,故由(1)式

$$S = \int_0^1 (\mathrm{e}^x - \mathrm{e}^{-x})\,\mathrm{d}x = (\mathrm{e}^x + \mathrm{e}^{-x})\Big|_0^1 = \mathrm{e} + \frac{1}{\mathrm{e}} - 2.$$

(2) 旋转体的体积

设在区间 $[a,b]$ 上,连续曲线 $y = f(x)$ 在 x 轴上方,求由曲线 $y = f(x)$,直线 $x = a, x = b$ 以及 x 轴所围成的曲边梯形绕 x 轴旋转所成的旋转体的体积 V 为

$$V = \pi\int_a^b [f(x)]^2\,\mathrm{d}x = \pi\int_a^b y^2\,\mathrm{d}x. \tag{2}$$

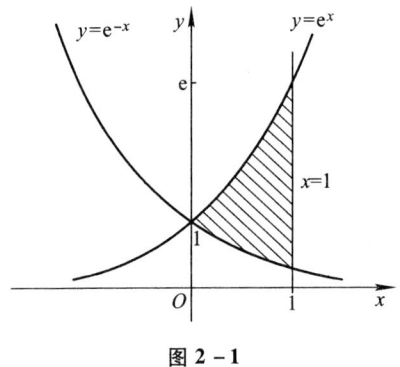

图 2-1

例 5 求椭圆 $\dfrac{x^2}{a^2} + \dfrac{y^2}{b^2} = 1$ 的上半部分与 x 轴所围成的曲边梯形绕 x 轴旋转形成的椭球体的体积.

解 椭圆上半部的方程是 $y = \dfrac{b}{a}\sqrt{a^2 - x^2}$. 根据旋转体体积公式（2）和图形的对称性,有

$$V = 2\pi \int_0^a y^2 \,dx = 2\pi \int_0^a \dfrac{b^2}{a^2}(a^2 - x^2)\,dx$$

$$= 2\pi \dfrac{b^2}{a^2} \int_0^a (a^2 - x^2)\,dx$$

$$= 2\pi \dfrac{b^2}{a^2} \left(a^2 x - \dfrac{x^3}{3} \right) \bigg|_0^a$$

$$= 2\pi \cdot \dfrac{b^2}{a^2} \cdot \dfrac{2}{3} a^3 = \dfrac{4}{3}\pi a b^2.$$

（3）质杆的质量

设质杆所在直线为 x 轴,质杆放置的区间为 $[a,b]$,并且其线密度 $\mu = \mu(x)$ $(a \leqslant x \leqslant b)$ 为一连续函数. 则此质杆的质量 m 为

$$m = \int_a^b \mu(x)\,dx. \tag{3}$$

例 6 有一个放置在 x 轴上的质杆,若其上每一点的密度等

于该点的横坐标的平方,试求横坐标在 2 与 3 之间的那段质杆的质量.

解 由题意可知质杆的密度为 $\mu(x) = x^2$. 根据公式(3),质杆的质量为

$$m = \int_2^3 x^2 \mathrm{d}x = \frac{x^3}{3}\bigg|_2^3 = 6\frac{1}{3}.$$

四、典型例题分析

例 1 $\int x \mathrm{d}e^{-x} = ($).

(A) $xe^{-x} + C$; (B) $-xe^{-x} + C$;
(C) $xe^{-x} + e^{-x} + C$; (D) $xe^{-x} - e^{-x} + C$.

答案是:C.

分析 $\int x \mathrm{d}e^{-x} = xe^{-x} - \int e^{-x} \mathrm{d}x = xe^{-x} + \int e^{-x} \mathrm{d}(-x)$
$= xe^{-x} + e^{-x} + C.$

故选择 C.

例 2 $\lim\limits_{x \to 0} \dfrac{\int_0^x \sin t^2 \mathrm{d}t}{x^3} = ($).

(A) 1; (B) 0; (C) $\dfrac{1}{2}$; (D) $\dfrac{1}{3}$.

答案是:D.

分析 利用洛必达法则,有

$$\lim_{x \to 0} \frac{\int_0^x \sin t^2 \mathrm{d}t}{x^3} = \lim_{x \to 0} \frac{\sin x^2}{3x^2} = \frac{1}{3}.$$

故选择 D.

例 3 无穷限积分 $\int_2^{+\infty} \dfrac{1}{x^2} \mathrm{d}x = ($).

(A) 0; (B) $+\infty$; (D) $-\dfrac{1}{2}$; (D) $\dfrac{1}{2}$.

答案是: D.

分析
$$\int_2^{+\infty} \frac{1}{x^2} dx = -\frac{1}{x}\Big|_2^{+\infty} = -\left(-\frac{1}{2}\right) = \frac{1}{2}.$$

故选择 D.

例 4 已知 $y' = 2x$,且 $x = 1$ 时 $y = 2$,则 $y = ($).

(A) $x^2 + 2$; (B) $x^2 + 1$; (C) $\dfrac{x^2}{2} + 2$; (D) $x + 1$.

答案是: B.

分析 由于 $y' = 2x$,所以
$$y = \int 2x\, dx = x^2 + C.$$

又由于当 $x = 1$ 时,$y = 2$,代入上式,得到 $C = 1$. 因此
$$y = x^2 + 1.$$

故选择 B.

例 5 求下列积分:

(1) $\int \ln(x + \sqrt{1+x^2})\, dx$; (2) $\int_0^{e-1} x\ln(x+1)\, dx$;

(3) $\int \dfrac{x}{\cos^2 x}\, dx$; (4) $\int xf''(x)\, dx$.

解 (1) 用分部积分法.

设 $u = \ln(x + \sqrt{1+x^2})$,$dv = dx$,则
$$du = \frac{1}{x + \sqrt{1+x^2}}\left(1 + \frac{2x}{2\sqrt{1+x^2}}\right)dx$$
$$= \frac{dx}{\sqrt{1+x^2}},$$
$$v = x,$$
$$\int \ln(x + \sqrt{1+x^2})\, dx = x\ln(x + \sqrt{1+x^2}) - \int \frac{x\, dx}{\sqrt{1+x^2}}$$

$$= x\ln(x + \sqrt{1 + x^2}) - \frac{1}{2}\int \frac{d(1 + x^2)}{\sqrt{1 + x^2}}$$

$$= x\ln(x + \sqrt{1 + x^2}) - \sqrt{1 + x^2} + C.$$

(2) 设 $u = \ln(x + 1), dv = x dx$，则

$$du = \frac{dx}{x + 1}, \quad v = \frac{x^2 - 1}{2} \text{（注：这样 } vdu \text{ 比较简单）},$$

所以

$$\int_0^{e-1} x\ln(x + 1) dx = \frac{x^2 - 1}{2}\ln(x + 1) \Big|_0^{e-1} - \int_0^{e-1} \frac{x - 1}{2} dx$$

$$= \frac{(e - 1)^2 - 1}{2} - \frac{(x - 1)^2}{4} \Big|_0^{e-1}$$

$$= \frac{e^2 - 2e}{2} - \frac{e^2 - 4e + 4 - 1}{4} = \frac{e^2}{4} - \frac{3}{4}.$$

(3) 用分部积分法解. 设 $u = x, dv = \frac{1}{\cos^2 x} dx$，则

$$du = dx, \quad v = \tan x,$$

$$\int \frac{x}{\cos^2 x} dx = x\tan x - \int \tan x dx$$

$$= x\tan x + \ln|\cos x| + C.$$

(4) $\int xf''(x) dx = \int x df'(x) = xf'(x) - \int f'(x) dx$

$$= xf'(x) - f(x) + C.$$

例 6 求 $f(x) = \int_0^x (t^2 - 2)^2 (t - 3) dt$ 的单调区间.

解 定义域 $(-\infty, +\infty), f'(x) = (x^2 - 2)^2(x - 3)$，令

$f'(x) = 0$，解出 $x_1 = -\sqrt{2}, \quad x_2 = \sqrt{2}, \quad x_3 = 3$.

因为 $(x^2 - 2)^2 \geq 0$，所以 $f'(x)$ 与 $(x - 3)$ 同号.

当 $x > 3$ 时，$f'(x) > 0$，即 $f(x)$ 在 $(3, +\infty)$ 单调增加；

当 $x < 3$ 时，$f'(x) < 0, f(x)$ 在 $(-\infty, 3)$ 单调减少.

例7 求 $f(x) = \int_0^x \dfrac{t+2}{t^2+2t+2}dt$ 在 $[0,1]$ 上最大值和最小值.

解 由 $f'(x) = \dfrac{x+2}{x^2+2x+2}$ 知，在 $[0,1]$ 上 $f'(x) > 0$，$f(x)$ 在 $[0,1]$ 上单调增加. 所以，最小值为

$$f(0) = \int_0^0 \dfrac{t+2}{t^2+2t+2}dt = 0;$$

最大值为

$$\begin{aligned}
f(1) &= \int_0^1 \dfrac{t+2}{t^2+2t+2}dt \\
&= \dfrac{1}{2}\int_0^1 \dfrac{2t+2}{t^2+2t+2}dt + \int_0^1 \dfrac{d(t+1)}{(t+1)^2+1} \\
&= \dfrac{1}{2}\ln|t^2+2t+2|\Big|_0^1 + \arctan(t+1)\Big|_0^1 \\
&= \dfrac{1}{2}(\ln 5 - \ln 2) + \arctan 2 - \arctan 1 \\
&= \dfrac{1}{2}\ln\dfrac{5}{2} + \arctan 2 - \dfrac{\pi}{4}.
\end{aligned}$$

例8 计算下列定积分：

(1) $\int_0^\pi \dfrac{\sin x}{1+\cos^2 x}dx$； (2) $\int_{\ln 2}^{\ln 3} \dfrac{dx}{e^x - e^{-x}}$.

解 (1) $\int_0^\pi \dfrac{\sin x}{1+\cos^2 x}dx = -\int_0^\pi \dfrac{d(\cos x)}{1+\cos^2 x} = -\arctan\cos x \Big|_0^\pi$

$$= -(\arctan\cos\pi - \arctan\cos 0)$$

$$= -\left(-\dfrac{\pi}{4} - \dfrac{\pi}{4}\right) = \dfrac{\pi}{2}.$$

(2) $\int_{\ln 2}^{\ln 3} \dfrac{dx}{e^x - e^{-x}} = \int_{\ln 2}^{\ln 3} \dfrac{e^x dx}{e^{2x}-1} = \int_{\ln 2}^{\ln 3} \dfrac{d(e^x)}{(e^x)^2-1} = \dfrac{1}{2}\ln\left|\dfrac{e^x-1}{e^x+1}\right|\Big|_{\ln 2}^{\ln 3}$

$$= \dfrac{1}{2}\left(\ln\dfrac{1}{2} - \ln\dfrac{1}{3}\right) = \dfrac{1}{2}\ln\dfrac{3}{2}.$$

例9 设 $f(x) = x^2 - \int_0^a f(x)\,\mathrm{d}x$,且 a 是不等于 -1 的常数. 求证 $\int_0^a f(x)\,\mathrm{d}x = \dfrac{a^3}{3(a+1)}$.

证 因为 $\int_0^a f(x)\,\mathrm{d}x$ 是个数,而 $\int_0^a k\,\mathrm{d}x = k(a-0) = ak$,$f(x) = x^2 - \int_0^a f(x)\,\mathrm{d}x$ 两边在以 $0,a$ 为端点的区间上取定积分,得

$$\int_0^a f(x)\,\mathrm{d}x = \int_0^a x^2\,\mathrm{d}x - \int_0^a \left[\int_0^a f(x)\,\mathrm{d}x\right]\mathrm{d}x$$

$$= \left.\frac{x^3}{3}\right|_0^a - a\int_0^a f(x)\,\mathrm{d}x$$

$$= \frac{a^3}{3} - a\int_0^a f(x)\,\mathrm{d}x.$$

移项后两边除以 $(1+a)$ 得

$$\int_0^a f(x)\,\mathrm{d}x = \frac{a^3}{3(1+a)}.$$

例10 计算下列无穷限积分的值或判别它们的敛散性:

(1) $\int_0^{+\infty} x\mathrm{e}^{-x^2}\,\mathrm{d}x$; (2) $\int_2^{+\infty} \dfrac{\mathrm{d}x}{x(\ln x)^k}$.

解 (1) $\int_0^{+\infty} x\mathrm{e}^{-x^2}\,\mathrm{d}x = -\dfrac{1}{2}\int_0^{+\infty} \mathrm{e}^{-x^2}\mathrm{d}(-x^2) = \left.-\dfrac{1}{2}\mathrm{e}^{-x^2}\right|_0^{+\infty}$

$$= \lim_{x\to +\infty} -\frac{1}{2}\mathrm{e}^{-x^2} - \left(-\frac{1}{2}\mathrm{e}^0\right) = \frac{1}{2}.$$

(2) 当 $k=1$ 时,有

$$\int_2^{+\infty} \frac{\mathrm{d}x}{x\ln x} = \int_2^{+\infty} \frac{\mathrm{d}\ln x}{\ln x} = \left.\ln|\ln x|\right|_2^{+\infty}$$

$$= \lim_{x\to+\infty} \ln|\ln x| - \ln|\ln 2| = +\infty,$$

所以当 $k=1$ 时,原无穷限积分发散.

当 $k\neq 1$ 时,有

$$\int_2^{+\infty} \frac{dx}{x(\ln x)^k} = \int_2^{+\infty} \frac{d(\ln x)}{(\ln x)^k} = \frac{1}{1-k}(\ln x)^{1-k} \bigg|_2^{+\infty}$$

$$= \lim_{x \to +\infty} \frac{1}{1-k}(\ln x)^{1-k} - \frac{1}{1-k}(\ln 2)^{1-k}$$

$$= \begin{cases} \infty, & k < 1, \\ \dfrac{1}{k-1}(\ln 2)^{1-k}, & k > 1, \end{cases}$$

所以当 $k > 1$ 时,原无穷限积分收敛;当 $k \leq 1$ 时,原无穷限积分发散.

同样的方法可以证明 p - 积分 $\int_1^{+\infty} \dfrac{dx}{x^p}$,当 $p > 1$ 时,收敛;当 $p \leq 1$ 时,发散.

例 11 求由曲线 $y^2 = 2x, y = x - 4$ 所围成的区域的面积.

解法 1 作草图(图 2 - 2),解方程组 $\begin{cases} y^2 = 2x, \\ y = x - 4, \end{cases}$ 并求出曲线的交点坐标为 $A(2, -2), B(8, 4)$. 选择 x 为积分变量将两个交点投影到 x 轴上,被积函数

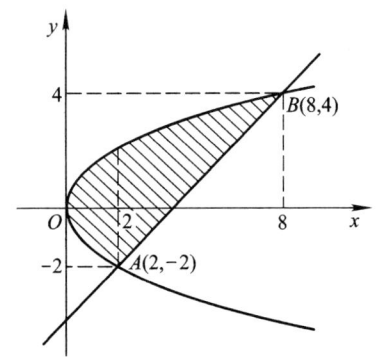

图 2 - 2

$$f_2(x) - f_1(x) = \begin{cases} \sqrt{2x} - (-\sqrt{2x}), & 0 \leq x \leq 2, \\ \sqrt{2x} - (x - 4), & 2 \leq x \leq 8, \end{cases}$$

$$S = \int_0^2 [\sqrt{2x} - (-\sqrt{2x})]dx + \int_2^8 [\sqrt{2x} - (x-4)]dx$$

$$= \int_0^2 2\sqrt{2x}\,dx + \int_2^8 (\sqrt{2x} - x + 4)dx$$

$$= 2\sqrt{2} \cdot \frac{2}{3}x^{\frac{3}{2}}\Big|_0^2 + \left(\sqrt{2} \cdot \frac{2}{3}x^{\frac{3}{2}} - \frac{x^2}{2} + 4x\right)\Big|_2^8$$

$$= \frac{16}{3} + \frac{2\sqrt{2}}{3}(16\sqrt{2} - 2\sqrt{2}) - \frac{1}{2}(64 - 4) + 4(8 - 2)$$

$$= 18.$$

解法 2 选择 y 为积分变量,将两个交点投影到 y 轴上,积分区间为该图形在 y 轴上的投影,即为 $[-2,4]$,故

$$S = \int_{-2}^4 \left(4 + y - \frac{y^2}{2}\right)dy = \left(4y + \frac{y^2}{2} - \frac{y^3}{6}\right)\Big|_{-2}^4 = 18.$$

五、练习题

(一) 选择题

1. 设 $f(x)$ 有原函数 $x\ln x$,则 $\int xf(x)dx = ($　　$)$.

(A) $x^2\left(\frac{1}{2} + \frac{1}{4}\ln x\right) + C$;　　(B) $x^2\left(\frac{1}{4} + \frac{1}{2}\ln x\right) + C$;

(C) $x^2\left(\frac{1}{4} - \frac{1}{2}\ln x\right) + C$;　　(D) $x^2\left(\frac{1}{2} - \frac{1}{4}\ln x\right) + C$.

2. $\int \ln\frac{x}{2}dx = ($　　$)$.

(A) $x\ln\frac{x}{2} - 2x + C$;　　(B) $x\ln\frac{x}{2} - 4x + C$;

(C) $x\ln\frac{x}{2} - x + C$;　　(D) $x\ln\frac{x}{2} + x + C$.

3. 已知 $F'(x) = f(x)$,则 $\int_a^x f(t+a)dt = ($　　$)$.

(A) $F(x) - F(a)$;　　(B) $F(t) - F(a)$;

(C) $F(x+a)-F(2a)$; (D) $F(t+a)-F(2a)$.

(二) 解答题

1. 利用换元法求下列各不定积分：

(1) $\int \dfrac{1}{x^2\sqrt{x^2+1}}dx$; (2) $\int \dfrac{\sqrt{x^2-a^2}}{x}dx$.

2. 利用分部积分法求下列各不定积分：

(1) $\int x^2\cos 2x\,dx$; (2) $\int x^3\ln x\,dx$;

(3) $\int x^2 e^{-x}dx$; (4) $\int x^2\ln(1+x)dx$;

(5) $\int(x^2+2x+1)e^x dx$; (6) $\int(\arcsin x)^2 dx$.

3. 求 $\int \sec^3 x\,dx$.

4. 设一曲线通过点 $(-1,2)$，并且在曲线上每一点 (x,y) 处的切线的斜率都等于 $2x$，求此曲线的方程.

5. 求 c 的值，使 $\int_0^1(x^2+cx+c)^2 dx$ 最小.

6. 设连续函数 $f(x)$ 在 $[a,b]$ 上单调增加，又
$$G(x)=\dfrac{1}{x-a}\int_a^x f(t)dt,\quad x\in(a,b).$$
试证：$G'(x)$ 在 (a,b) 内非负.

7. 计算下面各定积分：

(1) $\int_{-2}^{2} f(x)dx$，其中 $f(x)=\begin{cases}1,&|x|\leqslant 1,\\ x^2,&|x|>1;\end{cases}$

(2) $\int_0^2 f(x-1)dx$，其中 $f(x)=\begin{cases}\dfrac{1}{1+x},&x\geqslant 0,\\ 1+e^x,&x<0;\end{cases}$

(3) $\int_0^{\ln 2}\dfrac{e^x}{1+e^{2x}}dx$; (4) $\int_0^1 \sqrt{4-x^2}dx$;

(5) $\int_{-2}^{0} \dfrac{\mathrm{d}x}{x^2+2x+2}$; (6) $\int_0^1 x\mathrm{e}^x \mathrm{d}x$;

(7) $\int_{\frac{1}{2}}^{1} \mathrm{e}^{\sqrt{2x-1}} \mathrm{d}x$; (8) $\int_{-\pi}^{\pi} x^2 \cos 2x \mathrm{d}x$;

(9) $\int_0^{\frac{\pi}{4}} \dfrac{x}{\cos^2 x} \mathrm{d}x$; (10) $\int_0^{\pi^2} \cos^2 \sqrt{x} \mathrm{d}x$.

8. 证明:$\int_0^1 x^m (1-x)^n \mathrm{d}x = \int_0^1 x^n (1-x)^m \mathrm{d}x$.

9. 设 $f(x)$ 在 $[0,1]$ 上连续,证明:
$$\int_0^{\frac{\pi}{2}} f(\sin x) \mathrm{d}x = \int_0^{\frac{\pi}{2}} f(\cos x) \mathrm{d}x.$$

10. 求曲线 $y=\ln x$ 及过曲线上点 $(\mathrm{e},1)$ 的切线和 x 轴所围图形的面积 S 和它绕 x 轴旋转所得旋转体体积 V_x.

11. 求曲线 $y = \dfrac{1}{2}x^3 + \dfrac{3}{4}x^2 - 3x$ 与 x 轴及过曲线的两个极值点平行于 y 轴的直线所围图形的面积.

12. 求 c 的值,使抛物线 $y=x^2-2x$ 与直线 $y=cx$ 所围成图形的面积是抛物线 $y=x^2-2x$、直线 $x=2+c$ 和直线 $y=0$ 所围成图形面积的一半.

13. 求由曲线 $y=2-x^2$ 和 $y=x$ 所围成图形的面积.

六、练习题解答与分析

(一) 选择题

1. 答案是:B.

分析 由已知 $f(x) = (x\ln x)' = \ln x + 1$,故
$$\int x f(x) \mathrm{d}x = \int x(\ln x + 1) \mathrm{d}x = \int x\ln x \mathrm{d}x + \int x \mathrm{d}x$$
$$= x^2 \left(\dfrac{1}{4} + \dfrac{1}{2} \ln x \right) + C.$$

故选择 B.

2. 答案是:C.

分析 $\int \ln \dfrac{x}{2} \mathrm{d}x = x\ln \dfrac{x}{2} - \int x \mathrm{d}\ln \dfrac{x}{2}$
$= x\ln \dfrac{x}{2} - \int x \cdot \dfrac{2}{x} \cdot \dfrac{1}{2} \mathrm{d}x = x\ln \dfrac{x}{2} - x + C.$

故选择 C.

3. 答案是:C.

分析 令 $t+a=u$, 当 $t=x$ 时, $u=x+a$; 当 $t=a$ 时, $u=2a$. 故
$\int_a^x f(t+a)\mathrm{d}t = \int_{2a}^{x+a} f(u)\mathrm{d}u = F(x+a) - F(2a).$

故选择 C.

(二) 解答题

1. 解 (1) 令 $x=\tan t$, 则 $\mathrm{d}x = \sec^2 t \mathrm{d}t$, $\sqrt{x^2+1} = \sec t$.

$\int \dfrac{1}{x^2 \sqrt{x^2+1}} \mathrm{d}x = \int \dfrac{\sec^2 t \mathrm{d}t}{\tan^2 t \cdot \sec t} = \int \dfrac{\cos t}{\sin^2 t} \mathrm{d}t = -\dfrac{1}{\sin t} + C$
$= -\csc t + C.$

由于 $\csc t = \dfrac{\sqrt{1+x^2}}{x}$, 因此

$$\int \dfrac{1}{x^2 \sqrt{x^2+1}} \mathrm{d}x = -\sqrt{\dfrac{1+x^2}{x}} + C.$$

(2) 令 $x = a\sec t$, 则 $\mathrm{d}x = a\sec t \cdot \tan t \mathrm{d}t$, $\sqrt{x^2-a^2} = a\tan t$.

$\int \dfrac{\sqrt{x^2-a^2}}{x} \mathrm{d}x = \int \dfrac{a\tan t}{a\sec t} a\sec t \cdot \tan t \mathrm{d}t$
$= a\int \tan^2 t \mathrm{d}t = a\int (\sec^2 t - 1)\mathrm{d}t$
$= a\tan t - at + C$
$= \sqrt{x^2-a^2} - a\operatorname{arcsec}\dfrac{x}{a} + C.$

2. 解 (1) $\int x^2 \cos 2x \mathrm{d}x = \dfrac{1}{2}\int x^2 \mathrm{d}\sin 2x$

$$= \frac{1}{2}\left[x^2\sin 2x - \int \sin 2x \mathrm{d}(x^2)\right]$$

$$= \frac{1}{2}\left(x^2\sin 2x - \int 2x\sin 2x \mathrm{d}x\right)$$

$$= \frac{1}{2}\left[x^2\sin 2x + \int x\mathrm{d}(\cos 2x)\right]$$

$$= \frac{1}{2}\left(x^2\sin 2x + x\cos 2x - \int \cos 2x \mathrm{d}x\right)$$

$$= \frac{1}{2}\left(x^2\sin 2x + x\cos 2x - \frac{1}{2}\sin 2x\right) + C.$$

(2) $\int x^3 \ln x \mathrm{d}x = \frac{1}{4}\int \ln x \mathrm{d}(x^4) = \frac{1}{4}x^4 \ln x - \frac{1}{4}\int x^4 \mathrm{d}(\ln x)$

$$= \frac{1}{4}x^4\ln x - \frac{1}{4}\int x^4 \frac{1}{x}\mathrm{d}x$$

$$= \frac{1}{4}x^4\ln x - \frac{1}{4}\int x^3 \mathrm{d}x$$

$$= \frac{1}{4}x^4\ln x - \frac{1}{16}x^4 + C.$$

(3) $\int x^2 \mathrm{e}^{-x}\mathrm{d}x = -\int x^2 \mathrm{d}(\mathrm{e}^{-x}) = -x^2 \mathrm{e}^{-x} + \int \mathrm{e}^{-x}\mathrm{d}(x^2)$

$$= -x^2 \mathrm{e}^{-x} + \int \mathrm{e}^{-x} \cdot 2x \mathrm{d}x$$

$$= -x^2 \mathrm{e}^{-x} - 2\int x\mathrm{d}(\mathrm{e}^{-x})$$

$$= -x^2 \mathrm{e}^{-x} - 2x\mathrm{e}^{-x} + 2\int \mathrm{e}^{-x}\mathrm{d}x$$

$$= -x^2 \mathrm{e}^{-x} - 2x\mathrm{e}^{-x} - 2\mathrm{e}^{-x} + C$$

$$= -(x^2 + 2x + 2)\mathrm{e}^{-x} + C.$$

(4) $\int x^2 \ln(1+x)\mathrm{d}x = \frac{1}{3}\int \ln(1+x)\mathrm{d}x^3$

$$= \frac{1}{3}\left[x^3 \ln(1+x) - \int \frac{x^3}{1+x}\mathrm{d}x\right]$$

$$= \frac{1}{3}\left[x^3\ln(1+x) - \int\frac{1+x^3}{1+x}dx + \int\frac{1}{1+x}dx\right]$$

$$= \frac{1}{3}\left[x^3\ln(1+x) - \int(1-x+x^2)dx + \int\frac{1}{1+x}d(1+x)\right]$$

$$= \frac{1}{3}\left[x^3\ln(1+x) - x + \frac{x^2}{2} - \frac{x^3}{3} + \ln(1+x)\right] + C$$

$$= \frac{1}{3}(x^3+1)\ln(1+x) - \frac{x^3}{9} + \frac{x^2}{6} - \frac{x}{3} + C.$$

(5) $\int(x^2+2x+1)e^x dx$

$$= \int(x^2+2x+1)d(e^x)$$

$$= (x^2+2x+1)e^x - \int e^x d(x^2+2x+1)$$

$$= (x^2+2x+1)e^x - \int e^x(2x+2)dx$$

$$= (x^2+2x+1)e^x - 2\int(x+1)d(e^x)$$

$$= (x^2+2x+1)e^x - 2(x+1)e^x + 2\int e^x d(x+1)$$

$$= (x^2+2x+1)e^x - 2(x+1)e^x + 2\int e^x dx$$

$$= (x^2+2x+1)e^x - 2(x+1)e^x + 2e^x + C$$

$$= (x^2+1)e^x + C.$$

(6) $\int(\arcsin x)^2 dx = x(\arcsin x)^2 - \int x d(\arcsin x)^2$

$$= x(\arcsin x)^2 - 2\int x(\arcsin x)\frac{1}{\sqrt{1-x^2}}dx$$

$$= x(\arcsin x)^2 + \int \arcsin x \frac{1}{\sqrt{1-x^2}}d(1-x^2)$$

$$= x(\arcsin x)^2 + 2\int \arcsin x\, d\sqrt{1-x^2}$$

$$= x(\arcsin x)^2 + 2\sqrt{1-x^2}\arcsin x$$
$$\quad - 2\int \sqrt{1-x^2}\,\mathrm{d}(\arcsin x)$$
$$= x(\arcsin x)^2 + 2\sqrt{1-x^2}\arcsin x$$
$$\quad - 2\int \sqrt{1-x^2}\,\frac{1}{\sqrt{1-x^2}}\mathrm{d}x$$
$$= x(\arcsin x)^2 + 2\sqrt{1-x^2}\arcsin x - 2x + C.$$

3. **解** $\int \sec^3 x\,\mathrm{d}x = \int \sec x\,\mathrm{d}(\tan x)$
$$= \sec x\tan x - \int \tan x\,\mathrm{d}(\sec x)$$
$$= \sec x\tan x - \int \tan^2 x\sec x\,\mathrm{d}x$$
$$= \sec x\tan x - \int \sec^3 x\,\mathrm{d}x + \int \sec x\,\mathrm{d}x$$
$$= \frac{1}{2}\sec x\tan x + \frac{1}{2}\ln|\tan x + \sec x| + C.$$

4. **解** 设所求的曲线方程为 $y = y(x)$,由导数的几何意义可知
$$\frac{\mathrm{d}y}{\mathrm{d}x} = 2x,$$
即
$$\mathrm{d}y = 2x\,\mathrm{d}x.$$
将上式两边积分,便得到
$$y = \int 2x\,\mathrm{d}x = x^2 + C,$$
其中 C 为任意常数.

由于曲线通过点 $(-1,2)$,即当 $x = -1$ 时,$y = 2$,代入方程 $y = x^2 + C$,得到 $2 = (-1)^2 + C$,于是 $C = 1$. 故曲线方程为
$$y = x^2 + 1.$$

5. 解 设 $f(c) = \int_0^1 (x^2 + cx + c)^2 dx$, 则

$$f(c) = \int_0^1 (x^4 + c^2 x^2 + c^2 + 2cx^3 + 2cx^2 + 2c^2 x) dx$$

$$= \left(\frac{1}{5}x^5 + \frac{c^2}{3}x^3 + c^2 x + \frac{2}{4}cx^4 + \frac{2c}{3}x^3 + \frac{2c^2}{2}x^2 \right) \Big|_0^1$$

$$= \frac{1}{5} + \frac{c^2}{3} + c^2 + \frac{c}{2} + \frac{2c}{3} + c^2 = \frac{7}{3}c^2 + \frac{7}{6}c + \frac{1}{5},$$

对 $f(c)$ 求导数得: $f'(c) = \frac{14}{3}c + \frac{7}{6}$. 令 $f'(c) = 0$, 得 $c = -\frac{1}{4}$.
$f''(c) = \frac{14}{3} > 0$, 所以 $c = -\frac{1}{4}$ 使 $f(c) = \int_0^1 (x^2 + cx + c)^2 dx$ 最小.

6. 证
$$G'(x) = \frac{f(x)(x-a) - \int_a^x f(t) dt}{(x-a)^2}$$

$$= \frac{\int_a^x f(x) dt - \int_a^x f(t) dt}{(x-a)^2}$$

$$= \frac{\int_a^x [f(x) - f(t)] dt}{(x-a)^2},$$

其中 $a \leq t \leq x \leq b$. 又 $f(x)$ 在 $[a,b]$ 上单调增加, 所以 $f(x) \geq f(t)$, $G'(x) \geq 0$, 即在 (a,b) 内 $G'(x)$ 非负.

7. 解 (1) 当 $|x| > 1$ 时, $f(x) = x^2$; 当 $|x| \leq 1$ 时, $f(x) = 1$. 所以

$$\int_{-2}^{2} f(x) dx = \int_{-2}^{-1} x^2 dx + \int_{-1}^{1} dx + \int_{1}^{2} x^2 dx$$

$$= \frac{1}{3}x^3 \Big|_{-2}^{-1} + x \Big|_{-1}^{1} + \frac{1}{3}x^3 \Big|_{1}^{2}$$

$$= \frac{20}{3}.$$

(2) $f(x-1) = \begin{cases} \dfrac{1}{x}, & x \geq 1, \\ 1 + e^{x-1}, & x < 1. \end{cases}$

函数 $f(x-1)$ 在 $x=1$ 处间断, 根据定积分性质:

$$\int_0^2 f(x-1)\,dx = \int_0^1 (1+e^{x-1})\,dx + \int_1^2 \frac{1}{x}\,dx$$

$$= (x+e^{x-1})\Big|_0^1 + \ln x \Big|_1^2$$

$$= 2 - \frac{1}{e} + \ln 2.$$

(3) $\int_0^{\ln 2} \frac{e^x}{1+e^{2x}}\,dx = \int_0^{\ln 2} \frac{d(e^x)}{1+(e^x)^2}$

$$= \arctan e^x \Big|_0^{\ln 2}$$

$$= \arctan 2 - \frac{\pi}{4}.$$

(4) 令 $x = 2\sin t$, 则 $t = \arcsin \frac{x}{2}$, $dx = 2\cos t\,dt$. 又当 $x=0$ 时, $t=0$; 当 $x=1$ 时, $t = \frac{\pi}{6}$. 于是

$$\int_0^1 \sqrt{4-x^2}\,dx = \int_0^{\frac{\pi}{6}} 4\cos^2 t\,dt = 2\int_0^{\frac{\pi}{6}} (1+\cos 2t)\,dt$$

$$= (2t + \sin 2t)\Big|_0^{\frac{\pi}{6}} = \frac{\pi}{3} + \frac{\sqrt{3}}{2}.$$

(5) 令 $u = x+1$, 则当 $x=-2$ 时, $u=-1$; 当 $x=0$ 时, $u=1$. 于是

$$\int_{-2}^0 \frac{1}{x^2+2x+2}\,dx = \int_{-2}^0 \frac{1}{(x+1)^2+1}\,d(x+1)$$

$$= \int_{-1}^1 \frac{1}{u^2+1}\,du = \arctan u \Big|_{-1}^1$$

$$= \frac{\pi}{4} - \left(-\frac{\pi}{4}\right) = \frac{\pi}{2}.$$

(6) $\int_0^1 xe^x\,dx = \int_0^1 x\,d(e^x) = xe^x \Big|_0^1 - \int_0^1 e^x\,dx$

$$= e - e^x \Big|_0^1 = e - e + 1 = 1.$$

（7）令 $t = \sqrt{2x-1}$，则 $x = \dfrac{1+t^2}{2}$，$dx = tdt$，当 $x = \dfrac{1}{2}$ 时，$t = 0$；当 $x = 1$ 时，$t = 1$. 于是

$$\int_{\frac{1}{2}}^1 e^{\sqrt{2x-1}} dx = \int_0^1 t e^t dt = \int_0^1 t d(e^t)$$

$$= te^t \Big|_0^1 - \int_0^1 e^t dt$$

$$= e - e^t \Big|_0^1 = 1.$$

（8）被积函数 $f(x) = x^2 \cos 2x$ 为偶函数，因此

$$\int_{-\pi}^{\pi} x^2 \cos 2x dx = 2\int_0^{\pi} x^2 \cos 2x dx$$

$$= \int_0^{\pi} x^2 d(\sin 2x)$$

$$= x^2 \sin 2x \Big|_0^{\pi} - 2\int_0^{\pi} x \sin 2x dx$$

$$= \int_0^{\pi} x d(\cos 2x)$$

$$= x \cos 2x \Big|_0^{\pi} - \int_0^{\pi} \cos 2x dx$$

$$= \pi - \frac{1}{2} \sin 2x \Big|_0^{\pi}$$

$$= \pi.$$

（9）$\displaystyle\int_0^{\frac{\pi}{4}} \dfrac{x}{\cos^2 x} dx = \int_0^{\frac{\pi}{4}} x d(\tan x)$

$$= x \tan x \Big|_0^{\frac{\pi}{4}} - \int_0^{\frac{\pi}{4}} \tan x dx$$

$$= \frac{\pi}{4} + \int_0^{\frac{\pi}{4}} \frac{1}{\cos x} d(\cos x)$$

$$= \frac{\pi}{4} + \ln\cos x \Big|_0^{\frac{\pi}{4}} = \frac{\pi}{4} - \frac{1}{2}\ln 2.$$

(10) 令 $t = \sqrt{x}$,则 $x = t^2, dx = 2tdt.$ 当 $x = 0$ 时,$t = 0$;$x = \pi^2$ 时,$t = \pi.$ 于是

$$\int_0^{\pi^2} \cos\sqrt{x}\, dx = \int_0^{\pi} 2t\cos^2 t\, dt = \int_0^{\pi} t(1 + \cos 2t)\, dt$$

$$= \int_0^{\pi} t\, dt + \frac{1}{2}\int_0^{\pi} t\, d(\sin 2t)$$

$$= \frac{1}{2}t^2 \Big|_0^{\pi} + \frac{1}{2}t\sin 2t \Big|_0^{\pi} - \frac{1}{2}\int_0^{\pi} \sin 2t\, dt$$

$$= \frac{1}{2}\pi^2 + \frac{1}{4}\cos 2t \Big|_0^{\pi}$$

$$= \frac{1}{2}\pi^2.$$

8. 分析 通过换元积分 $u = 1 - x$,可证.

证 设 $u = 1 - x$,则 $du = -dx.$ 当 $x = 0$ 时,$u = 1$;当 $x = 1$ 时,$u = 0.$ 故有

$$\int_0^1 x^m(1-x)^n dx = -\int_1^0 (1-u)^m u^n du$$

$$= \int_0^1 (1-u)^m u^n du$$

$$= \int_0^1 (1-x)^m x^n dx.$$

9. 证 设 $x = \frac{\pi}{2} - t$,则 $dx = -dt$,且当 $x = 0$ 时,$t = \frac{\pi}{2}$;当 $x = \frac{\pi}{2}$ 时,$t = 0.$ 故有

$$\int_0^{\frac{\pi}{2}} f(\sin x)\, dx = -\int_{\frac{\pi}{2}}^0 f\left[\sin\left(\frac{\pi}{2} - t\right)\right] dt$$

$$= \int_0^{\frac{\pi}{2}} f\left(\sin\frac{\pi}{2}\cos t - \cos\frac{\pi}{2}\sin t\right) dt$$

$$= \int_0^{\frac{\pi}{2}} f(\cos t) dt = \int_0^{\frac{\pi}{2}} f(\cos x) dx.$$

10. 解 $y' = \dfrac{1}{x}$,过 (e,1) 点的切线斜率 $k = y'\big|_{x=e} = \dfrac{1}{e}$. 所以切线方程为 $y - 1 = \dfrac{1}{e}(x - e)$, 即 $y = \dfrac{x}{e}$.

作出草图(图 2-3),题中要求 V_x,所以选 x 为积分变量.

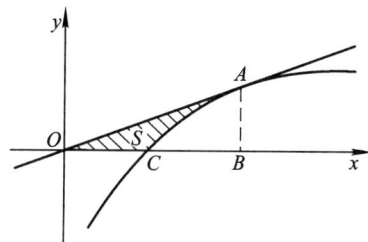

图 2-3

$$S = S_{\triangle ABO} - S_{\text{曲边}\triangle ABC}$$

$$= \int_0^e \frac{x}{e} dx - \int_1^e \ln x \, dx$$

$$= \frac{x^2}{2e}\bigg|_0^e - \left(x\ln x\bigg|_1^e - \int_1^e dx\right)$$

$$= \frac{e}{2} - [e - (e - 1)] = \frac{e}{2} - 1.$$

$$V_x = \pi\int_0^e \frac{x^2}{e^2} dx - \pi\int_1^e \ln^2 x \, dx.$$

$$= \frac{\pi}{3e^2} x^3\bigg|_0^e - \pi\left(x\ln^2 x\bigg|_1^e - \int_1^e 2\ln x \, dx\right)$$

$$= \frac{\pi}{3} e - \pi\left[e - 2\left(x\ln x\bigg|_1^e - \int_1^e dx\right)\right]$$

$$= \frac{\pi}{3}e - \pi[e - 2(e - e + 1)]$$

$$= \frac{\pi}{3}e - \pi(e - 2)$$

$$= \left(2 - \frac{2e}{3}\right)\pi.$$

11. 解 定义域$(-\infty, +\infty)$,曲线经过原点.

$y' = \frac{3}{2}x^2 + \frac{3}{2}x - 3$,令 $y' = 0$,得驻点 $x_1 = -2, x_2 = 1$.

$y'' = 3x + \frac{3}{2}$,令 $y'' = 0$,得 $x = -\frac{1}{2}$,

$y''|_{x=-2} = 3 \times (-2) + \frac{3}{2} < 0$. 所以 $y|_{x=-2} = 5$ 为极大值,

$y''|_{x=1} = 3 \times 1 + \frac{3}{2} > 0$,所以 $y|_{x=1} = -\frac{7}{4}$ 为极小值.

在$(-2,1)$内 y 单调减小. 作出所求面积的草图(图 2 - 4),则

$$S = S_1 + S_2$$

$$= \int_{-2}^{0} \left(\frac{1}{2}x^3 + \frac{3}{4}x^2 - 3x\right)dx$$

$$+ \int_{0}^{1} \left[0 - \left(\frac{1}{2}x^3 + \frac{3}{4}x^2 - 3x\right)\right]dx$$

$$= \left[\frac{1}{8}x^4 + \frac{1}{4}x^3 - \frac{3}{2}x^2\right]_{-2}^{0} - \left[\frac{1}{8}x^4 + \frac{1}{4}x^3 - \frac{3}{2}x^2\right]_{0}^{1}$$

$$= 6 + \frac{9}{8} = 7\frac{1}{8}.$$

12. 解 $y = x^2 - 2x$ 交 x 轴于$(0,0)$及$(2,0)$,它与 $y = cx$ 交于 $(0,0)$及$(2+c, c(2+c))$,所以直线 $x = 2 + c$ 过 $y = x^2 - 2x$ 与 $y = cx$(非原点)的交点(图 2 - 5).

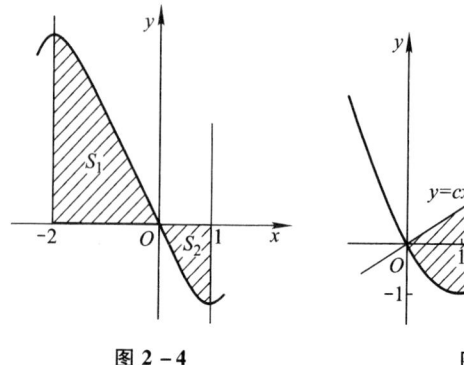

图 2-4   图 2-5

$y = x^2 - 2x$ 与 $y = cx$ 所围图形及 $y = x^2 - 2x, y = 0, x = 2 + c$ 所围图形的面积分别记为 A 和 B,于是

$$A = \int_0^{2+c}(cx + 2x - x^2)\mathrm{d}x = \frac{1}{6}(c+2)^3,$$

$$B = \int_{2+c}^{2}(2x - x^2)\mathrm{d}x = \frac{1}{3}(c+2)^3 - (c+2)^2 + \frac{4}{3}.$$

由 $B = 2A$,得 $(c+2)^2 = \frac{4}{3}$,所以 $c + 2 = \frac{\pm 2\sqrt{3}}{3}$,舍去负值,得

$$c = \frac{2\sqrt{3}}{3} - 2.$$

13. 解 作草图(图 2-6),解方程组 $\begin{cases} y = 2 - x^2, \\ y = x, \end{cases}$ 得曲线的交点坐标为 $(-2, -2), (1, 1)$. 选择 x 为积分变量,通过两个交点作 x 轴的垂线,曲线 $y = 2 - x^2$ 在曲线 $y = x$ 的上方,所以

$$S = \int_{-2}^{1}(2 - x^2 - x)\mathrm{d}x$$

$$= \left[2x - \frac{x^3}{3} - \frac{x^2}{2}\right]_{-2}^{1} = \frac{9}{2}.$$

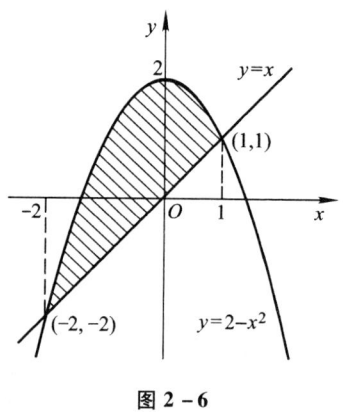

图 2-6

第五部分 线性代数

第一章 n 阶行列式

一、知识点

1. n 阶行列式的定义；
2. 行列式的性质；
3. 行列式的计算方法.

二、基本要求

1. 理解余子式与代数余子式的概念和行列式的递推定义；
2. 理解行列式的性质,并运用行列式的性质计算一些简单的行列式；
3. 掌握行列式的展开定理,会用展开定理计算行列式；
4. 会计算某些 n 阶行列式.

三、复习要点

（一）重要概念及性质

行列式的定义及性质

（1）行列式的定义

定义 1.1 由 n^2 个数排列成 n 行 n 列（横的称行,竖的称列）,并左、右两边各加一竖线,即

$$\begin{vmatrix} a_{11} & a_{12} & \cdots & a_{1n} \\ a_{21} & a_{22} & \cdots & a_{2n} \\ \vdots & \vdots & & \vdots \\ a_{n1} & a_{n2} & \cdots & a_{nn} \end{vmatrix}$$

称为 **n 阶行列式**,它代表一个由确定的运算关系所得到的数,可简记为 D,其值为

$$D = \sum_{j=1}^{n} a_{ij} A_{ij} (i = 1, 2 \cdots, n),$$

其中数 a_{ij} 称为第 i 行第 j 列的**元素**;

$$A_{ij} \xlongequal{\text{def}} (-1)^{i+j} M_{ij}$$

称为 a_{ij} 的**代数余子式**;M_{ij} 为由 D_n 划去第 i 行和第 j 列后余下元素构成的 $n-1$ 阶行列式,称为 a_{ij} 的**余子式**.

注意 对于一阶行列式 $|a|$,其值就定义为 a.

(2) 行列式的性质

性质 1 行列互换,行列式的值不变.

性质 2 两行互换,行列式反号.

推论 若行列式中有两行的对应元素相等,则行列式等于零.

性质 3 用数 k 乘行列式某一行的所有元素等于用数 k 乘这个行列式.

推论 1 若行列式中有一行的元素全为零,则行列式等于零.

推论 2 若行列式中有两行对应元素成比例,则行列式等于零.

性质 4 若行列式的某一行的元素都是两项之和,则这个行列式等于拆开这两项所得到的两个行列式之和.

性质 5 用数 k 乘行列式某一行的所有元素并加到另一行的对应元素上去,所得到的行列式和原行列式相等.

性质 6 行列式等于它的任一行的各元素与其代数余子式的乘积之和,即

$$D = a_{i1}A_{i1} + a_{i2}A_{i2} + \cdots + a_{in}A_{in}$$

$$= \sum_{j=1}^{n} a_{ij}A_{ij} \quad (i = 1, 2, \cdots, n).$$

推论 行列式中任一行的各元素与另一行对应元素的代数余子式的乘积之和等于零,即

$$a_{i1}A_{k1} + a_{i2}A_{k2} + \cdots + a_{in}A_{kn} = 0 \quad (i \neq k).$$

把性质 6 及其推论合并起来可以表成下式

$$\sum_{j=1}^{n} a_{ij}A_{kj} = \begin{cases} D, & i = k, \\ 0, & i \neq k. \end{cases}$$

(二)重要方法

行列式的计算方法

计算行列式的基本方法之一是选择零元素最多的行或列,然后按这一行或列展开(当然在展开之前也可以利用性质把某一行或某一列的元素尽量多化为零,然后再展开),变为低一阶的行列式,如此继续下去,直到化为三阶或二阶行列式. 这是计算行列式的一个行之有效的办法.

例1 计算行列式

$$D = \begin{vmatrix} 5 & 2 & -6 & -3 \\ -4 & 7 & -2 & 4 \\ -2 & 3 & 4 & 1 \\ 7 & -8 & -10 & -5 \end{vmatrix}.$$

为了尽量避免分数运算,应当选择 1 或 -1 所在的行(或列)进行变换,因此,我们首先选择第 4 列.

$$D \xrightarrow[\substack{3③+① \\ -4③+② \\ 5③+④}]{} \begin{vmatrix} -1 & 11 & 6 & 0 \\ 4 & -5 & -18 & 0 \\ -2 & 3 & 4 & 1 \\ -3 & 7 & 10 & 0 \end{vmatrix}$$

$$= (-1)^{3+4} \begin{vmatrix} -1 & 11 & 6 \\ 4 & -5 & -18 \\ -3 & 7 & 10 \end{vmatrix}$$

$$\xrightarrow[-3①+③]{4①+②} - \begin{vmatrix} -1 & 11 & 6 \\ 0 & 39 & 6 \\ 0 & -26 & -8 \end{vmatrix}$$

$$= -(-1)(-1)^{1+1} \begin{vmatrix} 39 & 6 \\ -26 & -8 \end{vmatrix}$$

$$= -156.$$

注意 在计算行列式时,我们用 ⓘ 表示第 i 行(或列),ⓘ↔ⓙ 表示第 i 行(或列)与第 j 行(或列)交换,kⓘ+ⓙ 表示用 k 乘第 i 行(或列)所有元素并加到第 j 行(或列)上去,并约定行的变换记号写在等号上面,列的变换记号写在等号下面.

计算行列式的另一种基本方法是:利用行列式的性质,把行列式化为上(下)三角形行列式,这时行列式的值就是主对角线上元素的乘积.

例2 计算 n 阶行列式

$$D = \begin{vmatrix} 3 & 2 & \cdots & 2 & 2 \\ 2 & 3 & \cdots & 2 & 2 \\ \vdots & \vdots & & \vdots & \vdots \\ 2 & 2 & \cdots & 3 & 2 \\ 2 & 2 & \cdots & 2 & 3 \end{vmatrix}.$$

解

$$D \xrightarrow{\text{各行加到第1行}} \begin{vmatrix} 2n+1 & 2n+1 & \cdots & 2n+1 & 2n+1 \\ 2 & 3 & \cdots & 2 & 2 \\ \vdots & \vdots & & \vdots & \vdots \\ 2 & 2 & \cdots & 3 & 2 \\ 2 & 2 & \cdots & 2 & 3 \end{vmatrix}$$

$$= (2n+1) \begin{vmatrix} 1 & 1 & \cdots & 1 & 1 \\ 2 & 3 & \cdots & 2 & 2 \\ \vdots & \vdots & & \vdots & \vdots \\ 2 & 2 & \cdots & 3 & 2 \\ 2 & 2 & \cdots & 2 & 3 \end{vmatrix}$$

$$\xrightarrow{-2\text{①}+\text{各行}} (2n+1) \begin{vmatrix} 1 & 1 & \cdots & 1 & 1 \\ 0 & 1 & \cdots & 0 & 0 \\ \vdots & \vdots & & \vdots & \vdots \\ 0 & 0 & \cdots & 1 & 0 \\ 0 & 0 & \cdots & 0 & 1 \end{vmatrix} = 2n+1.$$

注意 在利用上述两个基本方法计算行列式时,应在采用以上的一般步骤之前,注意观察计算对象是否具有某些特点,然后考虑能否利用这些特点采取相应的技巧以达到简化计算的目的. 在计算以字母作元素的行列式时,更要注意简化.

四、典型例题分析

例1 设行列式

$$D = \begin{vmatrix} 5 & 2 & -1 \\ 2 & 0 & 0 \\ -2 & 4 & 1 \end{vmatrix},$$

那么 D 中元素 $a_{13} = -1$ 的代数余子式 $A_{13} = $ _____;若 D 中元素 $-2, 4, 1$ 的代数余子式分别记为 A_{31}, A_{32}, A_{33},则 $-2A_{31} + 4A_{32} + A_{33} = $ _____.

答案是:$8, -12$.

分析 由于

$$A_{13} = (-1)^{1+3} \begin{vmatrix} 2 & 0 \\ -2 & 4 \end{vmatrix} = 8,$$

而

$$A_{31} = (-1)^{3+1}\begin{vmatrix} 2 & -1 \\ 0 & 0 \end{vmatrix} = 0,$$

$$A_{32} = (-1)^{3+2}\begin{vmatrix} 5 & -1 \\ 2 & 0 \end{vmatrix} = -2,$$

$$A_{33} = (-1)^{3+3}\begin{vmatrix} 5 & 2 \\ 2 & 0 \end{vmatrix} = -4,$$

因此 $-2A_{31} + 4A_{32} + A_{33} = -12$.

例 2 $\begin{vmatrix} -1 & 1 & 1 \\ 1 & -1 & x \\ 1 & 1 & -1 \end{vmatrix}$ 是关于 x 的一次多项式,该式中一次项的系数是_____.

答案是:2.

分析 由于 x 的一次项的系数为 A_{23},于是有

$$A_{23} = (-1)^{2+3}\begin{vmatrix} -1 & 1 \\ 1 & 1 \end{vmatrix} = -(-1-1) = 2.$$

例 3 $\begin{vmatrix} -a_{11} & -a_{12} & -a_{13} \\ 3a_{21} & 3a_{22} & 3a_{23} \\ -6a_{31} & -6a_{32} & -6a_{33} \end{vmatrix} = \underline{\qquad} \begin{vmatrix} a_{11} & a_{12} & a_{13} \\ a_{21} & a_{22} & a_{23} \\ a_{31} & a_{32} & a_{33} \end{vmatrix}$.

答案是:18.

分析 由行列式的性质,分别把第 1 行提出 -1,第 2 行提出 3,第 3 行提出 -6,因此

$$\begin{vmatrix} -a_{11} & -a_{12} & -a_{13} \\ 3a_{21} & 3a_{22} & 3a_{23} \\ -6a_{31} & -6a_{32} & -6a_{33} \end{vmatrix} = -1 \times 3 \times (-6) \begin{vmatrix} a_{11} & a_{12} & a_{13} \\ a_{21} & a_{22} & a_{23} \\ a_{31} & a_{32} & a_{33} \end{vmatrix}$$

$$= 18 \begin{vmatrix} a_{11} & a_{12} & a_{13} \\ a_{21} & a_{22} & a_{23} \\ a_{31} & a_{32} & a_{33} \end{vmatrix}.$$

五、练习题

（一）选择题

1. 设 n 阶行列式

$$|A| = \begin{vmatrix} 1 & 0 & 0 & \cdots & 0 & 0 \\ 0 & 0 & 0 & \cdots & 0 & 1 \\ 0 & 0 & 0 & \cdots & 1 & 0 \\ \vdots & \vdots & \vdots & & \vdots & \vdots \\ 0 & 0 & 1 & \cdots & 0 & 0 \\ 0 & 1 & 0 & \cdots & 0 & 0 \end{vmatrix},$$

则 $|A| = (\quad)$.

(A) 1；　　　　(B) $(-1)^{n-2}$；

(C) $(-1)^{n-1}$；　(D) $(-1)^{\frac{(n-1)(n-2)}{2}}$.

（二）解答题

1. 计算 n 阶行列式

$$\begin{vmatrix} 0 & 1 & 1 & \cdots & 1 \\ 1 & 0 & 1 & \cdots & 1 \\ 1 & 1 & 0 & \cdots & 1 \\ \vdots & \vdots & \vdots & & \vdots \\ 1 & 1 & 1 & \cdots & 0 \end{vmatrix}.$$

2. 计算 n 阶行列式

$$\begin{vmatrix} 1+a_1 & 1 & 1 & \cdots & 1 \\ 1 & 1+a_2 & 1 & \cdots & 1 \\ 1 & 1 & 1+a_3 & \cdots & 1 \\ \vdots & \vdots & \vdots & & \vdots \\ 1 & 1 & 1 & \cdots & 1+a_n \end{vmatrix}$$

（其中 $a_i \neq 0, i = 1, 2, \cdots, n$）.

3. 计算 n 阶行列式

$$\begin{vmatrix} 1 & 3 & 3 & 3 & \cdots & 3 \\ 3 & 2 & 3 & 3 & \cdots & 3 \\ 3 & 3 & 3 & 3 & \cdots & 3 \\ 3 & 3 & 3 & 4 & \cdots & 3 \\ \vdots & \vdots & \vdots & \vdots & & \vdots \\ 3 & 3 & 3 & 3 & \cdots & n \end{vmatrix} \quad (n \geqslant 3).$$

4. 计算 n 阶行列式

$$\begin{vmatrix} x & 0 & 0 & \cdots & 0 & a_0 \\ -1 & x & 0 & \cdots & 0 & a_1 \\ 0 & -1 & x & \cdots & 0 & a_2 \\ \vdots & \vdots & \vdots & & \vdots & \vdots \\ 0 & 0 & 0 & \cdots & x & a_{n-2} \\ 0 & 0 & 0 & \cdots & -1 & x+a_{n-1} \end{vmatrix} \quad (n \geqslant 2).$$

六、练习题解答与分析

(一) 选择题

1. 答案是:D.

分析 将 $|A|$ 按第 1 列展开,有

$$|A| = (-1)^{1+1} \begin{vmatrix} 0 & 0 & \cdots & 0 & 1 \\ 0 & 0 & \cdots & 1 & 0 \\ \vdots & \vdots & & \vdots & \vdots \\ 1 & 0 & \cdots & 0 & 0 \end{vmatrix}_{(n-1)\times(n-1)}$$

$$= (-1)^{(n-1)+1}(-1)^{(n-2)+1}\cdots(-1)^{2+1}$$

$$= (-1)^{\frac{(n-1)(n-2)}{2}}.$$

故选择 D.

(二) 解答题

1. 解 将行列式各列都加到第 1 列, 则

原式 = $\begin{vmatrix} n-1 & 1 & 1 & \cdots & 1 \\ n-1 & 0 & 1 & \cdots & 1 \\ n-1 & 1 & 0 & \cdots & 1 \\ \vdots & \vdots & \vdots & & \vdots \\ n-1 & 1 & 1 & \cdots & 0 \end{vmatrix}$

$\xrightarrow{\text{提出第 1 列公因子 } n-1} (n-1) \begin{vmatrix} 1 & 1 & 1 & \cdots & 1 \\ 1 & 0 & 1 & \cdots & 1 \\ 1 & 1 & 0 & \cdots & 1 \\ \vdots & \vdots & \vdots & & \vdots \\ 1 & 1 & 1 & \cdots & 0 \end{vmatrix}$

$\xrightarrow{\text{第 1 行} \times (-1) \text{ 加到各行}} (n-1) \begin{vmatrix} 1 & 1 & 1 & \cdots & 1 \\ 0 & -1 & 0 & \cdots & 0 \\ 0 & 0 & -1 & \cdots & 0 \\ \vdots & \vdots & \vdots & & \vdots \\ 0 & 0 & 0 & \cdots & -1 \end{vmatrix}$

$= (n-1)(-1)^{n-1}.$

2. 解 将行列式第 1 行的 (-1) 倍分别加到各行, 则

原式 = $\begin{vmatrix} 1+a_1 & 1 & 1 & \cdots & 1 \\ -a_1 & a_2 & 0 & \cdots & 0 \\ -a_1 & 0 & a_3 & \cdots & 0 \\ \vdots & \vdots & \vdots & & \vdots \\ -a_1 & 0 & 0 & \cdots & a_n \end{vmatrix}$

$$\xrightarrow{\text{提出各列的公因子 } a_1,\cdots,a_n} a_1 a_2 \cdots a_n \begin{vmatrix} 1+\dfrac{1}{a_1} & \dfrac{1}{a_2} & \dfrac{1}{a_3} & \cdots & \dfrac{1}{a_n} \\ -1 & 1 & 0 & \cdots & 0 \\ -1 & 0 & 1 & \cdots & 0 \\ \vdots & \vdots & \vdots & & \vdots \\ -1 & 0 & 0 & \cdots & 1 \end{vmatrix}$$

$$\xrightarrow{\text{各列都加到第 1 列}} a_1 a_2 \cdots a_n \begin{vmatrix} 1+\sum_{j=1}^{n}\dfrac{1}{a_j} & \dfrac{1}{a_2} & \dfrac{1}{a_3} & \cdots & \dfrac{1}{a_n} \\ 0 & 1 & 0 & \cdots & 0 \\ 0 & 0 & 1 & \cdots & 0 \\ \vdots & \vdots & \vdots & & \vdots \\ 0 & 0 & 0 & \cdots & 1 \end{vmatrix}$$

$$= a_1 a_2 \cdots a_n \left(1 + \sum_{j=1}^{n} \dfrac{1}{a_j}\right).$$

3. 解 由于行列式中大部分元素均为 3,故若将行列式第 3 行的 (-1) 倍分别加到其余各行,将使这些行中的 3 全部化为零,即

$$\text{原式} = \begin{vmatrix} -2 & 0 & 0 & 0 & \cdots & 0 \\ 0 & -1 & 0 & 0 & \cdots & 0 \\ 3 & 3 & 3 & 3 & \cdots & 3 \\ 0 & 0 & 0 & 1 & \cdots & 0 \\ \vdots & \vdots & \vdots & \vdots & & \vdots \\ 0 & 0 & 0 & 0 & \cdots & n-3 \end{vmatrix}$$

$$\xrightarrow{\text{第 3 列} \times (-1) \text{ 加到第 }1,2\text{ 列}} \begin{vmatrix} -2 & 0 & 0 & 0 & \cdots & 0 \\ 0 & -1 & 0 & 0 & \cdots & 0 \\ 0 & 0 & 3 & 3 & \cdots & 3 \\ 0 & 0 & 0 & 1 & \cdots & 0 \\ \vdots & \vdots & \vdots & \vdots & & \vdots \\ 0 & 0 & 0 & 0 & \cdots & n-3 \end{vmatrix}$$

$$= 6 \cdot (n-3)!.$$

4. 解 从第 n 行起,各行的 x 倍依次加到上面一行,即

原式 = $\begin{vmatrix} 0 & 0 & 0 & \cdots & 0 & a_0 + a_1 x + a_2 x^2 + \cdots + a_{n-1} x^{n-1} + x^n \\ -1 & 0 & 0 & \cdots & 0 & a_1 + a_2 x + \cdots + a_{n-1} x^{n-2} + x^{n-1} \\ 0 & -1 & 0 & \cdots & 0 & a_2 + a_3 x + \cdots + a_{n-1} x^{n-3} + x^{n-2} \\ \vdots & \vdots & \vdots & & \vdots & \vdots \\ 0 & 0 & 0 & \cdots & 0 & a_{n-2} + a_{n-1} x + x^2 \\ 0 & 0 & 0 & \cdots & -1 & x + a_{n-1} \end{vmatrix}$

$\xlongequal{\text{按第 1 行展开}} (a_0 + a_1 x + \cdots + a_{n-1} x^{n-1} + x^n)$

$\cdot (-1)^{1+n} \begin{vmatrix} -1 & 0 & 0 & \cdots & 0 \\ 0 & -1 & 0 & \cdots & 0 \\ 0 & 0 & -1 & \cdots & 0 \\ \vdots & \vdots & \vdots & & \vdots \\ 0 & 0 & 0 & \cdots & -1 \end{vmatrix}_{(n-1)\times(n-1)}$

$= (a_0 + a_1 x + a_2 x^2 + \cdots + a_{n-1} x^{n-1} + x^n)(-1)^{1+n}(-1)^{n-1}$

$= a_0 + a_1 x + a_2 x^2 + \cdots + a_{n-1} x^{n-1} + x^n.$

第二章 矩阵及其运算

一、知识点

1. 逆矩阵的有关概念；
2. 矩阵的分块及分块矩阵的运算；
3. 矩阵的初等变换及初等矩阵的定义；
4. 矩阵的秩的定义.

二、基本要求

1. 理解矩阵的伴随矩阵的定义和性质、矩阵的初等变换、初等矩阵的定义与性质；
2. 理解矩阵的逆矩阵的定义，会求矩阵的逆；
3. 了解分块矩阵的运算法则，会进行分块对角矩阵的运算；
4. 理解矩阵的逆的定义，会求矩阵的秩.

三、复习要点

（一）重要概念及性质

1. 方阵的行列式的定义

定义 2.1 与 n 阶方阵

$$A = \begin{bmatrix} a_{11} & a_{12} & \cdots & a_{1n} \\ a_{21} & a_{22} & \cdots & a_{2n} \\ \vdots & \vdots & & \vdots \\ a_{n1} & a_{n2} & \cdots & a_{nn} \end{bmatrix}$$

相应的行列式

$$\begin{vmatrix} a_{11} & a_{12} & \cdots & a_{1n} \\ a_{21} & a_{22} & \cdots & a_{2n} \\ \vdots & \vdots & & \vdots \\ a_{n1} & a_{n2} & \cdots & a_{nn} \end{vmatrix}$$

称为**方阵 A 的行列式**,记作 $|A|$ 或 $\det A$.

对于任意实数 λ 和任意两个 n 阶方阵 A, B,有

(1) $|A| = |A'|$;

(2) $|AB| = |A||B| = |BA|$;

(3) $|\lambda A| = \lambda^n |A|$.

但是一般来说

$$|A + B| \neq |A| + |B|.$$

2. 逆矩阵的定义及性质

(1) 逆矩阵的定义

定义 2.2 设 A 是 n 阶方阵,如果存在矩阵 B,使得

$$AB = BA = I,$$

那么称 B 为 A 的**逆矩阵**,记为 A^{-1}.

如果 A 有逆矩阵存在,那么称 A 为**可逆的**,或称 A 为**非退化的**;否则称 A 为**退化的**.

设 A 是 n 阶方阵,且 A_{ij} 是元素 a_{ij} 的代数余子式,则称矩阵

$$A^* = \begin{bmatrix} A_{11} & A_{21} & \cdots & A_{n1} \\ A_{12} & A_{22} & \cdots & A_{n2} \\ \vdots & \vdots & & \vdots \\ A_{1n} & A_{2n} & \cdots & A_{nn} \end{bmatrix}$$

为 A 的**伴随矩阵**.

(2) 逆矩阵的几个基本性质

性质 1 如果 A 可逆,那么 A^{-1} 也可逆,且

$$(A^{-1})^{-1} = A.$$

性质 2 如果 A 可逆,那么 A' 也可逆,且

$$(A')^{-1} = (A^{-1})'.$$

性质 3　如果 A,B 可逆,那么 AB 也可逆,且
$$(AB)^{-1} = B^{-1}A^{-1}.$$

性质 4　如果 A 可逆,那么 A^{-1} 的行列式等于 A 的行列式的倒数,即
$$|A^{-1}| = \frac{1}{|A|}.$$

3. 矩阵的初等变换的定义

定义 2.3　矩阵 A 的下列变换称为 A 的初等变换:

(1) 互换 A 的两行(或列);

(2) 用一个不为零的数乘 A 的一行(或列);

(3) 用一个数乘 A 的一行(或列)加到另一行(或列)上.

矩阵 A 经过初等变换后变为 B,用
$$A \to B$$
表示,并称 B 与 A 是**等价**的.对行(列)进行的初等变换称为**初等行(列)变换**.

4. 初等矩阵的定义

定义 2.4　由单位矩阵 I 经过一次初等变换后得到的矩阵称为**初等矩阵**.用 $P(i,j)$(或 $T(i,j)$)表示矩阵 I 的 i,j 两行(或列)互换;用 $P(i(k))$(或 $T(i(k)))(k \neq 0)$ 表示 k 乘矩阵 I 的第 i 行(或列);用 $P(i,j(k))$(或 $T(i,j(k))$)表示 k 乘矩阵 I 的第 j 行(或列)加到第 i 行(或列)上.

5. 分块对角矩阵的定义

定义 2.5　形如
$$A = \begin{bmatrix} A_1 & O & \cdots & O \\ O & A_2 & \cdots & O \\ \vdots & \vdots & & \vdots \\ O & O & \cdots & A_m \end{bmatrix}$$

的方阵(其中矩阵 $A_1, A_2, \cdots, A_m$ 是阶数分别为 $n_1, n_2, \cdots, n_m$ 的方

阵)称为**分块对角矩阵**.

6. 矩阵的秩

定义 2.6 设 A 是一个 $m \times n$ 阶矩阵. 在 A 中任取 k 行, k 列 ($1 \leq k \leq \min(m,n)$),把位于这些行列相交处的元素按原来的次序组成一个 k 阶方阵. 称这个 k 阶方阵为矩阵 A 的 k 阶**子矩阵**,其行列式叫做矩阵 A 的 k 阶**子式**. 矩阵 A 的不等于零的子式的最高阶数叫做矩阵 A 的**秩**,记为 $r(A)$.

(二) 重要定理及公式

定理 2.1 矩阵 A 可逆的充要条件是 A 的行列式 $|A| \neq 0$,且当矩阵 A 的行列式 $|A| \neq 0$ 时

$$A^{-1} = \frac{1}{|A|} A^*.$$

定理 2.2 设 A 是一个 $m \times n$ 矩阵,对 A 施行一次初等行变换就相当于在 A 的左边乘上一个相应的 m 阶的初等矩阵.

定理 2.3 一个 n 阶可逆矩阵经若干次初等变换后,可化为 n 阶单位矩阵.

推论 1 n 阶可逆矩阵必等价于单位矩阵 I_n.

推论 2 任一 n 阶可逆矩阵必可表示为若干个初等矩阵的乘积.

推论 3 $m \times n$ 矩阵 A 与 B 等价的充要条件为存在 m 阶可逆方阵 P 与 n 阶可逆方阵 Q,使得 $PAQ = B$.

(三) 重要方法

1. 用初等行变换方法求可逆矩阵的逆矩阵

设 A 是一个 $n \times n$ 的可逆矩阵,由定理 2.3 可知,一定存在初等矩阵 $P_1, P_2, \cdots, P_m$,使得

$$P_m P_{m-1} \cdots P_2 P_1 A = I. \tag{1}$$

(1)式两边右乘 A^{-1},有

$$P_m P_{m-1} \cdots P_2 P_1 A A^{-1} = I A^{-1} = A^{-1},$$

即得

$$A^{-1} = P_m P_{m-1} \cdots P_2 P_1 I. \tag{2}$$

(1),(2)两式说明,如果经过一系列的初等行变换可以把可逆矩阵化成单位矩阵,那么经过同样的一系列初等行变换就可以把单位矩阵化成 A^{-1}.

具体的方法是:把 A, I 这两个 $n \times n$ 的方阵放在一起组成一个 $n \times 2n$ 矩阵 $[A, I]$,用初等行变换把左半部分 A 化成单位矩阵 I,与此同时,右半部分 I 就被化成了 A^{-1}. 用式子形象表示为

$$P_m P_{m-1} \cdots P_2 P_1 (A, I)$$
$$= (P_m P_{m-1} \cdots P_2 P_1 A, P_m P_{m-1} \cdots P_2 P_1 I)$$
$$= (I, A^{-1}),$$

即

$$(A, I) \xrightarrow{\text{一系列初等行变换}} (I, A^{-1}).$$

2. 分块运算

矩阵分块运算时,要把子块当作元素来处理,并且运算的结果仍要保留其分块的结构.

(1) 分块数乘

设 λ 为任一实数,如果将矩阵 $A_{m \times n}$ 分块为

$$A = \begin{bmatrix} A_{11} & A_{12} & \cdots & A_{1t} \\ A_{21} & A_{22} & \cdots & A_{2t} \\ \vdots & \vdots & & \vdots \\ A_{s1} & A_{s2} & \cdots & A_{st} \end{bmatrix} = (A_{pq})_{s \times t},$$

则 $\lambda A = \lambda (A_{pq}) = (\lambda A_{pq})$.

(2) 分块加法

如果将矩阵 $A_{m \times n}, B_{m \times n}$ 分块为

$$A_{m \times n} = (A_{pq})_{s \times t}, \quad B_{m \times n} = (B_{pq})_{s \times t},$$

其中对应子块 A_{pq} 与 B_{pq} ($p = 1, 2, \cdots, s; q = 1, 2, \cdots, t$) 有相同的行数与相同的列数,则

$$A + B = (A_{pq}) + (B_{pq}) = (A_{pq} + B_{pq}).$$

(3) 分块乘法

如果将矩阵 $A_{m \times n}, B_{n \times l}$ 分块为
$$A_{m \times n} = (A_{pk})_{s \times r}, \quad B_{n \times l} = (B_{kq})_{r \times t},$$
其中对应子块 A_{pk} 的列数与 B_{kq} 的行数相同 ($k = 1, 2, \cdots, r$),则
$$C = AB = (A_{pk})(B_{kq}) = \left(\sum_{k=1}^{r} A_{pk} B_{kq} \right).$$

3. 分块对角矩阵的运算

设 n 阶矩阵 A, B 是分块对角矩阵
$$A = \begin{bmatrix} A_1 & O & \cdots & O \\ O & A_2 & \cdots & O \\ \vdots & \vdots & & \vdots \\ O & O & \cdots & A_m \end{bmatrix}, \quad B = \begin{bmatrix} B_1 & O & \cdots & O \\ O & B_2 & \cdots & O \\ \vdots & \vdots & & \vdots \\ O & O & \cdots & B_m \end{bmatrix},$$
其中 $A_i, B_i (i = 1, 2, \cdots, m)$ 是同阶矩阵.

(1) 分块对角矩阵的数乘
$$kA = k \begin{bmatrix} A_1 & O & \cdots & O \\ O & A_2 & \cdots & O \\ \vdots & \vdots & & \vdots \\ O & O & \cdots & A_m \end{bmatrix} = \begin{bmatrix} kA_1 & O & \cdots & O \\ O & kA_2 & \cdots & O \\ \vdots & \vdots & & \vdots \\ O & O & \cdots & kA_m \end{bmatrix}.$$

(2) 分块对角矩阵的加法
$$A + B = \begin{bmatrix} A_1 + B_1 & O & \cdots & O \\ O & A_2 + B_2 & \cdots & O \\ \vdots & \vdots & & \vdots \\ O & O & \cdots & A_m + B_m \end{bmatrix}.$$

(3) 分块对角矩阵的乘法
$$AB = \begin{bmatrix} A_1 B_1 & O & \cdots & O \\ O & A_2 B_2 & \cdots & O \\ \vdots & \vdots & & \vdots \\ O & O & \cdots & A_m B_m \end{bmatrix}.$$

(4) 分块对角矩阵求逆

如果矩阵

$$A = \begin{bmatrix} A_1 & O & \cdots & O \\ O & A_2 & \cdots & O \\ \vdots & \vdots & & \vdots \\ O & O & \cdots & A_m \end{bmatrix}, \quad B = \begin{bmatrix} O & \cdots & O & B_1 \\ O & \cdots & B_2 & O \\ \vdots & & \vdots & \vdots \\ B_m & \cdots & O & O \end{bmatrix}$$

是可逆的分块对角矩阵,那么

$$A^{-1} = \begin{bmatrix} A_1^{-1} & O & \cdots & O \\ O & A_2^{-1} & \cdots & O \\ \vdots & \vdots & & \vdots \\ O & O & \cdots & A_m^{-1} \end{bmatrix}, \quad B^{-1} = \begin{bmatrix} O & \cdots & O & B_m^{-1} \\ O & \cdots & B_{m-1}^{-1} & O \\ \vdots & & \vdots & \vdots \\ B_1^{-1} & \cdots & O & O \end{bmatrix}.$$

(5) 分块对角矩阵的行列式

设 A 为 $n+k$ 阶方阵,并且

$$A = \begin{bmatrix} A_1 & O \\ A_2 & A_3 \end{bmatrix},$$

其中 $A_1 = (a_{ij})_{k \times k}, A_2 = (b_{ij})_{n \times k}, A_3 = (c_{ij})_{n \times n}$,那么

$$|A| = |A_1||A_2|.$$

四、典型例题分析

例1 设 $A = (a_{ij})_{s \times n}$,则 $(A'A)$ 的对角线上的各元素的和(记作 $\mathrm{tr}(A'A)$)是_____.

答案是:$\sum\limits_{j=1}^{n} \sum\limits_{i=1}^{s} a_{ij}^2.$

分析 由于

$$A'A = \begin{bmatrix} a_{11} & a_{21} & \cdots & a_{s1} \\ a_{12} & a_{22} & \cdots & a_{s2} \\ \vdots & \vdots & & \vdots \\ a_{1n} & a_{2n} & \cdots & a_{sn} \end{bmatrix} \begin{bmatrix} a_{11} & a_{12} & \cdots & a_{1n} \\ a_{21} & a_{22} & \cdots & a_{2n} \\ \vdots & \vdots & & \vdots \\ a_{s1} & a_{s2} & \cdots & a_{sn} \end{bmatrix}$$

$$= \begin{bmatrix} a_{11}^2 + a_{21}^2 + \cdots + a_{s1}^2 & a_{11}a_{12} + a_{21}a_{22} + \cdots + a_{s1}a_{s2} & \cdots & a_{11}a_{1n} + a_{21}a_{2n} + \cdots + a_{s1}a_{sn} \\ a_{12}a_{11} + a_{22}a_{21} + \cdots + a_{s2}a_{s1} & a_{12}^2 + a_{22}^2 + \cdots + a_{s2}^2 & \cdots & a_{12}a_{1n} + a_{22}a_{2n} + \cdots + a_{s2}a_{sn} \\ \vdots & \vdots & & \vdots \\ a_{1n}a_{11} + a_{2n}a_{21} + \cdots + a_{sn}a_{s1} & a_{1n}a_{12} + a_{2n}a_{22} + \cdots + a_{sn}a_{s2} & \cdots & a_{1n}^2 + a_{2n}^2 + \cdots + a_{sn}^2 \end{bmatrix}$$

因此

$$\mathrm{tr}(A'A) = (a_{11}^2 + a_{21}^2 + \cdots + a_{s1}^2) + \cdots + (a_{1n}^2 + a_{2n}^2 + \cdots + a_{sn}^2)$$

$$= \sum_{j=1}^{n} \sum_{i=1}^{s} a_{ij}^2.$$

例2 设 $A = (a_{ij})_{n \times n}$,则 $|A| = 0$ 是 $|A^*| = 0$ 的_____条件.

答案是：充分必要.

分析 由

$$AA^* = |A|I \tag{1}$$

两边取行列式得

$$|A||A^*| = |A|^n. \tag{2}$$

必要性 若 $|A^*| = 0$,则 $|A| = 0$;否则,若 $|A| \neq 0$,则由(2)知

$$|A^*| = |A|^{n-1} \neq 0,$$

矛盾. 所以 $|A| = 0$.

充分性 若 $|A| = 0$,则 $|A|^* = 0$;否则,若 $|A^*| \neq 0$,则 A^* 可逆. (1)式两边右乘 $(A^*)^{-1}$,得

$$A = |A|I(A^*)^{-1} = 0(A^*)^{-1} = O_{n \times n}.$$

而为零矩阵的 A 的伴随矩阵仍是零矩阵,所以 $A^* = O$,有 $|A^*| = 0$ 与假设 $|A^*| \neq 0$ 矛盾.

故 $|A| = 0$ 是 $|A^*| = 0$ 的充分必要条件.

例3 设 A 与 B 均为 $m \times n$ 矩阵,它们等价的充要条件是存在 m 阶可逆方阵 P 与 n 阶可逆方阵 Q,使得_____ $= B$.

答案是：PAQ.

分析 由定理 2.3 推论可知 $A \sim B \Leftrightarrow$ 存在 m 阶可逆方阵 P 与 n 阶可逆方阵 Q，使得 $PAQ = B$.

例 4 设 A, B 为同阶可逆方阵，则 $(AB)^* = $ _____.

答案是：$B^* A^*$.

分析 由于 $(AB)(AB)^* = |AB|I$，而
$$(AB)(B^* A^*) = A(BB^*)A^* = A(|B|I)A^*$$
$$= |A||B|I = |AB|I,$$
故有
$$(AB)(AB)^* = (AB)(B^* A^*).$$
用 $(AB)^{-1}$ 左乘上式，得到
$$(AB)^* = B^* A^*.$$

例 5 已知 n 阶方阵 $A = \begin{bmatrix} O & -I_{n-1} \\ -1 & O \end{bmatrix}$，则 $|A| = ($ ____ $)$.

(A) 1；　　　　　　(B) -1；
(C) $(-1)^{n-1}$；　　(D) $(-1)^n$.

答案是：B.

分析 由公式有 $|A| = (-1)^{n+1}(-1)|-I_{n-1}| = -1$. 故选择 B.

例 6 A 为 n 阶方阵，B 是只对换 A 中第 1, 2 列所得的方阵. 若 $|A| \neq |B|$，则有 ( ).

(A) $|A|$ 可能为 0；　　　(B) $|A| \neq 0$；
(C) $|A + B| \neq 0$；　　　(D) $|A - B| \neq 0$.

答案是：B.

分析 由于 B 是只对换 A 中第 1, 2 列后所得方阵，由行列式的性质有
$$|B| = -|A|.$$
又由于 $|A| \neq |B|$，因此 $|A|$ 不可能为 0. 故选择 B.

例 7 方阵 A 可逆的充要条件是 (____).

(A) $A \neq O$; (B) $|A| \neq 0$;
(C) $A^* \neq O$; (D) $|A^*| > 0$.

答案是：B.

分析 由定理 2.1 可知，A 可逆的充要条件是 $|A| \neq 0$. 故选择 B.

例 8 设
$$A = \begin{bmatrix} a_{11} & \cdots & a_{1n} \\ \vdots & \ddots & \vdots \\ a_{n1} & \cdots & a_{nn} \end{bmatrix}, \quad B = \begin{bmatrix} A_{11} & \cdots & A_{1n} \\ \vdots & \ddots & \vdots \\ A_{n1} & \cdots & A_{nn} \end{bmatrix},$$

其中 A_{ij} 是 $a_{ij}(i,j=1,2,\cdots,n)$ 的代数余子式，则（　　）.

(A) A 是 B 的伴随矩阵；　　(B) B 是 A 的伴随矩阵；
(C) B 是 A' 的伴随矩阵；　　(D) B 不是 A' 的伴随矩阵.

答案是：C.

分析 由伴随矩阵定义可知，A 的伴随矩阵为 B'，因此 B 是 A' 的伴随矩阵. 故选择 C.

例 9 设 A 为三阶方阵，A^* 为 A 的伴随矩阵，已知 $|A| = \dfrac{1}{2}$，求 $\left|(2A)^{-1} - \dfrac{1}{5}A^*\right|$ 的值.

解 由 $AA^* = |A|I$，$A^* = |A|A^{-1} = \dfrac{1}{2}A^{-1}$，

$$\left|(2A)^{-1} - \dfrac{1}{5}A^*\right| = \left|\dfrac{1}{2}A^{-1} - \dfrac{1}{10}A^{-1}\right| = \left|\dfrac{2}{5}A^{-1}\right|$$
$$= \left(\dfrac{2}{5}\right)^3 |A^{-1}| = \dfrac{8}{125} \times 2 = \dfrac{16}{125}.$$

例 10 解矩阵方程
$$AXB = C,$$
其中 $A = \begin{bmatrix} 2 & 1 \\ 5 & 4 \end{bmatrix}$，$B = \begin{bmatrix} 4 & 3 \\ 3 & 2 \end{bmatrix}$，$C = \begin{bmatrix} 5 & 1 \\ 2 & 4 \end{bmatrix}$.

解 因为 A, B 可逆,两边同时左乘 A^{-1},右乘 B^{-1},得
$$(A^{-1}A)X(BB^{-1}) = A^{-1}CB^{-1}$$
(注意:左乘、右乘,位置不可搞错),所以

$$\begin{aligned}
X &= A^{-1}CB^{-1} \\
&= \frac{1}{3}\begin{bmatrix} 4 & -1 \\ -5 & 2 \end{bmatrix}\begin{bmatrix} 5 & 1 \\ 2 & 4 \end{bmatrix}\begin{bmatrix} -2 & 3 \\ 3 & -4 \end{bmatrix} \\
&= \frac{1}{3}\begin{bmatrix} 18 & 0 \\ -21 & 3 \end{bmatrix}\begin{bmatrix} -2 & 3 \\ 3 & -4 \end{bmatrix} \\
&= \begin{bmatrix} 6 & 0 \\ -7 & 1 \end{bmatrix}\begin{bmatrix} -2 & 3 \\ 3 & -4 \end{bmatrix} = \begin{bmatrix} -12 & 18 \\ 17 & -25 \end{bmatrix}.
\end{aligned}$$

例 11 设矩阵
$$A = \begin{bmatrix} 1 & 2 & 3 & 2 & 1 \\ 2 & 5 & 9 & 4 & 3 \\ 0 & 1 & 3 & 0 & 1 \\ 0 & 2 & 6 & 0 & 2 \end{bmatrix},$$

则秩 $r(A) = \underline{\qquad}$.

答案是:2.

分析 将 A 经过一系列初等变换,化为
$$A \to \begin{bmatrix} 1 & 0 & 0 & 0 & 0 \\ 0 & 1 & 0 & 0 & 0 \\ 0 & 0 & 0 & 0 & 0 \\ 0 & 0 & 0 & 0 & 0 \end{bmatrix} = B,$$

因此 $r(A) = r(B) = 2$.

五、练习题

(一) 选择题

1. 若 $A = \begin{bmatrix} 2 & 3 \\ 1 & 1 \end{bmatrix}$,则 A^{-1} 为( ).

(A) $\begin{bmatrix} 1 & 3 \\ 1 & 2 \end{bmatrix}$; (B) $\begin{bmatrix} -1 & 3 \\ 1 & -2 \end{bmatrix}$;

(C) $\begin{bmatrix} -1 & -3 \\ -1 & -2 \end{bmatrix}$; (D) $\begin{bmatrix} -1 & 1 \\ 3 & -2 \end{bmatrix}$.

2. 设 $A = \begin{bmatrix} a_{11} & \cdots & a_{1n} \\ \vdots & \ddots & \vdots \\ a_{n1} & \cdots & a_{nn} \end{bmatrix}$, $B = \begin{bmatrix} M_{11} & \cdots & M_{1n} \\ \vdots & \ddots & \vdots \\ M_{n1} & \cdots & M_{nn} \end{bmatrix}$, 其中 M_{ij} 是 a_{ij} 的余子式 $(i,j=1,2,\cdots,n)$，则 A^* 中位于第 i 行第 j 列上的元素是（   ）.

(A) $(-1)^{i+1} M_{ij}$; (B) $(-1)^{i+j} M_{ji}$;

(C) $(-1)^{i+j} a_{ij}$; (D) $(-1)^{i+j} a_{ji}$.

3. 已知 A,B 都是三阶矩阵，且 $|A|=|B|=2$，则 $|2AB|=($ $)$.

(A) 2^3; (B) 2^4; (C) 2^5; (D) 2^6.

4. 设 n 阶矩阵 A 的行列式为 $|A|$，则 kA（k 为任意常数）的行列式为（   ）.

(A) $k|A|$; (B) $k^n|A|$; (C) $|k||A|$; (D) $-k|A|$.

5. 设 A 为 n 阶方阵，令条件（Ⅰ）表示 $AA^* \neq O$，条件（Ⅱ）表示 $A^* \neq O$，则（   ）是 A 可逆的充分必要条件.

(A)（Ⅰ）; (B)（Ⅱ）;

(C)（Ⅰ）或（Ⅱ）均可; (D)（Ⅰ）连同（Ⅱ）.

6. 设 A_1, A_2 可逆，则 $\begin{bmatrix} A_1 & O \\ O & A_2 \end{bmatrix}^{-1} = ($ $)$.

(A) $\begin{bmatrix} O & A_1^{-1} \\ A_2^{-1} & O \end{bmatrix}$; (B) $\begin{bmatrix} O & A_2^{-1} \\ A_1^{-1} & O \end{bmatrix}$;

(C) $\begin{bmatrix} A_1^{-1} & O \\ O & A_2^{-1} \end{bmatrix}$; (D) $\begin{bmatrix} A_2^{-1} & O \\ O & A_1^{-1} \end{bmatrix}$.

(二) 解答题

1. 设
$$A = \begin{bmatrix} 3 & 1 \\ 4 & 2 \end{bmatrix},$$
求 A^{-1}.

2. 设
$$A = \begin{bmatrix} 1 & 1 & -1 \\ 2 & 1 & 0 \\ 1 & -1 & 0 \end{bmatrix},$$
求 A^{-1}.

3. 证明：若 A, B 为 n 阶可逆矩阵，则
$$(AB)^* = B^* A^*,$$
这里 A^* 为 A 的伴随矩阵.

4. 设矩阵
$$A = \begin{bmatrix} 1 & 0 & 0 & 0 \\ 0 & 1 & 0 & 0 \\ -1 & 2 & 1 & 0 \\ 1 & 1 & 0 & 1 \end{bmatrix}, \quad B = \begin{bmatrix} 0 & 0 & 3 & 2 \\ 0 & 0 & 0 & 1 \\ 1 & 0 & 4 & 1 \\ 0 & 1 & 2 & 0 \end{bmatrix},$$
计算 kA, $A + B$, AB.

5. 设矩阵
$$A = \begin{bmatrix} 1 & 0 & 0 & 0 \\ 0 & 1 & -1 & 0 \\ 1 & 1 & 0 & 0 \\ 0 & 0 & 0 & 1 \end{bmatrix}, \quad B = \begin{bmatrix} 1 & 2 & 1 \\ 0 & 3 & 1 \\ -1 & 0 & 2 \\ 2 & 1 & 0 \end{bmatrix},$$
求 AB.

6. 已知

$$A = \begin{bmatrix} 3 & -2 & 0 & 0 \\ 5 & -3 & 0 & 0 \\ 0 & 0 & 3 & 4 \\ 0 & 0 & 1 & 2 \end{bmatrix},$$

求 A^{-1}.

7. 把非奇异矩阵

$$A = \begin{bmatrix} 1 & 2 & 0 \\ -1 & 1 & 1 \\ 3 & -2 & 0 \end{bmatrix}$$

分解为初等矩阵的乘积.

8. 设

$$A = \begin{bmatrix} 1 & 0 & 0 \\ 0 & 2 & 0 \\ 0 & 0 & 3 \end{bmatrix}, \quad B = \begin{bmatrix} 3 & 0 & 0 \\ 0 & 2 & 0 \\ 0 & 0 & 1 \end{bmatrix},$$

试用初等变换将 A 化为 B,并写出 $B = PAQ$ 中的 P 与 Q.

9. 设

$$A = \begin{bmatrix} 0 & 1 & 2 \\ 1 & 1 & 4 \\ 2 & -1 & 0 \end{bmatrix},$$

求 A^{-1}.

10. 证明:初等矩阵与初等矩阵的乘积是可逆矩阵.

11. 求矩阵 A 的秩,其中

$$A = \begin{bmatrix} 1 & 2 & 1 & 4 \\ 3 & 1 & -2 & 7 \\ 2 & 8 & 6 & 12 \end{bmatrix}.$$

六、练习题解答与分析

(一) 选择题

1. 答案是:B.

分析 因为 $|A| = -1$，并且

$$A^* = \begin{bmatrix} 1 & -3 \\ -1 & 2 \end{bmatrix},$$

所以

$$A^{-1} = \frac{1}{|A|}A^* = \begin{bmatrix} -1 & 3 \\ 1 & -2 \end{bmatrix}.$$

故选择 B.

2. 答案是：B.

分析 由于

$$A^* = \begin{bmatrix} A_{11} & \cdots & A_{n1} \\ \vdots & \ddots & \vdots \\ A_{1n} & \cdots & A_{nn} \end{bmatrix},$$

因此

$$A_{ij} = (-1)^{i+j} M_{ji}.$$

故选择 B.

3. 答案是：C.

分析 $|2AB| = |2A||B| = 2^3|A||B| = 2^5$. 故选择 C.

4. 答案是：B.

分析 由行列式的性质，每行提出一个公因子 k，因此

$$|kA| = k^n|A|.$$

故选择 B.

5. 答案是：A.

分析 由 $AA^* = |A|I \neq O$ 有 $|A| \neq 0$；反之亦然. 故选择 A.

6. 答案是：C.

分析 可以验证

$$\begin{bmatrix} A_1 & O \\ O & A_2 \end{bmatrix} \begin{bmatrix} A_1^{-1} & O \\ O & A_2^{-1} \end{bmatrix} = I.$$

故选择 C.

(二) 解答题

1. 解 由于 $\det A = 2 \neq 0$,故 A 为可逆矩阵. 又因为
$$A_{11} = 2, A_{12} = -4, A_{21} = -1, A_{22} = 3,$$
故
$$A^* = \begin{bmatrix} 2 & -1 \\ -4 & 3 \end{bmatrix}.$$
于是
$$A^{-1} = \frac{1}{2}\begin{bmatrix} 2 & -1 \\ -4 & 3 \end{bmatrix} = \begin{bmatrix} 1 & -\frac{1}{2} \\ -2 & \frac{3}{2} \end{bmatrix}.$$

2. 解 计算 A 的行列式及 A 各元素的代数余子式,得到
$$\det A = 3,$$
$$A_{11} = 0, \quad A_{12} = 0, \quad A_{13} = -3,$$
$$A_{21} = 1, \quad A_{22} = 1, \quad A_{23} = 2,$$
$$A_{31} = 1, \quad A_{32} = -2, \quad A_{33} = -1,$$
于是
$$A^{-1} = \frac{1}{3}\begin{bmatrix} 0 & 1 & 1 \\ 0 & 1 & -2 \\ -3 & 2 & -1 \end{bmatrix}.$$

3. 证 由 $(AB)(AB)^* = |AB|I$ 及
$$(AB)(B^*A^*) = A(BB^*)A^* = A(|B|I)A^*$$
$$= |B|A(IA^*) = |B|(AA^*)$$
$$= |B||A|I = |AB|I$$
得
$$(AB)(AB)^* = (AB)(B^*A^*).$$
因 A, B 可逆,所以其积 AB 可逆,上式两边左乘
$$(AB)^{-1} = B^{-1}A^{-1},$$
即有

$$(AB)^* = B^* A^*.$$

4. 解 将矩阵 A, B 分块如下

$$A = \begin{bmatrix} 1 & 0 & 0 & 0 \\ 0 & 1 & 0 & 0 \\ \hdashline -1 & 2 & 1 & 0 \\ 1 & 1 & 0 & 1 \end{bmatrix} \xlongequal{\text{def}} \begin{bmatrix} I_2 & O \\ A_{21} & I_2 \end{bmatrix},$$

$$B = \begin{bmatrix} 0 & 0 & 3 & 2 \\ 0 & 0 & 0 & 1 \\ \hdashline 1 & 0 & 4 & 1 \\ 0 & 1 & 2 & 0 \end{bmatrix} \xlongequal{\text{def}} \begin{bmatrix} O & B_{12} \\ I_2 & B_{22} \end{bmatrix},$$

则

$$kA = k \begin{bmatrix} I_2 & O \\ A_{21} & I_2 \end{bmatrix} = \begin{bmatrix} kI_2 & O \\ kA_{21} & kI_2 \end{bmatrix},$$

$$A + B = \begin{bmatrix} I_2 & O \\ A_{21} & I_2 \end{bmatrix} + \begin{bmatrix} O & B_{12} \\ I_2 & B_{22} \end{bmatrix} = \begin{bmatrix} I_2 & B_{12} \\ A_{21} + I_2 & I_2 + B_{22} \end{bmatrix},$$

$$AB = \begin{bmatrix} I_2 & O \\ A_{21} & I_2 \end{bmatrix} \begin{bmatrix} O & B_{12} \\ I_2 & B_{22} \end{bmatrix} = \begin{bmatrix} O & B_{12} \\ I_2 & A_{21}B_{12} + B_{22} \end{bmatrix}.$$

然后再分别计算 $kA_{21}, A_{21} + I_2, I_2 + B_{22}, A_{21}B_{12} + B_{22}$，代入上面各式，得到

$$kA = \begin{bmatrix} k & 0 & 0 & 0 \\ 0 & k & 0 & 0 \\ -k & 2k & k & 0 \\ k & k & 0 & k \end{bmatrix}, \quad A + B = \begin{bmatrix} 1 & 0 & 3 & 2 \\ 0 & 1 & 0 & 1 \\ 0 & 2 & 5 & 1 \\ 1 & 2 & 2 & 1 \end{bmatrix},$$

$$AB = \begin{bmatrix} 0 & 0 & 3 & 2 \\ 0 & 0 & 0 & 1 \\ 1 & 0 & 1 & 1 \\ 0 & 1 & 5 & 3 \end{bmatrix}.$$

5. 解 根据矩阵 A 的特点将 A 按下面方法分块：

$$A = \begin{bmatrix} 1 & 0 & 0 & \vdots & 0 \\ 0 & 1 & -1 & \vdots & 0 \\ 1 & 1 & 0 & \vdots & 0 \\ \cdots & \cdots & \cdots & & \cdots \\ 0 & 0 & 0 & \vdots & 1 \end{bmatrix} = \begin{bmatrix} A_{11} & O \\ O & I_1 \end{bmatrix}.$$

这样可使得 A 出现两块零矩阵,以便简化运算. 而对 B 的划分则必须符合分块乘法运算的规定,即第二个矩阵 B 的行的分块方法要与第一个矩阵 A 的列的分块方法一致,因此

$$B = \begin{bmatrix} 1 & 2 & 1 \\ 0 & 3 & 1 \\ -1 & 0 & 2 \\ \cdots & \cdots & \cdots \\ 2 & 1 & 0 \end{bmatrix} = \begin{bmatrix} B_1 \\ B_2 \end{bmatrix}.$$

于是

$$AB = \begin{bmatrix} A_{11} & O \\ O & I_1 \end{bmatrix} \begin{bmatrix} B_1 \\ B_2 \end{bmatrix} = \begin{bmatrix} A_{11}B_1 \\ B_2 \end{bmatrix},$$

其中

$$A_{11}B_1 = \begin{bmatrix} 1 & 0 & 0 \\ 0 & 1 & -1 \\ 1 & 1 & 0 \end{bmatrix} \begin{bmatrix} 1 & 2 & 1 \\ 0 & 3 & 1 \\ -1 & 0 & 2 \end{bmatrix} = \begin{bmatrix} 1 & 2 & 1 \\ 1 & 3 & -1 \\ 1 & 5 & 2 \end{bmatrix}.$$

最后得

$$AB = \begin{bmatrix} A_{11}B_1 \\ B_2 \end{bmatrix} = \begin{bmatrix} 1 & 2 & 1 \\ 1 & 3 & -1 \\ 1 & 5 & 2 \\ 2 & 1 & 0 \end{bmatrix}.$$

6. 解 由

$$\begin{bmatrix} 3 & -2 \\ 5 & -3 \end{bmatrix}^{-1} = \frac{1}{-9+10} \begin{bmatrix} -3 & 2 \\ -5 & 3 \end{bmatrix} = \begin{bmatrix} -3 & 2 \\ -5 & 3 \end{bmatrix}$$

及

$$\begin{bmatrix} 3 & 4 \\ 1 & 2 \end{bmatrix}^{-1} = \frac{1}{6-4} \begin{bmatrix} 2 & -4 \\ -1 & 3 \end{bmatrix} = \begin{bmatrix} 1 & -2 \\ -\frac{1}{2} & \frac{3}{2} \end{bmatrix},$$

得

$$A^{-1} = \begin{bmatrix} -3 & 2 & 0 & 0 \\ -5 & 3 & 0 & 0 \\ 0 & 0 & 1 & -2 \\ 0 & 0 & -\frac{1}{2} & \frac{3}{2} \end{bmatrix}.$$

7. 解

$$A = \begin{bmatrix} 1 & 2 & 0 \\ -1 & 1 & 1 \\ 3 & -2 & 0 \end{bmatrix} \xrightarrow[P(2,1(1))]{①+②} \begin{bmatrix} 1 & 2 & 0 \\ 0 & 3 & 1 \\ 3 & -2 & 0 \end{bmatrix}$$

$$\xrightarrow[P(3,1(-3))]{-3①+③} \begin{bmatrix} 1 & 2 & 0 \\ 0 & 3 & 1 \\ 0 & -8 & 0 \end{bmatrix} \xrightarrow[P\left(3,\left(-\frac{1}{8}\right)\right)]{-\frac{1}{8}③} \begin{bmatrix} 1 & 2 & 0 \\ 0 & 3 & 1 \\ 0 & 1 & 0 \end{bmatrix}$$

$$\xrightarrow[P(2,3)]{②\leftrightarrow③} \begin{bmatrix} 1 & 2 & 0 \\ 0 & 1 & 0 \\ 0 & 3 & 1 \end{bmatrix} \xrightarrow[P(3,2(-3))]{-3②+③} \begin{bmatrix} 1 & 2 & 0 \\ 0 & 1 & 0 \\ 0 & 0 & 1 \end{bmatrix}$$

$$\xrightarrow[P(1,2(-2))]{-2②+①} \begin{bmatrix} 1 & 0 & 0 \\ 0 & 1 & 0 \\ 0 & 0 & 1 \end{bmatrix},$$

所以

$$P(1,2(-2))P(3,2(-3))P(2,3)P\left(3\left(-\frac{1}{8}\right)\right)P(3,1(-3))$$
$$\cdot P(2,1(1))A = I.$$

故此

$$A = P(2,1(1))^{-1}P(3,1(-3))^{-1}P\left(3\left(-\frac{1}{8}\right)\right)^{-1}P(2,3)^{-1}$$
$$\cdot P(3,2(-3))^{-1}P(1,2(-2))^{-1}$$
$$= P(2,1(-1))P(3,1(3))P(3(-8))P(2,3)$$

$\cdot P(3,2(3))P(1,2(2))$

$$= \begin{bmatrix} 1 & 0 & 0 \\ -1 & 1 & 0 \\ 0 & 0 & 1 \end{bmatrix} \begin{bmatrix} 1 & 0 & 0 \\ 0 & 1 & 0 \\ 3 & 0 & 1 \end{bmatrix} \begin{bmatrix} 1 & 0 & 0 \\ 0 & 1 & 0 \\ 0 & 0 & -8 \end{bmatrix}$$

$$\cdot \begin{bmatrix} 1 & 0 & 0 \\ 0 & 0 & 1 \\ 0 & 1 & 0 \end{bmatrix} \begin{bmatrix} 1 & 0 & 0 \\ 0 & 1 & 0 \\ 0 & 3 & 1 \end{bmatrix} \begin{bmatrix} 1 & 2 & 0 \\ 0 & 1 & 0 \\ 0 & 0 & 1 \end{bmatrix}.$$

8. 解 先交换 A 的第 1,3 行,再对所得矩阵交换其第 1,3 列便可得到 B,即

$$A = \begin{bmatrix} 1 & 0 & 0 \\ 0 & 2 & 0 \\ 0 & 0 & 3 \end{bmatrix} \xrightarrow[P(1,3)]{① \leftrightarrow ③} \begin{bmatrix} 0 & 0 & 3 \\ 0 & 2 & 0 \\ 1 & 0 & 0 \end{bmatrix} \xrightarrow[① \leftrightarrow ③]{T(1,3)} \begin{bmatrix} 3 & 0 & 0 \\ 0 & 2 & 0 \\ 0 & 0 & 1 \end{bmatrix} = B,$$

所以 $P_{13}AT_{13} = B$. 因此

$$P = P(1,3) = \begin{bmatrix} 0 & 0 & 1 \\ 0 & 1 & 0 \\ 1 & 0 & 0 \end{bmatrix}, \quad Q = T(1,3) = \begin{bmatrix} 0 & 0 & 1 \\ 0 & 1 & 0 \\ 1 & 0 & 0 \end{bmatrix}.$$

9. 解 因为

$$\begin{bmatrix} 0 & 1 & 2 & \vdots & 1 & 0 & 0 \\ 1 & 1 & 4 & \vdots & 0 & 1 & 0 \\ 2 & -1 & 0 & \vdots & 0 & 0 & 1 \end{bmatrix}$$

$$\xrightarrow{① \leftrightarrow ②} \begin{bmatrix} 1 & 1 & 4 & \vdots & 0 & 1 & 0 \\ 0 & 1 & 2 & \vdots & 1 & 0 & 0 \\ 2 & -1 & 0 & \vdots & 0 & 0 & 1 \end{bmatrix}$$

$$\xrightarrow{-2 \times ① + ③} \begin{bmatrix} 1 & 1 & 4 & \vdots & 0 & 1 & 0 \\ 0 & 1 & 2 & \vdots & 1 & 0 & 0 \\ 0 & -3 & -8 & \vdots & 0 & -2 & 1 \end{bmatrix}$$

$$\xrightarrow{3 \times ② + ③} \begin{bmatrix} 1 & 1 & 4 & \vdots & 0 & 1 & 0 \\ 0 & 1 & 2 & \vdots & 1 & 0 & 0 \\ 0 & 0 & -2 & \vdots & 3 & -2 & 1 \end{bmatrix}$$

$$\xrightarrow{\text{③}+\text{②}} \begin{bmatrix} 1 & 1 & 4 & 0 & 1 & 0 \\ 0 & 1 & 0 & 4 & -2 & 1 \\ 0 & 0 & -2 & 3 & -2 & 1 \end{bmatrix}$$

$$\xrightarrow{2\times\text{③}+\text{①}} \begin{bmatrix} 1 & 1 & 0 & 6 & -3 & 2 \\ 0 & 1 & 0 & 4 & -2 & 1 \\ 0 & 0 & -2 & 3 & -2 & 1 \end{bmatrix}$$

$$\xrightarrow{-1\times\text{②}+\text{①}} \begin{bmatrix} 1 & 0 & 0 & 2 & -1 & 1 \\ 0 & 1 & 0 & 4 & -2 & 1 \\ 0 & 0 & -2 & 3 & -2 & 1 \end{bmatrix}$$

$$\xrightarrow{-\frac{1}{2}\times\text{③}} \begin{bmatrix} 1 & 0 & 0 & 2 & -1 & 1 \\ 0 & 1 & 0 & 4 & -2 & 1 \\ 0 & 0 & 1 & -\frac{3}{2} & 1 & -\frac{1}{2} \end{bmatrix},$$

所以

$$A^{-1} = \begin{bmatrix} 2 & -1 & 1 \\ 4 & -2 & 1 \\ -\frac{3}{2} & 1 & -\frac{1}{2} \end{bmatrix}.$$

10. 证 设 E_1, E_2 为初等矩阵,则 E_1, E_2 可逆,即 $|E_1|\neq 0$, $|E_2|\neq 0$,从而 $|E_1 E_2| = |E_1||E_2| \neq 0$,所以 $E_1 E_2$ 为可逆矩阵.

11. 解 对 A 作一系列初等行、列变换:

$$A = \begin{bmatrix} 1 & 2 & 1 & 4 \\ 3 & 1 & -2 & 7 \\ 2 & 8 & 6 & 12 \end{bmatrix} \rightarrow \begin{bmatrix} 1 & 2 & 1 & 4 \\ 0 & -5 & -5 & -5 \\ 0 & 4 & 4 & 4 \end{bmatrix}$$

$$\rightarrow \begin{bmatrix} 1 & 2 & 1 & 4 \\ 0 & 1 & 1 & 1 \\ 0 & 0 & 0 & 0 \end{bmatrix} \rightarrow \begin{bmatrix} 1 & 0 & 0 & 0 \\ 0 & 1 & 1 & 1 \\ 0 & 0 & 0 & 0 \end{bmatrix}$$

$$\rightarrow \begin{bmatrix} 1 & 0 & 0 & 0 \\ 0 & 1 & 0 & 0 \\ 0 & 0 & 0 & 0 \end{bmatrix}.$$

可见,矩阵的左上角为一个二阶单位矩阵,所以 $r(\boldsymbol{A}) = 2$.

第三章 线性方程组

一、知识点

1. 线性方程组解的判定及其解的表示;
2. 线性方程组初等变换解法.

二、基本要求

1. 理解线性方程组解的概念,掌握线性方程组有解和无解的判定;
2. 掌握齐次线性方程组的基础解系和通解,掌握非齐次线性方程组的解的结构;
3. 会用其特解和导出组的基础解系表示非齐次线性方程组的通解;
4. 会用初等变换解法解线性方程组.

三、复习要点

(一) 重要概念及性质

1. 向量组的秩

向量组 A 的极大线性无关组所含的向量个数 r 称为向量组 A 的秩,记作 $r(A) = r$.

R^n 是 n 维向量的全体,则 $r(R^n) = n$.

如果向量组 $A: \alpha_1, \cdots, \alpha_m$ 中的向量线性无关,则 $r(A) = m$,即线性无关向量组的秩等于它的向量个数.

2. 矩阵的秩

定义 3.1 设矩阵 $A = (a_{ij})_{m \times n}$,矩阵 A 的 m 个行向量所构成的向量组的秩,称为矩阵 A 的**行秩**,A 的 n 个列向量所构成的向量组的秩,称为矩阵 A 的**列秩**.

定义 3.2 设矩阵 $A = (a_{ij})_{m \times n}$,任取 A 的 r 行与 r 列($r \leqslant$

$\min\{m,n\}$)位于这些行与这些列交叉处的元素构成一个 r 阶行列式称为矩阵 A 的 r 阶子式. 若矩阵 A 中有一个 r 阶子式 $D\neq 0$, 且**所有**含有 D 的 $r+1$ 阶子式(如果存在的话)都等于零, 则称矩阵 A 的(行)秩等于 r.

定义 3.3 矩阵 A 的行秩等于列秩, 并定义为矩阵的秩, 记作 $\mathrm{rank}(A)$ 或 $\mathrm{r}(A)$(也可记为 $\mathrm{R}(A)$).

显然 $\mathrm{r}(A) \leqslant \min\{m,n\}$.

说明 若 A 中有一个 r 阶子式异于零, 则 $\mathrm{r}(A) \geqslant r$; 若 A 中所有的 r 阶子式全为零, 则 $\mathrm{r}(A) < r$.

3. 线性方程组

设含有 n 个变量、由 m 个方程式所组成的方程组为

$$\begin{cases} a_{11}x_1 + a_{12}x_2 + \cdots + a_{1n}x_n = b_1, \\ a_{21}x_1 + a_{22}x_2 + \cdots + a_{2n}x_n = b_2, \\ \cdots\cdots\cdots\cdots \\ a_{m1}x_1 + a_{m2}x_2 + \cdots + a_{mn}x_n = b_m, \end{cases} \tag{1}$$

当右端常数项 $b_1 = b_2 = \cdots = b_m = 0$ 时, 称为**齐次**线性方程组, 否则称为**非齐次**线性方程组.

对于一般的线性方程组来说, 所谓方程组(1)的一个解就是指由 n 个数 $k_1, k_2, \cdots, k_n$ 组成的一个有序数组 $(k_1, k_2, \cdots, k_n)$, 当 $x_1, x_2, \cdots, x_n$ 分别用 $k_1, k_2, \cdots, k_n$ 代入后, 方程组(1)中的每个等式都变成恒等式. 方程组(1)的解的全体称为它的**解集合**. 如果两个方程组有相同的解集合, 我们就称它们是**同解**的.

线性方程组(1)的矩阵形式为

$$Ax = b,$$

其中

$$A = \begin{bmatrix} a_{11} & a_{12} & \cdots & a_{1n} \\ a_{21} & a_{22} & \cdots & a_{2n} \\ \vdots & \vdots & & \vdots \\ a_{m1} & a_{m2} & \cdots & a_{mn} \end{bmatrix},$$

$$x = (x_1, x_2, \cdots, x_n)', \quad b = (b_1, b_2, \cdots, b_m)'.$$

A 称为方程组的**系数矩阵**,常数项和 A 放在一起构成的矩阵 (A, b) 称为方程组的**增广矩阵**,即

$$(A, b) = \begin{bmatrix} a_{11} & a_{12} & \cdots & a_{1n} & b_1 \\ a_{21} & a_{22} & \cdots & a_{2n} & b_2 \\ \vdots & \vdots & & \vdots & \vdots \\ a_{m1} & a_{m2} & \cdots & a_{mn} & b_m \end{bmatrix} \stackrel{\text{def}}{=\!=} \tilde{A}. \tag{2}$$

齐次线性方程组

$$\begin{cases} a_{11}x_1 + a_{12}x_2 + \cdots + a_{1n}x_n = 0, \\ a_{21}x_1 + a_{22}x_2 + \cdots + a_{2n}x_n = 0, \\ \quad\quad\quad\cdots\cdots\cdots\cdots \\ a_{m1}x_1 + a_{m2}x_2 + \cdots + a_{mn}x_n = 0 \end{cases}$$

的矩阵形式为

$$Ax = 0, \tag{3}$$

其中 $0 = (0, 0, \cdots, 0)'$.

(二)重要定理及公式

定理 3.1 矩阵 A 的秩 = 矩阵 A 列向量组的秩 = 矩阵 A 行向量组的秩.

定理 3.2 线性方程组有解的充要条件是它的系数矩阵与增广矩阵有相同的秩,即

$$r(A) = r(\tilde{A}).$$

定理 3.3 齐次线性方程组一定有零解,如果 $r(A) = n$,则它只有零解;它有非零解的充要条件是 $r(A) < n$.

根据定理,对于齐次线性方程组我们可以得到下面两个结论:

(1) 如果方程个数 m 小于未知量个数 n,显然 $r(A) \leqslant m < n$,则齐次线性方程组一定有非零解.

(2) 如果 $m = n$,则齐次线性方程组有非零解的充要条件是 $r(A) < n$,即 $|A| = 0$. 如果 $r(A) = n$,即 $|A| \neq 0$,则齐次线性方程

组只有零解.

齐次线性方程组解的结构

齐次线性方程组
$$Ax = 0,$$
其解满足下面三个性质:

性质 1 如果 ξ_1,ξ_2 是齐次线性方程组(3)的两个解,则 $\xi_1 + \xi_2$ 也是(3)的解.

性质 2 如果 ξ 是齐次线性方程组(3)的解,则 $c\xi$ 也是(3)的解,其中 c 是任意常数.

性质 3 如果 $\xi_1,\xi_2,\cdots,\xi_t$ 都是齐次线性方程组(1)的解,
$$c_1\xi_1 + c_2\xi_2 + \cdots + c_t\xi_t$$
也是(3)的解,其中 $c_1,c_2,\cdots,c_t$ 都是任意常数.

定理 3.4 如果齐次线性方程组(3)有非零解,则它一定有基础解系,并且它的基础解系所含解的个数为 $n-r$,其中 n 为未知量的个数,r 为系数矩阵的秩.

非齐次线性方程组解的结构

非齐次线性方程组(1)可以表示为
$$Ax = b.$$
令 $b = 0$,得到齐次线性方程组(3),即
$$Ax = 0,$$
称为非齐次线性方程组(1)的导出组. 方程组(1)的解与它的导出组(3)的解之间有着密切的联系,它们满足以下两个性质:

性质 1 如果 η_1,η_2 是非齐次线性方程组(1)的两个解,则 $\eta_1 - \eta_2$ 是其导出组(3)的一个解.

性质 2 如果 η_1 是非齐次线性方程组(1)的一个解,ξ_1 是其导出组(3)的一个解,则 $\eta_1 + \xi_1$ 是方程组(1)的一个解.

定理 3.5 如果 η_1 是非齐次线性方程组(1)的一个解,ξ 是其导出组(3)的全部解,则
$$\eta = \eta_1 + \xi$$

是非齐次线性方程组(1)的全部解.

(三) 重要方法

1. 用初等行变换解齐次线性方程组

对于齐次线性方程组(3),即
$$Ax = 0$$
来说,它一定有零解,其中
$$A = (a_{ij})_{m \times n}, \quad x = (x_j)_{n \times 1}, \quad 0 = (0)_{m \times 1}.$$
如果其系数矩阵 A 的秩 $r(A) = r < n$,则(3)有非零解. 因此,当我们对 A 进行一系列初等行变换,使其上方能构成一个 $r(r \le n)$ 阶单位矩阵时,就可立即求出(3)的解.

例1 解齐次线性方程组
$$\begin{cases} x_1 + x_2 - 2x_3 = 0, \\ 5x_1 - 2x_2 + 7x_3 = 0, \\ 2x_1 - 5x_2 + 4x_3 = 0. \end{cases}$$

解 对系数矩阵 A 进行一系列的初等行变换:

$$A = \begin{bmatrix} 1 & 1 & -2 \\ 5 & -2 & 7 \\ 2 & -5 & 4 \end{bmatrix} \xrightarrow[-2①+③]{-5①+②} \begin{bmatrix} 1 & 1 & -2 \\ 0 & -7 & 17 \\ 0 & -7 & 8 \end{bmatrix}$$

$$\xrightarrow{-②+③} \begin{bmatrix} 1 & 1 & -2 \\ 0 & -7 & 17 \\ 0 & 0 & -9 \end{bmatrix} \xrightarrow{-\frac{1}{9}③} \begin{bmatrix} 1 & 1 & -2 \\ 0 & -7 & 17 \\ 0 & 0 & 1 \end{bmatrix}$$

$$\xrightarrow{-17③+②} \begin{bmatrix} 1 & 1 & -2 \\ 0 & -7 & 0 \\ 0 & 0 & 1 \end{bmatrix} \xrightarrow{-\frac{1}{7}②} \begin{bmatrix} 1 & 1 & -2 \\ 0 & 1 & 0 \\ 0 & 0 & 1 \end{bmatrix}$$

$$\xrightarrow[2③+①]{-②+①} \begin{bmatrix} 1 & 0 & 0 \\ 0 & 1 & 0 \\ 0 & 0 & 1 \end{bmatrix}.$$

易见原方程组只有零解,即

为原方程组的解.

例 2 解齐次线性方程组
$$\begin{cases} x_1 + x_2 - x_3 = 0, \\ x_1 + 2x_2 + x_3 = 0, \\ 3x_1 + 5x_2 + x_3 = 0. \end{cases}$$

解 对系数矩阵 A 进行一系列的初等行变换：

$$A = \begin{bmatrix} 1 & 1 & -1 \\ 1 & 2 & 1 \\ 3 & 5 & 1 \end{bmatrix} \xrightarrow[-3\text{①}+\text{③}]{-\text{①}+\text{②}} \begin{bmatrix} 1 & 1 & -1 \\ 0 & 1 & 2 \\ 0 & 2 & 4 \end{bmatrix}$$

$$\xrightarrow{-2\text{②}+\text{③}} \begin{bmatrix} 1 & 1 & -1 \\ 0 & 1 & 2 \\ 0 & 0 & 0 \end{bmatrix}$$

$$\xrightarrow{-\text{②}+\text{①}} \begin{bmatrix} 1 & 0 & -3 \\ 0 & 1 & 2 \\ 0 & 0 & 0 \end{bmatrix}.$$

可见原方程的同解方程为
$$\begin{cases} x_1 \quad\quad - 3x_3 = 0, \\ \quad\quad x_2 + 2x_3 = 0, \end{cases}$$

移项得到原方程的一般解
$$\begin{cases} x_1 = 3x_3, \\ x_2 = -2x_3, \end{cases}$$

其中 x_3 为自由未知量. 取 $x_3 = 1$，得到原方程的一个基础解系：
$$\boldsymbol{\xi} = (3, -2, 1)',$$

所以原方程组的全部解为
$$\boldsymbol{x} = c\boldsymbol{\xi},$$

即

$$\begin{bmatrix} x_1 \\ x_2 \\ x_3 \end{bmatrix} = c \begin{bmatrix} 3 \\ -2 \\ 1 \end{bmatrix},$$

其中 c 为任意常数.

2. 用初等行变换解非齐次线性方程组

对于非齐次线性方程组(1),即

$$Ax = b$$

来说,如果 $r(\tilde{A}) > r(A)$,则原方程无解;如果 $r(\tilde{A}) = r(A)$,则原方程有解,并且当 $r(A) < n$ 时有无穷多解. 因此,当我们对 $\tilde{A}$ 进行一系列初等变换,使其上方能构成一个 $r(r \leq n)$ 阶单位矩阵时,这样不但可以立即看出方程组(1)是否有解,而且还可以把它的所有解写出来.

例3 解非齐次线性方程组

$$\begin{cases} 2x_1 + x_2 + 3x_3 = 6, \\ 3x_1 + 2x_2 + x_3 = 1, \\ 5x_1 + 3x_2 + 4x_4 = 27. \end{cases}$$

解 对增广矩阵 $\tilde{A}$ 进行一系列的初等变换:

$$\tilde{A} = \begin{bmatrix} 2 & 1 & 3 & 6 \\ 3 & 2 & 1 & 1 \\ 5 & 3 & 4 & 27 \end{bmatrix} \xrightarrow[-3①+③]{-2①+②} \begin{bmatrix} 2 & 1 & 3 & 6 \\ -1 & 0 & -5 & -11 \\ -1 & 0 & -5 & 9 \end{bmatrix}$$

$$\xrightarrow{-②+③} \begin{bmatrix} 2 & 1 & 3 & 6 \\ -1 & 0 & -5 & -11 \\ 0 & 0 & 0 & 20 \end{bmatrix}.$$

易见 $r(A) = 2 < r(\tilde{A}) = 3$,所以原方程组无解.

例4 解非齐次线性方程组

$$\begin{cases} 2x_1 + 5x_2 + x_3 + 15x_4 = 7, \\ x_1 + 2x_2 - x_3 + 4x_4 = 2, \\ x_1 + 3x_2 + 2x_3 + 11x_4 = 5. \end{cases}$$

解 对增广矩阵 $\tilde{A}$ 进行一系列的初等变换：

$$\tilde{A} = \begin{bmatrix} 2 & 5 & 1 & 15 & 7 \\ 1 & 2 & -1 & 4 & 2 \\ 1 & 3 & 2 & 11 & 5 \end{bmatrix} \xrightarrow{①\leftrightarrow②} \begin{bmatrix} 1 & 2 & -1 & 4 & 2 \\ 2 & 5 & 1 & 15 & 7 \\ 1 & 3 & 2 & 11 & 5 \end{bmatrix}$$

$$\xrightarrow[-①+③]{-2①+②} \begin{bmatrix} 1 & 2 & -1 & 4 & 2 \\ 0 & 1 & 3 & 7 & 3 \\ 0 & 1 & 3 & 7 & 3 \end{bmatrix}$$

$$\xrightarrow{-②+③} \begin{bmatrix} 1 & 2 & -1 & 4 & 2 \\ 0 & 1 & 3 & 7 & 3 \\ 0 & 0 & 0 & 0 & 0 \end{bmatrix}$$

$$\xrightarrow{-2②+①} \begin{bmatrix} 1 & 0 & -7 & -10 & -4 \\ 0 & 1 & 3 & 7 & 3 \\ 0 & 0 & 0 & 0 & 0 \end{bmatrix}.$$

易见 $r(\tilde{A}) = r(A) = 2 < n = 4$，所以原方程组有无穷多解. 由最后一个矩阵得到原方程组的同解方程组为

$$\begin{cases} x_1 = 7x_3 + 10x_4 - 4, \\ x_2 = -3x_3 - 7x_4 + 3, \end{cases}$$

可以改写为

$$\begin{cases} x_1 = 7x_3 + 10x_4 - 4, \\ x_2 = -3x_3 - 7x_4 + 3, \\ x_3 = x_3 + 0x_4 + 0, \\ x_4 = 0x_3 + x_4 + 0, \end{cases}$$

即

$$\begin{bmatrix} x_1 \\ x_2 \\ x_3 \\ x_4 \end{bmatrix} = \begin{bmatrix} 7 \\ -3 \\ 1 \\ 0 \end{bmatrix} x_3 + \begin{bmatrix} 10 \\ -7 \\ 0 \\ 1 \end{bmatrix} x_4 + \begin{bmatrix} -4 \\ 3 \\ 0 \\ 0 \end{bmatrix},$$

所以原方程组的全部解为

$$\begin{bmatrix} x_1 \\ x_2 \\ x_3 \\ x_4 \end{bmatrix} = \begin{bmatrix} -4 \\ 3 \\ 0 \\ 0 \end{bmatrix} + c_1 \begin{bmatrix} 7 \\ -3 \\ 1 \\ 0 \end{bmatrix} + c_2 \begin{bmatrix} 10 \\ -7 \\ 0 \\ 1 \end{bmatrix},$$

其中 c_1, c_2 为任意常数.

四、典型例题分析

例1 当 $\lambda = \underline{\qquad}$ 时,齐次方程组 $\begin{cases} x_1 - x_2 = 0, \\ x_1 + \lambda x_2 = 0 \end{cases}$ 有非零解.

答案是:-1.

分析 若要齐次方程组有非零解,则要求

$$|A| = \begin{vmatrix} 1 & -1 \\ 1 & \lambda \end{vmatrix} = 0,$$

即 $\lambda + 1 = 0$,于是 $\lambda = -1$.

例2 设 x_1 是线性方程组 $Ax = b$ 的一个解,x_2 是线性方程组 $Ax = 0$ 的一个解,则 $x_1 - x_2$ 是 $\underline{\qquad}$ 的一个解.

答案是:$Ax = b$.

分析 由方程组解的结构定理,可知 $x_1 - x_2$ 是

$$Ax = b$$

的一个解.

例3 线性方程组

$$\begin{cases} x_1 + x_2 + x_3 + x_4 = 3, \\ x_1 + 3x_2 + 2x_3 + 4x_4 = 6, \\ 2x_1 + x_3 - x_4 = 3 \end{cases}$$

一般解的自由未知量的个数是_____.

答案是: 2.

分析 由于

$$\tilde{A} = \begin{bmatrix} 1 & 1 & 1 & 1 & 3 \\ 1 & 3 & 2 & 4 & 6 \\ 2 & 0 & 1 & -1 & 3 \end{bmatrix} \to \begin{bmatrix} 1 & 1 & 1 & 1 & 3 \\ 0 & 2 & 1 & 3 & 3 \\ 0 & -2 & -1 & -3 & -3 \end{bmatrix}$$

$$\to \begin{bmatrix} 1 & 1 & 1 & 1 & 3 \\ 0 & 2 & 1 & 3 & 3 \\ 0 & 0 & 0 & 0 & 0 \end{bmatrix}.$$

可见 $r(A) = r(\tilde{A}) = 2$,而 $n = 4$,因此一般解的自由未知量的个数是 $n - r = 2$.

例 4 齐次线性方程组 $Ax = 0$ 的系数矩阵为

$$A = \begin{bmatrix} 1 & -1 & 2 & 3 \\ 0 & 1 & 0 & -2 \\ 0 & 0 & 0 & 0 \end{bmatrix},$$

则此方程组的一般解为_____.

答案是:

$$\begin{bmatrix} x_1 \\ x_2 \\ x_3 \\ x_4 \end{bmatrix} = c_1 \begin{bmatrix} -2 \\ 0 \\ 1 \\ 0 \end{bmatrix} + c_2 \begin{bmatrix} -1 \\ 2 \\ 0 \\ 1 \end{bmatrix},$$

其中 c_1, c_2 为任意常数;或

$$\begin{cases} x_1 = -2x_3 - x_4, \\ x_2 = 2x_4, \end{cases}$$

其中 x_3, x_4 为自由未知量.

分析 由

$$A = \begin{bmatrix} 1 & -1 & 2 & 3 \\ 0 & 1 & 0 & -2 \\ 0 & 0 & 0 & 0 \end{bmatrix} \to \begin{bmatrix} 1 & 0 & 2 & 1 \\ 0 & 1 & 0 & -2 \\ 0 & 0 & 0 & 0 \end{bmatrix},$$

因此其一般解为

$$\boldsymbol{x} = \begin{bmatrix} x_1 \\ x_2 \\ x_3 \\ x_4 \end{bmatrix} = c_1 \begin{bmatrix} -2 \\ 0 \\ 1 \\ 0 \end{bmatrix} + c_2 \begin{bmatrix} -1 \\ 2 \\ 0 \\ 1 \end{bmatrix},$$

其中 c_1, c_2 为任意常数.

例 5　解齐次线性方程组

$$\begin{cases} 2x_1 - x_2 + 3x_3 = 0, \\ 4x_1 + 2x_2 + 5x_3 = 0, \\ 2x_1 + 5x_3 = 0. \end{cases}$$

解　对系数矩阵 A 进行一系列的初等行变换：

$$A = \begin{bmatrix} 2 & -1 & 3 \\ 4 & 2 & 5 \\ 2 & 0 & 5 \end{bmatrix} \xrightarrow[-①+③]{-2①+②} \begin{bmatrix} 2 & -1 & 3 \\ 0 & 4 & -1 \\ 0 & 1 & 2 \end{bmatrix}$$

$$\xrightarrow{②\leftrightarrow③} \begin{bmatrix} 2 & -1 & 3 \\ 0 & 1 & 2 \\ 0 & 4 & -1 \end{bmatrix} \xrightarrow{-4②+③} \begin{bmatrix} 2 & -1 & 3 \\ 0 & 1 & 2 \\ 0 & 0 & -9 \end{bmatrix}$$

$$\xrightarrow{-\frac{1}{9}③} \begin{bmatrix} 2 & -1 & 3 \\ 0 & 1 & 2 \\ 0 & 0 & 1 \end{bmatrix} \xrightarrow[-3③+①]{-2③+②} \begin{bmatrix} 2 & -1 & 0 \\ 0 & 1 & 0 \\ 0 & 0 & 1 \end{bmatrix}$$

$$\xrightarrow{②+①} \begin{bmatrix} 2 & 0 & 0 \\ 0 & 1 & 0 \\ 0 & 0 & 1 \end{bmatrix} \xrightarrow{\frac{1}{2}①} \begin{bmatrix} 1 & 0 & 0 \\ 0 & 1 & 0 \\ 0 & 0 & 1 \end{bmatrix}.$$

易见原方程组只有零解, 即

$$\begin{cases} x_1 = 0, \\ x_2 = 0, \\ x_3 = 0 \end{cases}$$

为原方程组的解.

例 6 解齐次线性方程组

$$\begin{cases} x_1 + x_2 + x_3 + 4x_4 - 3x_5 = 0, \\ x_1 - x_2 + 3x_3 - 2x_4 - x_5 = 0, \\ 2x_1 + x_2 + 3x_3 + 5x_4 - 5x_5 = 0, \\ 3x_1 + x_2 + 5x_3 + 6x_4 - 7x_5 = 0. \end{cases}$$

解 对系数矩阵 A 进行一系列的初等行变换：

$$A = \begin{bmatrix} 1 & 1 & 1 & 4 & -3 \\ 1 & -1 & 3 & -2 & -1 \\ 2 & 1 & 3 & 5 & -5 \\ 3 & 1 & 5 & 6 & -7 \end{bmatrix}$$

$$\xrightarrow[\substack{-①+② \\ -2①+③ \\ -3①+④}]{} \begin{bmatrix} 1 & 1 & 1 & 4 & -3 \\ 0 & -2 & 2 & -6 & 2 \\ 0 & -1 & 1 & -3 & 1 \\ 0 & -2 & 2 & -6 & 2 \end{bmatrix}$$

$$\xrightarrow[\substack{-②+④ \\ -\frac{1}{2}②+③ \\ -\frac{1}{2}②}]{} \begin{bmatrix} 1 & 1 & 1 & 4 & -3 \\ 0 & 1 & -1 & 3 & -1 \\ 0 & 0 & 0 & 0 & 0 \\ 0 & 0 & 0 & 0 & 0 \end{bmatrix}$$

$$\xrightarrow[-②+①]{} \begin{bmatrix} 1 & 0 & 2 & 1 & -2 \\ 0 & 1 & -1 & 3 & -1 \\ 0 & 0 & 0 & 0 & 0 \\ 0 & 0 & 0 & 0 & 0 \end{bmatrix}.$$

于是原方程组的同解方程组为

$$\begin{cases} x_1 + 2x_3 + x_4 - 2x_5 = 0, \\ x_2 - x_3 + 3x_4 - x_5 = 0, \end{cases}$$

移项得到原方程组的一般解

$$\begin{cases} x_1 = -2x_3 - x_4 + 2x_5, \\ x_2 = x_3 - 3x_4 + x_5, \end{cases}$$

其中 x_3, x_4, x_5 为自由未知量. 取 $(x_3, x_4, x_5)'$ 分别为 $(1,0,0)'$, $(0,1,0)'$, $(0,0,1)'$ 得到原方程组的一个基础解系

$$\boldsymbol{\xi}_1 = (-2,1,1,0,0)', \quad \boldsymbol{\xi}_2 = (-1,-3,0,1,0)',$$
$$\boldsymbol{\xi}_3 = (2,1,0,0,1)',$$

所以原方程组的全部解为

$$\boldsymbol{x} = c_1 \boldsymbol{\xi}_1 + c_2 \boldsymbol{\xi}_2 + c_3 \boldsymbol{\xi}_3,$$

即

$$\begin{bmatrix} x_1 \\ x_2 \\ x_3 \\ x_4 \\ x_5 \end{bmatrix} = c_1 \begin{bmatrix} -2 \\ 1 \\ 1 \\ 0 \\ 0 \end{bmatrix} + c_2 \begin{bmatrix} -1 \\ -3 \\ 0 \\ 1 \\ 0 \end{bmatrix} + c_3 \begin{bmatrix} 2 \\ 1 \\ 0 \\ 0 \\ 1 \end{bmatrix},$$

其中 c_1, c_2, c_3 为任意常数.

例7 解非齐次线性方程组

$$\begin{cases} x_1 + x_2 - x_3 = 1, \\ x_1 + 2x_2 + x_3 = 1, \\ 3x_1 + 5x_2 + x_3 = 0. \end{cases}$$

解 对增广矩阵 $\widetilde{\boldsymbol{A}}$ 进行一系列的初等变换:

$$\widetilde{\boldsymbol{A}} = \begin{bmatrix} 1 & 1 & -1 & 1 \\ 1 & 2 & 1 & 1 \\ 3 & 5 & 1 & 0 \end{bmatrix} \xrightarrow[-3①+③]{-①+②} \begin{bmatrix} 1 & 1 & -1 & 1 \\ 0 & 1 & 2 & 0 \\ 0 & 2 & 4 & -3 \end{bmatrix}$$

$$\xrightarrow{-2②+③} \begin{bmatrix} 1 & 1 & -1 & 1 \\ 0 & 1 & 2 & 0 \\ 0 & 0 & 0 & -3 \end{bmatrix} \xrightarrow{-②+①} \begin{bmatrix} 1 & 0 & -3 & 1 \\ 0 & 1 & 2 & 0 \\ 0 & 0 & 0 & -3 \end{bmatrix}.$$

易见 $r(\boldsymbol{A}) = 2 < r(\widetilde{\boldsymbol{A}}) = 3$, 所以原方程组无解.

例8 解非齐次线性方程组

$$\begin{cases} x_1 + x_2 - x_3 = 3, \\ 2x_1 + x_2 - 3x_3 = 1, \\ x_1 - 2x_2 + x_3 = -2, \\ 3x_1 + x_2 - 5x_3 = -1. \end{cases}$$

解 对增广矩阵 $\tilde{A}$ 进行一系列的初等变换:

$$\tilde{A} = \begin{bmatrix} 1 & 1 & -1 & 3 \\ 2 & 1 & -3 & 1 \\ 1 & -2 & 1 & -2 \\ 3 & 1 & -5 & -1 \end{bmatrix} \xrightarrow[\substack{-2①+② \\ -①+③ \\ -3①+④}]{} \begin{bmatrix} 1 & 1 & -1 & 3 \\ 0 & -1 & -1 & -5 \\ 0 & -3 & 2 & -5 \\ 0 & -2 & -2 & -10 \end{bmatrix}$$

$$\xrightarrow{-②} \begin{bmatrix} 1 & 1 & -1 & 3 \\ 0 & 1 & 1 & 5 \\ 0 & -3 & 2 & -5 \\ 0 & -2 & -2 & -10 \end{bmatrix} \xrightarrow[\substack{3②+③ \\ 2②+④}]{} \begin{bmatrix} 1 & 1 & -1 & 3 \\ 0 & 1 & 1 & 5 \\ 0 & 0 & 5 & 10 \\ 0 & 0 & 0 & 0 \end{bmatrix}$$

$$\xrightarrow{\frac{1}{5}③} \begin{bmatrix} 1 & 1 & -1 & 3 \\ 0 & 1 & 1 & 5 \\ 0 & 0 & 1 & 2 \\ 0 & 0 & 0 & 0 \end{bmatrix} \xrightarrow[\substack{-③+② \\ ③+①}]{} \begin{bmatrix} 1 & 1 & 0 & 5 \\ 0 & 1 & 0 & 3 \\ 0 & 0 & 1 & 2 \\ 0 & 0 & 0 & 0 \end{bmatrix}$$

$$\xrightarrow{-②+①} \begin{bmatrix} 1 & 0 & 0 & 2 \\ 0 & 1 & 0 & 3 \\ 0 & 0 & 1 & 2 \\ 0 & 0 & 0 & 0 \end{bmatrix}.$$

易见 $r(\tilde{A}) = r(A) = 3 = n$,所以原方程组有唯一解为

$$\boldsymbol{x} = \begin{bmatrix} x_1 \\ x_2 \\ x_3 \end{bmatrix} = \begin{bmatrix} 2 \\ 3 \\ 2 \end{bmatrix}.$$

例9 解非齐次线性方程组

$$\begin{cases} 2x_1 - 4x_2 + 5x_3 + 3x_4 = 7, \\ 3x_1 - 6x_2 + 4x_3 + 2x_4 = 7, \\ 4x_1 - 8x_2 + 17x_3 + 11x_4 = 21. \end{cases}$$

解 对增广矩阵 $\tilde{A}$ 进行一系列的初等变换：

$$\tilde{A} = \begin{bmatrix} 2 & -4 & 5 & 3 & 7 \\ 3 & -6 & 4 & 2 & 7 \\ 4 & -8 & 17 & 11 & 21 \end{bmatrix}$$

$$\xrightarrow{\frac{1}{2}①} \begin{bmatrix} 1 & -2 & \frac{5}{2} & \frac{3}{2} & \frac{7}{2} \\ 3 & -6 & 4 & 2 & 7 \\ 4 & -8 & 17 & 11 & 21 \end{bmatrix}$$

$$\xrightarrow[-4①+③]{-3①+②} \begin{bmatrix} 1 & -2 & \frac{5}{2} & \frac{3}{2} & \frac{7}{2} \\ 0 & 0 & -\frac{7}{2} & -\frac{5}{2} & -\frac{7}{2} \\ 0 & 0 & 7 & 5 & 7 \end{bmatrix}$$

$$\xrightarrow{2②+③} \begin{bmatrix} 1 & -2 & \frac{5}{2} & \frac{3}{2} & \frac{7}{2} \\ 0 & 0 & -\frac{7}{2} & -\frac{5}{2} & -\frac{7}{2} \\ 0 & 0 & 0 & 0 & 0 \end{bmatrix}$$

$$\xrightarrow{-\frac{2}{7}②} \begin{bmatrix} 1 & -2 & \frac{5}{2} & \frac{3}{2} & \frac{7}{2} \\ 0 & 0 & 1 & \frac{5}{7} & 1 \\ 0 & 0 & 0 & 0 & 0 \end{bmatrix}$$

$$\xrightarrow{-\frac{5}{2}②+①} \begin{bmatrix} \boxed{1} & -2 & \boxed{0} & -\frac{2}{7} & 1 \\ \boxed{0} & 0 & \boxed{1} & \frac{5}{7} & 1 \\ 0 & 0 & 0 & 0 & 0 \end{bmatrix}.$$

易见 $r(\tilde{A}) = r(A) = 2 < n = 4$,所以原方程组有无穷多解. 由最后一个矩阵得到原方程组的同解方程组为

$$\begin{cases} x_1 = 2x_2 + \dfrac{2}{7}x_4 + 1, \\ x_3 = \quad\quad -\dfrac{5}{7}x_4 + 1, \end{cases}$$

可以改写为

$$\begin{cases} x_1 = 2x_2 + \dfrac{2}{7}x_4 + 1, \\ x_2 = x_2 + 0x_4 + 0, \\ x_3 = 0x_2 - \dfrac{5}{7}x_4 + 1, \\ x_4 = 0x_2 + x_4 + 0, \end{cases}$$

即

$$\begin{bmatrix} x_1 \\ x_2 \\ x_3 \\ x_4 \end{bmatrix} = \begin{bmatrix} 2 \\ 1 \\ 0 \\ 0 \end{bmatrix}x_2 + \begin{bmatrix} \dfrac{2}{7} \\ 0 \\ -\dfrac{5}{7} \\ 1 \end{bmatrix}x_4 + \begin{bmatrix} 1 \\ 0 \\ 1 \\ 0 \end{bmatrix},$$

所以原方程组的全部解为

$$\begin{bmatrix} x_1 \\ x_2 \\ x_3 \\ x_4 \end{bmatrix} = \begin{bmatrix} 1 \\ 0 \\ 1 \\ 0 \end{bmatrix} + c_1 \begin{bmatrix} 2 \\ 1 \\ 0 \\ 0 \end{bmatrix} + c_2 \begin{bmatrix} \dfrac{2}{7} \\ 0 \\ -\dfrac{5}{7} \\ 1 \end{bmatrix},$$

其中 c_1, c_2 为任意常数.

五、练习题

（一）选择题

1. 线性方程组

$$\begin{cases} 2x_1 - 9x_2 - x_3 = 2, \\ x_1 + 3x_2 - 5x_3 = 1, \\ 3x_1 - x_2 + 4x_3 = 5 \end{cases}$$

的矩阵形式为(　　).

(A) $\begin{bmatrix} x_1 \\ x_2 \\ x_3 \end{bmatrix} \begin{bmatrix} 2 & -9 & -1 \\ 1 & 3 & -5 \\ 3 & -1 & 4 \end{bmatrix} = \begin{bmatrix} 2 \\ 1 \\ 5 \end{bmatrix}$;

(B) $(x_1, x_2, x_3) \begin{bmatrix} 2 & -9 & -1 \\ 1 & 3 & -5 \\ 3 & -1 & 4 \end{bmatrix} = \begin{bmatrix} 2 \\ 1 \\ 5 \end{bmatrix}$;

(C) $\begin{bmatrix} 2 & -9 & -1 \\ 1 & 3 & -5 \\ 3 & -1 & 4 \end{bmatrix} (x_1, x_2, x_3) = \begin{bmatrix} 2 \\ 1 \\ 5 \end{bmatrix}$;

(D) $\begin{bmatrix} 2 & -9 & -1 \\ 1 & 3 & -5 \\ 3 & -1 & 4 \end{bmatrix} \begin{bmatrix} x_1 \\ x_2 \\ x_3 \end{bmatrix} = \begin{bmatrix} 2 \\ 1 \\ 5 \end{bmatrix}$.

2. 线性方程组

$$\begin{cases} x_1 + x_2 + x_3 + x_4 = 4, \\ 2x_2 + x_3 + x_4 = 4, \\ x_3 + x_4 = 2, \\ \lambda(\lambda+1)x_4 = \lambda^2 - 1 \end{cases}$$

无解，则 $\lambda = ($　　$)$.

(A) 0;　(B) 1;　(C) -1;　(D) 任意实数.

3. 线性方程组

$$\begin{cases} x_1 + x_2 - x_3 = 2, \\ x_1 - x_2 + x_3 = 3, \\ -x_1 + x_2 - x_3 = 0 \end{cases}$$

解的情形是( ).

(A) 有唯一解;　　　　　(B) 有一个特解$(1,1,0)'$;
(C) 有无穷多解;　　　　(D) 无解.

4. n 元齐次线性方程组 $Ax = 0$ 有非零解的充分必要条件是( ).

(A) $r(A) = n$;　　　　　(B) $r(A) < n$;
(C) $r(A) > n$;　　　　　(D) $r(A)$ 与 n 无关.

5. 秩(A) = 秩$(\tilde{A})$ 是线性方程组 $Ax = b$ 有解的( ).

(A) 必要条件;　　　　　(B) 充分条件;
(C) 充分必要条件;　　　(D) 无关条件.

(二) 解答题

1. 判断方程组

$$\begin{cases} x_1 + 2x_2 - 3x_3 - x_4 = 2, \\ x_1 + x_2 + x_3 + 2x_4 = 5 \end{cases}$$

是否有解,如有解是否唯一.

2. 判别线性方程组

$$\begin{cases} 3x_1 + 5x_2 + x_3 = 4, \\ 2x_1 + 7x_2 + 8x_3 = 3, \\ 4x_1 + 3x_2 - 6x_3 = 7 \end{cases}$$

的相容性.

3. 解齐次线性方程组

$$\begin{cases} 3x_1 + 9x_2 + 6x_3 + 2x_4 = 0, \\ x_1 + 7x_2 + 2x_3 + 2x_4 = 0, \\ x_1 + 4x_2 + 2x_3 + x_4 = 0. \end{cases}$$

4. 讨论下列方程组当 λ 为何值时无解,又当 λ 为何值时有解,并求出它的解:

$$\begin{cases} -x_1 + 4x_2 - 3x_3 = 18 - \lambda, \\ x_1 + 3x_2 + 6x_3 = 10, \\ 3x_1 + 2x_2 + 15x_3 = \lambda^2 + 2\lambda - 18. \end{cases}$$

六、练习题解答与分析

(一) 选择题

1. 答案是:D.

分析 由矩阵乘法法则及矩阵相等的概念,可知线性方程组的矩阵形式为

$$Ax = b.$$

故选择 D.

2. 答案是:A.

分析 由于

$$A = \begin{bmatrix} 1 & 1 & 1 & 1 & 4 \\ 0 & 2 & 1 & 1 & 4 \\ 0 & 0 & 1 & 1 & 2 \\ 0 & 0 & 0 & \lambda(\lambda+1) & \lambda^2 - 1 \end{bmatrix},$$

若要方程组无解,应满足

$$\begin{cases} \lambda(\lambda+1) = 0, \\ \lambda^2 - 1 \neq 0, \end{cases}$$

得到 $\lambda = 0$. 故选择 A.

3. 答案是:D.

分析 由于

$$A = \begin{bmatrix} 1 & 1 & -1 & 2 \\ 1 & -1 & 1 & 3 \\ -1 & 1 & -1 & 0 \end{bmatrix} \xrightarrow[\substack{-①+② \\ ①+③}]{} \begin{bmatrix} 1 & 1 & -1 & 2 \\ 0 & -2 & 2 & 1 \\ 0 & 2 & -2 & 2 \end{bmatrix}$$

$$\xrightarrow{②+③} \begin{bmatrix} 1 & 1 & -1 & 2 \\ 0 & -2 & 2 & 1 \\ 0 & 0 & 0 & 3 \end{bmatrix},$$

可见 $r(A) \neq r(\tilde{A})$，因此方程组无解. 故选择 D.

4. 答案是：B.

分析 若 $r(A) = n$，此时方程组 $Ax = 0$ 只有零解，而当 $r(A) < n$，方程组 $Ax = 0$ 有无穷多解，即有非零解. 故选择 B.

5. 答案是：C.

分析 由定理 3.2 可知，$r(A) = r(\tilde{A})$ 是线性方程组 $Ax = b$ 有解的充分必要条件. 故选择 C.

（二）解答题

1. 分析 对 $\tilde{A}$ 作初等行变换的同时，已包含了对 A 作初等行变换. 通过对 $\tilde{A}$ 及 A 作初等行变换，来求 $\tilde{A}$ 及 A 的秩. 若 $r(\tilde{A}) = r(A)$，则方程组有解；若 $r(\tilde{A}) \neq r(A)$，则方程组无解.

解 将 $\tilde{A}$ 作初等行、列变换：
$$\tilde{A} = \begin{bmatrix} 1 & 2 & -3 & -1 & 2 \\ 1 & 1 & 1 & 2 & 5 \end{bmatrix} \to \begin{bmatrix} 1 & 2 & -3 & -1 & 2 \\ 0 & -1 & 4 & 3 & 3 \end{bmatrix}$$
$$\to \begin{bmatrix} 1 & 0 & 0 & 0 & 0 \\ 0 & -1 & 4 & 3 & 3 \end{bmatrix} \to \begin{bmatrix} 1 & 0 & 0 & 0 & 0 \\ 0 & 1 & 0 & 0 & 0 \end{bmatrix}.$$

可见 $r(A) = r(\tilde{A})$，因此，方程组有解. 由于方程未知量个数
$$n = 4 > r(A) = 2,$$
所以方程组有无穷多解.

2. 解 对方程组的增广矩阵作初等变换：
$$\tilde{A} = \begin{bmatrix} 3 & 5 & 1 & 4 \\ 2 & 7 & 8 & 3 \\ 4 & 3 & -6 & 7 \end{bmatrix} \to \begin{bmatrix} 1 & -2 & -7 & 1 \\ 2 & 7 & 8 & 3 \\ 4 & 3 & -6 & 7 \end{bmatrix}$$

$$\rightarrow \begin{bmatrix} 1 & -2 & -7 & 1 \\ 0 & 11 & 22 & 1 \\ 0 & 11 & 22 & 3 \end{bmatrix} \rightarrow \begin{bmatrix} 1 & -2 & -7 & 1 \\ 0 & 11 & 22 & 1 \\ 0 & 0 & 0 & 2 \end{bmatrix}$$

$$\rightarrow \begin{bmatrix} 1 & 0 & 0 & 0 \\ 0 & 11 & 22 & 1 \\ 0 & 0 & 0 & 2 \end{bmatrix} \rightarrow \begin{bmatrix} 1 & 0 & 0 & 0 \\ 0 & 1 & 0 & 0 \\ 0 & 0 & 0 & 1 \end{bmatrix}.$$

可见 $r(A) = 2 \neq 3 = r(\widetilde{A})$,因此,方程组不相容(即方程组无解).

3. 解 对方程组的系数矩阵作行初等变换:

$$A = \begin{bmatrix} 3 & 9 & 6 & 2 \\ 1 & 7 & 2 & 2 \\ 1 & 4 & 2 & 1 \end{bmatrix} \xrightarrow[-③+②]{-3③+①} \begin{bmatrix} 0 & -3 & 0 & -1 \\ 0 & 3 & 0 & 1 \\ 1 & 4 & 2 & 1 \end{bmatrix}$$

$$\xrightarrow[②+③]{①\leftrightarrow③} \begin{bmatrix} 1 & 4 & 2 & 1 \\ 0 & 3 & 0 & 1 \\ 0 & 0 & 0 & 0 \end{bmatrix} \xrightarrow{-②+①} \begin{bmatrix} 1 & 1 & 2 & 0 \\ 0 & 3 & 0 & 1 \\ 0 & 0 & 0 & 0 \end{bmatrix}.$$

可见 $r(A) = 2$. 因为 $n = 4$,$n - r = 2$,所以基础解系有两个解向量. 又由上述行初等变换的结果知,原方程组同解方程组为

$$\begin{cases} x_1 + x_2 + 2x_3 = 0, \\ 3x_2 + x_4 = 0. \end{cases}$$

这里 x_1 和 x_4 的系数行列式为单位矩阵之行列式,不等于零,所以,将其余的两个变量 x_2, x_3 作为自由未知量,x_1 和 x_4 可由 x_2, x_3 确定:

$$\begin{cases} x_1 = -x_2 - 2x_3, \\ x_4 = -3x_2. \end{cases}$$

所以方程组的全部解为

$$\begin{bmatrix} x_1 \\ x_2 \\ x_3 \\ x_4 \end{bmatrix} = c_1 \begin{bmatrix} -1 \\ 1 \\ 0 \\ -3 \end{bmatrix} + c_2 \begin{bmatrix} -2 \\ 0 \\ 1 \\ 0 \end{bmatrix},$$

其中 c_1, c_2 为任意常数.

4. 分析 本题虽然 $m = n$,但系数行列式内不含参数 λ,故不能采用讨论系数行列式的办法,只能通过对增广矩阵作初等行变换和讨论 $\mathrm{r}(\boldsymbol{A})$ 及 $\mathrm{r}(\tilde{\boldsymbol{A}})$ 的关系来进行.

解

$$\tilde{\boldsymbol{A}} = \begin{bmatrix} -1 & 4 & -3 & 18 - \lambda \\ 1 & 3 & 6 & 10 \\ 3 & 2 & 15 & \lambda^2 + 2\lambda - 18 \end{bmatrix}$$

$$\xrightarrow[-3②+③]{②+①} \begin{bmatrix} 0 & 7 & 3 & 28 - \lambda \\ 1 & 3 & 6 & 10 \\ 0 & -7 & -3 & \lambda^2 + 2\lambda - 48 \end{bmatrix}$$

$$\xrightarrow{①\leftrightarrow②} \begin{bmatrix} 1 & 3 & 6 & 10 \\ 0 & 7 & 3 & 28 - \lambda \\ 0 & -7 & -3 & \lambda^2 + 2\lambda - 48 \end{bmatrix}$$

$$\xrightarrow{②+③} \begin{bmatrix} 1 & 3 & 6 & 10 \\ 0 & 7 & 3 & 28 - \lambda \\ 0 & 0 & 0 & \lambda^2 + \lambda - 20 \end{bmatrix},$$

可见

$$\mathrm{r}(\boldsymbol{A}) = 2.$$

(1) 当 $\lambda^2 + \lambda - 20 \neq 0$,即 $\lambda \neq -5$,且 $\lambda \neq 4$ 时,$\mathrm{r}(\tilde{\boldsymbol{A}}) = 3$,无解.

(2) 要使方程组有解,必须

$$\mathrm{r}(\tilde{\boldsymbol{A}}) = \mathrm{r}(\boldsymbol{A}) = 2,$$

故

$$\lambda^2 + \lambda - 20 = 0, \quad (\lambda + 5)(\lambda - 4) = 0.$$

因此,当 $\lambda = 4$ 或 $\lambda = -5$ 时,$\mathrm{r}(\boldsymbol{A}) < n$,方程组有无穷多解.

当 $\lambda = 4$ 时,有

$$\widetilde{A} \to \begin{bmatrix} 1 & 3 & 6 & 10 \\ 0 & 7 & 3 & 24 \\ 0 & 0 & 0 & 0 \end{bmatrix} \to \begin{bmatrix} 1 & -11 & 0 & -38 \\ 0 & 7 & 3 & 24 \\ 0 & 0 & 0 & 0 \end{bmatrix},$$

可选 x_2 为自由未知量,则有

$$\begin{bmatrix} x_1 \\ x_2 \\ x_3 \end{bmatrix} = \begin{bmatrix} -38 \\ 0 \\ 8 \end{bmatrix} + c_1 \begin{bmatrix} 33 \\ 3 \\ -7 \end{bmatrix} \quad (c_1 \text{ 为任意常数}).$$

当 $\lambda = -5$ 时,有

$$\widetilde{A} \to \begin{bmatrix} 1 & 3 & 6 & 10 \\ 0 & 7 & 3 & 33 \\ 0 & 0 & 0 & 0 \end{bmatrix} \to \begin{bmatrix} 1 & -11 & 0 & -56 \\ 0 & 7 & 3 & 33 \\ 0 & 0 & 0 & 0 \end{bmatrix},$$

同样可选 x_2 为自由未知量,则有

$$\begin{bmatrix} x_1 \\ x_2 \\ x_3 \end{bmatrix} = \begin{bmatrix} -56 \\ 0 \\ 11 \end{bmatrix} + c_2 \begin{bmatrix} 33 \\ 3 \\ -7 \end{bmatrix} \quad (c_2 \text{ 为任意常数}).$$

第六部分　初等概率论

第一章　随机变量及其分布

一、知识点

1. 随机变量及其分类；
2. 概率分布、分布密度函数的概念与性质；
3. 常见分布(包括两点分布、二项分布、几何分布、正态分布、指数分布及均匀分布)；
4. 有关概率的计算问题；
5. 数学期望、方差的概念及性质.

二、基本要求

1. 理解随机变量的概念；
2. 理解随机变量分布函数的概念及性质，理解离散型随机变量的概率分布与连续型随机变量的概率密度的概念及其性质，会应用概率分布计算有关事件的概率；
3. 理解数学期望和方差的概念，掌握它们的性质与计算；
4. 掌握二项分布、两点分布、正态分布、均匀分布和指数分布及这些分布的数学期望和方差.

三、复习要点

(一) 重要概念及性质

1. 随机变量

定义 1.1　在条件 S 下，随机试验的每一个可能的结果 ω 都用一个实数 $X = X(\omega)$ 来表示，且实数 X 满足

① X 是由 ω 唯一确定;

② 对于任意给定的实数 x,事件 $\{X \leqslant x\}$ 都是有概率的,则称 X 为一**随机变量**.

2. 概率分布

定义 1.2 如果随机变量 X 的取值是可以一一列举出来的,则称 X 为**离散型**随机变量. 设 X 取值是 $x_1, x_2, \cdots, x_n, \cdots$,相应的概率

$$p_k = P\{X = x_k\} \quad (k = 1, 2, 3, \cdots, n, \cdots)$$

称为离散型随机变量 X 的**概率分布**. 将 X 的取值及相应的概率列成下表:

x_k	x_1	x_2	x_3	$\cdots$	x_n	$\cdots$
p_k	p_1	p_2	p_3	$\cdots$	p_n	$\cdots$

此表称为 X 的**概率分布表**.

随机变量取值的概率 $p_k(k=1,2,\cdots,n,\cdots)$ 满足

① $p_k \geqslant 0 \quad (k = 1, 2, \cdots, n, \cdots)$;

② $\sum_k p_k = 1$.

3. 常见的离散型随机变量的分布

(1) 两点分布

定义 1.3 设随机变量 X 的分布为

$$P\{X = 1\} = p \quad (0 < p < 1),$$
$$P\{X = 0\} = 1 - p,$$

则称 X 服从**两点分布**,记为 $X \sim B(1, p)$,其中 p 为参数.

(2) 二项分布

定义 1.4 设随机变量 X 的分布为

$$P\{X = k\} = C_n^k p^k q^{n-k}$$

$(k = 0, 1, 2, \cdots, n; 0 < p < 1; q = 1 - p)$,

则称 X 服从**二项分布**,记为 $X \sim B(n, p)$,其中 n, p 为参数.

(3) 几何分布

定义 1.5 设随机变量 X 的分布为
$$P\{X = k\} = pq^{k-1}$$
$(k = 1, 2, \cdots, n, \cdots; 0 < p < 1; q = 1 - p)$,
则称 X 服从**几何分布**,记为 $X \sim g(p)$,其中 p 为参数.

定义 1.6 对于随机变量 X,如果存在非负可积函数
$$p(x) \quad (-\infty < x < +\infty),$$
使得对于任意 $a, b (a < b)$ 都有
$$P\{a < X < b\} = \int_a^b p(x) \mathrm{d}x,$$
则称 X 为**连续型随机变量**;且称 $p(x)$ 为**概率密度函数**(简称概率密度).

概率密度函数 $p(x)$ 满足:

① $p(x) \geqslant 0$;

② $\int_{-\infty}^{+\infty} p(x) \mathrm{d}x = 1.$

4. 常见的连续型随机变量的分布

(1) 均匀分布

定义 1.7 设随机变量 X 的概率密度函数为
$$p(x) = \begin{cases} \dfrac{1}{b-a}, & a \leqslant x \leqslant b, \\ 0, & \text{其他}, \end{cases}$$
则称 X 服从**均匀分布**,记为 $X \sim U(a, b)$,其中 a, b 为参数.

(2) 指数分布

定义 1.8 设随机变量 X 的分布密度函数为
$$p(x) = \begin{cases} \lambda \mathrm{e}^{-\lambda x}, & x \geqslant 0, \\ 0, & x < 0, \end{cases} \quad (\lambda > 0)$$
则称 X 服从**指数分布**,记为 $E(\lambda)$(或 $X \sim \Gamma(1, \lambda)$),其中 λ 为参数.

(3) 正态分布

定义 1.9 设随机变量 X 的分布密度函数为

$$p(x) = \frac{1}{\sqrt{2\pi}\sigma} e^{-\frac{(x-\mu)^2}{2\sigma^2}} \quad (-\infty < x < +\infty, \sigma > 0),$$

则称 X 服从**正态分布**,记为 $X \sim N(\mu, \sigma^2)$,其中 μ, σ 为参数.

特别地,称 $\mu = 0, \sigma = 1$ 的正态分布为**标准正态分布**,记为 $N(0,1)$.

5. 数学期望(均值)

(1) 数学期望的概念

定义 1.10 设离散型随机变量 X 的概率分布表为

x_i	x_1	x_2	$\cdots$	x_n	$\cdots$
p_i	p_1	p_2	$\cdots$	p_n	$\cdots$

则称 $\sum_{i=1}^{\infty} x_i p_i$ 为 X 的**数学期望**或**均值**,记作 $E(X)$,即

$$E(X) = \sum_{i=1}^{\infty} x_i p_i;$$

设连续型随机变量 X 的密度函数为 $p(x)$,则称 $\int_{-\infty}^{+\infty} x p(x) \mathrm{d}x$ 为 X 的**数学期望**,记作 $E(X)$,即

$$E(X) = \int_{-\infty}^{+\infty} x p(x) \mathrm{d}x.$$

(2) 数学期望的性质

性质 1 常量 C 的数学期望等于它自己,即

$$E(C) = C.$$

性质 2 常量 C 与随机变量 X 乘积的数学期望,等于常量 C 与这个随机变量的数学期望的积,即

$$E(CX) = CE(X).$$

性质 3 随机变量和的数学期望,等于随机变量数学期望的和,即

$$E(X + Y) = E(X) + E(Y).$$

推论 有限个随机变量和的数学期望,等于它们各自数学期望的和,即

$$E\left(\sum_{i=1}^{n} X_i\right) = \sum_{i=1}^{n} E(X_i).$$

6. 方差

(1) 方差的概念

定义 1.11 设离散型随机变量的分布表为

x_i	x_1	x_2	$\cdots$	x_n	$\cdots$
p_i	p_1	p_2	$\cdots$	p_n	$\cdots$

则称 $\sum_{i=1}^{\infty}(x_i - E(X))^2 p_i$ 为 X 的**方差**,记为 $D(X)$,即

$$D(X) = \sum_{i=1}^{\infty}(x_i - E(X))^2 p_i;$$

设连续型随机变量 X 的分布密度函数为 $p(x)$,则称此 $\int_{-\infty}^{+\infty}(x - E(X))^2 p(x)\mathrm{d}x$ 为 X 的**方差**,记为 $D(X)$,即

$$D(X) = \int_{-\infty}^{+\infty}(x - E(X))^2 p(x)\mathrm{d}x.$$

根据方差的定义显然有 $D(X) \geq 0$,我们称方差的算术根 $\sqrt{D(X)}$ 为随机变量 X 的**标准差**(或均方差).

(2) 方差的性质

性质 1 常量 C 的方差等于零,即

$$D(C) = 0.$$

性质 2 随机变量 X 与常量 C 的和的方差,等于这个随机变量的方差,即

$$D(X + C) = D(X).$$

性质 3 常量 C 与随机变量 X 乘积的方差,等于这个常量的平方与随机变量的方差的积,即

$$D(CX) = C^2 D(X).$$

(二) 重要定理及公式

1. 离散型随机变量的概率计算公式

对于实数集 **R** 中任一个区间 D,事件 $\{X \in D\}$ 的概率都可以由概率分布算出:

$$P\{X \in D\} = \sum_{x_i \in D} P\{X = x_i\}.$$

例1 设某射手每次射击打中目标的概率为 0.5,现在连续射击 10 次,求击中目标的次数 X 的概率分布. 又设至少命中 3 次才可以参加下一步的考核,求此射手不能参加考核的概率.

解 这是一个 10 重伯努利试验,击中目标的次数 X 的可能取值为 $0,1,2,\cdots,10$,利用二项概型可求得

$$P\{X = k\} = C_{10}^k 0.5^k 0.5^{10-k}, \quad k = 0,1,2,\cdots,10,$$

即 $X \sim B(10,0.5)$. 设 $A = \{$此射手不能参加考核$\}$,有

$$P(A) = P\{X \leq 2\} = \sum_{k=0}^{2} P\{X = k\}$$

$$= \sum_{k=0}^{2} C_{10}^k 0.5^k 0.5^{10-k} = 0.0546875.$$

2. 连续型随机变量的概率计算公式

对于实数集 **R** 中任一区间 D,事件 $\{X \in D\}$ 的概率都可以由分布密度算出:

$$P\{X \in D\} = \int_D p(x) \mathrm{d}x.$$

注意 这里要求 $p(x)$ 是可求积的.

例2 设 $X \sim E(2)$,求 $P\{-1 \leq X \leq 4\}$,$P\{X < -3\}$ 以及 $P\{X \geq -10\}$.

解 由 $X \sim E(2)$ 可知

$$p(x) = \begin{cases} 2\mathrm{e}^{-2x}, & x \geq 0, \\ 0, & x < 0, \end{cases}$$

于是

$$P\{-1 \leq X \leq 4\} = \int_{-1}^{4} p(x)\mathrm{d}x = \int_{-1}^{0} 0\mathrm{d}x + \int_{0}^{4} 2\mathrm{e}^{-2x}\mathrm{d}x$$
$$= 1 - \mathrm{e}^{-8},$$
$$P\{X < -3\} = \int_{-\infty}^{-3} p(x)\mathrm{d}x = \int_{-\infty}^{-3} 0\mathrm{d}x = 0,$$
$$P\{X \geq -10\} = \int_{-10}^{+\infty} p(x)\mathrm{d}x$$
$$= \int_{-10}^{0} 0\mathrm{d}x + \int_{0}^{+\infty} 2\mathrm{e}^{-2x}\mathrm{d}x = 1.$$

3. 正态分布在任一区间上取值概率的计算

为计算方便,人们已经编制了标准正态分布函数 $\varPhi(x)$ 值的表(见教材附表1),其中

$$\varPhi(x) = \int_{-\infty}^{x} \frac{1}{\sqrt{2\pi}} \mathrm{e}^{-\frac{t^2}{2}} \mathrm{d}t \quad (x \geq 0)$$

(见图 1-1). 由 $\varPhi(x)$ 的性质可知,表中只需列出 $x \geq 0$ 的值.

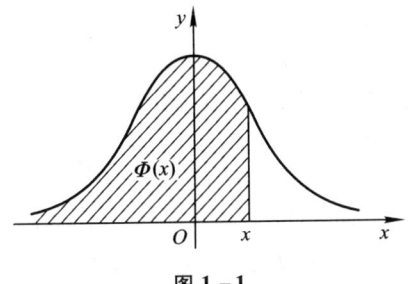

图 1-1

下面用实例来说明,对于服从正态分布或服从标准正态分布的随机变量均能利用 $x \geq 0$ 时 $\varPhi(x)$ 的值来计算其取值于任一区间的概率.

例3 设 $X \sim N(0,1)$,求 $P\{X < 2.35\}$,$P\{X < -1.25\}$ 以及 $P\{|x| < 1.55\}$.

解 $P\{X < 2.35\} = \varPhi(2.35) \xrightarrow{\text{查表}} 0.9906$,

$$P\{X < -1.25\} = \Phi(-1.25) = 1 - \Phi(1.25)$$
$$= 1 - 0.8944 = 0.1056,$$
$$P\{|X| < 1.55\} = P\{-1.55 < X < 1.55\}$$
$$= \Phi(1.55) - \Phi(-1.55)$$
$$= 2\Phi(1.55) - 1 = 2 \times 0.9394 - 1$$
$$= 0.8788.$$

对于服从非标准正态分布 $N(\mu, \sigma^2)$ 的随机变量,我们只需进行积分变换,有

$$P\{\alpha < X < \beta\} = \int_\alpha^\beta \frac{1}{\sqrt{2\pi}\sigma} e^{-\frac{(x-\mu)^2}{2\sigma^2}} dx$$

$$\xrightarrow{\diamondsuit\, t = \frac{x-\mu}{\sigma}} \int_{\frac{\alpha-\mu}{\sigma}}^{\frac{\beta-\mu}{\sigma}} \frac{1}{\sqrt{2\pi}} e^{-\frac{t^2}{2}} dt$$

$$= \Phi\left(\frac{\beta-\mu}{\sigma}\right) - \Phi\left(\frac{\alpha-\mu}{\sigma}\right).$$

查表即可求出此值.

例 4 设 $X \sim N(1, 2^2)$,求 $P\{0 < X \leq 5\}$.

解 这里 $\mu = 1, \sigma = 2, \beta = 5, \alpha = 0$,有

$$\frac{\beta - \mu}{\sigma} = 2, \quad \frac{\alpha - \mu}{\sigma} = -0.5.$$

于是

$$P\{0 < X \leq 5\} = \Phi(2) - \Phi(-0.5)$$
$$= \Phi(2) - [1 - \Phi(0.5)]$$
$$= \Phi(2) + \Phi(0.5) - 1$$
$$= 0.9772 + 0.6915 - 1 = 0.6687.$$

对于一般的正态分布 $N(\mu, \sigma^2)$,我们有下述结论:
$$P\{|X - \mu| < \sigma\} \approx 68.27\%, \quad P\{|X - \mu| < 2\sigma\} \approx 95.45\%,$$
$$P\{|X - \mu| < 3\sigma\} \approx 99.73\%.$$

定理 1.1(表示性定理) 设随机变量 X 的概率分布已确知,则随机变量函数 $Z = f(X)$ 的数学期望为

$$E(Z) = E[f(X)] = \begin{cases} \sum_{i=1}^{\infty} f(x_i) p_i, & X \text{ 为离散型}, \\ \int_{-\infty}^{+\infty} f(x) p(x) \mathrm{d}x, & X \text{ 为连续型}. \end{cases}$$

(三) 重要方法

方差的计算公式

由方差的定义和数学期望的性质, 有
$$D(X) = E(X^2) - [E(X)]^2.$$
这就是说, 要计算随机变量 X 的方差, 在求出 $E(X)$ 后, 再根据随机变量函数的数学期望公式算出 $E(X^2)$ 即可.

四、典型例题分析

例 1 离散型随机变量 X 的分布表为

x_i	-1	0	1	2
p_i	c	$2c$	$3c$	$4c$

则 $c = $ _____.

答案是: $\dfrac{1}{10}$.

分析 由于 $\sum_i p_i = 1$, 即 $c + 2c + 3c + 4c = 10c = 1$, 故 $c = \dfrac{1}{10}$.

例 2 事件 A 在一次试验中出现的概率为 $\dfrac{1}{3}$, 在 4 次独立试验中事件 A 发生 4 次的概率为 _____.

答案是: $\dfrac{1}{81}$.

分析 设 4 次试验中, A 出现的次数为 X, 根据二项分布的定义及公式有
$$P\{X = 4\} = C_4^4 \left(\dfrac{1}{3}\right)^4 = \dfrac{1}{81}.$$

例 3 一大批产品中有一半是一级品,从中任取 5 个,其中一级品的数目不少于 4 个的概率为_____.

答案是:$\dfrac{3}{16}$.

分析 由于是大批产品,因此从中抽取若干个后,不影响它的一级品率为 $\dfrac{1}{2}$,我们仍按上题计算之,有

$$P\{X \geqslant 4\} = P(X = 4) + P(X = 5)$$
$$= C_5^4 \left(\dfrac{1}{2}\right)^5 + C_5^5 \left(\dfrac{1}{2}\right)^5 = \dfrac{3}{16}.$$

例 4 设某批电子元件的正品率为 $\dfrac{4}{5}$,次品率为 $\dfrac{1}{5}$. 现对这批元件进行测试,只要测得一个正品就停止测试工作,试求测试次数的分布律_____.

答案是:$P\{X = k\} = \left(\dfrac{4}{5}\right)\left(\dfrac{1}{5}\right)^{k-1}$,$k = 1, 2, 3, \cdots$.

分析 设测试次数为 X,则 X 的可能值为:$1, 2, 3, \cdots$.

当 $X = k$ 时,相当于前 $k - 1$ 次测到的都是次品,而第 k 次测到的是正品,根据独立情况下的乘法公式,故

$$P\{X = k\} = \left(\dfrac{1}{5}\right)^{k-1} \cdot \left(\dfrac{4}{5}\right).$$

例 5 设连续型随机变量 X 的分布密度为

$$p(x) = \begin{cases} cx^2, & 0 \leqslant x \leqslant 1, \\ 0, & \text{其他}, \end{cases} \text{ 则 } c = \underline{\qquad}.$$

答案是:3.

分析 根据密度函数 $p(x)$ 的性质,有

$$\int_0^1 cx^2 \mathrm{d}x = \dfrac{1}{3} cx^3 \Big|_0^1 = \dfrac{1}{3} c = 1,$$

故 $c = 3$.

例 6 随机变量 $X \sim N(0, 1)$,$\Phi(x)$ 表示 X 的分布函数,则

$P\{-1 < X < 0\} = $ _____.

答案是:0.3413.

分析 由于 $X \sim N(0,1)$,有
$$P\{-1 < X < 0\} = \Phi(0) - \Phi(-1) = \Phi(0) + \Phi(1) - 1$$
$$= 0.5 + 0.8413 - 1 = 0.3413.$$

例 7 若 $X \sim B(n,p)$,且 $E(X) = 6, D(X) = 3.6$,则 $n = $ _____.

答案是:15.

分析 由于 $X \sim B(n,p)$,所以
$$E(X) = np = 6, \quad D(X) = np(1-p) = 3.6,$$
故
$$6(1-p) = 3.6, \quad p = 0.4, \quad n = 15.$$

例 8 随机变量 X 服从区间 $[0,2]$ 上的均匀分布,则 $D(X)/[E(X)]^2 = $ _____.

答案是:$\dfrac{1}{3}$.

分析 由于 $E(X) = \dfrac{2}{2} = 1$, $D(X) = \dfrac{2^2}{12} = \dfrac{1}{3}$,故
$$D(X)/[E(X)]^2 = \dfrac{1}{3}.$$

例 9 设随机变量 X 服从参数为 1 的指数分布,则数学期望 $E(X + e^{-2X}) = $ _____.

答案是:$\dfrac{4}{3}$.

分析 由题设可知 X 的密度函数为
$$p(x) = \begin{cases} e^{-x}, & x > 0, \\ 0, & x \leqslant 0, \end{cases}$$
所以
$$E(X + e^{-2X}) = E(X) + E(e^{-2X})$$

$$= 1 + \int_0^{+\infty} e^{-2x} \cdot e^{-x} dx = 1 + \int_0^{+\infty} e^{-3x} dx$$

$$= 1 - \frac{1}{3} e^{-3x} \Big|_0^{+\infty} = 1 - \frac{1}{3}(-1) = \frac{4}{3}.$$

例 10 设 X 服从正态分布 $N(3,4)$,则 $P\{2 < X \leq 5\} = $ _____, $P\{-2 < X \leq 7\} = $ _____;若 $P\{X > c\} = P\{X \leq c\}$,则 $c = $ _____.

答案是:0.5328,0.957,3.

分析

$$P\{2 < X \leq 5\} = P\left\{\frac{2-3}{2} < \frac{X-3}{2} \leq \frac{5-3}{2}\right\}$$

$$= \Phi(1) - \Phi(-0.5) = \Phi(1) + \Phi(0.5) - 1$$

$$= 0.8413 + 0.6915 - 1 = 0.5328;$$

$$P\{-2 < X \leq 7\} = P\left\{\frac{-2-3}{2} < \frac{X-3}{2} \leq \frac{7-3}{2}\right\}$$

$$= \Phi(2) - \Phi(-2.5) = 0.9772 - 1 + 0.9798$$

$$= 0.957;$$

$$P\{X > c\} = 1 - P\{X \leq c\} \xrightarrow{\text{由题条件}} P\{X \leq c\},$$

由此得

$$2P\{X \leq c\} = 1, \quad P\{X \leq c\} = \frac{1}{2},$$

$$P\left\{\frac{X-3}{2} \leq \frac{c-3}{2}\right\} = \Phi\left(\frac{c-3}{2}\right) = \frac{1}{2}.$$

查表得 $\frac{c-3}{2} = 0$,即 $c = 3$.

例 11 三重伯努利试验中,至少有一次试验成功的概率为 $\frac{37}{64}$,问:每次试验成功的概率是多少?

解 设每次试验成功的概率为 p,则

$$C_3^0 p^0 (1-p)^3 = 1 - \frac{37}{64} = \frac{27}{64}, \quad \text{即} \quad (1-p)^3 = \frac{27}{64},$$

于是
$$1 - p = \frac{3}{4}, \quad 即 \quad p = \frac{1}{4},$$
故每次试验成功的概率是 $\frac{1}{4}$.

例 12 若随机变量 X 的概率分布表为

x_i	1	3	5
p_i	$\frac{1}{2}$	$\frac{1}{3}$	$\frac{1}{6}$

试以分段表示函数的方式,给出它的分布函数 $F(x)$.

解
$$F(x) = \begin{cases} 0, & x < 1, \\ \frac{1}{2}, & 1 \leqslant x < 3, \\ \frac{5}{6}, & 3 \leqslant x < 5, \\ 1, & x \geqslant 5. \end{cases}$$

例 13 设 $p(x) = \begin{cases} 2x e^{-x^2}, & x \geqslant 0, \\ 0, & x < 0, \end{cases}$ 问:$p(x)$ 是否是某随机变量 X 的密度函数?

解 由于 $p(x) \geqslant 0$,且
$$\int_{-\infty}^{+\infty} p(x) \mathrm{d}x = \int_{0}^{+\infty} 2x e^{-x^2} \mathrm{d}x = -e^{-x^2} \Big|_{0}^{+\infty} = 1,$$
故 $p(x)$ 是某随机变量 X 的密度函数.

例 14 已知连续型随机变量 X 有概率密度,
$$p(x) = \begin{cases} kx + 1, & 0 \leqslant x \leqslant 2, \\ 0, & 其他, \end{cases}$$
求系数 k,并计算 $P\{1.5 < X < 2.5\}$.

解 (1) 由

$$\int_{-\infty}^{+\infty} p(x)\,dx = \int_0^2 (kx+1)\,dx = \left[\frac{1}{2}kx^2 + x\right]_0^2 = 2k + 2 = 1,$$

得

$$k = -\frac{1}{2}.$$

(2) $P(1.5 < X < 2.5) = F(2.5) - F(1.5)$

$$= 1 - \left[-\frac{1}{4} \times (1.5)^2 + 1.5\right] = 0.0625.$$

例15 已知 $X \sim N(20, 0.04)$,求 c,使 $P\{|X-20| \leqslant c\} = 0.95$.

解 由

$$P\{|X-20| \leqslant c\} = P\left(\left|\frac{X-20}{0.2}\right| \leqslant \frac{c}{0.2}\right)$$

$$= 2\Phi\left(\frac{c}{0.2}\right) - 1 = 0.95$$

得

$$\Phi\left(\frac{c}{0.2}\right) = 0.975.$$

查表得 $\frac{c}{0.2} = 1.96$,即 $c = 0.392$.

例16 设 $X \sim N(\mu, \sigma^2)$,且概率密度为

$$p(x) = \frac{1}{\sqrt{6\pi}} e^{-\frac{x^2-4x+4}{6}} \quad (-\infty < x < +\infty).$$

(1) 求 μ 和 σ^2;

(2) 若已知 $\int_c^{+\infty} p(x)\,dx = \int_{-\infty}^c p(x)\,dx$,求 c 的值.

解 (1) $p(x) = \frac{1}{\sqrt{6\pi}} e^{-\frac{x^2-4x+4}{6}} = \frac{1}{\sqrt{3}\cdot\sqrt{2\pi}} e^{-\frac{(x-2)^2}{2(\sqrt{3})^2}}$,即

$$\mu = 2, \quad \sigma^2 = 3.$$

(2) 当 $\int_c^{+\infty} p(x)\,dx = \int_{-\infty}^c p(x)\,dx$ 时,有

$$P\{X > c\} = P\{X \leqslant c\},$$

于是

$$1 - P\{X \leqslant c\} = P\{X \leqslant c\}, \quad 即 \quad P\{X \leqslant c\} = \frac{1}{2},$$

亦即

$$P\left(\frac{X-2}{\sqrt{3}} \leqslant \frac{c-2}{\sqrt{3}}\right) = 0.5.$$

查表得 $\frac{c-2}{\sqrt{3}} = 0$，即 $c = 2$.

例 17 离散型随机变量 X 的分布表为

x_i	0	1	2
p_i	$\frac{2}{3}$	$\frac{1}{6}$	$\frac{1}{6}$

求 X 的数学期望 $E(X)$.

解

$$E(X) = \frac{1}{6} + 2 \times \frac{1}{6} = \frac{1}{2}.$$

例 18 随机变量 X 的密度函数为

$$p(x) = \begin{cases} 2x, & 0 < x < 1, \\ 0, & 其他, \end{cases}$$

求 X 的数学期望 $E(X)$ 和方差 $D(X)$.

解 $E(X) = \int_0^1 2x^2 \mathrm{d}x = \frac{2}{3} x^3 \Big|_0^1 = \frac{2}{3}$,

$E(X^2) = \int_0^1 2x^3 \mathrm{d}x = \frac{2}{4} x^4 \Big|_0^1 = \frac{1}{2}$,

$D(X) = E(X^2) - [E(X)]^2 = \frac{1}{2} - \left(\frac{2}{3}\right)^2 = \frac{1}{18}$.

例 19 设 $X \sim p(x) = c(a-x)^2 \, (0 \leqslant x \leqslant a)$，求 $c, E(X)$ 和 $D(X)$.

解 由 $\int_{-\infty}^{+\infty} p(x) \mathrm{d}x = 1$ 有

$$\int_0^a c(a-x)^2 \mathrm{d}x = -\frac{1}{3}c(a-x)^3 \Big|_0^a = \frac{1}{3}ca^3 = 1, \quad 即 \quad c = \frac{3}{a^3},$$

于是

$$E(X) = \int_0^a x \cdot \frac{3}{a^3}(a-x)^2 \mathrm{d}x = \frac{3}{a^3}\int_0^a (a^2 x - 2ax^2 + x^3)\mathrm{d}x$$

$$= \frac{3}{a^3}\left[\frac{a^2}{2}x^2 - \frac{2}{3}ax^3 + \frac{1}{4}x^4\right]_0^a$$

$$= \frac{3}{a^3}\left(\frac{1}{2}a^4 - \frac{2}{3}a^4 + \frac{1}{4}a^4\right) = \frac{1}{4}a,$$

$$E(X^2) = \int_0^a x^2 \frac{3}{a^3}(a-x)^2 \mathrm{d}x = \frac{3}{a^3}\int_0^a (a^2 x^2 - 2ax^3 + x^4)\mathrm{d}x$$

$$= \frac{3}{a^3}\left[\frac{a^2}{3}x^3 - \frac{a}{2}x^4 + \frac{1}{5}x^5\right]_0^a$$

$$= \frac{3}{a^3}\left(\frac{1}{3}a^5 - \frac{1}{2}a^5 + \frac{1}{5}a^5\right) = \frac{1}{10}a^2,$$

$$D(X) = E(X^2) - [E(X)]^2 = \frac{1}{10}a^2 - \frac{1}{16}a^2 = \frac{3}{80}a^2.$$

例 20 某射手一次射击时中靶的概率为 0.7,现进行 5 次射击,假定每次射击是独立的,以 X 表示中靶的次数,求 X 的分布律和至少中靶 3 次的概率.

解 因为 $X \sim B(5, 0.7)$,所以

$$P\{X = 0\} = C_5^0 \times (0.3)^5 = 0.00243,$$
$$P\{X = 1\} = C_5^1 \times 0.7 \times (0.3)^4 = 0.02835,$$
$$P\{X = 2\} = C_5^2 \times (0.7)^2 \times (0.3)^3 = 0.1323,$$
$$P\{X = 3\} = C_5^3 \times (0.7)^3 \times (0.3)^2 = 0.3087,$$
$$P\{X = 4\} = C_5^4 \times (0.7)^4 \times 0.3 = 0.36015,$$
$$P\{X = 5\} = C_5^5 \times (0.7)^5 = 0.16807,$$

即有如下分布律:

x_i	0	1	2	3	4	5
p_i	0.00243	0.02835	0.1323	0.3087	0.36105	0.16807

$$P\{X \geq 3\} = P\{X=3\} + P\{X=4\} + P\{X=5\}$$
$$= 0.3087 + 0.36015 + 0.16807 = 0.83692,$$
即至少中靶 3 次的概率为 0.83692.

例 21 自动车床生产的某种零件长度 $X(\text{mm})$ 服从期望为 50 (mm),方差为 $0.75^2(\text{mm}^2)$ 的正态分布,规定长度在 50 ± 1.2 (mm)之间的为合格品,随机抽取一个零件,求该零件为合格品的概率(其中 mm 表示长度单位毫米).

解 因为 $X \sim N(50, 0.75^2)$,所以
$$P\{48.8 \leq X \leq 51.2\}$$
$$= P\left\{\frac{48.8-50}{0.75} \leq \frac{X-50}{0.75} \leq \frac{51.2-50}{0.75}\right\}$$
$$= P\left\{-1.6 \leq \frac{X-50}{0.75} \leq 1.6\right\} = \Phi(1.6) - \Phi(-1.6)$$
$$= 2\Phi(1.6) - 1 = 2 \times 0.945 - 1 = 0.89,$$
即该零件为合格品的概率为 0.89.

例 22 对于服从指数分布的随机变量 X,证明:
$$E(X^2) = 2[E(X)]^2.$$

证 设指数分布的参数为 λ,则 $E(X) = \frac{1}{\lambda}, D(X) = \frac{1}{\lambda^2}$,于是
$$E(X^2) = D(X) + [E(X)]^2 = \frac{1}{\lambda^2} + \frac{1}{\lambda^2} = \frac{2}{\lambda^2} = 2[E(X)]^2.$$

五、练习题

(一) 选择题

1. 当随机变量 X 的可能值充满区间(   )时,则 $p(x) = \cos x$ 可以成为随机变量 X 的分布密度函数.

(A) $\left[0, \dfrac{\pi}{2}\right]$; (B) $\left[\dfrac{\pi}{2}, \pi\right]$; (C) $[0, \pi]$; (D) $\left[\dfrac{3}{2}\pi, \dfrac{7}{4}\pi\right]$.

2. 设服从正态分布 $N(0,1)$ 的随机变量 X,其密度函数为 $p(x)$,则 $p(0)$ 等于( ).

(A) 0; (B) $\dfrac{1}{\sqrt{2\pi}}$; (C) 1; (D) $\dfrac{1}{2}$.

3. X 的概率密度

$$p(x) = \begin{cases} \dfrac{1}{10}e^{-\frac{x}{10}}, & x > 0, \\ 0, & x \leqslant 0, \end{cases}$$

则 $E(2X+1) = ($).

(A) $\dfrac{4}{10} + 1$; (B) $4 \times 10 + 1$; (C) 21; (D) 20.

4. X 为正态分布的随机变量,概率密度

$$p(x) = \dfrac{1}{2\sqrt{2\pi}} e^{-\frac{(x+1)^2}{8}},$$

则有( ).

(A) $2E(X^2) - 1 = 1$; (B) $2\{D(X) + [E(X)]^2\} = 6$;
(C) $4E(X^2) = 4$; (D) $2[D(X) + 1] - 1 = 9$.

5. 设 X 服从二项分布 $B(n,p)$,则有( ).
(A) $E(2X-1) = 2np$; (B) $D(2X-1) = 4np(1-p) + 1$;
(C) $E(2X+1) = 4np + 1$; (D) $D(2X-1) = 4np(1-p)$.

6. 设随机变量 $X \sim N(0,1), Y = 2X + 1$,则 $Y \sim ($).
(A) $N(1,4)$; (B) $N(0,1)$; (C) $N(1,1)$; (D) $N(0,2)$.

(二) 解答题

1. 设 $X \sim E(2)$,求 $P\{-1 \leqslant X \leqslant 4\}, P\{X < -3\}$ 以及 $P\{X \geqslant -10\}$.

2. 设随机变量 $X \sim U(2,5)$. 现对 X 的取值情况进行三次独立观测. 求至少有两次出现 X 的取值大于 3 的概率.

3. 设 $X \sim N(1,4)$,求:

(1) $P\{X > -3\}$; (2) $P\{|X-1| < 2\}$.

4. 设随机变量 X 具有概率密度:

$$p(x) = \begin{cases} \dfrac{A}{\sqrt{1-x^2}}, & |x| < 1, \\ 0, & |x| \geq 1, \end{cases}$$

试确定常数 A,并求出 X 落在 $\left[-\dfrac{1}{2}, \dfrac{1}{2}\right]$ 内的概率.

5. 设随机变量 X 的分布表为

x_i	0	1	2	3
$P\{X = x_i\}$	0.3	0.1	0.2	0.4

求 $D(X)$.

6. 设随机变量 X 的密度函数为

$$p(x) = \begin{cases} 2x, & 0 \leq x \leq 1, \\ 0, & \text{其他}, \end{cases}$$

求 $E(X), D(X)$.

7. 已知 $X \sim B(n,p)$,且 $E(X) = 8, D(X) = 4.8$,求 n, $E(3X+1), D(2X-1)$.

8. 射击比赛,每人射击 4 次(每次一发),规定全部不中得 0 分,只中一发得 15 分,中两发得 30 分,中三发得 60 分,四发全中得 100 分. 若某射手每次射击命中率为 0.6,问:他期望能得多少分?

9. 设某种型号的电子管寿命 X(单位:h)服从指数分布. 已知其平均寿命为 $E(X) = 1\,000$ h,求:

(1) X 的分布密度;

(2) $P\{1\,000 < X < 1\,200\}$;

(3) 若某仪器中同时使用三个该型号的电子管,则至少有一个寿命超过 1 000 h 的概率是多少?

六、练习题解答与分析

(一) 选择题

1. 答案是:A.

分析 用 $\int_{-\infty}^{+\infty} p(x)\,\mathrm{d}x = 1$ 验证:

$$\int_0^{\frac{\pi}{2}} \cos x\,\mathrm{d}x = \sin x \Big|_0^{\frac{\pi}{2}} = \sin\frac{\pi}{2} - \sin 0 = 1.$$

故选择 A.

2. 答案是:B.

分析 根据标准正态分布密度函数的定义. 故选择 B.

3. 答案是:C.

分析 $E(2X+1) = 2E(X) + 1 = 2 \times 10 + 1 = 21.$
故选择 C.

4. 答案是:D.

分析 根据正态分布的特点,有 $X \sim N(-1,4)$,
$$2[D(X)+1] - 1 = 2 \times 4 + 2 - 1 = 9.$$
故选择 D.

5. 答案是:D.

分析 由于 $X \sim B(n,p)$,因此
$$E(X) = np, \quad D(X) = np(1-p),$$
有
$$D(2X-1) = 4D(X) = 4np(1-p).$$
故选择 D.

6. 答案是:A.

分析 由于
$$E(Y) = E(2X+1) = 2E(X) + 1 = 1,$$
$$D(Y) = D(2X+1) = 4D(X) = 4,$$
因此 $Y \sim N(1,4)$. 故选择 A.

(二) 解答题

1. 解 由 $X \sim E(2)$，可知
$$p(x) = \begin{cases} 2e^{-2x}, & x \geq 0, \\ 0, & x < 0, \end{cases}$$

于是
$$P\{-1 \leq X \leq 4\} = \int_{-1}^{4} p(x)dx = \int_{-1}^{0} 0 dx + \int_{0}^{4} 2e^{-2x} dx$$
$$= 1 - e^{-8},$$
$$P\{X < -3\} = \int_{-\infty}^{-3} p(x)dx = \int_{-\infty}^{-3} 0 dx = 0,$$
$$P\{X \geq -10\} = \int_{-10}^{+\infty} p(x)dx$$
$$= \int_{-10}^{0} 0 dx + \int_{0}^{+\infty} 2e^{-2x} dx = 1.$$

2. 解 由于 $X \sim U(2,5)$，故 X 的分布密度函数为
$$p(x) = \begin{cases} \dfrac{1}{3}, & 2 \leq x \leq 5, \\ 0, & x < 2 \text{ 或 } x > 5. \end{cases}$$

令 $A = \{$一次观测中，X 的取值大于 $3\}$，则
$$P(A) = P\{X > 3\} = \int_{3}^{+\infty} p(x)dx = \int_{3}^{5} \frac{1}{3}dx = \frac{2}{3}.$$

又令随机变量 Y 表示三次独立观测中出现 X 的取值大于 3 的次数（即三次独立重复试验中，事件 A 发生的次数），因此 $Y \sim B\left(3, \dfrac{2}{3}\right)$，从而至少有两次出现 X 的取值大于 3 的概率为
$$P\{Y \geq 2\} = P\{Y = 2\} + P\{Y = 3\}$$
$$= C_3^2 \left(\frac{2}{3}\right)^2 \left(\frac{1}{3}\right) + C_3^3 \left(\frac{2}{3}\right)^3 = \frac{20}{27}.$$

与离散型随机变量类似，设 X 是连续型随机变量，则对于实数集 $\mathbf{R}$ 中任一区间 D，事件 $\{X \in D\}$ 的概率都可以由分布密度函数算出，即

$$P\{X \in D\} = \int_D p(x)\,dx.$$

3. 解 由于 $X \sim N(1,4)$,故 $Y = \dfrac{X-1}{2} \sim N(0,1)$. 从而

(1) $P\{X > -3\} = 1 - P\{X \leqslant -3\}$

$$= 1 - P\left\{\frac{X-1}{2} \leqslant \frac{-3-1}{2}\right\}$$

$$= 1 - \Phi(-2) = \Phi(2) = 0.9772;$$

(2) $P\{|X-1| < 2\} = P\{-2 < X-1 < 2\}$

$$= P\left\{-1 < \frac{X-1}{2} < 1\right\} = \Phi(1) - \Phi(-1)$$

$$= 2\Phi(1) - 1 = 2 \times 0.8413 - 1 = 0.6826.$$

4. 分析 概率密度函数 $p(x)$ 必须满足 $p(x) \geqslant 0$,且

$$\int_{-\infty}^{+\infty} p(x)\,dx = 1.$$

解 由于

$$\int_{-\infty}^{+\infty} p(x)\,dx = \int_{-1}^{1} \frac{A}{\sqrt{1-x^2}}\,dx = A\arcsin x \Big|_{-1}^{1}$$

$$= A\left[\frac{\pi}{2} - \left(-\frac{\pi}{2}\right)\right] = \pi A = 1,$$

所以 $A = \dfrac{1}{\pi}$. 由此得

$$P\left\{-\frac{1}{2} \leqslant X \leqslant \frac{1}{2}\right\} = \int_{-\frac{1}{2}}^{\frac{1}{2}} p(x)\,dx$$

$$= \int_{-\frac{1}{2}}^{\frac{1}{2}} \frac{1}{\pi} \frac{1}{\sqrt{1-x^2}}\,dx = \frac{1}{\pi}\arcsin x \Big|_{-\frac{1}{2}}^{\frac{1}{2}} = \frac{1}{3}.$$

5. 解 由于

$E(X) = 0 \times 0.3 + 1 \times 0.1 + 2 \times 0.2 + 3 \times 0.4 = 1.7,$

$E(X^2) = 0^2 \times 0.3 + 1^2 \times 0.1 + 2^2 \times 0.2 + 3^2 \times 0.4 = 4.5,$

故由公式 $D(X) = E(X^2) - [E(X)]^2$ 有

$$D(X) = 4.5 - 1.7^2 = 1.61.$$

6. 解
$$E(X) = \int_{-\infty}^{+\infty} xp(x)\mathrm{d}x = \int_0^1 2x^2 \mathrm{d}x = \frac{2}{3}x^3 \Big|_0^1 = \frac{2}{3},$$

$$E(X^2) = \int_{-\infty}^{+\infty} x^2 p(x)\mathrm{d}x = \int_0^1 2x^3 \mathrm{d}x = \frac{1}{2}x^4 \Big|_0^1 = \frac{1}{2},$$

$$D(X) = E(X^2) - [E(X)]^2 = \frac{1}{2} - \left(\frac{2}{3}\right)^2 = \frac{1}{18}.$$

7. 解 $X \sim B(n,p)$，则 $E(X) = np, D(X) = np(1-p)$，所以
$$1 - p = \frac{D(X)}{E(X)} = 0.6, \quad p = 0.4.$$

由于 $E(X) = np = 8$，所以
$$n = \frac{E(X)}{p} = 20.$$

因此
$$E(3X + 1) = 3E(X) + 1 = 3 \times 8 + 1 = 25,$$
$$D(2X - 1) = 4D(X) = 4 \times 4.8 = 19.2.$$

8. 解 设 X 表示他射击的命中次数，则 X 服从参数 $n = 4$，$p = 0.6$ 的二项分布，故
$$P\{X = k\} = C_4^k 0.6^k (1 - 0.6)^{4-k} \quad (k = 0,1,2,3,4).$$
又根据得分规定，可计算出 X 与得分 Y 的概率分布表如下：

X	0	1	2	3	4
Y	0	15	30	60	100
p_i	0.0256	0.1536	0.3456	0.3456	0.1296

从而该射手的期望得分为
$$E(Y) = 15 \times 0.1536 + 30 \times 0.3456 + 60 \times 0.3456$$
$$+ 100 \times 0.1296 = 46.368(\text{分}).$$

9. 解 由条件知 $X \sim E(\lambda)$，且 $E(X) = \frac{1}{\lambda} = 1\,000$，因此

$$\lambda = \frac{1}{1\,000}.$$

(1) 设 X 的分布密度与分布函数分别为 $p(x)$ 与 $F(x)$,则

$$p(x) = \begin{cases} \dfrac{1}{1\,000}\mathrm{e}^{-\frac{x}{1\,000}}, & x \geqslant 0, \\ 0, & x < 0; \end{cases}$$

$$F(x) = \begin{cases} 0, & x < 0, \\ 1 - \mathrm{e}^{-\frac{x}{1\,000}}, & x \geqslant 0. \end{cases}$$

(2) $P\{1\,000 < X < 1\,200\} = F(1\,200) - F(1\,000)$
$= (1 - \mathrm{e}^{-1.2}) - (1 - \mathrm{e}^{-1})$
$= \mathrm{e}^{-1} - \mathrm{e}^{-1.2} \approx 0.066\,7.$

(3) 一个电子管寿命不超过 $1\,000$ h 的概率为
$$P\{X \leqslant 1\,000\} = F(1\,000) = 1 - \mathrm{e}^{-1} \approx 0.632\,1,$$
故三个电子管寿命都不超过 $1\,000$ h 的概率为
$$(P\{X \leqslant 1\,000\})^3 = 0.632\,1^3 \approx 0.252\,6,$$
从而至少有一个电子管寿命超过 $1\,000$ h 的概率为
$$1 - 0.252\,6 = 0.747\,4.$$

第七部分 一元统计分析初步

第一章 参数估计与假设检验

一、知识点

1. 参数点估计的一种方法(矩法);
2. 估计量的优良性(无偏性、有效性);
3. 单正态总体参数的区间估计;
4. 假设检验的基本思想;
5. 单正态总体参数的假设检验.

二、基本要求

1. 掌握参数点估计的一种方法——矩法,并能用上述方法求出常用分布(正态分布、两点分布、二项分布、泊松分布、均匀分布等)的参数估计;
2. 掌握评价估计量的两个标准——无偏性和有效性;
3. 理解参数的置信区间的意义,掌握在不同条件下正态总体参数的区间估计;
4. 理解假设检验的基本思想、两类错误等基本概念;
5. 掌握在单正态总体下的 Z-检验法、t-检验法、χ^2-检验法.

三、复习要点

(一) 重要概念及性质

1. 点估计

设总体 X 的分布函数 $F(x;\theta)$ 的形式已知,其中 θ 为一个未知参数,又设 $X_1,X_2,\cdots,X_n$ 为总体 X 的一个样本. 我们构造一个统计量 $K=K(X_1,X_2,\cdots,X_n)$ 作为参数 θ 的估计,称统计量 K 为参数 θ 的一个**估计量**. 当 $x_1,x_2,\cdots,x_n$ 为一组样值时,则 $K=K(x_1,x_2,\cdots,x_n)$ 就是 θ 的一个**点估计值**.

2. 估计量的优良性

(1) 无偏性

定义 1.1 设 $\hat{\theta}$ 为未知参数 θ 的估计量,若
$$E(\hat{\theta})=\theta,$$
则称 $\hat{\theta}$ 为 θ 的**无偏估计量**.

(2) 有效性

定义 1.2 设 $\hat{\theta}_1$ 和 $\hat{\theta}_2$ 是 θ 的两个无偏估计量,若
$$D(\hat{\theta}_1)<D(\hat{\theta}_2),$$
则称 $\hat{\theta}_1$ 比 $\hat{\theta}_2$ **有效**.

3. 区间估计

所谓参数的区间估计就是能够根据样本给出未知参数的一个范围,使它以比较大的可能性包含未知参数的真值.

定义 1.3 设正态总体含有一个待估的未知参数 θ,如果能从样本值 $x_1,x_2,\cdots,x_n$ 出发,找出两个统计量
$$\theta_1=\theta_1(X_1,X_2,\cdots,X_n) \quad 与 \quad \theta_2=\theta_2(X_1,X_2,\cdots,X_n) \quad (\theta_1<\theta_2),$$
使得区间 $[\theta_1,\theta_2]$ 以 $1-\alpha(0<\alpha<1)$ 的概率包含这个待估参数 θ,即
$$P\{\theta_1\leqslant\theta\leqslant\theta_2\}=1-\alpha,$$
那么称区间 $[\theta_1,\theta_2]$ 为 θ 的**置信区间**,$1-\alpha$ 为该区间的**置信度**(或**置信水平**).

4. 假设检验

定义 1.4(统计假设) 我们把关于总体(分布、特征、相互关系等)的论断称为**统计假设**,记作 H.

通常我们把对总体分布的未知参数或分布类型提出的假设称为**原假设**或**零假设**,用 H_0 表示.并把与之对应的另外一个假设,称为**备择假设**或**对立假设**,用 H_1 表示.

统计假设一般可以分成参数假设与非参数假设两种.**参数假设**是指在总体分布类型已知的情况下,关于未知参数的各种统计假设;**非参数假设**是指在总体分布类型不确知或完全未知的情况下,关于它的各种统计假设.

定义 1.5(检验) 所谓对 H_0 进行检验,就是建立一个准则来考核样本,如样本值满足该准则我们就接受 H_0,否则就拒绝 H_0.我们称这种准则为**检验准则**,或简称为**检验**.

由于一个样本值或者满足准则或者不满足准则,而没有其他可能,所以一个检验准则本质上就是将样本可能取值的集合 D(统称为**样本空间**)划分成两个部分 V 与 $\overline{V}$,即

$$V \cap \overline{V} = \varnothing, \quad V \cup \overline{V} = D.$$

检验方法如下:当样本值 $(x_1, x_2, \cdots, x_n) \in V$ 时,认为假设 H_0 不成立,从而否定 H_0(如 H_1 存在则判其成立,因此接受 H_1);相反,当 $(x_1, x_2, \cdots, x_n) \in V$,即 $(x_1, x_2, \cdots, x_n) \in \overline{V}$ 时,认为 H_0 成立,从而接受 H_0(如 H_1 存在则判其不成立,因此否定 H_1).通常我们称 V 为 H_0 **否定域**,$\overline{V}$ 为 H_0 的**接受域**.

定义 1.6(两类错误与检验水平) 如果我们给出了某个检验准则,也就是给出了 D 的一个划分 V 与 $\overline{V}$.由于样本本身是具有随机性的,因此当我们通过样本进行判断时,还是有可能犯以下两类错误的:

(1) 当 H_0 为真时,而样本值却落入了 V,按照我们规定的检验法则,应当否定 H_0.这时,我们把客观上 H_0 成立判为 H_0 不成立(即否定了真实的假设),称这种错误为"**以真当假**"的错误或**第一类错误**,记 $\tilde{\alpha}$ 为犯此类错误的概率,即

$$P\{\text{否定 } H_0 \mid H_0 \text{ 为真}\} = \tilde{\alpha}.$$

(2) 当 H_1 为真时,而样本值却落入了 $\overline{V}$,按照我们规定的检

验法则,应当接受 H_0. 这时,我们把客观上 H_0 不成立判为 H_0 成立(即接受了不真实的假设),称这种错误为"**以假当真**"的错误或**第二类错误**,记 $\tilde{\beta}$ 为犯此类错误的概率,即

$$P\{接受\ H_0 | H_1 为真\} = \tilde{\beta}.$$

在显著性检验中,我们把允许犯第一类错误的上界 α 称为**显著性水平**或**检验水平**. 通常我们取 $\alpha = 0.05$,有时也取 0.01 或 0.10.

定义 1.7(双边检验与单边检验) 建立统计假设的检验准则本质上是要确定否定域 V. 在多数情况下,一个好的统计检验准则,其否定域可以通过某个检验统计量 $K = K(X_1, X_2, \cdots, X_n)$ 来描述,即否定域 V 可表示为

$$V = \{(X_1, X_2, \cdots, X_n) | K(X_1, X_2, \cdots, X_n) \in R_\alpha\},$$

即 $(X_1, X_2, \cdots, X_n) \in V$ 与 $K(X_1, X_2, \cdots, X_n) \in R_\alpha$ 是等价的. 这里我们也称 R_α 为**否定域**(或**拒绝域**),$\overline{R}_\alpha$ 为**相容域**.

在上面的讨论中否定域 R_α 常以下面两种形式给出:一种是

$$R_\alpha = \{x | -\infty < x < \lambda_1 \ 或\ \lambda_2 < x < +\infty\},$$

我们把否定域是这种形式的检验叫做**双边检验**;另一种是

$$R_\alpha = \{x | \lambda < x < +\infty\},$$

或

$$R_\alpha = \{x | -\infty < x < \lambda\},$$

我们把否定域是这种形式的检验叫做**单边检验**.

定义 1.8(小概率原理) 假设检验的统计思想是:概率很小的事件在一次试验中可以认为基本上是不会发生的,即**小概率原理**.

(二) 重要定理及公式

1. 已知方差,均值 μ 的置信区间

设方差 $\sigma^2 = \sigma_0^2$,其中 σ_0^2 为已知数. 在置信度为 $1 - \alpha$ 下,μ 的置信区间为

$$\left[\overline{X} - \lambda \frac{\sigma_0}{\sqrt{n}},\ \overline{X} + \lambda \frac{\sigma_0}{\sqrt{n}}\right],$$

其中 λ 是根据置信度 $1-\alpha$ 查正态分布数值表而得到的.

2. 未知方差,均值 μ 的置信区间

设方差 σ^2 未知,在置信度为 $1-\alpha$ 下,μ 的置信区间为

$$\left[\overline{X} - \lambda \frac{S}{\sqrt{n}},\ \overline{X} + \lambda \frac{S}{\sqrt{n}}\right],$$

其中 λ 是根据置信度 $1-\alpha$ 查 t 分布临界值表而得到的.

3. 正态总体方差 σ^2 与标准差 σ 的区间估计

设总体 X 服从正态分布 $N(\mu,\sigma^2)$,当均值 μ 未知时,在置信度为 $1-\alpha$ 下,σ^2(或 σ)的置信区间为

$$\left[\frac{(n-1)S^2}{\lambda_2},\ \frac{(n-1)S^2}{\lambda_1}\right]$$

或

$$\left[\sqrt{\frac{n-1}{\lambda_2}}S,\ \sqrt{\frac{n-1}{\lambda_1}}S\right],$$

其中 λ_1,λ_2 是根据置信度 $1-\alpha$ 查 χ^2 分布临界值表而得到的.

(三) 重要方法

1. 矩法

所谓**矩法**就是利用样本各阶原点矩与相应的总体矩,来建立估计量应满足的方程,从而求出未知参数估计量的方法.

按照"当参数等于其估计量时,总体矩等于相应的样本矩"的原则建立方程,即有

$$\begin{cases} v_1(\hat{\theta}_1,\hat{\theta}_2,\cdots,\hat{\theta}_m) = \dfrac{1}{n}\sum_{i=1}^{n} X_i, \\ v_2(\hat{\theta}_1,\hat{\theta}_2,\cdots,\hat{\theta}_m) = \dfrac{1}{n}\sum_{i=1}^{n} X_i^2, \\ \cdots\cdots\cdots\cdots \\ v_m(\hat{\theta}_1,\hat{\theta}_2,\cdots,\hat{\theta}_m) = \dfrac{1}{n}\sum_{i=1}^{n} X_i^m. \end{cases}$$

由上面的 m 个方程中,解出的 m 个未知参数 $(\hat{\theta}_1, \hat{\theta}_2, \cdots, \hat{\theta}_m)$,即为参数 $(\theta_1, \theta_2, \cdots, \theta_m)$ 的**矩估计量**.

2. 一元正态总体均值的假设检验法

设总体 $X \sim N(\mu, \sigma^2)$,从中取容量为 n 的样本:$X_1, X_2, \cdots, X_n$. 记 $\overline{X} = \dfrac{1}{n}\sum\limits_{i=1}^{n} X_i$,$S^2 = \dfrac{1}{n-1}\sum\limits_{i=1}^{n}(X_i - \overline{X})^2$.

(1) 已知方差,检验均值

关于一元正态总体当方差已知时,对于期望的检验一般使用 U-检验法(也称 Z-检验法),其检验程序如下:

① 提出零假设,$H_0: \mu = \mu_0$(或 $\mu \leqslant \mu_0$);

② 构造统计量
$$U = \frac{\overline{X} - \mu_0}{\sqrt{\dfrac{\sigma_0^2}{n}}};$$

③ 对于检验水平 α 查标准正态分布表(记为 $Z_{\frac{\alpha}{2}}$)
$$\Phi(\lambda) = 1 - \frac{\alpha}{2} \text{(或 } \Phi(\lambda) = 1 - \alpha)$$

得到临界值 λ,其否定域 $R_\alpha = \{|U| > \lambda\}$(或 $\{u > \lambda\}$);

④ 由样本值 $x_1, x_2, \cdots, x_n$ 计算统计量 U 的值 u;

⑤ 判断:当 $|u| > \lambda$(或 $u > \lambda$)时否定 H_0,否则认为 H_0 相容.

(2) 未知方差,检验均值

关于一元正态总体当方差未知时,对于期望的检验一般使用 t-检验法,其检验程序如下:

① 提出零假设,$H_0: \mu = \mu_0$(或 $\mu \leqslant \mu_0$);

② 构造统计量
$$T = \frac{\overline{X} - \mu_0}{\sqrt{\dfrac{S^2}{n}}};$$

③ 对于检验水平 α,查 $t_{\frac{\alpha}{2}}(n-1)$(或 $t_\alpha(n-1)$),得到临界值 λ,其否定域 $R_\alpha = \{|T| > \lambda\}$(或 $\{t > \lambda\}$);

④ 由样本值 $x_1, x_2, \cdots, x_n$,计算统计量 T 的值 t;

⑤ 判断:当 $|t| > \lambda$(或 $t > \lambda$)时,否定 H_0,否则认为 H_0 相容.

(3) 未知均值,检验方差

关于一元正态总体当均值未知时,对于方差的检验一般使用 χ^2-检验法,其检验程序如下:
① 提出零假设 $H_0: \sigma^2 = \sigma_0^2$(或 $\sigma^2 \leq \sigma_0^2$);
② 构造统计量
$$W = \frac{(n-1)S^2}{\sigma_0^2};$$
③ 对于检验水平 α 查 χ^2 分布临界值表
$$\chi^2_{1-\frac{\alpha}{2}}(n-1) \text{ 和 } \chi^2_{\frac{\alpha}{2}}(n-1) \text{(或 } \chi^2_\alpha(n-1))$$
得到临界值 λ_1, λ_2(或 λ),其否定域 $R_\alpha = (0, \lambda_1) \cup (\lambda_2, +\infty)$(或 $(\lambda, +\infty)$);
④ 由样本值 $x_1, x_2, \cdots, x_n$ 计算统计量 W 的值 w;
⑤ 判断:当 $w < \lambda_1$ 或 $w > \lambda_2$(或 $w > \lambda$)时否定 H_0,否则认为 H_0 相容.

下面列表说明单个正态总体的均值和方差的假设检验:

条件	假设 H_0	统计量	应查分布表	拒绝域
已知 $\sigma^2 = \sigma_0^2$	$\mu = \mu_0$	$U = \dfrac{\overline{X} - \mu_0}{\dfrac{\sigma_0}{\sqrt{n}}}$	$\Phi(\lambda) = 1 - \dfrac{\alpha}{2}$	$\|U\| > \lambda$
	$\mu \leq \mu_0$		$\Phi(\lambda) = 1 - \alpha$	$U > \lambda$
	$\mu \geq \mu_0$			$U < -\lambda$

续表

条件	假设 H_0	统计量	应查分布表	拒绝域
σ^2 未知	$\mu = \mu_0$	$T = \dfrac{\overline{X} - \mu_0}{\dfrac{S}{\sqrt{n}}}$ 其中 S^2 为样本方差	$t_{\frac{\alpha}{2}}(n-1)$	$\lvert T \rvert > \lambda$
	$\mu \leqslant \mu_0$		$t_{\alpha}(n-1)$	$T > \lambda$
	$\mu \geqslant \mu_0$			$T < -\lambda$
μ 未知	$\sigma^2 = \sigma_0^2$	$W = \dfrac{(n-1)S^2}{\sigma_0^2}$	$\chi^2_{1-\frac{\alpha}{2}}(n-1) \Rightarrow \lambda_1$ $\chi^2_{\frac{\alpha}{2}}(n-1) \Rightarrow \lambda_2$	$0 < W < \lambda_1$ 或 $W > \lambda_2$
	$\sigma^2 \leqslant \sigma_0^2$		$\chi^2_{\alpha}(n-1)$	$W > \lambda$
	$\sigma^2 \geqslant \sigma_0^2$		$\chi^2_{1-\alpha}(n-1)$	$0 < W < \lambda$

四、典型例题分析

例 1 设总体 X 的方差为 1,根据来自 X 的容量为 100 的简单随机样本,测得样本均值为 5,则 X 的数学期望的置信度近似等于 0.95 的置信区间为_____.

答案是: $[4.804, 5.196]$.

分析 这是一个已知方差,估计均值问题. 由于 $1-\alpha = 0.95$,查 $\Phi(x) = 1 - \frac{\alpha}{2} = 0.975$. 得到 $\lambda = 1.96$,因此,置信区间为

$$\left[5 - 1.96 \times \frac{1}{\sqrt{100}},\ 5 + 1.96 \times \frac{1}{\sqrt{100}}\right],$$

即 $[4.804, 5.196]$.

例 2 设由来自正态总体 $X \sim N(\mu, 0.9^2)$,容量为 9 的简单随机样本得观测值均值 $\bar{x} = 5$,则未知参数 μ 的置信度为 0.95 的置信区间是_____.

答案是: $[4.412, 5.588]$.

分析 这是一个已知方差,估计均值问题. 由于 $1-\alpha = 0.95$,查 $\Phi(x) = 1 - \frac{\alpha}{2} = 0.975$,得到 $\lambda = 1.96$,因此,置信区间为

$$\left[5 - 1.96 \times \frac{0.9}{\sqrt{9}},\ 5 + 1.96 \times \frac{0.9}{\sqrt{9}}\right],$$

即 $[4.412, 5.588]$.

例 3 设 $X_1, X_2, \cdots, X_n$ 是从正态总体 $N(\mu, \sigma^2)$ 中抽得的简单随机样本,已知 $\sigma^2 = \sigma_0^2$,现检验假设 $H_0: \mu = \mu_0$,则当_____时,$\frac{\sqrt{n}(\bar{X} - \mu_0)}{\sigma_0}$ 服从 $N(0,1)$.

答案是: $\mu = \mu_0$.

分析 由于 $U = \dfrac{\bar{X} - \mu_0}{\sqrt{\dfrac{\sigma_0^2}{n}}}$,其中 μ_0 为已知数,它的分布是未知的,而

$$\tilde{U} = \frac{\overline{X} - \mu}{\sqrt{\frac{\sigma_0^2}{n}}} \sim N(0,1),$$

因此当 $\mu = \mu_0$ 时，$U = \tilde{U} \sim N(0,1)$.

例4 设样本 $X_1, X_2, \cdots, X_n$ 来自 $N(\mu, \sigma^2)$，且 $\sigma^2 = 1.69$，则对检验 $H_0: \mu = 35$，采用统计量是_____．

答案是：$U = \dfrac{\overline{X} - 35}{\sqrt{\dfrac{1.69}{n}}}$．

分析 这是一个已知方差 $\sigma^2 = 1.69$，检验均值 $\mu = 35$ 问题．因此选择统计量为

$$U = \frac{\overline{X} - \mu_0}{\sqrt{\frac{\sigma_0^2}{n}}}.$$

例5 某纺织厂生产维尼纶．在稳定生产情况下，纤度服从 $N(\mu, 0.048^2)$ 分布．现抽测 5 根，我们可以用_____检验法检验这批纤度的方差有无显著变化．

答案是：χ^2．

分析 这是一个未知 μ，检验方差（或标准差）问题．选择统计量

$$W = \frac{(n-1)S^2}{\sigma_0^2},$$

在 H_0 成立的条件下，它与 $W = \dfrac{(n-1)S^2}{\sigma^2} \sim \chi^2(n-1)$ 是相等的，因此采用 χ^2-检验法．

例6 设总体 $X \sim N(\mu, \sigma^2)$，且 σ^2 未知，用样本检验假设 $H_0: \mu = \mu_0$ 时，可采用统计量_____．

答案是：$T = \dfrac{\overline{X} - \mu_0}{\sqrt{\dfrac{S^2}{n}}}$．

分析 这是一个未知 σ^2，检验均值问题，因此选择统计量为

$$T = \frac{\overline{X} - \mu_0}{\sqrt{\frac{S^2}{n}}}.$$

当 $H_0: \mu = \mu_0$ 成立时,它与 $T = \frac{\overline{X} - \mu}{\sqrt{\frac{S^2}{n}}} \sim t(n-1)$ 相等.

例 7 设总体 $X \sim U(a, b)$,求对 a, b 的矩估计量.

解 我们知道,
$$E(X) = \frac{1}{2}(a+b), \quad D(X) = \frac{1}{12}(b-a)^2.$$

由方程组
$$\begin{cases} \overline{X} = \frac{1}{2}(a+b), \\ \widetilde{S}^2 = \frac{1}{12}(b-a)^2. \end{cases}$$

解得
$$\begin{cases} \hat{a} = \overline{X} - \sqrt{3}\widetilde{S}, \\ \hat{b} = \overline{X} + \sqrt{3}\widetilde{S}, \end{cases}$$

其中
$$\overline{X} = \frac{1}{n}\sum_{i=1}^{n} X_i, \quad \widetilde{S} = \sqrt{\frac{1}{n}\sum_{i=1}^{n}(X_i - \overline{X})^2}.$$

例 8 设总体 $X \sim N(\mu, \sigma^2)$,求对 μ, σ^2 的矩估计量.

解 我们知道,$E(X) = \mu, D(X) = \sigma^2$. 由矩估计法便可直接得到
$$\begin{cases} \hat{\mu} = \overline{X}, \\ \hat{\sigma}^2 = \widetilde{S}^2. \end{cases}$$

例 9 为了估计灯泡使用时数的均值 μ 和标准差 σ,共测试了 10 个灯泡,得 $\overline{x} = 1\,500$ h,$s = 20$ h. 如果已知灯泡使用时数是服从正态分布的,求出 μ 和 σ 的置信区间(置信度为 0.95).

解 先求 μ 的置信区间.

(1) 选择样本函数

$$T = \frac{\overline{X} - \mu}{\sqrt{\frac{S^2}{n}}} \sim t(n-1);$$

（2）查 t 分布表,找临界值. 由 $t_{0.05}(9)$ 得到 $\lambda = 2.262$;

（3）置信区间为

$$\left[\overline{X} - \lambda\sqrt{\frac{S^2}{n}}, \overline{X} + \lambda\sqrt{\frac{S^2}{n}}\right],$$

将 $\overline{X}$ 的具体值 $\bar{x}$ 代入,得到

$$\mu \in [1\,485.7, 1\,514.3].$$

再求 σ 的置信区间.

（1）选择样本函数

$$W = \frac{(n-1)S^2}{\sigma^2} \sim \chi^2(n-1);$$

（2）查 χ^2 分布表,找临界值 λ_1, λ_2.

由 $\chi^2(9, 0.025)$ 得到 $\lambda_2 = 19.0$,又由 $\chi^2(9, 0.975)$ 得到 $\lambda_1 = 2.70$;

（3）置信区间为

$$\left[\sqrt{\frac{n-1}{\lambda_2}}S, \sqrt{\frac{n-1}{\lambda_1}}S\right],$$

将具体值代入,得到

$$\sigma \in [13.8, 36.5].$$

例 10 设总体 X 的密度函数为

$$p(x) = \begin{cases} \dfrac{\beta^k}{(k-1)!}x^{k-1}\mathrm{e}^{-\beta x}, & x > 0, \\ 0, & x \leq 0, \end{cases}$$

其中 k 是已知的正整数,β 为未知参数,试由样本 $X_1, X_2, \cdots, X_n$ 求 β 的矩估计量.

解 $E(X) = \displaystyle\int_0^{+\infty} \frac{\beta^k}{(k-1)!} x^k \mathrm{e}^{-\beta x} \mathrm{d}x$ （令 $\beta x = y$）

$$= \frac{1}{\beta(k-1)!}\int_0^{+\infty} y^k \mathrm{e}^{-y}\mathrm{d}y = \frac{\Gamma(k+1)}{\beta(k-1)!}$$

$$= \frac{k!}{\beta(k-1)!} = \frac{k}{\beta},$$

令 $\dfrac{k}{\beta} = \overline{X}$,解得 β 的矩估计量为 $\hat{\beta} = \dfrac{k}{\overline{X}}$.

例 11 一细纱车间纺出某种细纱支数标准差为 1.2. 从某日纺出的一批细纱中,随机地抽 16 缕进行支数测量,算得样本观测值的标准差 $s = 2.1$,问:纱的均匀度有无显著变化($\alpha = 0.05$)? 假定总体分布是正态的.

解 该日纺出纱的支数构成一个正态总体. 按题意要检验 $H_0: \sigma^2 = 1.2^2, H_1: \sigma^2 \neq 1.2^2$. 选择统计量 $W = \dfrac{(n-1)S^2}{\sigma_0^2}$,则由题意求得统计量的值为

$$w = \dfrac{(n-1)s^2}{\sigma_0^2} = \dfrac{15 \times 2.1^2}{1.2^2} = 45.94.$$

由 $\alpha = 0.05$,自由度 $n-1 = 15$,查 $\chi^2(15, 0.975)$ 得到 $\lambda_1 = 6.262$,查 $\chi^2(15, 0.025)$ 得到 $\lambda_2 = 27.488$. 现在统计量 W 的值 $w = 45.94 > 27.488$,故拒绝 H_0,即这天细纱均匀度有显著变化.

例 12 罐头的细菌含量按规定标准必须小于 62.0,现从一批罐头中抽取 9 个,检验其细菌含量,经计算得样本观测值的均值和标准差分别为 $\overline{x} = 62.5$, $s = 0.3$. 问:这批罐头的质量是否完全符合标准($\alpha = 0.05$)?

解 设罐头的细菌含量 X 服从正态分布,依题意检验 $H_0: \mu \leqslant 62.0$. 选统计量 $T = \dfrac{\overline{X} - \mu_0}{S/\sqrt{n}}$,得

$$t = \dfrac{\overline{x} - \mu_0}{s/\sqrt{n}} = \dfrac{62.5 - 62.0}{0.3/\sqrt{9}} = 5.$$

由 $\alpha = 0.05$,查 $t(8, 0.10)$,得到 $\lambda = 1.8595$, $R_\alpha = [1.8595, +\infty)$. 现 $t = 5 \in R_\alpha$,故拒绝 H_0,即认为这批罐头的质量不符合标准.

例 13 设某产品的某项质量指标服从正态分布,已知它的标准差 $\sigma = 150$. 现从一批产品中随机地抽取了 26 个,测得该项指标的平均值为 1 637. 问:能否认为这批产品的该项指标值为 1 600 ($\alpha = 0.05$)?

解（1）提出零假设:$H_0: \mu = 1\ 600$;

（2）选择统计量:$U = \dfrac{\overline{X} - 1\ 600}{150/\sqrt{26}}$;

(3) 查正态分布数值表 $\Phi(x) = 0.975$,得到 $\lambda = 1.96$;
(4) 计算统计量的值:
$$u = \frac{1\,637 - 1\,600}{150/\sqrt{26}} \approx 1.258;$$
(5) 结论: $|u| < 1.96$,未落入否定域,因此不能否定这批产品该项指标为 $1\,600$.

例 14 食品厂用自动装罐机装罐头食品,每罐标准重量为 500 g,每隔一定时间需要检验机器的工作情况. 现抽得 10 罐,测得其重量(单位: g):
  495, 510, 505, 498, 503, 492, 502, 512, 497, 506.
假定重量 ξ 服从正态分布 $N(\mu, \sigma^2)$,试问: 机器工作是否正常 ($\alpha = 0.10$)?

解 (1) 提出零假设: H_0: $\mu = 500$;
(2) 选择统计量: $T = \dfrac{\bar{X} - 500}{S/\sqrt{10}}$;
(3) 查 $t_{0.10}(9)$,得到 $\lambda = 1.833$;
(4) 计算统计量的值:
$$t = \frac{502 - 500}{6.5/\sqrt{10}} \approx 0.973;$$
(5) 结论: $|t| < 1.833$,故在显著性水平 $\alpha = 0.10$ 下,可以认为自动装罐机的工作正常.

例 15 已知罐头番茄汁中维生素 C(Vc)的含量服从正态分布. 按照规定 Vc 的平均含量不得少于 21 mg. 现从一批罐头中取了 17 罐,算得 Vc 含量的平均值 $\bar{x} = 23$,标准差 $s^2 = 3.98^2$,问: 该批罐头 Vc 的含量是否合格?

解 (1) 提出零假设: H_0: $\mu \leqslant 21$;
(2) 选择统计量: $T = \dfrac{\bar{X} - 21}{S/\sqrt{17}}$;
(3) 查 $t_{0.10}(16)$ 得到 $\lambda = 1.746$;
(4) 计算统计量的值:
$$t = \frac{23 - 21}{3.98/\sqrt{17}} \approx 2.07;$$
(5) 结论: 因为 $2.07 > 1.746$,所以 t 落入否定域,因此该批罐头 Vc 的含量合格.

例 16 设某市犯罪青少年的年龄构成服从正态分布,今随机地抽取 9 名罪犯,其年龄如下:

22, 17, 19, 25, 25, 18, 16, 23, 24,

试以 95% 的概率判断犯罪青少年的年龄是否为 18 岁.

解 (1) 提出零假设:H_0:$\mu = 18$;

(2) 选择统计量:$T = \dfrac{\overline{X} - 18}{S/\sqrt{9}}$;

(3) 查 $t_{0.05}(8)$ 得到 $\lambda = 2.306$;

(4) 计算统计量的值:$t = \dfrac{21-18}{\sqrt{12.5}/3} \approx 2.55$;

(5) 结论:因为 $|t| > 2.306$,即 t 落入否定域,因此能以 95% 的把握推断该市犯罪少年的平均年龄不是 18 岁.

五、练习题

(一) 选择题

1. 设 $X_1, X_2, \cdots, X_n$ 是正态总体 $X \sim N(\mu, \sigma^2)$ 的随机样本,若 μ, σ^2 均未知,则 μ 的置信度为 $1-\alpha$ 的置信区间为( ).

(A) $\left(\overline{X} - Z_{\frac{\alpha}{2}}\dfrac{S}{\sqrt{n}}, \overline{X} + Z_{\frac{\alpha}{2}}\dfrac{S}{\sqrt{n}}\right)$;

(B) $\left(\overline{X} - t_{\frac{\alpha}{2}}(n-1)\dfrac{S}{\sqrt{n}}, \overline{X} + t_{\frac{\alpha}{2}}(n-1)\dfrac{S}{\sqrt{n}}\right)$;

(C) $\left(\overline{X} - Z_{\frac{\alpha}{2}}\dfrac{\sigma}{\sqrt{n}}, \overline{X} + Z_{\frac{\alpha}{2}}\dfrac{S}{\sqrt{n}}\right)$;

(D) $\left(\overline{X} - t_{\frac{\alpha}{2}}(n)\dfrac{S}{\sqrt{n}}, \overline{X} + t_{\frac{\alpha}{2}}(n)\dfrac{S}{\sqrt{n}}\right)$.

2. 设 $X \sim N(\mu, \sigma^2)$ 且 σ^2 未知,对均值作区间估计,置信度为 95% 的置信区间是( ).

(A) $\left(\overline{X} \pm \dfrac{S}{\sqrt{n}}t_{0.025}\right)$;   (B) $\left(\overline{X} \pm \dfrac{\sigma}{\sqrt{n}}t_{0.025}\right)$;

(C) $\left(\overline{X} \pm \dfrac{S}{\sqrt{n}}Z_{0.025}\right)$;   (D) $\left(\overline{X} \pm \dfrac{\sigma}{\sqrt{n}}Z_{0.025}\right)$.

3. 样本 $X_1, X_2, \cdots, X_n$ 是取自总体 X,且 $E(X) = \mu$,$D(X) = \sigma^2$,则( )是总体方差 σ^2 的无偏估计.

(A) $\dfrac{1}{n}\sum_{i=1}^{n-1}(X_i-\overline{X})^2$; (B) $\dfrac{1}{n-1}\sum_{i=1}^{n}(X_i-\overline{X})^2$;

(C) $\dfrac{1}{n-1}\sum_{i=1}^{n-1}(X_i-\overline{X})^2$; (D) $\dfrac{1}{n}\sum_{i=1}^{n}(X_i-\overline{X})^2$.

4. 对总体 $X\sim N(\mu,\sigma^2)$ 的均值 μ,作区间估计,得到置信度为 95% 的置信区间,其意是指这个区间( ).

(A) 平均含总体 95% 的值;

(B) 平均含样本 95% 的值;

(C) 有 95% 的机会含 μ 的值;

(D) 有 95% 的机会含样本的值.

5. 假设检验中,一般情况下,( )错误.

(A) 只犯第一类;

(B) 只犯第二类;

(C) 既可能犯第一类也可能犯第二类;

(D) 不犯第一类也不犯第二类.

6. 设总体 $X\sim N(\mu,\sigma^2)$,σ^2 为未知,通过样本: $X_1,X_2,\cdots,X_n$ 检验假设 $H_0:\mu=\mu_0$ 时,需要用统计量( ).

(A) $U=\dfrac{\overline{X}-\mu_0}{\sigma/\sqrt{n}}$; (B) $U=\dfrac{\overline{X}-\mu_0}{\sigma/\sqrt{n-1}}$;

(C) $T=\dfrac{\overline{X}-\mu_0}{S/\sqrt{n}}$; (D) $T=\dfrac{\overline{X}-\mu_0}{S}$.

7. 矿砂的 5 个样品中,测得其铜含量为 x_1,x_2,x_3,x_4,x_5(百分数).设铜含量服从正态分布 $N(\mu,\sigma^2)$,σ^2 未知,在 $\alpha=0.01$ 下,检验 $\mu=\mu_0$,则取统计量( ).

(A) $U=\dfrac{\overline{X}-\mu_0}{\dfrac{\sigma}{\sqrt{5}}}$; (B) $T=\dfrac{\overline{X}-\mu_0}{\dfrac{S}{\sqrt{5}}}$;

(C) $T=\dfrac{\overline{X}-\mu_0}{\dfrac{S}{\sqrt{4}}}$; (D) $U=\dfrac{\overline{X}-\mu_0}{\sigma}$.

(二) 解答题

1. 设 $X_1,X_2,\cdots,X_n$ 是总体 X 的样本,试分别求出下列分布中参数的矩估计:

(1) $X \sim B(1,p)$,求$\hat{p}$; (2) $X \sim U(0,\theta)$,求$\hat{\theta}$;
(3) $X \sim e(\lambda)$,求$\hat{\lambda}$; (4) $X \sim N(\mu,\sigma^2)$,求$\hat{\mu},\hat{\sigma}^2$.

2. 设总体X的期望μ与方差σ^2均存在,证明:对于取自总体X的样本$X_1,X_2,\cdots,X_n$,样本方差$S^2 = \dfrac{1}{n-1} \sum_{i=1}^{n}(X_i - \overline{X})^2$为总体方差$\sigma^2$的无偏估计.

3. 已知滚珠直径服从正态分布.现随机地从一批滚珠中抽取9个,测得其直径(单位:mm)为14.7, 15.2, 14.9, 14.8, 15.1, 14.6, 15.1, 15.0, 14.8.假设滚珠直径总体分布的方差为0.15^2,试求出总体均值μ的置信度为0.95的置信区间.

4. 在上题中,假设滚珠直径总体分布的方差未知,求出总体均值μ的置信度为0.95的置信区间.

5. 用包装机包装每袋标准重量为500 g的食盐,并且每袋食盐净重$X \sim N(\mu,\sigma^2)$.从当日产品中任取9袋测得净重(单位:g)分别为524,488,510,510,497,506,518,515,512,求σ^2的置信度为0.95的置信区间.

6. 已知某种产品的使用寿命服从正态分布.现随机地从一批产品中抽取26件,算得平均寿命为1 537小时.假设产品寿命总体分布的标准差为150小时,问:这一批产品的平均寿命是否为1 500小时($\alpha = 0.05$)?

7. 设某次考试的学生成绩服从正态分布,从中随机抽取36位考生的成绩,算得平均成绩为66.5分,样本标准差为15分.问在显著性水平0.05下,是否可以认为这次考试全体考生的平均成绩为70分?

8. 某炼铁厂铁水的含碳量X,在正常情况下服从正态分布.现对操作工艺做了些改变,从中抽取7炉铁水的试样,测得含碳量的数据如下:4.421,4.052,4.357,4.394,4.326,4.287,4.683.问是否可以认为改变后的工艺炼出的铁水含碳量的方差仍为0.112^2($\alpha = 0.05$)?

9. 机器包装食品,假设每袋食品的净重服从正态分布,按照规定每袋标准重量为100 g,标准差不能超过2 g,为检查包装质量,某天开工后从生产线上随机取10袋,测得净重(单位:g)为
99.3, 98.7, 100.5, 101.2, 98.3,
99.7, 101.2, 100.5, 99.7, 99.8.

问这天包装机是否工作正常($\alpha = 0.05$)?

六、练习题解答与分析

(一) 选择题

1. 答案是：B.

分析 这是一个未知 σ^2，估计 μ 的问题，由前面"主要定理及公式"中 2 可知 μ 的置信区间为

$$\left[\overline{X} - t_{\frac{\alpha}{2}}\frac{S}{\sqrt{n}},\ \overline{X} + t_{\frac{\alpha}{2}}\frac{S}{\sqrt{n}}\right],$$

其中临界值 $t_{\frac{\alpha}{2}}$ 是查 $t(n-1,\alpha)$ 得到的. 故选择 B.

2. 答案是：A.

分析 这个题同上，只不过给出具体的置信度 95%. 查 $t(n-1,\alpha)$ 得到 λ. 故选择 A.

3. 答案是：B.

分析 由于

$$E\left[\frac{1}{n-1}\sum_{i=1}^{n}(X_i - \overline{X})^2\right] = E(\sigma^2).$$

故选择 B.

4. 答案是：C.

分析 由于我们所做的区间是个随机区间，而 μ 是一个未知参数，不改变的. 因此当我们将一组样本观测值 $x_1,x_2,\cdots,x_n$ 代入时，就得到了一个具体的区间，它有可能包含 μ，也可能不包含 μ. 置信度为 95% 的意思是指这个区间有 95% 的机会含 μ 的值.

故选择 C.

5. 答案是：C.

分析 在假设检验中，一般情况下，会有两种结果产生：

(1) 否定原始假设，这时有可能犯"以真当假"的第一类错误；

(2) 原始假设相容，这时有可能犯"以假当真"的第二类错误.

故选择 C.

6. 答案是：C.

分析 这是一个未知 σ^2，检验均值 $\mu = \mu_0$ 的问题，选择统计量为

$$T = \frac{\overline{X} - \mu_0}{\sqrt{\dfrac{S^2}{n}}}.$$

故选择 C.

7. 答案是：B.

分析 这个题目与第 6 题类似,只不过 $n=5$. 故选择 B.

(二) 解答题

1. 分析 若 $X_1, X_2, \cdots, X_n$ 是总体 X 的一个样本,则总体均值 μ 的矩估计 $\hat{\mu} = \overline{X} = \dfrac{1}{n} \sum_{i=1}^{n} X_i$, 总体方差 σ^2 的矩估计为

$$\hat{\sigma}^2 = S_n^2 = \frac{1}{n} \sum_{i=1}^{n} (X_i - \overline{X})^2.$$

解 设 $\overline{X} = \dfrac{1}{n} \sum_{i=1}^{n} X_i, \quad S_n^2 = \dfrac{1}{n} \sum_{i=1}^{n} (X_i - \overline{X})^2.$

(1) 当 $X \sim B(1,p)$ 时, $E(X) = p$, 所以 $\hat{p} = \overline{X}$.

(2) 当 $X \sim U[0,\theta]$ 时, $E(X) = \dfrac{\theta}{2}$, 所以 $\dfrac{\hat{\theta}}{2} = \overline{X}$, 即 $\hat{\theta} = 2\overline{X}$.

(3) 当 $X \sim e(\lambda)$ 时, $E(X) = \dfrac{1}{\lambda}$, 所以 $\dfrac{1}{\hat{\lambda}} = \overline{X}$, 即 $\hat{\lambda} = \dfrac{1}{\overline{X}}$.

(4) 当 $X \sim N(\mu, \sigma^2)$ 时, $E(X) = \mu, D(X) = \sigma^2$, 所以
$$\hat{\mu} = \overline{X}, \quad \hat{\sigma} = S_n^2.$$

2. 证 即证明 $E(S^2) = \sigma^2$. 利用期望的性质,由于

$$E(S^2) = E\left[\frac{1}{n-1} \sum_{i=1}^{n} (X_i - \overline{X})^2\right] = \frac{1}{n-1} E\left(\sum_{i=1}^{n} X_i^2 - n\overline{X}^2\right)$$

$$= \frac{1}{n-1}\left[\sum_{i=1}^{n} E(X_i^2) - nE(\overline{X}^2)\right],$$

其中

$$\sum_{i=1}^{n} E(X_i^2) = \sum_{i=1}^{n} \{D(X_i) + [E(X_i)]^2\}$$

$$= \sum_{i=1}^{n} (\sigma^2 + \mu^2) = n(\sigma^2 + \mu^2), \qquad (1)$$

$$E(\overline{X}^2) = D(\overline{X}) + [E(\overline{X})]^2.$$

而

$$E(\overline{X}) = E\left(\frac{1}{n}\sum_{i=1}^{n} X_i\right) = \frac{1}{n}\sum_{i=1}^{n} E(X_i) = \frac{1}{n}\sum_{i=1}^{n} \mu = \mu,$$

$$D(\overline{X}) = D\left(\frac{1}{n}\sum_{i=1}^{n} X_i\right) = \frac{1}{n^2}\sum_{i=1}^{n} D(X_i) = \frac{1}{n^2}(n\sigma^2) = \frac{\sigma^2}{n},$$

故

$$E(\overline{X}^2) = \frac{\sigma^2}{n} + \mu^2. \tag{2}$$

将式(1),(2)代入 $E(S^2)$ 中,得

$$E(S^2) = \frac{1}{n-1}\left[n\sigma^2 + n\mu^2 - n\left(\frac{\sigma^2}{n} + \mu^2\right)\right]$$

$$= \frac{1}{n-1}(n\sigma^2 - \sigma^2) = \sigma^2.$$

由此可见,样本方差 S^2 确为总体方差 σ^2 的一个无偏估计.

3. 解 已知 $\sigma^2 = 0.15^2, n = 9, \alpha = 0.05$,并根据给出数据可求出 $\overline{x} = 14.91$. 对于 $\alpha = 0.05$,由教材附表 1,求 λ 使 $\Phi(\lambda) = 1 - \frac{\alpha}{2} = 0.975$,故 $\lambda = 1.96$. 从而 μ 的 95% 置信区间为

$$\left[14.91 - \frac{0.15}{\sqrt{9}} \times 1.96, 14.91 + \frac{0.15}{\sqrt{9}} \times 1.96\right],$$

即 $[14.81, 15.01]$.

4. 解 已知 $n = 9, \alpha = 0.05$,求得

$$\overline{x} = 14.91,$$
$$S = 0.203.$$

对于 $P\{|T| > \lambda\} = 0.05, T \sim t(9-1) = t(8)$,由教材附表 2 得 $\lambda = 2.306$,从而 μ 的 95% 置信区间为

$$\left[14.91 - \frac{0.203}{\sqrt{9}} \times 2.306, 14.91 + \frac{0.203}{\sqrt{9}} \times 2.306\right],$$

即 $[14.76, 15.07]$.

5. 解 已知 $n = 9, \alpha = 0.05$,求得

$$S^2 = 0.1184.$$

求 λ_2 使 $P\{W > \lambda_2\} = \frac{\alpha}{2} = 0.025, W \sim \chi^2(8)$,由教材附表 3 得 $\lambda_2 = 17.5$;求 λ_1,使 $P\{W \geq \lambda_1\} = 1 - \frac{\alpha}{2} = 0.975$,则 $\lambda_1 = 2.18$. 因

此, σ^2 的 95% 的置信区间为

$$\left[\frac{8 \times 0.1184}{17.5}, \frac{8 \times 0.1184}{2.18}\right],$$

即 $[0.054, 0.435]$.

6. 解 设产品寿命为 X, 则 $X \sim N(\mu, \sigma^2)$, 本题是在总体方差 $\sigma^2 = 150^2$ 已知的情况下检验假设 H_0: $\mu = \mu_0 = 1\,500$.

对 $\alpha = 0.05$ 求 $\lambda(>0)$, 使 $P\{|U| > \lambda\} = 0.05$. 其中

$$U = \frac{(\overline{X} - \mu_0)\sqrt{n}}{\sigma} \sim N(0,1).$$

由教材附表 1 得到 $\lambda = 1.96$, 即

$$P\left\{\left|\frac{(\overline{X} - \mu_0)\sqrt{n}}{\sigma}\right| > 1.96\right\} = 0.05,$$

或

$$P\left\{\overline{X} < \mu_0 - \frac{\sigma}{\sqrt{n}} \times 1.96 \text{ 或 } \overline{X} > \mu_0 + \frac{\sigma}{\sqrt{n}} \times 1.96\right\} = 0.05.$$

将 $\mu_0 = 1\,500, \sigma^2 = 150^2, n = 26$ 代入上式即得

$$P\{\overline{X} < 1\,442.36 \text{ 或 } \overline{X} > 1\,557.64\} = 0.05.$$

于是拒绝域 $R = \{\overline{X} < 1\,442.36 \text{ 或 } \overline{X} > 1\,557.64\}$. 由于

$$\overline{x} = 1\,537 \notin R.$$

因此接受假设 H_0, 即可以认为这批产品的平均寿命为 $1\,500$ 小时.

7. 解 由条件可知, 本题是在总体方差 σ^2 未知的情况下, 检验假设 H_0: $\mu = 70$.

对于 $\alpha = 0.05$, 求 λ 使 $P\{|T| > \lambda\} = 0.05$, 其中

$$T = \frac{(\overline{X} - \mu_0)\sqrt{n}}{S} \sim t(35).$$

由教材附表 2 得 $\lambda = 2.0301$.

代入观测值 $\overline{x} = 66.5, S = 15, n = 36$, 并得统计量 T 的观测值

$$t = \frac{66.5 - 70}{15/\sqrt{36}} = -1.4.$$

因为 $|t| = 1.4 < 2.0301$, 所以接受 H_0, 可以认为这次考试全体考生的平均成绩为 70 分.

8. 解 H_0: $\sigma^2 = 0.112^2$.

对给定的检验水平 $\alpha = 0.05$, 求 λ_1, λ_2, 使

$$P\{W < \lambda_1 \text{ 或 } W > \lambda_2\} = 0.05,$$

其中
$$W = \frac{6S^2}{\sigma_0^2} \sim \chi^2(6),$$

λ_1, λ_2 分别满足
$$P\{W > \lambda_2\} = \frac{\alpha}{2} = 0.025,$$
$$P\{W \geqslant \lambda_1\} = 1 - \frac{\alpha}{2} = 0.975.$$

由附表 3 得 $\lambda_2 = 14.4, \lambda_1 = 1.24$, 故拒绝域为
$$R = \{W < 1.24 \text{ 或 } W > 14.4\}.$$

根据样本值算得 $\bar{x} = 4.36, (n-1)S^2 = 0.2106$, 于是统计量 W 的值为
$$w = \frac{0.2106}{0.112^2} = 16.79 \in R,$$

因此应拒绝假设,即不能认为方差仍为 0.112^2.

9. 分析 显然,应从两方面检查包装机的工作是否正常:第一个方面,每袋食品的平均净重是否为 100 g;第二个方面,各袋的净重是否相差不大. 由此可见,要分别检验两个假设.

解 $H_0: \mu = 100;\quad H_0': \sigma^2 \leqslant \sigma_0^2 = 2^2.$

(1) 检验假设 $H_0: \mu = \mu_0 = 100$.

由于 σ^2 未知, 故对于 $\alpha = 0.05, n = 10$, 求 λ_1, 使 $P\{|T| > \lambda_1\} = 0.05$, 其中 $T = \dfrac{(\bar{X} - \mu_0)\sqrt{n}}{S} \sim t(9)$. 由附表 2 得 $\lambda_1 = 2.262$. 又由样本观测值计算得
$$\bar{x} = 99.89,$$

由此有 $S^2 = 0.975^2$, 得拒绝域
$$R_1 = \left\{ \bar{X} < 100 - \frac{0.975}{\sqrt{10}} \times 2.262 \text{ 或 } \bar{X} > 100 + \frac{0.975}{\sqrt{10}} \times 2.262 \right\},$$
即
$$R_1 = \{\bar{X} < 99.303 \text{ 或 } \bar{X} > 100.697\}.$$

而样本观测值的均值 $\bar{x} = 99.89 \notin R_1$, 因此不能拒绝 H_0, 即应认为每袋食品的平均净重符合要求.

(2) 检验假设 $H_0': \sigma^2 \leqslant \sigma_0^2 = 2^2.$

对于 $\alpha=0.05$,求 λ_2,使
$$P\left\{\frac{(n-1)S^2}{\sigma_0^2} > \lambda_2\right\} = P\{W > \lambda_2\} = 0.05,$$
其中
$$W = \frac{(n-1)S^2}{\sigma^2} \sim \chi^2(9).$$
由教材附表 3 得 $\lambda_2 = 16.9$,故拒绝域为 $R_2 = \{W > 16.9\}$.

由上面的结果有
$$w = \frac{9 \times 0.975^2}{2^2} = 2.139 \notin R_2,$$
因此应接受 H_0',综合(1)(2)可以认为该日包装机工作正常.

习题解答 II

上篇 基础篇

- 第一部分 初等微积分
- 第二部分 线性代数简介
- 第三部分 概率统计初步

第一部分 初等微积分

习 题 1.1

1. 叙述函数的定义,并指出下列各题中的两个函数是否相同,为什么?

(1) $y = \dfrac{x^2}{x}$ 与 $y = x$;

(2) $y = \lg x^2$ 与 $y = 2\lg x$;

(3) $y = |x|$ 与 $y = \sqrt{x^2}$;

(4) $y = \dfrac{x^2-4}{x+2}$ 与 $y = x-2$.

答 设 X 是一个给定的实数集合,f 是一个确定的对应规律. 如果对于 X 中的每一个实数,通过 f 都有 $\mathbf{R}$ 内的唯一确定的一个实数与之对应,那么,这个对应规律 f 就称为由 X 到 $\mathbf{R}$ 的函数,记为
$$f: X \to \mathbf{R}.$$

(1) 不相同,因为它们的定义域不相同,其中 $y = x^2/x$ 的定义域为 $\{x \mid x \neq 0, x \in \mathbf{R}\}$,$y = x$ 的定义域为 $\{x \mid x \in \mathbf{R}\}$;

(2) 不相同,因为它们的定义域不相同,其中 $y = \lg x^2$ 的定义域为 $\{x \mid x \neq 0, x \in \mathbf{R}\}$,$y = 2\lg x$ 的定义域为 $\{x \mid x > 0, x \in \mathbf{R}\}$;

(3) 相同,因为对任意的 $x \in \mathbf{R}$,$|x| \equiv \sqrt{x^2}$.

(4) 不相同,因为它们的定义域不相同,其中 $y = \dfrac{x^2-4}{x+2}$ 的定义

域为$\{x|x\neq -2, x\in \mathbf{R}\}$,$y=x-2$的定义域为$\{x|x\in \mathbf{R}\}$.

2. 求下列函数的定义域.

(1) $y=\dfrac{1}{x^2-2x}$;

(2) $y=\lg(x^2-4)$;

(3) $y=\sqrt{\dfrac{1+x}{1-x}}$;

(4) $y=\arccos\dfrac{x-3}{2}$;

(5) $y=\sqrt{\lg\dfrac{x-3}{2}}$;

(6) $y=\dfrac{1}{\sin x-\cos x}$.

解 (1) 要使函数有意义,必须满足
$$x^2-2x=x(x-2)\neq 0,$$
即
$$\begin{cases} x\neq 0, \\ x\neq 2, \end{cases}$$
所以函数的定义域为$(-\infty,0)\cup(0,2)\cup(2,+\infty)$.

(2) 要使函数有意义,必须满足
$$x^2-4>0,$$
即
$$|x|>2,$$
所以函数的定义域为$(-\infty,2)\cup(2,+\infty)$.

(3) 要使函数有意义,必须满足以下两个条件
$$\begin{cases} \dfrac{1+x}{1-x}\geq 0, \\ 1-x\neq 0, \end{cases}$$
即

(Ⅰ) $\begin{cases} 1+x\geq 0, \\ 1-x\geq 0, \\ 1-x\neq 0, \end{cases}$ 或 (Ⅱ) $\begin{cases} 1+x\leq 0, \\ 1-x\leq 0, \\ 1-x\neq 0. \end{cases}$

不等式组(Ⅰ)的解为$-1\leq x<1$,而不等式(Ⅱ)无解.
所以函数的定义域为$[-1,1)$.

(4) 要使函数有意义,必须满足
$$\left|\frac{x-3}{2}\right| \leqslant 1,$$
即
$$-2 \leqslant x-3 \leqslant 2,$$
所以函数的定义域为 $[1,5]$.

(5) 要使函数有意义,必须满足以下两个条件
$$\begin{cases} x-3 > 0, \\ \lg\dfrac{x-3}{2} \geqslant 0 \end{cases}$$
即
$$\begin{cases} x > 3, \\ \dfrac{x-3}{2} \geqslant 1, \end{cases}$$
亦即
$$\begin{cases} x > 3, \\ x \geqslant 5, \end{cases}$$
解得
$$x \geqslant 5.$$
所以函数的定义域为 $[5,+\infty)$.

(6) 要使函数有意义,必须满足
$$\sin x - \cos x \neq 0,$$
即
$$\tan x \neq 1,$$
亦即
$$x \neq n\pi + \frac{\pi}{4} \quad (n = 0, \pm 1, \pm 2, \cdots),$$
所以函数的定义域为 $\left(n\pi + \dfrac{\pi}{4}, (n+1)\pi + \dfrac{\pi}{4}\right)$,其中 $n = 0, \pm 1, \pm 2, \cdots$.

3. 设 $f(x) = x^2 - 3x + 2$,求 $f(0)$,$f(1)$,$f(-2)$,$f(-x)$,$f\left(\dfrac{1}{x}\right)$.

解 $f(0) = 0^2 - 3 \times 0 + 2 = 2$;

$f(1) = 1^2 - 3 \times 1 + 2 = 0$;

$f(-2) = (-2)^2 - 3 \times (-2) + 2 = 4 + 6 + 2 = 12$;

$f(-x) = (-x)^2 - 3(-x) + 2 = x^2 + 3x + 2$;

$f\left(\dfrac{1}{x}\right) = \left(\dfrac{1}{x}\right)^2 - 3\left(\dfrac{1}{x}\right) + 2 = \dfrac{1}{x^2} - \dfrac{3}{x} + 2.$

4. 设 $f(t) = t^3 + 1$,求 $f(t^2)$,$[f(t)]^2$,$f(x+1)$,$f(x) + 1$.

解 $f(t^2) = (t^2)^3 + 1 = t^6 + 1$,

$[f(t)]^2 = (t^3 + 1)^2 = t^6 + 2t^3 + 1$,

$f(x+1) = (x+1)^3 + 1 = x^3 + 3x^2 + 3x + 2$,

$f(x) + 1 = x^3 + 2.$

5. 指出下列函数中哪些是奇函数,哪些是偶函数.

(1) $y = \lg(x^2 + 1)$; (2) $y = x^2 \sin x$;

(3) $y = x^2 + \sin x$; (4) $y = |x + 1|$;

(5) $y = \sin(x^2 + 1)$; (6) $y = \lg(x + \sqrt{1 + x^2})$.

解 (1) 因为 $y(-x) = \lg((-x)^2 + 1) = \lg(x^2 + 1) = y(x)$,

所以 $y = \lg(x^2 + 1)$ 是个偶函数.

(2) 因为 $y(-x) = (-x)^2 \sin(-x) = -x^2 \sin x = -y(x)$,

所以 $y = x^2 \sin x$ 是奇函数.

(3) 因为 $y(-x) = (-x)^2 + \sin(-x) = x^2 - \sin x$,

所以 $y = x^2 + \sin x$ 是非奇非偶函数.

(4) 因为 $y(-x) = |-x + 1| = |1 - x|$,

所以 $y = |x + 1|$ 是个非奇非偶函数.

(5) 因为 $y(-x) = \sin((-x^2) + 1) = \sin(x^2 + 1) = y(x)$,

所以 $y = \sin(x^2 + 1)$ 是个偶函数.

(6) 因为 $y(-x) = \lg(-x + \sqrt{1 + (-x)^2}) = \lg(\sqrt{1 + x^2} - x)$

$$= \lg \frac{1}{x+\sqrt{1+x^2}} = -y(x),$$

所以 $y = \lg(x+\sqrt{1+x^2})$ 是个奇函数.

6. 指出下列函数在指定的区间内的单调性.

（1）$y = \sin x \left(\dfrac{\pi}{2} \leq x \leq \pi\right)$；

（2）$y = x^3 (-\infty < x < +\infty)$；

（3）$y = |x+1| (-5 \leq x \leq -1)$；

（4）$y = \lg x (0 < x < +\infty)$.

解 （1）设 x_1, x_2 是区间 $\left[\dfrac{\pi}{2}, \pi\right]$ 上的任意两点，并且 $x_1 < x_2$. 于是有

$$y(x_1) - y(x_2) = \sin x_1 - \sin x_2$$
$$= 2\cos\frac{x_1+x_2}{2}\sin\frac{x_1-x_2}{2}.$$

因为

$$\frac{x_1+x_2}{2} \in \left[\frac{\pi}{2}, \pi\right], \cos\frac{x_1+x_2}{2} < 0, \sin\frac{x_1-x_2}{2} < 0,$$

所以

$$y(x_1) - y(x_2) > 0.$$

可见 $y = \sin x$ 在 $\left[\dfrac{\pi}{2}, \pi\right]$ 上是递减的.

（2）设 x_1, x_2 是区间 $(-\infty, +\infty)$ 内任意两点，并且 $x_1 < x_2$. 于是有

$$y(x_2) - y(x_1) = x_2^3 - x_1^3 = (x_2 - x_1)(x_2^2 + x_1 x_2 + x_1^2)$$
$$= (x_2 - x_1)\left[\left(x_1 + \frac{x_2}{2}\right)^2 + \frac{3}{4}x_2^2\right] > 0.$$

可见 $y = x^3$ 在 $(-\infty, +\infty)$ 内是递增的.

（3）设 x_1, x_2 是区间 $[-5, -1]$ 上的任意两点，并且 $x_1 < x_2$.

于是有
$$y(x_1) - y(x_2) = |x_1 + 1| - |x_2 + 1|$$
$$= -x_1 - 1 - (-x_2 - 1)$$
$$= x_2 - x_1 > 0.$$

可见 $y = |x+1|$ 在 $[-5, -1]$ 上是递减的.

(4) 设 x_1, x_2 是区间 $(0, +\infty)$ 内任意两点,并且 $x_1 < x_2$. 于是有
$$\frac{x_2}{x_1} > 1,$$
$$y(x_2) - y(x_1) = \lg x_2 - \lg x_1 = \lg \frac{x_2}{x_1} > 0.$$

可见 $y = \lg x$ 在 $(0, +\infty)$ 内是递增的.

7. 指出下列函数中哪些是周期函数,并求出它们的周期.

(1) $y = \sin \lambda x$ ($\lambda > 0$);   (2) $y = 2$;

(3) $y = \sin 2x + \sin \pi x$;   (4) $y = \sin x + \cos x$.

解 (1) 是周期函数,周期 $T = 2\pi/\lambda$.

因为对于任意的 $x \in (-\infty, +\infty)$ 都有
$$\sin \lambda(x + 2\pi/\lambda) = \sin(\lambda x + 2\pi) = \sin \lambda x.$$

(2) 不是周期函数.

对于任意的 $x \in (-\infty, +\infty)$,虽然任意 $C > 0$ 都有
$$y(x + C) = 2 = y(x),$$
但是由于最小正数是不存在的,所以 $y = 2$ 不是周期函数.

(3) 不是周期函数.

因为对于任意的 $x \in (-\infty, +\infty)$,虽然 $\sin 2x$ 与 $\sin \pi x$ 分别是周期为 π 与 2 的周期函数,但由于 π 与 2 是不可公度的,故 $y = \sin 2x + \sin \pi x$ 不是周期函数.

(4) 是周期函数,周期 $T = 2\pi$.

因为对于任意的 $x \in (-\infty, +\infty)$ 都有
$$\sin(x + 2\pi) + \cos(x + 2\pi) = \sin x + \cos x.$$

8. 设 $f(x) = x^2, g(x) = 2^x$,求 $f[f(x)], g[g(x)], f[g(x)], g[f(x)]$.

解 $f[f(x)] = (f(x))^2 = (x^2)^2 = x^4$;

$g[g(x)] = 2^{g(x)} = 2^{2^x}$;

$f[g(x)] = (g(x))^2 = (2^x)^2 = 2^{2x}$;

$g[f(x)] = 2^{f(x)} = 2^{x^2}$.

9. 设 $f(x) = \dfrac{1}{1-x}$,求 $f[f(x)], f\{f[f(x)]\}$.

解 $f[f(x)] = \dfrac{1}{1-f(x)} = \dfrac{1}{1-\dfrac{1}{1-x}} = \dfrac{1-x}{-x} = 1 - \dfrac{1}{x}$;

$f\{f[f(x)]\} = \dfrac{1}{1-f[f(x)]} = \dfrac{1}{1-\left(1-\dfrac{1}{x}\right)} = x.$

10. 求下列函数的反函数.

(1) $y = ax + b\,(a \neq 0)$;

(2) $y = \sqrt[3]{x^2+4}\,(x > 0)$;

(3) $y = 2\sin 3x\,(0 < x < \pi/6)$;

(4) $y = \lg(x+4)$.

解 (1) 因为 $ax = y - b, a \neq 0$,

所以 $x = \dfrac{y}{a} - \dfrac{b}{a}$.

把 x, y 互换,得到 $y = ax + b$ 的反函数

$$y = \dfrac{x}{a} - \dfrac{b}{a}.$$

(2) 因为 $y^3 = x^2 + 4, x > 0$,

所以 $x = \sqrt{y^3 - 4}$.

把 x, y 互换,得到 $y = \sqrt[3]{x^2+4}$ 的反函数

$$y = \sqrt{x^3 - 4}.$$

（3）因为 $\frac{y}{2} = \sin 3x, 0 < x < \frac{\pi}{6}$,

根据反正弦函数的定义，有

$$3x = \arcsin \frac{y}{2} \quad (0 < y < 2),$$

所以 $x = \frac{1}{3} \arcsin \frac{y}{2}$.

把 x, y 互换，得到 $y = 2\sin 3x$ 的反函数

$$y = \frac{1}{3} \arcsin \frac{x}{2} \quad (0 < x < 2).$$

（4）根据指数的定义，有

$$x + 4 = 10^y,$$

所以 $x = 10^y - 4$.

把 x, y 互换，得到 $y = \lg(x + 4)$ 的反函数

$$y = 10^x - 4.$$

11. 设一个无盖的圆柱形容器的容积为 V, 试将其表面积表为底半径的函数.

解 设圆柱的底半径为 r, 高为 h, 表面积为 S. 根据圆柱体积公式，有

$$V = \pi r^2 h,$$

得到

$$h = \frac{V}{\pi r^2} \quad (r > 0).$$

根据圆柱体的表面积公式（除上顶表面），有

$$S = 2\pi r h + \pi r^2,$$

将 $h = \frac{V}{\pi r^2}$ 代入后，得到

$$S = \frac{2}{r}V + \pi r^2 \quad (r > 0).$$

12. 设 $1 \sim 14$ 岁儿童的平均身高 $y(\text{cm})$ 与年龄 x 成线性函数

关系. 已知一岁儿童的平均身高为 85 cm, 10 岁儿童的平均身高为 130 cm, 写出 y 与 x 的函数关系.

解 设 $y = kx + b \,(1 \leqslant x \leqslant 14)$.

由题设,有 $\begin{cases} 85 = k + b, \\ 130 = 10k + b, \end{cases}$ 解得

$$k = 5, \quad b = 80,$$

因此
$$y = 5x + 80 \quad (1 \leqslant x \leqslant 14).$$

习 题 1.2

1. 讨论下列各极限是否存在：

(1) $\lim\limits_{x \to 0} \dfrac{|x|}{x}$;

(2) $\lim\limits_{n \to \infty}\left(1 + \dfrac{(-1)^n}{n}\right)$;

(3) $\lim\limits_{x \to \infty} \dfrac{x(x+2)}{x^2}$;

(4) $\lim\limits_{x \to 2} \dfrac{1}{\sin(x-2)}$.

答 （1）极限 $\lim\limits_{x \to 0} \dfrac{|x|}{x}$ 不存在. 因为当 $x > 0$ 时，

$$\lim_{x \to 0^+} \frac{|x|}{x} = \lim_{x \to 0^+} \frac{x}{x} = \lim_{x \to 0^+} 1 = 1 ;$$

而当 $x < 0$ 时，

$$\lim_{x \to 0^-} \frac{|x|}{x} = \lim_{x \to 0^-} \frac{-x}{x} = \lim_{x \to 0^-} (-1) = -1.$$

由此可见，函数 $\dfrac{|x|}{x}$ 在 $x = 0$ 点的左、右极限虽然都存在，但不相等，所以 $\dfrac{|x|}{x}$ 在 $x = 0$ 点极限不存在.

（2）极限 $\lim\limits_{n \to +\infty}\left(1 + (-1)^n \dfrac{1}{n}\right)$ 存在，等于 1. 因为对于任意给定的正数 ε，取 $N = \left[\dfrac{1}{\varepsilon}\right] + 1$，当 $n > N$ 时，就有

$$\left|1 + (-1)^n \frac{1}{n} - 1\right| = \frac{1}{n} < \varepsilon$$

成立. 根据数列极限定义，可知

$$\lim_{n \to +\infty}\left(1 + (-1)^n \frac{1}{n}\right) = 1.$$

（3）极限 $\lim\limits_{x \to \infty} \dfrac{x(x+2)}{x^2}$ 存在，等于 1. 因为对于任意给定的正数 ε，取 $X = \dfrac{2}{\varepsilon}$，当 $|x| > X$ 时，就有

$$\left|\frac{x(x+2)}{x^2}-1\right|=\left|\frac{2}{x}\right|<\varepsilon$$

成立,根据函数极限定义,可知

$$\lim_{x\to\infty}\frac{x(x+2)}{x^2}=1.$$

(4) 极限 $\lim\limits_{x\to 2}\dfrac{1}{\sin(x-2)}$ 不存在. 因为 $\lim\limits_{x\to 2}\sin(x-2)=0$,所以函数 $\dfrac{1}{\sin(x-2)}$ 在 $x=2$ 附近可以任意大. 因此不存在这样的常数作为它的极限值.

2. 讨论下列各函数在点 $x=0$ 处的极限是否存在:

(1) $f(x)=\begin{cases}0 & (x=0),\\ 1 & (x\neq 0);\end{cases}$

(2) $f(x)=\begin{cases}x+1 & (-1\leqslant x\leqslant 0),\\ x & (0<x\leqslant 1);\end{cases}$

(3) $f(x)=\dfrac{1}{x}$;

(4) $f(x)=\begin{cases}1-x & (x>0),\\ 0 & (x\leqslant 0).\end{cases}$

答 (1) 存在. 因为 $\lim\limits_{x\to 0}f(x)=\lim\limits_{x\to 0}1=1$.

(2) 不存在. 因为 $\lim\limits_{x\to 0^-}f(x)=\lim\limits_{x\to 0^-}(x+1)=1$,而 $\lim\limits_{x\to 0^+}f(x)=\lim\limits_{x\to 0^+}x=0$.

(3) 不存在. 因为 $\lim\limits_{x\to 0}x=0$,$\dfrac{1}{x}$ 在 $x=0$ 附近可以任意大.

(4) 不存在. 因为 $\lim\limits_{x\to 0^-}f(x)=\lim\limits_{x\to 0^-}0=0$, $\lim\limits_{x\to 0^+}f(x)=\lim\limits_{x\to 0^+}(1-x)=1$.

3. 设 $\{x_n\}$ 和 $\{y_n\}$ 的极限都不存在,能否断定 $\{x_n+y_n\}$ 和 $\{x_n\cdot y_n\}$ 的极限一定不存在.

答 不能. 例如,$x_n=(-1)^n$,$y_n=(-1)^{n+1}$ 它们的极限都不存在,但 $\lim\limits_{n\to\infty}(x_n+y_n)=0$, $\lim\limits_{n\to\infty}(x_ny_n)=-1$.

4. 设 $\{x_n\}$ 的极限不存在,而 $\{y_n\}$ 的极限存在,问 $\{x_n + y_n\}$ 的极限是否存在,为什么?

答 一定不存在. 因为若 $\{x_n + y_n\}$ 的极限存在,则由 $\{y_n\}$ 的极限存在,根据极限的四则运算可以推出 $(x_n + y_n) - y_n$ 的极限存在,即 $\{x_n\}$ 的极限存在. 这与题设是矛盾的.

5. 试求下列各极限:

(1) $\lim\limits_{n \to \infty} \dfrac{4n^2 + 2}{3n^2 + 1}$;

(2) $\lim\limits_{n \to \infty} (\sqrt{n+1} - \sqrt{n})$;

(3) $\lim\limits_{x \to 2} \dfrac{4x + 7}{x^2 + 1}$;

(4) $\lim\limits_{x \to 0} \dfrac{x^3 - 4}{4x^2 + x - 2}$;

(5) $\lim\limits_{x \to \infty} \dfrac{x^2 - 2}{4x^2 + x + 6}$;

(6) $\lim\limits_{x \to +\infty} \dfrac{\sqrt{x+1} - \sqrt{x-1}}{x}$;

(7) $\lim\limits_{n \to \infty} \dfrac{(-2)^n + 5^n}{(-2)^{n+1} + 5^{n+1}}$;

(8) $\lim\limits_{x \to 1} \dfrac{\sqrt{x} - 1}{x - 1}$;

(9) $\lim\limits_{\Delta x \to 0} \dfrac{\sqrt{x + \Delta x} - \sqrt{x}}{\Delta x}$;

(10) $\lim\limits_{n \to \infty} \dfrac{1 + 2 + \cdots + n}{n^2}$;

(11) $\lim\limits_{n \to \infty} \dfrac{1 + \dfrac{1}{2} + \dfrac{1}{4} + \cdots + \dfrac{1}{2^n}}{1 + \dfrac{1}{3} + \dfrac{1}{9} + \cdots + \dfrac{1}{3^n}}$;

(12) $\lim\limits_{x \to 1} \dfrac{x^n - 1}{x - 1}$;

(13) $\lim\limits_{x \to -1} \left(\dfrac{1}{x+1} - \dfrac{3}{x^3 + 1} \right)$;

(14) $\lim\limits_{x \to 2} \dfrac{x - 2}{x + 1}$;

(15) $\lim\limits_{x \to 0} \dfrac{\sqrt{4 + x^2} - 2}{x}$;

(16) $\lim\limits_{x \to \infty} \left(4 + \dfrac{1}{x} - \dfrac{1}{x^2} \right)$;

(17) $\lim\limits_{x \to 0} \dfrac{\dfrac{x}{2}}{\sin 2x}$;

(18) $\lim\limits_{x \to 0+0} \dfrac{\sqrt{1 - \cos x}}{\sin x}$;

(19) $\lim\limits_{n \to \infty} \left(1 + \dfrac{4}{n} \right)^n$;

(20) $\lim\limits_{x \to \infty} \left(1 - \dfrac{1}{x} \right)^x$;

(21) $\lim\limits_{n \to \infty} \left(1 + \dfrac{1}{n} \right)^{n+m}$ $(m \in \mathbf{N})$;

(22) $\lim\limits_{x \to 1} \dfrac{1}{1 - x}$;

(23) $\lim\limits_{x\to -\infty} 2^x$;　　　　　　　　(24) $\lim\limits_{x\to +\infty} 2^x$;

(25) $\lim\limits_{x\to a}\dfrac{\sin x - \sin a}{x-a}$;　　　　(26) $\lim\limits_{x\to 0}\dfrac{\sin x^2}{2x}$;

(27) $\lim\limits_{x\to 0}\dfrac{e^{2x}-1}{x}$;　　　　　　(28) $\lim\limits_{x\to \pi}\dfrac{\sin x}{\pi - x}$;

(29) $\lim\limits_{x\to 0}\dfrac{2\sin 4x}{3\arctan 2x}$;　　　　(30) $\lim\limits_{x\to 0}\dfrac{\ln(1+2x)}{\tan 4x}$.

解 (1) 先用 n^2 除 $\dfrac{4n^2+2}{3n^2+1}$ 的分子和分母,得

$$\dfrac{4+\dfrac{2}{n^2}}{3+\dfrac{1}{n^2}};$$

然后取极限,根据 $\lim\limits_{n\to\infty}\dfrac{1}{n^2}=0$ 和极限四则运算,得

$$\lim\limits_{n\to\infty}\dfrac{4n^2+2}{3n^2+1}=\lim\limits_{n\to\infty}\dfrac{4+\dfrac{2}{n^2}}{3+\dfrac{1}{n^2}}=\dfrac{4}{3}.$$

(2) 先对 $(\sqrt{n+1}-\sqrt{n})/1$ 有理化分子,得

$$\dfrac{(\sqrt{n+1}-\sqrt{n})(\sqrt{n+1}+\sqrt{n})}{\sqrt{n+1}+\sqrt{n}}=\dfrac{1}{\sqrt{n+1}+\sqrt{n}},$$

然后取极限,根据 $\lim\limits_{n\to\infty}\dfrac{1}{\sqrt{n}}=0,0\leqslant\dfrac{1}{\sqrt{n+1}+\sqrt{n}}\leqslant\dfrac{1}{\sqrt{n}}$ 和极限存在的准则 1(两边夹定理),得

$$\lim\limits_{n\to\infty}(\sqrt{n+1}-\sqrt{n})=\lim\limits_{n\to\infty}\dfrac{1}{\sqrt{n+1}+\sqrt{n}}=0.$$

(3) 因为 $\lim\limits_{x\to 2}(x^2+1)=5\neq 0$,根据极限的四则运算,得

$$\lim\limits_{x\to 2}\dfrac{4x+7}{x^2+1}=\dfrac{15}{5}=3.$$

(4) 因为 $\lim\limits_{x\to 0}(4x^2+x-2)=-2\neq 0$,根据极限的四则运算,得

$$\lim_{x\to 0}\frac{x^3-4}{4x^2+x-2}=\frac{-4}{-2}=2.$$

(5) 因为 $\dfrac{x^2-2}{4x^2+x+6}$ 的分子、分母的最高次项都是二次,所以

$$\lim_{x\to\infty}\frac{x^2-2}{4x^2+x+6}=\frac{1}{4}.$$

(6) 先对 $\dfrac{\sqrt{x+1}-\sqrt{x-1}}{x}$ 有理化分子,得

$$\frac{(\sqrt{x+1}-\sqrt{x-1})(\sqrt{x+1}+\sqrt{x-1})}{x(\sqrt{x+1}+\sqrt{x-1})}$$
$$=\frac{2}{x(\sqrt{x+1}+\sqrt{x-1})},$$

然后取极限,得

$$\lim_{x\to+\infty}\frac{\sqrt{x+1}-\sqrt{x-1}}{x}$$
$$=\lim_{x\to+\infty}\frac{2}{x(\sqrt{x+1}+\sqrt{x-1})}=0.$$

(7) 先用 5^{n+1} 除 $\dfrac{(-2)^n+5^n}{(-2)^{n+1}+5^{n+1}}$ 的分子和分母,得

$$\frac{\left[\left(-\dfrac{2}{5}\right)^n+1\right]\dfrac{1}{5}}{\left(-\dfrac{2}{5}\right)^{n+1}+1},$$

然后取极限,根据 $\lim\limits_{n\to\infty}\left(-\dfrac{2}{5}\right)^n=0$ 和极限的四则运算,得

$$\lim_{n\to\infty}\frac{(-2)^n+5^n}{(-2)^{n+1}+5^{n+1}}=\lim_{n\to\infty}\frac{\left[\left(-\dfrac{2}{5}\right)^n+1\right]\dfrac{1}{5}}{\left(-\dfrac{2}{5}\right)^{n+1}+1}=\frac{1}{5}.$$

(8) 因为 $x - 1 = (\sqrt{x} - 1)(\sqrt{x} + 1)$,所以当 $x \neq 1$ 时,
$\lim\limits_{x \to 1} \dfrac{\sqrt{x} - 1}{x - 1} = \lim\limits_{x \to 1} \dfrac{1}{\sqrt{x} + 1} = \dfrac{1}{2}.$

(9) 先对 $\dfrac{\sqrt{x + \Delta x} - \sqrt{x}}{\Delta x}$ 有理化分子,得

$$\dfrac{(\sqrt{x + \Delta x} - \sqrt{x})(\sqrt{x + \Delta x} + \sqrt{x})}{\Delta x(\sqrt{x + \Delta x} + \sqrt{x})}$$
$$= \dfrac{1}{\sqrt{x + \Delta x} + \sqrt{x}},$$

然后取极限,考虑到 $\lim\limits_{\Delta x \to 0} \sqrt{x + \Delta x} = \sqrt{x}$,根据极限的四则运算,得

$$\lim_{\Delta x \to 0} \dfrac{\sqrt{x + \Delta x} - \sqrt{x}}{\Delta x} = \lim_{\Delta x \to 0} \dfrac{1}{\sqrt{x + \Delta x} + \sqrt{x}}$$
$$= \dfrac{1}{2\sqrt{x}}.$$

(10) 因为 $1 + 2 + \cdots + n = \dfrac{n(n+1)}{2}$,可见 $\dfrac{1 + 2 + \cdots + n}{n^2}$ 的分子、分母的最高次项都是二次,所以

$$\lim_{n \to \infty} \dfrac{1 + 2 + \cdots + n}{n^2} = \lim_{n \to \infty} \dfrac{n(n+1)/2}{n^2} = \dfrac{1}{2}.$$

(11) 因为

$$1 + \dfrac{1}{2} + \dfrac{1}{4} + \cdots + \dfrac{1}{2^n} = \dfrac{1 - \dfrac{1}{2^{n+1}}}{1 - \dfrac{1}{2}},$$

$$1 + \dfrac{1}{3} + \dfrac{1}{9} + \cdots + \dfrac{1}{3^n} = \dfrac{1 - \dfrac{1}{3^{n+1}}}{1 - \dfrac{1}{3}},$$

根据 $\lim\limits_{n \to \infty} \dfrac{1}{2^{n+1}} = 0$,$\lim\limits_{n \to \infty} \dfrac{1}{3^{n+1}} = 0$ 和极限的四则运算,得

$$\lim_{n\to\infty}\frac{1+\frac{1}{2}+\frac{1}{4}+\cdots+\frac{1}{2^n}}{1+\frac{1}{3}+\frac{1}{9}+\cdots+\frac{1}{3^n}}$$

$$=\lim_{n\to\infty}\frac{\left(1-\frac{1}{2^{n+1}}\right)\Big/\left(1-\frac{1}{2}\right)}{\left(1-\frac{1}{3^{n+1}}\right)\Big/\left(1-\frac{1}{3}\right)}=\frac{4}{3}.$$

(12) 因为 $x^n-1=(x-1)(x^{n-1}+\cdots+x+1)$,所以

$$\lim_{x\to 1}\frac{x^n-1}{x-1}=\lim_{x\to 1}(x^{n-1}+\cdots+x+1)=n.$$

(13) 因为 $x^3+1=(x+1)(x^2-x+1)$,所以

$$\lim_{x\to -1}\left(\frac{1}{x+1}-\frac{3}{x^3+1}\right)=\lim_{x\to -1}\frac{x^2-x+1-3}{x^3+1}$$

$$=\lim_{x\to -1}\frac{(x+1)(x-2)}{(x+1)(x^2-x+1)}$$

$$=\lim_{x\to -1}\frac{x-2}{x^2-x+1}=-1.$$

(14) 由极限的四则运算,得

$$\lim_{x\to 2}\frac{x-2}{x+1}=\frac{0}{3}=0.$$

(15) 先对 $\dfrac{\sqrt{4+x^2}-2}{x}$ 有理化分子,得

$$\frac{(\sqrt{4+x^2}-2)(\sqrt{4+x^2}+2)}{x(\sqrt{4+x^2}+2)}$$

$$=\frac{x^2}{x(\sqrt{4+x^2}+2)}=\frac{x}{\sqrt{4+x^2}+2},$$

然后取极限,根据极限的四则运算,得

$$\lim_{x\to 0}\frac{\sqrt{4+x^2}-2}{x}=\lim_{x\to 0}\frac{x}{\sqrt{4+x^2}+2}=\frac{0}{4}=0.$$

(16) 因为 $\lim\limits_{x\to\infty}\dfrac{1}{x} = \lim\limits_{x\to\infty}\dfrac{1}{x^2} = 0$,根据极限四则运算,得

$$\lim_{x\to\infty}\left(4 + \frac{1}{x} - \frac{1}{x^2}\right) = \lim_{x\to\infty}4 + \lim_{x\to\infty}\frac{1}{x} - \lim_{x\to\infty}\frac{1}{x^2} = 4.$$

(17) 因为 $x\to 0$ 时,$\sin 2x \sim 2x$,所以

$$\lim_{x\to 0}\frac{\dfrac{x}{2}}{\sin 2x} = \lim_{x\to 0}\frac{\dfrac{x}{2}}{2x} = \frac{1}{4}.$$

(18) 因为 $x\to 0+0$ 时,$1 - \cos x \sim \dfrac{1}{2}x^2$、$\sin x \sim x$,所以

$$\lim_{x\to 0+0}\frac{\sqrt{1-\cos x}}{\sin x} = \lim_{x\to 0+0}\frac{\sqrt{\dfrac{1}{2}}x}{x} = \frac{\sqrt{2}}{2}.$$

(19) 因为 $\lim\limits_{n\to\infty}\left(1+\dfrac{4}{n}\right)^{\frac{n}{4}} = \lim\limits_{\frac{n}{4}\to\infty}\left(1+\dfrac{1}{\dfrac{n}{4}}\right)^{\frac{n}{4}} = \mathrm{e}$,所以

$$\lim_{n\to\infty}\left(1+\frac{4}{n}\right)^n = \lim_{n\to\infty}\left[\left(1+\frac{1}{\dfrac{n}{4}}\right)^{\frac{n}{4}}\right]^4$$

$$= \left[\lim_{n\to\infty}\left(1+\frac{4}{n}\right)^{\frac{n}{4}}\right]^4 = \mathrm{e}^4.$$

(20) 因为 $\lim\limits_{x\to\infty}\left(1-\dfrac{1}{x}\right)^{-x} = \lim\limits_{-x\to\infty}\left(1+\dfrac{1}{-x}\right)^{-x} = \mathrm{e}$,所以

$$\lim_{x\to\infty}\left(1-\frac{1}{x}\right)^x = \lim_{x\to\infty}\left[\left(1+\frac{1}{-x}\right)^{-x}\right]^{-1}$$

$$= \left[\lim_{x\to\infty}\left(1+\frac{1}{-x}\right)^{-x}\right]^{-1} = \mathrm{e}^{-1}.$$

(21) 因为对于任意 $m \in \mathbf{N}$,有

$$\lim_{n\to\infty}\left(1+\frac{1}{n}\right)^m = \left[\lim_{n\to\infty}\left(1+\frac{1}{n}\right)\right]^m = 1,$$

所以

$$\lim_{n\to\infty}\left(1+\frac{1}{n}\right)^{n+m} = \lim_{n\to\infty}\left(1+\frac{1}{n}\right)^n\left(1+\frac{1}{n}\right)^m$$

$$= \lim_{n\to\infty}\left(1+\frac{1}{n}\right)^n \cdot \lim_{n\to\infty}\left(1+\frac{1}{n}\right)^m = \mathrm{e}\cdot 1 = \mathrm{e}.$$

(22) 因为 $\lim_{x\to 1}(1-x)=0$,所以

$$\lim_{x\to 1}\frac{1}{1-x} = \infty.$$

(23) 因为 $x\to -\infty$ 时, $-x\to +\infty$, $2^{-x}\to +\infty$,所以

$$\lim_{x\to -\infty}2^x = \lim_{x\to -\infty}\frac{1}{2^{-x}} = 0.$$

(24) 因为 $x>1$, $x\to +\infty$ 时, $2^x > x\to +\infty$,所以

$$\lim_{x\to +\infty}2^x = +\infty.$$

(25) 因为 $\sin x - \sin a = 2\cos\frac{x+a}{2}\sin\frac{x-a}{2}$,且 $x\to a$ 时,

$\sin\frac{x-a}{2} \sim \frac{x-a}{2}$, $\cos\frac{x+a}{2}\to\cos a$,所以

$$\lim_{x\to a}\frac{\sin x - \sin a}{x-a} = \lim_{x\to a}\frac{2\cos\frac{x+a}{2}\sin\frac{x-a}{2}}{x-a}$$

$$= 2\lim_{x\to a}\cos\frac{x+a}{2}\lim_{x\to a}\frac{\sin\frac{x-a}{2}}{x-a}$$

$$= 2\cos a\lim_{x\to a}\frac{\frac{x-a}{2}}{x-a} = \cos a.$$

(26) 因为 $x\to 0$ 时, $\sin x^2 \sim x^2$,所以

$$\lim_{x\to 0}\frac{\sin x^2}{2x} = \lim_{x\to 0}\frac{x^2}{2x} = \lim_{x\to 0}\frac{x}{2} = 0.$$

(27) 因为 $x\to 0$ 时, $\mathrm{e}^{2x}-1 \sim 2x$,所以

$$\lim_{x\to 0}\frac{\mathrm{e}^{2x}-1}{x} = \lim_{x\to 0}\frac{2x}{x} = 2.$$

(28) 因为 $\sin x = \sin(\pi - x)$,且 $x \to \pi$ 时,$\sin(\pi - x) \sim (\pi - x)$,所以

$$\lim_{x \to \pi} \frac{\sin x}{\pi - x} = \lim_{x \to \pi} \frac{\sin(\pi - x)}{\pi - x} = \lim_{x \to \pi} \frac{\pi - x}{\pi - x} = 1.$$

(29) 因为 $x \to 0$ 时,$\sin 4x \sim 4x$,$\arctan 2x \sim 2x$,所以

$$\lim_{x \to 0} \frac{2\sin 4x}{3\arctan 2x} = \lim_{x \to 0} \frac{2 \cdot 4x}{3 \cdot 2x} = \frac{4}{3}.$$

(30) 因为 $x \to 0$ 时,$\ln(1 + 2x) \sim 2x$,$\tan 4x \sim 4x$,所以

$$\lim_{x \to 0} \frac{\ln(1 + 2x)}{\tan 4x} = \lim_{x \to 0} \frac{2x}{4x} = \frac{1}{2}.$$

6. 求出下列函数的连续区间.

(1) $y = \dfrac{x^3}{1 + x}$;

(2) $y = \sqrt{x - 1}$;

(3) $y = \dfrac{1}{2^x}$;

(4) $y = \lg(x^2 - 9)$;

(5) $y = \dfrac{|x|}{x}$;

(6) $y = \begin{cases} 2 & (x = 1), \\ \dfrac{1}{1 - x} & (x \neq 1); \end{cases}$

(7) $y = x \sin \dfrac{1}{x}$;

(8) $y = \dfrac{x^2 - 1}{x^2 - 3x + 2}$.

答 (1) 由于函数 $\dfrac{x^3}{1 + x}$ 在 $x = -1$ 点没有定义,并且 $\lim\limits_{x \to -1} \dfrac{x^3}{1 + x} = \infty$,即不存在,所以其连续区间为 $(-\infty, -1)$ 或 $(-1, +\infty)$;间断点为 $x = -1$,它是一个第 II 类间断点.

(2) 由于函数 $\sqrt{x - 1}$ 是一个初等函数,其定义区间为 $[1, +\infty)$,根据初等函数在其定义区间上是连续的,所以函数 $\sqrt{x - 1}$ 的连续区间为 $[1, +\infty)$;没有间断点.

(3) 由于函数 $\dfrac{1}{2^x}$ 是一个初等函数,其定义区间为

$(-\infty, +\infty)$,根据初等函数在其定义区间上是连续的,所以函数 $\dfrac{1}{2^x}$ 的连续区间为 $(-\infty, +\infty)$;没有间断点.

(4) 由于函数 $\lg(x^2-9)$ 是一个初等函数,其定义区间为 $(-\infty, -3)$ 或 $(3, +\infty)$,根据初等函数在其定义区间上是连续的,所以函数 $\lg(x^2-9)$ 的连续区间为 $(-\infty, -3)$ 或 $(3, +\infty)$;没有间断点.

(5) 由于函数 $\dfrac{|x|}{x}$ 在 $x=0$ 点没有定义,并且

$$\lim_{x \to 0^+} \dfrac{|x|}{x} = \lim_{x \to 0^+} \dfrac{x}{x} = 1,$$

$$\lim_{x \to 0^-} \dfrac{|x|}{x} = \lim_{x \to 0^-} \dfrac{-x}{x} = -1,$$

所以其连续区间为 $(-\infty, 0)$ 或 $(0, +\infty)$;间断点为 $x=0$,它是一个第 I 类间断点.

(6) 由于函数

$$y = \begin{cases} 2, & x=1, \\ \dfrac{1}{1-x}, & x \neq 1 \end{cases}$$

在 $x=1$ 点的极限 $\lim\limits_{x \to 1} \dfrac{1}{1-x} = \infty$,即不存在,所以其连续区间为 $(-\infty, 1)$ 或 $(1, +\infty)$;间断点为 $x=1$,它是一个第 II 类间断点.

(7) 由于函数 $x\sin\dfrac{1}{x}$ 在 $x=0$ 点没有定义,并且 $\lim\limits_{x \to 0} x\sin\dfrac{1}{x} = 0$,所以其连续区间为 $(-\infty, 0)$ 或 $(0, +\infty)$;间断点为 $x=0$,它是一个第 I 类间断点. 如果我们补充定义:当 $x=0$ 时,$y=0$,这时函数

$$y = \begin{cases} 0, & x=0, \\ x\sin\dfrac{1}{x}, & x \neq 0 \end{cases}$$

在 $(-\infty, +\infty)$ 上连续. 可见 $x=0$ 点为函数 $x\sin\dfrac{1}{x}$ 的一个可去间

断点.

(8) 由于函数
$$y = \frac{x^2 - 1}{x^2 - 3x + 2} = \frac{(x-1)(x+1)}{(x-1)(x-2)}$$

在 $x = 1, x = 2$ 两个点没有定义,并且

$$\lim_{x \to 1} \frac{x^2 - 1}{x^2 - 3x + 2} = \lim_{x \to 1} \frac{x + 1}{x - 2} = -2,$$

$$\lim_{x \to 2} \frac{x^2 - 1}{x^2 - 3x + 2} = \lim_{x \to 2} \frac{x + 1}{x - 2} = \infty,$$

所以其连续区间为 $(-\infty, 1)$ 或 $(1, 2)$ 或 $(2, +\infty)$;间断点 $x = 1$ 是一个第 I 类间断点,$x = 2$ 是一个第 II 类间断点. 如果我们补充定义:当 $x = 1$ 时,$y = -2$,这时函数

$$y = \begin{cases} -2, & x = 1, \\ \frac{x^2 - 1}{x^2 - 3x + 2}, & x \neq 1 \end{cases}$$

在 $x = 1$ 点也连续. 可见 $x = 1$ 点为函数 $\dfrac{x^2 - 1}{x^2 - 3x + 2}$ 的一个可去间断点.

7. 利用函数的连续性求下列极限:

(1) $\lim\limits_{x \to +\infty} \cos \dfrac{1 - x}{1 + x}$;

(2) $\lim\limits_{x \to 1} \left(\dfrac{x}{2 + x} \right)^{\frac{1 - x^{1/2}}{1 - x}}$.

解 (1) 由初等函数的连续性,有

$$\lim_{x \to +\infty} \cos \frac{1 - x}{1 + x} = \cos \left(\lim_{x \to +\infty} \frac{1 - x}{1 + x} \right) = \cos \left(\lim_{x \to +\infty} \frac{\frac{1}{x} - 1}{\frac{1}{x} + 1} \right)$$

$$= \cos(-1) = \cos 1.$$

(2) 先将函数化成指数形式

$$\left(\frac{x}{2+x}\right)^{\frac{1-\sqrt{x}}{1-x}} = e^{\frac{1-\sqrt{x}}{1-x}\ln\frac{x}{2+x}},$$

然后由初等函数的连续性,有

$$\begin{aligned}
\lim_{x\to 1}\left(\frac{x}{2+x}\right)^{\frac{1-\sqrt{x}}{1-x}} &= \lim_{x\to 1} e^{\frac{1-\sqrt{x}}{1-x}\ln\frac{x}{2+x}} \\
&= e^{\lim_{x\to 1}\frac{1-\sqrt{x}}{1-x}\ln\frac{x}{2+x}} = e^{\lim_{x\to 1}\frac{1}{1+\sqrt{x}}\ln\lim_{x\to 1}\frac{x}{2+x}} \\
&= e^{\frac{1}{2}\ln\frac{1}{3}} = \sqrt{\frac{1}{3}}.
\end{aligned}$$

习 题 1.3

1. 根据导数的定义,求下列函数的导数:
(1) $y = x^2 + x + 1$; 　　　(2) $y = \cos(x + 3)$.

解 (1) $\Delta y = (x + \Delta x)^2 + (x + \Delta x) + 1 - x^2 - x - 1$
$\qquad\qquad = 2x\Delta x + \Delta x$,

$\qquad \dfrac{\Delta y}{\Delta x} = 2x + 1$,

所以
$$y' = \lim_{\Delta x \to \infty} \frac{\Delta y}{\Delta x} = \lim_{\Delta x \to 0}(2x + 1) = 2x + 1.$$

(2) $\Delta y = \cos(x + \Delta x + 3) - \cos(x + 3)$
$\qquad = -2\sin\left(x + 3 + \dfrac{\Delta x}{2}\right)\sin\dfrac{\Delta x}{2}$,

$\qquad \dfrac{\Delta y}{\Delta x} = -\sin\left(x + 3 + \dfrac{\Delta x}{2}\right)\dfrac{\sin\dfrac{\Delta x}{2}}{\dfrac{\Delta x}{2}}$,

所以
$$y' = \lim_{\Delta x \to 0}\frac{\Delta y}{\Delta x} = \lim_{\Delta x \to 0}\left(-\sin\left(x + 3 + \frac{\Delta x}{2}\right)\frac{\sin\dfrac{\Delta x}{2}}{\dfrac{\Delta x}{2}}\right)$$

$$= -\lim_{\Delta x \to 0}\sin\left(x + 3 + \frac{\Delta x}{2}\right)\lim_{\Delta x \to 0}\frac{\sin\dfrac{\Delta x}{2}}{\dfrac{\Delta x}{2}}$$

$$= -\sin(x + 3).$$

2. 设函数 $y = f(x)$ 在点 x_0 处可导,求
$$\lim_{x \to x_0}\frac{f(x) - f(x_0)}{x - x_0}.$$

解 在 x_0 点处给出一个增量 Δx,令 $x = x_0 + \Delta x$. 于是当 $x \to x_0$ 时,就有 $\Delta x \to 0$. 这样一来

$$\lim_{x \to x_0} \frac{f(x) - f(x_0)}{x - x_0} = \lim_{\Delta x \to 0} \frac{f(x_0 + \Delta x) - f(x_0)}{\Delta x} = f'(x_0).$$

3. 求下列函数的导数:

(1) $y = \dfrac{x+1}{x-1}$;

(2) $y = (5x+1)(2x^2 - 3)$;

(3) $y = xe^x$;

(4) $y = \sec x$;

(5) $y = \dfrac{2}{x^2 - 1}$;

(6) $y = (x^2 - 2x + 1)^{10}$;

(7) $y = 3\sin x + \cos^2 x$;

(8) $y = \dfrac{\tan x}{x^2 + 1}$;

(9) $y = \sin 4x$;

(10) $y = 10^{6x}$;

(11) $y = e^{\frac{x}{2}}(x^2 + 1)$;

(12) $y = \arcsin(2x + 3)$;

(13) $y = \ln(\sin x)$;

(14) $y = (\ln x)^3$;

(15) $y = \arctan \sqrt{x^2 + 1}$;

(16) $y = \arcsin \dfrac{1}{x}$;

(17) $y = \ln(x + \sqrt{x^2 + a^2})$;

(18) $y = x^{\frac{1}{x}}$;

(19) $y = (\sin x)^{\cos x}$;

(20) $y = \sqrt{x(x+3)}$.

解 (1) 先化简

$$\frac{x+1}{x-1} = \frac{x-1+2}{x-1} = 1 + \frac{2}{x-1},$$

再由运算法则,有

$$y' = \left(\frac{x+1}{x-1}\right)' = \left(1 + \frac{2}{x-1}\right)'$$

$$= \left(\frac{2}{x-1}\right)' = -\frac{2}{(x-1)^2}.$$

(2) $y' = [(5x+1)(2x^2 - 3)]'$
$= (5x+1)'(2x^2 - 3) + (5x+1)(2x^2 - 3)'$
$= 5(2x^2 - 3) + (5x+1)4x = 10x^2 - 15 + 20x^2 + 4x$

$$= 30x^2 + 4x - 15.$$

(3) $y' = (xe^x)' = x'e^x + x(e^x)' = e^x + xe^x = (1+x)e^x.$

(4) $y' = (\sec x)' = \left(\dfrac{1}{\cos x}\right)' = -\dfrac{(\cos x)'}{\cos^2 x}$

$\quad = \dfrac{\sin x}{\cos^2 x} = \sec x \cdot \tan x.$

(5) $y' = \left(\dfrac{2}{x^2-1}\right)' = 2\left(\dfrac{1}{x^2-1}\right)'$

$\quad = -2\dfrac{(x^2-1)'}{(x^2-1)^2} = -\dfrac{4x}{(x^2-1)^2}.$

(6) $y' = [(x^2-2x+1)^{10}]' = 10(x^2-2x+1)^9(x^2-2x+1)'$

$\quad = 10(x^2-2x+1)^9(2x-2) = 20(x^2-2x+1)^9(x-1).$

(7) $y' = (3\sin x + \cos^2 x)' = 3\cos x + 2\cos x(\cos x)'$

$\quad = 3\cos x - 2\cos x \sin x = 3\cos x - \sin 2x.$

(8) $y' = \left(\dfrac{\tan x}{x^2+1}\right)' = \dfrac{(\tan x)'(x^2+1) - \tan x(x^2+1)'}{(x^2+1)^2}$

$\quad = \dfrac{\sec^2 x(x^2+1) - 2x\tan x}{(x^2+1)^2} = \dfrac{(x^2+1)\sec^2 x - 2x\tan x}{(x^2+1)^2}.$

(9) $y' = (\sin 4x)' = (\cos 4x)(4x)' = 4\cos 4x.$

(10) $y' = (10^{6x})' = 10^{6x}(\ln 10)(6x)' = 6 \cdot \ln 10 \cdot 10^{6x}.$

(11) $y' = [e^{\frac{x}{2}}(x^2+1)]' = (e^{\frac{x}{2}})'(x^2+1) + e^{\frac{x}{2}}(x^2+1)'$

$\quad = e^{\frac{x}{2}}\left(\dfrac{x}{2}\right)'(x^2+1) + e^{\frac{x}{2}} \cdot 2x$

$\quad = \dfrac{1}{2}e^{\frac{x}{2}}(x^2+4x+1).$

(12) $y' = [\arcsin(2x+3)]' = \dfrac{(2x+3)'}{\sqrt{1-(2x+3)^2}}$

$\quad = \dfrac{2}{\sqrt{1-4x^2-12x-9}} = \dfrac{1}{\sqrt{-(x^2+3x+2)}}.$

(13) $y' = [\ln(\sin x)]' = \dfrac{(\sin x)'}{\sin x} = \dfrac{\cos x}{\sin x} = \cot x.$

(14) $y' = [(\ln x)^3]' = 3\ln^2 x \cdot (\ln x)' = \dfrac{3\ln^2 x}{x}.$

(15) $y' = (\arctan \sqrt{x^2+1})' = \dfrac{(\sqrt{x^2+1})'}{1+(\sqrt{x^2+1})^2}$

$= \dfrac{\dfrac{(x^2+1)'}{2\sqrt{x^2+1}}}{2+x^2} = \dfrac{x}{(2+x^2)\sqrt{x^2+1}}.$

(16) $y' = \left(\arcsin \dfrac{1}{x}\right)' = \dfrac{\left(\dfrac{1}{x}\right)'}{\sqrt{1-\left(\dfrac{1}{x}\right)^2}} = \dfrac{-\dfrac{1}{x^2}}{\sqrt{\dfrac{x^2-1}{x^2}}}$

$= -\dfrac{1}{x^2 \sqrt{x^2-1}/|x|} = -\dfrac{1}{|x|\sqrt{x^2-1}}.$

(17) $y' = [\ln(x+\sqrt{x^2+a^2})]' = \dfrac{(x+\sqrt{x^2+a^2})'}{x+\sqrt{x^2+a^2}}$

$= \dfrac{1+\dfrac{2x}{2\sqrt{x^2+a^2}}}{x+\sqrt{x^2+a^2}} = \dfrac{1}{x+\sqrt{x^2+a^2}}\left(1+\dfrac{x}{\sqrt{x^2+a^2}}\right)$

$= \dfrac{1}{\sqrt{x^2+a^2}}.$

(18) $y' = (x^{\frac{1}{x}})' = \dfrac{1}{x} x^{\frac{1}{x}-1} + x^{\frac{1}{x}} \cdot \ln x \cdot \left(\dfrac{1}{x}\right)'$

$= \dfrac{1}{x^2} x^{\frac{1}{x}} + x^{\frac{1}{x}} (\ln x)\left(-\dfrac{1}{x^2}\right) = \dfrac{1-\ln x}{x^2} x^{\frac{1}{x}}.$

(19) $y' = [(\sin x)^{\cos x}]'$

$= \cos x (\sin x)^{\cos x - 1} (\sin x)'$

$\quad + (\sin x)^{\cos x} \ln \sin x \cdot (\cos x)'$

$$= \cos^2 x (\sin x)^{\cos x - 1} + (\sin x)^{\cos x} \ln\sin x (-\sin x)$$
$$= (\sin x)^{\cos x} (\cos x \cdot \cot x - \sin x \cdot \ln\sin x).$$

(20) $y' = (\sqrt{x(x+3)})'$
$$= \frac{1}{2}(x^2 + 3x)^{-\frac{1}{2}}(x^2 + 3x)'$$
$$= \frac{1}{2}(x^2 + 3x)^{-\frac{1}{2}}(2x + 3)$$
$$= \frac{2x + 3}{2\sqrt{x(x+3)}}.$$

4. 求曲线 $y = x - \dfrac{1}{x}$ 与 x 轴交点处的切线方程.

解 首先求出交点. 由方程组
$$\begin{cases} y = x - \dfrac{1}{x}, \\ y = 0, \end{cases}$$
解得 $(-1, 0)$ 和 $(1, 0)$ 两点,并且
$$y' = 1 + \frac{1}{x^2},$$
于是在 $(-1, 0)$ 和 $(1, 0)$ 的切线的斜率为
$$k = y'\big|_{x = \pm 1} = 2.$$
再由直线方程的点斜式,得到切线方程为
$$y = 2(x + 1) \quad \text{或} \quad y = 2(x - 1).$$

5. 求下列函数的二阶导数:

(1) $y = \dfrac{1}{x^3 + 1}$; (2) $y = \tan x$;

(3) $y = x\mathrm{e}^{x^2}$; (4) $y = \sin(x^2 + 1)$;

(5) $y = \mathrm{e}^x \cos x$; (6) $y = \arctan x$;

(7) $y = \ln \sin x$; (8) $y = x\ln x$.

解 (1) $y' = -\dfrac{(x^3 + 1)'}{(x^3 + 1)^2} = -\dfrac{3x^2}{(x^3 + 1)^2},$

$$y'' = \frac{6x^2 \cdot 3x^2}{(x^3+1)^3} - \frac{6x}{(x^3+1)^2}$$

$$= \frac{6x(2x^3-1)}{(x^3+1)^3}.$$

(2) $y' = \sec^2 x,$

$$y'' = 2\sec x (\sec x)' = -2\sec x \frac{(-\sin x)}{\cos^2 x}$$

$$= 2\sin x \cdot \sec^3 x.$$

(3) $y' = x' e^{x^2} + x(e^{x^2})' = e^{x^2} + x(2xe^{x^2})$

$$= e^{x^2} + 2x^2 e^{x^2},$$

$$y'' = 2xe^{x^2} + 4xe^{x^2} + 2x^2 \cdot 2xe^{x^2}$$

$$= 6xe^{x^2} + 4x^3 e^{x^2} = 2xe^{x^2}(3 + 2x^2).$$

(4) $y' = \cos(x^2+1) \cdot 2x$

$$= 2x\cos(x^2+1),$$

$$y'' = 2\cos(x^2+1) + 2x(-\sin(x^2+1)) \cdot 2x$$

$$= 2\cos(x^2+1) - 4x^2 \sin(x^2+1).$$

(5) $y' = (e^x)' \cos x + e^x (\cos x)' = e^x \cos x - e^x \sin x$

$$= e^x(\cos x - \sin x),$$

$$y'' = e^x(\cos x - \sin x) + e^x(\cos x - \sin x)'$$

$$= e^x(\cos x - \sin x) + e^x(-\sin x - \cos x)$$

$$= e^x(\cos x - \sin x - \sin x - \cos x) = -2e^x \sin x.$$

(6) $y' = \dfrac{1}{1+x^2},$

$$y'' = \frac{-2x}{(1+x^2)^2}.$$

(7) $y' = (\ln \sin x)' = \dfrac{1}{\sin x}(\sin x)' = \dfrac{\cos x}{\sin x},$

$$y'' = -\csc^2 x.$$

(8) $y' = \ln x + 1,$

$$y'' = (\ln x)' = \frac{1}{x}.$$

6. 设 $f(x) = e^{2x-1}$,求 $f''(0)$.

解 $f'(x) = e^{2x-1} \cdot 2 = 2e^{2x-1}$,

$f''(x) = 4e^{2x-1}.$

因此 $f''(0) = 4e^{-1}$.

7. 设 $f(x) = (x+10)^6$,求 $f''(0)$.

解 $f'(x) = 6(x+10)^5$,

$f''(x) = 30(x+10)^4.$

因此 $f''(0) = 300\,000$.

8. 设 $y = e^x \sin x$,证明 $y'' - 2y' + 2y = 0$.

证明 由函数 $y = e^x \sin x$,求得

$y' = e^x \sin x + e^x \cos x = e^x(\sin x + \cos x),$

$y'' = e^x(\sin x + \cos x) + e^x(\cos x - \sin x) = 2e^x \cos x,$

于是有

$y'' - 2y' + 2y = 2e^x \cos x - 2e^x(\sin x + \cos x) + 2e^x \sin x = 0.$

9. 验证函数 $y = e^{-\sqrt{x}} + e^{\sqrt{x}}$ 满足关系式

$$xy'' + \frac{1}{2}y' - \frac{1}{4}y = 0.$$

证明 由函数 $y = e^{-\sqrt{x}} + e^{\sqrt{x}}$ 求得

$$y' = e^{-\sqrt{x}}(-\sqrt{x})' + e^{\sqrt{x}}(\sqrt{x})'$$

$$= -\frac{1}{2\sqrt{x}}e^{-\sqrt{x}} + \frac{1}{2\sqrt{x}}e^{\sqrt{x}}$$

$$= \frac{1}{2\sqrt{x}}(e^{\sqrt{x}} - e^{-\sqrt{x}}),$$

$$y'' = -\frac{1}{4\sqrt{x^3}}(e^{\sqrt{x}} - e^{-\sqrt{x}})$$

$$\quad + \frac{1}{2\sqrt{x}}\left[\frac{1}{2\sqrt{x}}(e^{\sqrt{x}} + e^{-\sqrt{x}})\right]$$

$$= -\frac{1}{4\sqrt{x^3}}(e^{\sqrt{x}} - e^{-\sqrt{x}}) + \frac{1}{4x}(e^{\sqrt{x}} + e^{-\sqrt{x}}),$$

于是有

$$xy'' + \frac{1}{2}y' - \frac{1}{4}y$$

$$= x\left[-\frac{1}{4\sqrt{x^3}}(e^{\sqrt{x}} - e^{-\sqrt{x}}) + \frac{1}{4x}(e^{\sqrt{x}} + e^{-\sqrt{x}}) \right]$$

$$+ \frac{1}{2}\left[\frac{1}{2\sqrt{x}}(e^{\sqrt{x}} - e^{-\sqrt{x}}) \right] - \frac{1}{4}(e^{-\sqrt{x}} + e^{\sqrt{x}})$$

$$= -\frac{1}{4\sqrt{x}}(e^{\sqrt{x}} - e^{-\sqrt{x}}) + \frac{1}{4}(e^{\sqrt{x}} + e^{-\sqrt{x}})$$

$$+ \frac{1}{4\sqrt{x}}(e^{\sqrt{x}} - e^{-\sqrt{x}}) - \frac{1}{4}(e^{-\sqrt{x}} + e^{\sqrt{x}})$$

$$= 0.$$

10. 由等式

$$\sum_{k=0}^{n} x^k = \frac{1 - x^{n+1}}{1 - x} \quad (x \neq 1)$$

计算 $\sum_{k=1}^{n} k x^{k-1}$.

解 在恒等式两边同时对 x 求导,有

$$\left(\sum_{k=0}^{n} x^k\right)' = \left(\frac{1 - x^{n+1}}{1 - x}\right)',$$

即

$$(1 + x + x^2 + \cdots + x^n)' = \frac{-(n+1)x^n(1-x) + (1 - x^{n+1})}{(1-x)^2},$$

于是得到

$$\sum_{k=1}^{n} k x^{k-1} = 1 + 2x + \cdots + n x^{n-1}$$

$$= \frac{(n+1)x^{n+1} - (n+1)x^n + 1 - x^{n+1}}{(1-x)^2}$$

$$= \frac{nx^{n+1} - (n+1)x^n + 1}{(1-x)^2}.$$

11. 设 $y = x^3 - 1$. 在点 $x = 2$ 处计算当 Δx 分别为 $1, 0.1, 0.01$ 时,Δy 及 $\mathrm{d}y$ 的值.

解 由函数 $y = x^3 - 1$,求出在点 $x = 2$ 处的 Δy 及 $\mathrm{d}y$:

$$\Delta y\Big|_{x=2} = [(x+\Delta x)^3 - 1 - (x^3 - 1)]\Big|_{x=2}$$
$$= [3x^2\Delta x + 3x(\Delta x)^2 + (\Delta x)^3]\Big|_{x=2}$$
$$= 12\Delta x + 6(\Delta x)^2 + (\Delta x)^3,$$
$$\mathrm{d}y\Big|_{x=2} = (y'\mathrm{d}x)\Big|_{x=2} = 3x^2\mathrm{d}x\Big|_{x=2}$$
$$= 12\mathrm{d}x = 12\Delta x;$$

当 $\Delta x = 1$ 时,$\Delta y = 19$,$\mathrm{d}y = 12$;

当 $\Delta x = 0.1$ 时,$\Delta y = 1.261$,$\mathrm{d}y = 1.2$;

当 $\Delta x = 0.01$ 时,$\Delta y = 0.120601$,$\mathrm{d}y = 0.12$.

12. 求下列各函数的微分:

(1) $y = \dfrac{1}{2x^2}$; (2) $y = (\sqrt{x} + 1)\left(\dfrac{1}{\sqrt{x}} - 1\right)$;

(3) $y = \sin^2 x$; (4) $y = \dfrac{x}{4^x}$;

(5) $y = xe^x$; (6) $y = \dfrac{\ln x}{x^n}$;

(7) $y = x^{5x}$; (8) $y = x \cdot \sin x \cdot \ln x$.

解 (1) $\mathrm{d}y = \left(\dfrac{1}{2x^2}\right)'\mathrm{d}x = \dfrac{1}{2}(-2x^{-3})\mathrm{d}x = -\dfrac{1}{x^3}\mathrm{d}x.$

(2) $\mathrm{d}y = \left[(\sqrt{x}+1)\left(\dfrac{1}{\sqrt{x}} - 1\right)\right]'\mathrm{d}x$

$$= \left[\dfrac{1}{2}x^{-\frac{1}{2}}\left(\dfrac{1}{\sqrt{x}} - 1\right) + (\sqrt{x} + 1)\left(-\dfrac{1}{2}x^{-\frac{3}{2}}\right)\right]\mathrm{d}x$$

$$= -\frac{1}{2}x^{-\frac{1}{2}}(1+x^{-1})dx.$$

(3) $dy = (\sin^2 x)'dx = 2\sin x \cdot \cos x dx$
$= \sin 2x dx.$

(4) $dy = \left(\dfrac{x}{4^x}\right)'dx = \left[\dfrac{1}{4^x} + x\left(-\dfrac{1}{4^{2x}} \cdot 4^x \cdot \ln 4\right)\right]dx$
$= 4^{-x}(1 - x\ln 4)dx.$

(5) $dy = (xe^x)'dx = (e^x + xe^x)dx$
$= (1 + x)e^x dx.$

(6) $dy = \left(\dfrac{\ln x}{x^n}\right)'dx = \left(\dfrac{1}{x^{n+1}} - \dfrac{\ln x}{x^{2n}} \cdot nx^{n-1}\right)dx$
$= \dfrac{1 - n\ln x}{x^{n+1}}dx.$

(7) $dy = (x^{5x})'dx = (5x \cdot x^{5x-1} + x^{5x}\ln x \cdot 5)dx$
$= 5x^{5x}(1 + \ln x)dx.$

(8) $dy = (x \cdot \sin x \cdot \ln x)'dx$
$= \left(\sin x\ln x + x\cos x\ln x + x\sin x \cdot \dfrac{1}{x}\right)dx$
$= (\sin x\ln x + x\cos x\ln x + \sin x)dx.$

习 题 1.4

1. 试验证 $y = 4 + \arctan x$ 与 $y = \arcsin \dfrac{x}{\sqrt{1+x^2}}$ 是同一个函数的原函数.

证明 因为

$$(4 + \arctan x)' = (4)' + (\arctan x)' = 0 + \frac{1}{1+x^2}$$

$$= \frac{1}{1+x^2},$$

$$\left(\arcsin \frac{x}{\sqrt{1+x^2}}\right)' = \frac{\left(\dfrac{x}{\sqrt{1+x^2}}\right)'}{\sqrt{1 - \dfrac{x^2}{1+x^2}}}$$

$$= \frac{\dfrac{\sqrt{1+x^2} - x(\sqrt{1+x^2})'}{1+x^2}}{\sqrt{\dfrac{1}{1+x^2}}}$$

$$= \frac{\sqrt{1+x^2} - \dfrac{x^2}{\sqrt{1+x^2}}}{(1+x^2)\sqrt{\dfrac{1}{1+x^2}}} = \frac{1}{1+x^2},$$

即

$$(4 + \arctan x)' = \left(\arcsin \frac{x}{\sqrt{1+x^2}}\right)'.$$

这说明 $y = 4 + \arctan x$ 与 $y = \arcsin \dfrac{x}{\sqrt{1+x^2}}$ 是同一个函数的原函数.

2. 设一曲线通过点 $(3,4)$，并且在曲线上的每一点处切线的斜率都为 $5x$，求此曲线方程.

解 设所求的曲线为 $y = F(x)$，由题意可知
$$F'(x) = f(x) = 5x.$$
根据不定积分定义得
$$y = \int f(x)\,\mathrm{d}x = \int 5x\,\mathrm{d}x = \frac{5}{2}x^2 + C.$$
由于曲线过点 $(3,4)$，有 $F(3) = \frac{5}{2} \times 9 + C = 4$，即 $C = -\frac{37}{2}$.

故所求的曲线的方程为 $y = \frac{5}{2}x^2 - \frac{37}{2}$.

3. 求下列各不定积分：

(1) $\int x^4\,\mathrm{d}x$；

(2) $\int x\sqrt{x}\,\mathrm{d}x$；

(3) $\int \left(\frac{1}{x} + 4^x\right)\mathrm{d}x$；

(4) $\int \frac{x^2 - 2\sqrt{2}x + 2}{x - \sqrt{2}}\,\mathrm{d}x$；

(5) $\int \tan^2 x\,\mathrm{d}x$；

(6) $\int \frac{2x^2 + 3}{x^2 + 1}\,\mathrm{d}x$；

(7) $\int \frac{\cos 2x}{\cos x - \sin x}\,\mathrm{d}x$；

(8) $\int (1 + \cos^3 x)\sec^2 x\,\mathrm{d}x$；

(9) $\int 3^x \mathrm{e}^x\,\mathrm{d}x$；

(10) $\int \frac{2 \cdot 3^x + 5 \cdot 2^x}{3^x}\,\mathrm{d}x$.

解 (1) $\int x^4\,\mathrm{d}x = \frac{1}{4+1}x^{4+1} + C = \frac{1}{5}x^5 + C$.

(2) $\int x\sqrt{x}\,\mathrm{d}x = \int x^{\frac{3}{2}}\,\mathrm{d}x = \int \frac{1}{\frac{3}{2}+1}x^{\frac{3}{2}+1}\,\mathrm{d}x$

$\qquad = \frac{2}{5}x^{\frac{5}{2}} + C.$

(3) $\int \left(\frac{1}{x} + 4^x\right)\mathrm{d}x = \int x^{-1}\,\mathrm{d}x + \int 4^x\,\mathrm{d}x = \ln|x| + \frac{4^x}{\ln 4} + C$

$$= \ln|x| + 4^x(\ln 4)^{-1} + C.$$

(4) $\int \dfrac{x^2 - 2\sqrt{2}x + 2}{x - \sqrt{2}}\mathrm{d}x = \int \dfrac{(x - \sqrt{2})^2}{x - \sqrt{2}}\mathrm{d}x$

$$= \int (x - \sqrt{2})\mathrm{d}x$$

$$= \dfrac{1}{2}x^2 - \sqrt{2}x + C.$$

(5) $\int \tan^2 x \mathrm{d}x = \int (\sec^2 x - 1)\mathrm{d}x = \int \sec^2 x \mathrm{d}x - \int \mathrm{d}x$

$$= \tan x - x + C.$$

(6) $\int \dfrac{2x^2 + 3}{x^2 + 1}\mathrm{d}x = \int \left(2 + \dfrac{1}{x^2 + 1}\right)\mathrm{d}x = \int 2\mathrm{d}x + \int \dfrac{1}{x^2 + 1}\mathrm{d}x$

$$= 2x + \arctan x + C.$$

(7) $\int \dfrac{\cos 2x}{\cos x - \sin x}\mathrm{d}x = \int \dfrac{\cos^2 x - \sin^2 x}{\cos x - \sin x}\mathrm{d}x$

$$= \int (\cos x + \sin x)\mathrm{d}x$$

$$= \int \cos x \mathrm{d}x + \int \sin x \mathrm{d}x$$

$$= \sin x - \cos x + C.$$

(8) $\int (1 + \cos^3 x)\sec^2 x \mathrm{d}x = \int \sec^2 x \mathrm{d}x + \int \cos x \mathrm{d}x$

$$= \tan x + \sin x + C.$$

(9) $\int 3^x \mathrm{e}^x \mathrm{d}x = \int (3\mathrm{e})^x \mathrm{d}x = \dfrac{3^x \mathrm{e}^x}{\ln(3\mathrm{e})} + C$

$$= \dfrac{3^x \mathrm{e}^x}{1 + \ln 3} + C.$$

(10) $\int \dfrac{2 \cdot 3^x + 5 \cdot 2^x}{3^x}\mathrm{d}x = \int \left[2 + 5\left(\dfrac{2}{3}\right)^x\right]\mathrm{d}x$

$$= 2x + \dfrac{5\left(\dfrac{2}{3}\right)^x}{\ln \dfrac{2}{3}} + C$$

$$= 2x + \frac{5\left(\frac{2}{3}\right)^x}{\ln 2 - \ln 3} + C.$$

4. 利用换元积分法求下列各不定积分：

(1) $\int (3x-2)^{10} dx$;

(2) $\int \sqrt{2+3x}\, dx$;

(3) $\int \frac{4}{(1-2x)^2} dx$;

(4) $\int \frac{1}{3x+5} dx$;

(5) $\int x\sqrt{x^2+3}\, dx$;

(6) $\int \sin 3x\, dx$;

(7) $\int \frac{1}{\sqrt{1-25x^2}} dx$;

(8) $\int \frac{1}{1+9x^2} dx$;

(9) $\int \frac{x}{x^2+1} dx$;

(10) $\int \frac{2x-3}{x^2-3x+8} dx$;

(11) $\int \sin^2 x\, dx$;

(12) $\int \frac{e^x}{2-3e^x} dx$;

(13) $\int e^x(e^x+2)^5 dx$;

(14) $\int \frac{1}{x^2+2x+3} dx$;

(15) $\int \frac{1}{x^2-16} dx$;

(16) $\int 10^{2x} dx$;

(17) $\int \frac{1}{x\ln x} dx$;

(18) $\int \frac{\sqrt{\ln x}}{x} dx$;

(19) $\int \frac{1}{\cos^2 x \sqrt{\tan x}} dx$;

(20) $\int \frac{1}{(\arcsin x)^2 \sqrt{1-x^2}} dx$;

(21) $\int \sin 3x \cdot \sin 5x\, dx$;

(22) $\int \cos^3 x\, dx$;

(23) $\int \sec^4 x\, dx$;

(24) $\int \tan^4 x\, dx$.

解 (1) $\int (3x-2)^{10} dx = \frac{1}{3} \int (3x-2)^{10} d(3x-2)$

$$= \frac{1}{33}(3x-2)^{11} + C.$$

(2) $\int \sqrt{2+3x}\,dx = \int \sqrt{2+3x}\,\dfrac{1}{3}d(2+3x)$

$= \dfrac{1}{3}\int (2+3x)^{\frac{1}{2}}d(2+3x)$

$= \dfrac{1}{3}\cdot\dfrac{2}{3}(2+3x)^{\frac{3}{2}} + C$

$= \dfrac{2}{9}(2+3x)^{\frac{3}{2}} + C.$

(3) $\int \dfrac{4}{(1-2x)^2}dx = -\dfrac{1}{2}\int \dfrac{4}{(1-2x)^2}d(1-2x)$

$= -2\int (1-2x)^{-2}d(1-2x)$

$= -2\cdot(-1)(1-2x)^{-1} + C$

$= \dfrac{2}{1-2x} + C.$

(4) $\int \dfrac{1}{3x+5}dx = \dfrac{1}{3}\int \dfrac{1}{3x+5}d(3x+5)$

$= \dfrac{1}{3}\ln|3x+5| + C.$

(5) $\int x\sqrt{x^2+3}\,dx = \dfrac{1}{2}\int \sqrt{x^2+3}\,d(x^2+3)$

$= \dfrac{1}{2}\int (x^2+3)^{\frac{1}{2}}d(x^2+3)$

$= \dfrac{1}{2}\cdot\dfrac{2}{3}(x^2+3)^{\frac{3}{2}} + C$

$= \dfrac{1}{3}(x^2+3)^{\frac{3}{2}} + C.$

(6) $\int \sin 3x\,dx = \dfrac{1}{3}\int \sin 3x\,d3x = -\dfrac{1}{3}\cos 3x + C.$

(7) $\int \dfrac{dx}{\sqrt{1-25x^2}} = \dfrac{1}{5}\int \dfrac{d(5x)}{\sqrt{1-(5x)^2}} = \dfrac{1}{5}\arcsin 5x + C.$

(8) $\int \dfrac{dx}{1+9x^2} = \dfrac{1}{3}\int \dfrac{d(3x)}{1+(3x)^2} = \dfrac{1}{3}\arctan 3x + C.$

(9) $\int \dfrac{x}{x^2+1}dx = \dfrac{1}{2}\int \dfrac{1}{x^2+1}d(x^2+1)$

$\qquad = \dfrac{1}{2}\ln(x^2+1) + C.$

(10) $\int \dfrac{2x-3}{x^2-3x+8}dx = \int \dfrac{1}{x^2-3x+8}d(x^2-3x+8)$

$\qquad = \ln(x^2-3x+8) + C.$

(11) $\int \sin^2 x\, dx = \int \dfrac{1-\cos 2x}{2}dx$

$\qquad = \dfrac{1}{2}x - \dfrac{1}{2}\int \cos 2x\, dx$

$\qquad = \dfrac{1}{2}x - \dfrac{1}{4}\sin 2x + C.$

(12) $\int \dfrac{e^x}{2-3e^x}dx = \int \dfrac{1}{2-3e^x}de^x = -\dfrac{1}{3}\int \dfrac{1}{2-3e^x}d(2-3e^x)$

$\qquad = -\dfrac{1}{3}\ln|2-3e^x| + C.$

(13) $\int e^x(e^x+2)^5 dx = \int (e^x+2)^5 d(e^x+2)$

$\qquad = \dfrac{1}{6}(e^x+2)^6 + C.$

(14) $\int \dfrac{1}{x^2+2x+3}dx = \int \dfrac{1}{(x+1)^2+2}dx$

$\qquad = \dfrac{1}{2}\int \dfrac{1}{1+\left(\dfrac{x+1}{\sqrt{2}}\right)^2}dx$

$\qquad = \dfrac{\sqrt{2}}{2}\int \dfrac{1}{1+\left(\dfrac{x+1}{\sqrt{2}}\right)^2}d\left(\dfrac{x+1}{\sqrt{2}}\right)$

$$= \frac{\sqrt{2}}{2}\arctan\frac{x+1}{\sqrt{2}} + C.$$

(15) $\int \dfrac{1}{x^2 - 16}\mathrm{d}x = \dfrac{1}{8}\int \left(\dfrac{1}{x-4} - \dfrac{1}{x+4}\right)\mathrm{d}x$

$$= \frac{1}{8}\left(\int \frac{1}{x-4}\mathrm{d}x - \int \frac{1}{x+4}\mathrm{d}x\right)$$

$$= \frac{1}{8}(\ln|x-4| - \ln|x+4|) + C$$

$$= \frac{1}{8}\ln\left|\frac{x-4}{x+4}\right| + C.$$

(16) $\int 10^{2x}\mathrm{d}x = \dfrac{1}{2}\int 10^{2x}\mathrm{d}(2x) = \dfrac{1}{2}\cdot\dfrac{10^{2x}}{\ln 10} + C$

$$= \frac{10^{2x}}{\ln 100} + C.$$

(17) $\int \dfrac{1}{x\ln x}\mathrm{d}x = \int \dfrac{1}{\ln x}\mathrm{d}\ln x$

$$= \ln|\ln x| + C.$$

(18) $\int \dfrac{\sqrt{\ln x}}{x}\mathrm{d}x = \int \sqrt{\ln x}\,\mathrm{d}\ln x$

$$= \frac{2}{3}\sqrt{(\ln x)^3} + C.$$

(19) $\int \dfrac{1}{\cos^2 x\sqrt{\tan x}}\mathrm{d}x = \int \dfrac{1}{\sqrt{\tan x}}\mathrm{d}\tan x$

$$= 2\sqrt{\tan x} + C.$$

(20) $\int \dfrac{1}{(\arcsin x)^2\sqrt{1-x^2}}\mathrm{d}x = \int \dfrac{1}{(\arcsin x)^2}\mathrm{d}\arcsin x$

$$= -\frac{1}{\arcsin x} + C.$$

(21) $\int \sin 3x \cdot \sin 5x\,\mathrm{d}x = \int -\dfrac{1}{2}(\cos 8x - \cos 2x)\mathrm{d}x$

$$= -\frac{1}{2}\int(\cos 8x - \cos 2x)dx$$

$$= -\frac{1}{16}\int\cos 8x d(8x) + \frac{1}{4}\int\cos 2x d(2x)$$

$$= -\frac{1}{16}\sin 8x + \frac{1}{4}\sin 2x + C$$

$$= \frac{1}{4}\left(\sin 2x - \frac{1}{4}\sin 8x\right) + C.$$

(22) $\int\cos^3 x dx = \int\cos^2 x\cos x dx = \int(1 - \sin^2 x)d\sin x$

$$= \int d\sin x - \int\sin^2 x d\sin x$$

$$= \sin x - \frac{1}{3}\sin^3 x + C.$$

(23) $\int\sec^4 x dx = \int\sec^2 x d\tan x$

$$= \int(1 + \tan^2 x)d\tan x$$

$$= \frac{1}{3}\tan^3 x + \tan x + C.$$

(24) $\int\tan^4 x dx = \int(\sec^2 x - 1)^2 dx$

$$= \int(\sec^4 x - 2\sec^2 x + 1)dx$$

$$= \frac{1}{3}\tan^3 x + \tan x - 2\tan x + x + C$$

$$= \frac{1}{3}\tan^3 x - \tan x + x + C.$$

5. 利用定积分的性质,比较下列积分值的大小:

(1) $\int_0^1 x^2 dx$ 和 $\int_0^1 x^3 dx$; (2) $\int_1^2 x^3 dx$ 和 $\int_1^2 x^2 dx$;

(3) $\int_1^2 \ln x dx$ 和 $\int_1^2 \ln^2 x dx$.

答 (1) 由于在区间 $[0,1]$ 内,$x^2 - x^3 = x^2(1-x) \geqslant 0$,即
$$x^2 \geqslant x^3.$$
根据定积分的不等式性质,有
$$\int_0^1 x^2 \mathrm{d}x \geqslant \int_0^1 x^3 \mathrm{d}x.$$

(2) 由于在区间 $[1,2]$ 内,$x^3 - x^2 = x^2(x-1) \geqslant 0$,即
$$x^3 \geqslant x^2.$$
根据定积分的不等式性质,有
$$\int_1^2 x^3 \mathrm{d}x \geqslant \int_1^2 x^2 \mathrm{d}x.$$

(3) 由于在区间 $[1,2]$ 内,$\ln x - \ln^2 x = \ln x(1 - \ln x) \geqslant 0$,即
$$\ln x \geqslant \ln^2 x.$$
根据定积分的不等式性质,有
$$\int_1^2 \ln x \mathrm{d}x \geqslant \int_1^2 \ln^2 x \mathrm{d}x.$$

6. 求函数 $y = 2x^2 + 3x + 3$ 在区间 $[1,4]$ 上的平均值.

解 设函数 $y = 2x^2 + 3x + 3$ 在区间 $[1,4]$ 上的平均值为 $\bar{y}$,根据积分学中值定理,有

$$\begin{aligned}
\bar{y} &= \frac{1}{4-1} \int_1^4 (2x^2 + 3x + 3) \mathrm{d}x \\
&= \frac{1}{3} \left(\frac{2}{3}x^3 + \frac{3}{2}x^2 + 3x \right) \Big|_1^4 \\
&= \frac{1}{3} \left(42 + \frac{45}{2} + 9 \right) = 24.5.
\end{aligned}$$

7. 设 $y = \int_0^x \sin t \mathrm{d}t$,求 $\dfrac{\mathrm{d}y}{\mathrm{d}x} \Big|_{x=\frac{\pi}{4}}$.

解 因为
$$\frac{\mathrm{d}y}{\mathrm{d}x} = \frac{\mathrm{d}}{\mathrm{d}x} \int_0^x \sin t \mathrm{d}t = \sin x,$$
所以

$$\left.\frac{dy}{dx}\right|_{x=\frac{\pi}{4}} = \sin\frac{\pi}{4} = \frac{\sqrt{2}}{2}.$$

8. 设 $y = \int_x^4 \sqrt{1+t^2}\,dt$,求 dy.

解 因为
$$\frac{dy}{dx} = -\frac{d}{dx}\int_4^x \sqrt{1+t^2}\,dt = -\sqrt{1+x^2},$$
所以
$$dy = -\sqrt{1+x^2}\,dx.$$

9. 设 $y = \int_1^{x^2} \frac{1}{1+t}\,dt$,求 $\frac{dy}{dx}$.

解 令 $u = x^2$,有
$$\frac{dy}{du} = \frac{d}{du}\int_1^u \frac{1}{1+t}\,dt = \frac{1}{1+u},$$
根据复合函数求导法则,得到
$$\frac{dy}{dx} = \frac{dy}{du} \cdot \frac{du}{dx} = \frac{1}{1+u} \cdot u'_x$$
$$= \frac{2x}{1+x^2}.$$

10. 设 $y = \int_x^{x^2} \frac{1}{\sqrt{1-t^2}}\,dt$,求 $\frac{dy}{dx}$.

解 根据定积分对于积分区间的可加性,有
$$\int_x^{x^2} \frac{1}{\sqrt{1-t^2}}\,dt = \int_x^0 \frac{1}{\sqrt{1-t^2}}\,dt + \int_0^{x^2} \frac{1}{\sqrt{1-t^2}}\,dt$$
$$= -\int_0^x \frac{1}{\sqrt{1-t^2}}\,dt + \int_0^{x^2} \frac{1}{\sqrt{1-t^2}}\,dt$$
$$= y_1 + y_2.$$

令 $u = x^2$,有
$$\frac{dy_2}{du} = \frac{d}{du}\int_0^u \frac{1}{\sqrt{1-t^2}}\,dt = \frac{1}{\sqrt{1-u^2}},$$

根据复合函数求导法则,得到

$$\frac{dy_2}{dx} = \frac{dy_2}{du} \cdot \frac{du}{dx} = \frac{1}{\sqrt{1-u^2}} \cdot u'_x$$

$$= \frac{2x}{\sqrt{1-x^4}}.$$

因此,

$$\frac{dy}{dx} = \frac{dy_1}{dx} + \frac{dy_2}{dx}$$

$$= -\frac{1}{\sqrt{1-x^2}} + \frac{2x}{\sqrt{1-x^4}}$$

$$= \frac{2x}{\sqrt{1-x^4}} - \frac{1}{\sqrt{1-x^2}}.$$

11. 计算下列各定积分:

(1) $\int_1^3 x^3 dx$;

(2) $\int_1^4 \sqrt{x} dx$;

(3) $\int_\pi^{2\pi} \sin x dx$;

(4) $\int_0^1 \frac{1}{4t^2-9} dt$;

(5) $\int_{-1}^0 e^{-x} dx$;

(6) $\int_{-1}^{-2} \frac{x}{x+3} dx$.

解 (1) $\int_1^3 x^3 dx = \frac{x^4}{4}\Big|_1^3 = \frac{81}{4} - \frac{1}{4} = 20.$

(2) $\int_1^4 \sqrt{x} dx = \frac{2}{3} x^{\frac{3}{2}} \Big|_1^4 = \frac{2}{3}(8-1) = 4\frac{2}{3}.$

(3) $\int_\pi^{2\pi} \sin x dx = -\cos x \Big|_\pi^{2\pi} = -(1+1) = -2.$

(4) $\int_0^1 \frac{1}{4t^2-9} dt = \int_0^1 \frac{1}{6}\left(\frac{1}{2t-3} - \frac{1}{2t+3}\right) dt$

$$= \frac{1}{12} \ln\left|\frac{2t-3}{2t+3}\right| \Big|_0^1 = \frac{1}{12} \ln \frac{1}{5} = -\frac{1}{12}\ln 5.$$

(5) $\int_{-1}^{0} e^{-x} dx = -e^{-x} \Big|_{-1}^{0} = -1 + e = e - 1.$

(6) $\int_{-1}^{-2} \dfrac{x}{x+3} dx = \int_{-1}^{-2} \left(1 - \dfrac{3}{x+3}\right) dx = (x - 3\ln|x+3|) \Big|_{-1}^{-2}$

$= (-2+1) - 3\ln|-2+3| + 3\ln|-1+3|$

$= 3\ln 2 - 1.$

12. 设

$$f(x) = \begin{cases} x^2 & (-1 \leqslant x \leqslant 1), \\ e^{-x} & (1 < x \leqslant 2), \end{cases}$$

求 $\int_{0}^{\frac{3}{2}} f(x) dx$ 和 $\int_{1}^{0} f(x) dx.$

解 $\int_{0}^{\frac{3}{2}} f(x) dx = \int_{0}^{1} f(x) dx + \int_{1}^{\frac{3}{2}} f(x) dx$

$= \int_{0}^{1} x^2 dx + \int_{1}^{\frac{3}{2}} e^{-x} dx$

$= \dfrac{1}{3} x^3 \Big|_{0}^{1} + (-e^{-x}) \Big|_{1}^{\frac{3}{2}}$

$= \dfrac{1}{3} - e^{-\frac{3}{2}} + e^{-1}$

$= \dfrac{1}{3} + e^{-1} - e^{-\frac{3}{2}},$

$\int_{1}^{0} f(x) dx = -\int_{0}^{1} f(x) dx$

$= -\int_{0}^{1} x^2 dx$

$= -\dfrac{1}{3}.$

第二部分 线性代数简介

习 题 2.1

1. 设

$$A = \begin{bmatrix} 0 & 1 & 2 & 3 \\ 1 & 3 & 1 & 4 \\ 2 & 0 & 3 & 1 \end{bmatrix}, \quad B = \begin{bmatrix} 3 & 2 & 1 & 0 \\ 2 & -1 & -1 & 1 \\ 0 & -1 & 3 & 2 \end{bmatrix},$$

$$C = \begin{bmatrix} -1 & 2 & 3 & 4 \\ 0 & 2 & 0 & -1 \\ -1 & 1 & 3 & 1 \end{bmatrix},$$

求:(1) $A + 2B$,(2) $A + B - C$.

解 (1) $A + 2B = \begin{bmatrix} 0 & 1 & 2 & 3 \\ 1 & 3 & 1 & 4 \\ 2 & 0 & 3 & 1 \end{bmatrix} + 2\begin{bmatrix} 3 & 2 & 1 & 0 \\ 2 & -1 & -1 & 1 \\ 0 & -1 & 3 & 2 \end{bmatrix}$

$= \begin{bmatrix} 0 & 1 & 2 & 3 \\ 1 & 3 & 1 & 4 \\ 2 & 0 & 3 & 1 \end{bmatrix} + \begin{bmatrix} 6 & 4 & 2 & 0 \\ 4 & -2 & -2 & 2 \\ 0 & -2 & 6 & 4 \end{bmatrix}$

$= \begin{bmatrix} 6 & 5 & 4 & 3 \\ 5 & 1 & -1 & 6 \\ 2 & -2 & 9 & 5 \end{bmatrix}.$

(2) $A + B - C$

$= \begin{bmatrix} 0 & 1 & 2 & 3 \\ 1 & 3 & 1 & 4 \\ 2 & 0 & 3 & 1 \end{bmatrix} + \begin{bmatrix} 3 & 2 & 1 & 0 \\ 2 & -1 & -1 & 1 \\ 0 & -1 & 3 & 2 \end{bmatrix}$

$$-\begin{bmatrix} -1 & 2 & 3 & 4 \\ 0 & 2 & 0 & -1 \\ -1 & 1 & 3 & 1 \end{bmatrix}$$

$$=\begin{bmatrix} 4 & 1 & 0 & -1 \\ 3 & 0 & 0 & 6 \\ 3 & -2 & 3 & 2 \end{bmatrix}.$$

2. 设

$$A = \begin{bmatrix} 3 & -1 & 2 & 0 \\ 1 & 5 & 7 & 9 \\ 2 & 4 & 6 & 8 \end{bmatrix}, \quad B = \begin{bmatrix} 7 & 5 & -2 & 4 \\ 5 & 1 & 9 & 7 \\ 3 & 2 & -1 & 6 \end{bmatrix},$$

且 $A + 2X = B$，求 X.

解 由 $A + 2X = B$，得到 $X = \frac{1}{2}(B - A)$，于是

$$X = \frac{1}{2}\left(\begin{bmatrix} 7 & 5 & -2 & 4 \\ 5 & 1 & 9 & 7 \\ 3 & 2 & -1 & 6 \end{bmatrix} - \begin{bmatrix} 3 & -1 & 2 & 0 \\ 1 & 5 & 7 & 9 \\ 2 & 4 & 6 & 8 \end{bmatrix}\right)$$

$$= \frac{1}{2}\begin{bmatrix} 4 & 6 & -4 & 4 \\ 4 & -4 & 2 & -2 \\ 1 & -2 & -7 & -2 \end{bmatrix}$$

$$= \begin{bmatrix} 2 & 3 & -2 & 2 \\ 2 & -2 & 1 & -1 \\ \dfrac{1}{2} & -1 & -\dfrac{7}{2} & -1 \end{bmatrix}.$$

3. 计算：

(1) $\begin{bmatrix} 1 & 2 \\ 3 & 4 \end{bmatrix}\begin{bmatrix} 1 & -1 \\ 1 & 2 \end{bmatrix}$；

(2) $\begin{bmatrix} 7 & -1 \\ -2 & 5 \\ 3 & -4 \end{bmatrix}\begin{bmatrix} 1 & 4 \\ -5 & 2 \end{bmatrix}$；

(3) $(-1,3,2,5)\begin{bmatrix} 4 \\ 0 \\ 7 \\ -3 \end{bmatrix}$;

(4) $\begin{bmatrix} 4 \\ 0 \\ 7 \\ -3 \end{bmatrix}(-1,3,2,5)$;

(5) $\begin{bmatrix} 1 & 2 & -1 \\ 2 & 3 & 2 \\ -1 & 0 & 2 \end{bmatrix}^2$;

(6) $(x_1,x_2,x_3)\begin{bmatrix} a_{11} & a_{12} & a_{13} \\ a_{21} & a_{22} & a_{23} \\ a_{31} & a_{32} & a_{33} \end{bmatrix}\begin{bmatrix} x_1 \\ x_2 \\ x_3 \end{bmatrix}.$

解 (1) $\begin{bmatrix} 1 & 2 \\ 3 & 4 \end{bmatrix}\begin{bmatrix} 1 & -1 \\ 1 & 2 \end{bmatrix}$

$=\begin{bmatrix} 1\times1+2\times1 & 1\times(-1)+2\times2 \\ 3\times1+4\times1 & 3\times(-1)+4\times2 \end{bmatrix}$

$=\begin{bmatrix} 3 & 3 \\ 7 & 5 \end{bmatrix}.$

(2) $\begin{bmatrix} 7 & -1 \\ -2 & 5 \\ 3 & -4 \end{bmatrix}\begin{bmatrix} 1 & 4 \\ -5 & 2 \end{bmatrix}$

$=\begin{bmatrix} 7\times1+(-1)\times(-5) & 7\times4+(-1)\times2 \\ (-2)\times1+5\times(-5) & (-2)\times4+5\times2 \\ 3\times1+(-4)\times(-5) & 3\times4+(-4)\times2 \end{bmatrix}$

$=\begin{bmatrix} 12 & 26 \\ -27 & 2 \\ 23 & 4 \end{bmatrix}.$

$$(3)\ [-1,3,2,5]\begin{bmatrix}4\\0\\7\\-3\end{bmatrix}$$

$$=(-1\times 4+3\times 0+2\times 7+5\times(-3))$$

$$=(-5).$$

$$(4)\ \begin{bmatrix}4\\0\\7\\-3\end{bmatrix}(-1,3,2,5)$$

$$=\begin{bmatrix}4\times(-1) & 4\times 3 & 4\times 2 & 4\times 5\\0\times(-1) & 0\times 3 & 0\times 2 & 0\times 5\\7\times(-1) & 7\times 3 & 7\times 2 & 7\times 5\\(-3)\times(-1) & (-3)\times 3 & (-3)\times 2 & (-3)\times 5\end{bmatrix}$$

$$=\begin{bmatrix}-4 & 12 & 8 & 20\\0 & 0 & 0 & 0\\-7 & 21 & 14 & 35\\3 & -9 & -6 & -15\end{bmatrix}.$$

$$(5)\ \begin{bmatrix}1 & 2 & -1\\2 & 3 & 2\\-1 & 0 & 2\end{bmatrix}^2=\begin{bmatrix}1 & 2 & -1\\2 & 3 & 2\\-1 & 0 & 2\end{bmatrix}\begin{bmatrix}1 & 2 & -1\\2 & 3 & 2\\-1 & 0 & 2\end{bmatrix}$$

$$=\begin{bmatrix}1\times 1+2\times 2+(-1)\times(-1) & 1\times 2+2\times 3+(-1)\times 0\\2\times 1+3\times 2+2\times(-1) & 2\times 2+3\times 3+2\times 0\\(-1)\times 1+0\times 2+2\times(-1) & (-1)\times 2+0\times 3+2\times 0\end{bmatrix}$$

$$\begin{matrix}1\times(-1)+2\times 2+(-1)\times 2\\2\times(-1)+3\times 2+2\times 2\\(-1)\times(-1)+0\times 2+2\times 2\end{matrix}$$

$$=\begin{bmatrix}6 & 8 & 1\\6 & 13 & 8\\-3 & -2 & 5\end{bmatrix}.$$

(6) $(x_1, x_2, x_3) \begin{bmatrix} a_{11} & a_{12} & a_{13} \\ a_{21} & a_{22} & a_{23} \\ a_{31} & a_{32} & a_{33} \end{bmatrix} \begin{bmatrix} x_1 \\ x_2 \\ x_3 \end{bmatrix}$

$= \begin{bmatrix} a_{11}x_1 + a_{21}x_2 + a_{31}x_3 \\ a_{12}x_1 + a_{22}x_2 + a_{32}x_3 \\ a_{13}x_1 + a_{23}x_2 + a_{33}x_3 \end{bmatrix}' \begin{bmatrix} x_1 \\ x_2 \\ x_3 \end{bmatrix}$

$= (a_{11}x_1^2 + a_{21}x_2 x_1 + a_{31}x_3 x_1 + a_{12}x_1 x_2 + a_{22}x_2^2$
$\quad + a_{32}x_3 x_2 + a_{13}x_1 x_3 + a_{23}x_2 x_3 + a_{33}x^2).$

4. 设

$$A = \begin{bmatrix} 1 & 2 & -1 \\ 2 & 3 & 2 \\ -1 & 0 & 2 \end{bmatrix}, \quad B = \begin{bmatrix} 0 & 1 & 2 \\ 2 & -1 & 0 \\ -1 & -1 & 3 \end{bmatrix}.$$

求 $A', B', A' + B', A'B', B'A', (A')^2$.

解 $A' = \begin{bmatrix} 1 & 2 & -1 \\ 2 & 3 & 2 \\ -1 & 0 & 2 \end{bmatrix}' = \begin{bmatrix} 1 & 2 & -1 \\ 2 & 3 & 0 \\ -1 & 2 & 2 \end{bmatrix},$

$B' = \begin{bmatrix} 0 & 1 & 2 \\ 2 & -1 & 0 \\ -1 & -1 & 3 \end{bmatrix}' = \begin{bmatrix} 0 & 2 & -1 \\ 1 & -1 & -1 \\ 2 & 0 & 3 \end{bmatrix},$

$A' + B' = \begin{bmatrix} 1 & 2 & -1 \\ 2 & 3 & 0 \\ -1 & 2 & 2 \end{bmatrix} + \begin{bmatrix} 0 & 2 & -1 \\ 1 & -1 & -1 \\ 2 & 0 & 3 \end{bmatrix}$

$= \begin{bmatrix} 1 & 4 & -2 \\ 3 & 2 & -1 \\ 1 & 2 & 5 \end{bmatrix},$

$A'B' = \begin{bmatrix} 1 & 2 & -1 \\ 2 & 3 & 0 \\ -1 & 2 & 2 \end{bmatrix} \begin{bmatrix} 0 & 2 & -1 \\ 1 & -1 & -1 \\ 2 & 0 & 3 \end{bmatrix}$

$$= \begin{bmatrix} 1\times 0+2\times 1+(-1)\times 2 & 1\times 2+2\times(-1)+(-1)\times 0 \\ 2\times 0+3\times 1+0\times 2 & 2\times 2+3\times(-1)+0\times 0 \\ (-1)\times 0+2\times 1+2\times 2 & (-1)\times 2+2\times(-1)+2\times 0 \end{bmatrix}$$

$$\begin{bmatrix} 1\times(-1)+2\times(-1)+(-1)\times 3 \\ 2\times(-1)+3\times(-1)+0\times 3 \\ (-1)\times(-1)+2\times(-1)+2\times 3 \end{bmatrix}$$

$$= \begin{bmatrix} 0 & 0 & -6 \\ 3 & 1 & -5 \\ 6 & -4 & 5 \end{bmatrix},$$

$$\boldsymbol{B}'\boldsymbol{A}' = \begin{bmatrix} 0 & 2 & -1 \\ 1 & -1 & -1 \\ 2 & 0 & 3 \end{bmatrix} \begin{bmatrix} 1 & 2 & -1 \\ 2 & 3 & 0 \\ -1 & 2 & 2 \end{bmatrix} = \begin{bmatrix} 5 & 4 & -2 \\ 0 & -3 & -3 \\ -1 & 10 & 4 \end{bmatrix},$$

$$(\boldsymbol{A}')^2 = \boldsymbol{A}' \cdot \boldsymbol{A}' = \begin{bmatrix} 1 & 2 & -1 \\ 2 & 3 & 0 \\ -1 & 2 & 2 \end{bmatrix} \begin{bmatrix} 1 & 2 & -1 \\ 2 & 3 & 0 \\ -1 & 2 & 2 \end{bmatrix}$$

$$= \begin{bmatrix} 6 & 6 & -3 \\ 8 & 13 & -2 \\ 1 & 8 & 5 \end{bmatrix}.$$

5. 设

(1) $\boldsymbol{A} = \begin{bmatrix} 1 & 1 \\ 0 & 1 \end{bmatrix}$;   (2) $\boldsymbol{A} = \begin{bmatrix} 1 & 1 & 0 \\ 0 & 1 & 1 \\ 0 & 0 & 1 \end{bmatrix}$.

求所有与 $\boldsymbol{A}$ 可交换的矩阵.

解 (1) 由于与 $\boldsymbol{A}$ 可交换的矩阵必须是二阶方阵,因此设其为

$$\boldsymbol{X} = \begin{bmatrix} x_{11} & x_{12} \\ x_{21} & x_{22} \end{bmatrix}.$$

由

$$\boldsymbol{AX} = \begin{bmatrix} 1 & 1 \\ 0 & 1 \end{bmatrix} \begin{bmatrix} x_{11} & x_{12} \\ x_{21} & x_{22} \end{bmatrix} = \begin{bmatrix} x_{11}+x_{21} & x_{12}+x_{22} \\ x_{21} & x_{22} \end{bmatrix},$$

$$XA = \begin{bmatrix} x_{11} & x_{12} \\ x_{21} & x_{22} \end{bmatrix} \begin{bmatrix} 1 & 1 \\ 0 & 1 \end{bmatrix} = \begin{bmatrix} x_{11} & x_{11} + x_{12} \\ x_{21} & x_{21} + x_{22} \end{bmatrix}$$

满足 $AX = XA$,可推出 $x_{21} = 0, x_{11} = x_{22}$. 因此取 $x_{11} = x_{22} = a, x_{12} = b$ (a, b 为任意常数),则所有与 A 可交换的矩阵为

$$X = \begin{bmatrix} a & b \\ 0 & a \end{bmatrix}.$$

（2）由于与 A 可交换的矩阵必须是三阶方阵,因此设其为

$$X = \begin{bmatrix} x_{11} & x_{12} & x_{13} \\ x_{21} & x_{22} & x_{23} \\ x_{31} & x_{32} & x_{33} \end{bmatrix}.$$

由

$$AX = \begin{bmatrix} 1 & 1 & 0 \\ 0 & 1 & 1 \\ 0 & 0 & 1 \end{bmatrix} \begin{bmatrix} x_{11} & x_{12} & x_{13} \\ x_{21} & x_{22} & x_{23} \\ x_{31} & x_{32} & x_{33} \end{bmatrix}$$

$$= \begin{bmatrix} x_{11} + x_{21} & x_{12} + x_{22} & x_{13} + x_{23} \\ x_{21} + x_{31} & x_{22} + x_{32} & x_{23} + x_{33} \\ x_{31} & x_{32} & x_{33} \end{bmatrix},$$

$$XA = \begin{bmatrix} x_{11} & x_{12} & x_{13} \\ x_{21} & x_{22} & x_{23} \\ x_{31} & x_{32} & x_{33} \end{bmatrix} \begin{bmatrix} 1 & 1 & 0 \\ 0 & 1 & 1 \\ 0 & 0 & 1 \end{bmatrix}$$

$$= \begin{bmatrix} x_{11} & x_{11} + x_{12} & x_{12} + x_{13} \\ x_{21} & x_{21} + x_{22} & x_{22} + x_{23} \\ x_{31} & x_{31} + x_{32} & x_{32} + x_{33} \end{bmatrix}.$$

满足 $AX = XA$,可推出 $x_{21} = x_{31} = x_{32} = 0, x_{11} = x_{22} = x_{33}, x_{12} = x_{23}$,因此,取 $x_{11} = a, x_{12} = b, x_{13} = c$ (a, b, c 为任意常数),则所有与 A 可交换的矩阵为

$$X = \begin{bmatrix} a & b & c \\ 0 & a & b \\ 0 & 0 & a \end{bmatrix}.$$

6. 设某港口某月份出口到三个地区的两种货物 A_1, A_2 的数量以及两种货物一个单位的价格、质量、体积如下表

	北美 西欧 非洲	单位价格/万元	单位质量/t	单位体积/m³
A_1	2 000　1 000　800	0.2	0.011	0.12
A_2	1 200　1 300　500	0.35	0.05	0.5

利用矩阵乘法分别计算经该港口出口到三个地区的货物总价值、总质量与总体积.

解 可分别表示如下：

总价值为
$$(0.2, 0.35)\begin{bmatrix} 2\,000 & 1\,000 & 800 \\ 1\,200 & 1\,300 & 500 \end{bmatrix} = (820, 655, 335),$$

总重量为
$$(0.011, 0.05)\begin{bmatrix} 2\,000 & 1\,000 & 800 \\ 1\,200 & 1\,300 & 500 \end{bmatrix} = (82, 76, 33.8),$$

总体积为
$$(0.12, 0.5)\begin{bmatrix} 2\,000 & 1\,000 & 800 \\ 1\,200 & 1\,300 & 500 \end{bmatrix} = (840, 770, 346).$$

也可以用一个矩阵表示：

$$\begin{bmatrix} 0.2 & 0.35 \\ 0.011 & 0.05 \\ 0.12 & 0.5 \end{bmatrix}\begin{bmatrix} 2\,000 & 1\,000 & 800 \\ 1\,200 & 1\,300 & 500 \end{bmatrix} = \begin{matrix} \text{北美} & \text{西欧} & \text{非洲} \\ \begin{bmatrix} 820 & 655 & 335 \\ 82 & 76 & 33.8 \\ 840 & 770 & 346 \end{bmatrix} & & \end{matrix} \begin{matrix} \text{价值} \\ \text{重量} \\ \text{体积} \end{matrix}$$

习　题　2.2

1. 计算下列行列式：

(1) $\begin{vmatrix} 1 & 2 & 3 \\ 2 & 3 & 1 \\ 3 & 1 & 2 \end{vmatrix}$；　　　　(2) $\begin{vmatrix} 0 & x & y \\ -x & 0 & z \\ -y & -z & 0 \end{vmatrix}$.

解 (1) $\begin{vmatrix} 1 & 2 & 3 \\ 2 & 3 & 1 \\ 3 & 1 & 2 \end{vmatrix} \xlongequal[-3①+③]{-2①+②} \begin{vmatrix} 1 & 2 & 3 \\ 0 & -1 & -5 \\ 0 & -5 & -7 \end{vmatrix}$

$$= \begin{vmatrix} -1 & -5 \\ -5 & -7 \end{vmatrix} = -18.$$

(2) $\begin{vmatrix} 0 & x & y \\ -x & 0 & z \\ -y & -z & 0 \end{vmatrix}$

$= (-1)^{1+2} x \begin{vmatrix} -x & z \\ -y & 0 \end{vmatrix} + (-1)^{1+3} y \begin{vmatrix} -x & 0 \\ -y & -z \end{vmatrix}$

$= -xzy + xzy = 0.$

2. 求

$$\begin{vmatrix} 1 & 2 & 0 & 1 \\ 1 & 3 & 1 & -1 \\ -1 & 0 & 2 & 1 \\ 3 & -1 & 0 & 1 \end{vmatrix}$$

第 1 行与第 3 列元素的余子式及代数余子式.

解 由行列式 $\begin{vmatrix} 1 & 2 & 0 & 1 \\ 1 & 3 & 1 & -1 \\ -1 & 0 & 2 & 1 \\ 3 & -1 & 0 & 1 \end{vmatrix}$ 可知

$$M_{11} = \begin{vmatrix} 3 & 1 & -1 \\ 0 & 2 & 1 \\ -1 & 0 & 1 \end{vmatrix} \xrightarrow{3③+①} \begin{vmatrix} 0 & 1 & 2 \\ 0 & 2 & 1 \\ -1 & 0 & 1 \end{vmatrix}$$

$$= (-1)^{3+1}(-1)\begin{vmatrix} 1 & 2 \\ 2 & 1 \end{vmatrix} = 3,$$

$$M_{12} = \begin{vmatrix} 1 & 1 & -1 \\ -1 & 2 & 1 \\ 3 & 0 & 1 \end{vmatrix} = 12, \quad M_{13} = \begin{vmatrix} 1 & 3 & -1 \\ -1 & 0 & 1 \\ 3 & -1 & 1 \end{vmatrix} = 12,$$

$$M_{14} = \begin{vmatrix} 1 & 3 & 1 \\ -1 & 0 & 2 \\ 3 & -1 & 0 \end{vmatrix} = 21, \quad M_{23} = \begin{vmatrix} 1 & 2 & 1 \\ -1 & 0 & 1 \\ 3 & -1 & 1 \end{vmatrix} = 10,$$

$$M_{33} = \begin{vmatrix} 1 & 2 & 1 \\ 1 & 3 & -1 \\ 3 & -1 & 1 \end{vmatrix} = -16, \quad M_{43} = \begin{vmatrix} 1 & 2 & 1 \\ 1 & 3 & -1 \\ -1 & 0 & 1 \end{vmatrix} = 6.$$

因此

$$A_{11} = (-1)^{1+1}M_{11} = 3, \quad A_{12} = (-1)^{1+2}M_{12} = -12,$$
$$A_{13} = (-1)^{1+3}M_{13} = 12, \quad A_{14} = (-1)^{1+4}M_{14} = -21,$$
$$A_{23} = (-1)^{2+3}M_{23} = -10, \quad A_{33} = (-1)^{3+3}M_{33} = -16,$$
$$A_{43} = (-1)^{4+3}M_{43} = -6.$$

3. 设

$$D = \begin{vmatrix} 6 & 0 & 8 & 0 \\ 5 & -1 & 3 & -2 \\ 0 & 2 & 0 & 0 \\ 1 & 0 & 4 & -3 \end{vmatrix},$$

写出 D 按第 3 行的展开式,并且算出 D 的值.

解 $A_{31} = (-1)^{3+1}M_{31} = \begin{vmatrix} 0 & 8 & 0 \\ -1 & 3 & -2 \\ 0 & 4 & -3 \end{vmatrix},$

$$A_{32} = (-1)^{3+2} M_{32} = -\begin{vmatrix} 6 & 8 & 0 \\ 5 & 3 & -2 \\ 1 & 4 & -3 \end{vmatrix},$$

$$A_{33} = (-1)^{3+3} M_{33} = \begin{vmatrix} 6 & 0 & 0 \\ 5 & -1 & -2 \\ 1 & 0 & -3 \end{vmatrix},$$

$$A_{34} = (-1)^{3+4} M_{34} = -\begin{vmatrix} 6 & 0 & 8 \\ 5 & -1 & 3 \\ 1 & 0 & 4 \end{vmatrix},$$

$$D = a_{31}A_{31} + a_{32}A_{32} + a_{33}A_{33} + a_{34}A_{34}$$
$$= 0 \cdot A_{31} + 2 \cdot A_{32} + 0 \cdot A_{33} + 0 \cdot A_{34}$$
$$= 2 \cdot (-1) \begin{vmatrix} 6 & 8 & 0 \\ 5 & 3 & -2 \\ 1 & 4 & -3 \end{vmatrix} = -196.$$

4. 用行列式的性质计算下列行列式：

(1) $\begin{vmatrix} a & a^2 \\ b & b^2 \end{vmatrix}$;

(2) $\begin{vmatrix} a+b & c & c \\ a & b+c & a \\ b & b & c+a \end{vmatrix}$;

(3) $\begin{vmatrix} 3 & 1 & 1 & 1 \\ 1 & 3 & 1 & 1 \\ 1 & 1 & 3 & 1 \\ 1 & 1 & 1 & 3 \end{vmatrix}$;

(4) $\begin{vmatrix} 1 & 2 & 3 & 4 \\ 2 & 3 & 4 & 1 \\ 3 & 4 & 1 & 2 \\ 4 & 1 & 2 & 3 \end{vmatrix}$;

(5) $\begin{vmatrix} 4 & 2 & 2 & 2 \\ 2 & 2 & 3 & 4 \\ 2 & 3 & 6 & 10 \\ 2 & 4 & 10 & 20 \end{vmatrix}$;

(6) $\begin{vmatrix} a & 0 & 0 & b \\ 0 & a & b & 0 \\ 0 & b & a & 0 \\ b & 0 & 0 & a \end{vmatrix}$ $(a \neq 0)$.

解 (1) $\begin{vmatrix} a & a^2 \\ b & b^2 \end{vmatrix} = a\begin{vmatrix} 1 & a \\ b & b^2 \end{vmatrix} = ab\begin{vmatrix} 1 & a \\ 1 & b \end{vmatrix}$

$$\xrightarrow{-①+②} ab \begin{vmatrix} 1 & a \\ 0 & b-a \end{vmatrix} = ab(b-a).$$

(2) $\begin{vmatrix} a+b & c & c \\ a & b+c & a \\ b & b & c+a \end{vmatrix} \xrightarrow{-③+①} \begin{vmatrix} a & c-b & -a \\ a & b+c & a \\ b & b & c+a \end{vmatrix}$

$$\xrightarrow{-①+②} \begin{vmatrix} a & c-b & -a \\ 0 & 2b & 2a \\ b & b & c+a \end{vmatrix}$$

$$= 2 \begin{vmatrix} a & c-b & -a \\ 0 & b & a \\ b & b & c+a \end{vmatrix}$$

$$\xrightarrow{②+①,\ -②+③} 2 \begin{vmatrix} a & c & 0 \\ 0 & b & a \\ b & 0 & c \end{vmatrix}$$

$$\xrightarrow{按①列展开} 2abc + (-1)^{1+3} 2bca$$

$$= 4abc.$$

(3) $\begin{vmatrix} 3 & 1 & 1 & 1 \\ 1 & 3 & 1 & 1 \\ 1 & 1 & 3 & 1 \\ 1 & 1 & 1 & 3 \end{vmatrix} \xrightarrow{②③④列加到①} \begin{vmatrix} 6 & 1 & 1 & 1 \\ 6 & 3 & 1 & 1 \\ 6 & 1 & 3 & 1 \\ 6 & 1 & 1 & 3 \end{vmatrix}$

$$= 6 \begin{vmatrix} 1 & 1 & 1 & 1 \\ 1 & 3 & 1 & 1 \\ 1 & 1 & 3 & 1 \\ 1 & 1 & 1 & 3 \end{vmatrix} \xrightarrow[\substack{-①+③ \\ -①+④}]{-①+②} 6 \begin{vmatrix} 1 & 1 & 1 & 1 \\ 0 & 2 & 0 & 0 \\ 0 & 0 & 2 & 0 \\ 0 & 0 & 0 & 2 \end{vmatrix}$$

$$= 6 \times 2^3 = 48.$$

(4) $\begin{vmatrix} 1 & 2 & 3 & 4 \\ 2 & 3 & 4 & 1 \\ 3 & 4 & 1 & 2 \\ 4 & 1 & 2 & 3 \end{vmatrix} \xrightarrow{②③④列加到①} \begin{vmatrix} 10 & 2 & 3 & 4 \\ 10 & 3 & 4 & 1 \\ 10 & 4 & 1 & 2 \\ 10 & 1 & 2 & 3 \end{vmatrix}$

$$= 10 \begin{vmatrix} 1 & 2 & 3 & 4 \\ 1 & 3 & 4 & 1 \\ 1 & 4 & 1 & 2 \\ 1 & 1 & 2 & 3 \end{vmatrix}$$

$$\xlongequal[\substack{-①+② \\ -①+③ \\ -①+④}]{} 10 \begin{vmatrix} 1 & 2 & 3 & 4 \\ 0 & 1 & 1 & -3 \\ 0 & 2 & -2 & -2 \\ 0 & -1 & -1 & -1 \end{vmatrix}$$

$$\xlongequal[\substack{-2②+③ \\ ②+④}]{} 10 \begin{vmatrix} 1 & 2 & 3 & 4 \\ 0 & 1 & 1 & 3 \\ 0 & 0 & -4 & 4 \\ 0 & 0 & 0 & -4 \end{vmatrix} = 160.$$

(5) $\begin{vmatrix} 4 & 2 & 2 & 2 \\ 2 & 2 & 3 & 4 \\ 2 & 3 & 6 & 10 \\ 2 & 4 & 10 & 20 \end{vmatrix} = 4 \begin{vmatrix} 1 & 1 & 1 & 1 \\ 1 & 2 & 3 & 4 \\ 1 & 3 & 6 & 10 \\ 1 & 4 & 10 & 20 \end{vmatrix}$

$$\xlongequal[\substack{-①+② \\ -①+③ \\ -①+④}]{} 4 \begin{vmatrix} 1 & 1 & 1 & 1 \\ 0 & 1 & 2 & 3 \\ 0 & 2 & 5 & 9 \\ 0 & 3 & 9 & 19 \end{vmatrix}$$

$$\xlongequal[\substack{-2②+③ \\ -3②+④}]{} 4 \begin{vmatrix} 1 & 1 & 1 & 1 \\ 0 & 1 & 2 & 3 \\ 0 & 0 & 1 & 3 \\ 0 & 0 & 3 & 10 \end{vmatrix}$$

$$\xlongequal[-3③+④]{} 4 \begin{vmatrix} 1 & 1 & 1 & 1 \\ 0 & 1 & 2 & 3 \\ 0 & 0 & 1 & 3 \\ 0 & 0 & 0 & 1 \end{vmatrix} = 4.$$

(6) $\begin{vmatrix} a & 0 & 0 & b \\ 0 & a & b & 0 \\ 0 & b & a & 0 \\ b & 0 & 0 & a \end{vmatrix} \xlongequal{-\frac{b}{a}①+③} \begin{vmatrix} a & 0 & 0 & b \\ 0 & a & b & 0 \\ 0 & b & a & 0 \\ 0 & 0 & 0 & a-\frac{b^2}{a} \end{vmatrix}$

$\xlongequal{\text{按第①列展开}} a \begin{vmatrix} a & b & 0 \\ b & a & 0 \\ 0 & 0 & a-\frac{b^2}{a} \end{vmatrix}$

$\xlongequal{-\frac{b}{a}①+②} a \begin{vmatrix} a & b & 0 \\ 0 & a-\frac{b^2}{a} & 0 \\ 0 & 0 & a-\frac{b^2}{a} \end{vmatrix}$

$\xlongequal{\text{按第①列展开}} a^2 \left(a-\frac{b^2}{a}\right)\left(a-\frac{b^2}{a}\right)$

$= (a^2-b^2)^2.$

5. 用克拉默法则解下列线性方程组：

(1) $\begin{cases} x_1 + x_2 - 2x_3 = -3, \\ 5x_1 - 2x_2 + 7x_3 = 22, \\ 2x_1 - 5x_2 + 4x_3 = 4; \end{cases}$

(2) $\begin{cases} bx_1 - ax_2 \qquad\quad + 2ab = 0, \\ \qquad\; -2cx_2 + 3bx_3 - bc = 0, \quad \text{其中 } abc \neq 0; \\ cx_1 \qquad\quad + ax_3 \qquad = 0, \end{cases}$

(3) $\begin{cases} 2x_1 + 3x_2 + 11x_3 + 5x_4 = 6, \\ x_1 + x_2 + 5x_3 + 2x_4 = 2, \\ 2x_1 + x_2 + 3x_3 + 4x_4 = 2, \\ x_1 + x_2 + 3x_3 + 4x_4 = 2. \end{cases}$

解 （1）因为其系数行列式为

$$D = \begin{vmatrix} 1 & 1 & -2 \\ 5 & -2 & 7 \\ 2 & -5 & 4 \end{vmatrix} \xrightarrow[-2①+③]{-5①+②} \begin{vmatrix} 1 & 1 & -2 \\ 0 & -7 & 17 \\ 0 & -7 & 8 \end{vmatrix}$$

$$\xrightarrow{-②+③} \begin{vmatrix} 1 & 1 & -2 \\ 0 & -7 & 17 \\ 0 & 0 & -9 \end{vmatrix} = 63 \neq 0,$$

所以方程组有唯一解. 由于

$$D_1 = \begin{vmatrix} -3 & 1 & -2 \\ 22 & -2 & 7 \\ 4 & -5 & 4 \end{vmatrix} \xrightarrow{①\leftrightarrow②} \begin{vmatrix} 1 & -3 & -2 \\ -2 & 22 & 7 \\ -5 & 4 & 4 \end{vmatrix}$$

$$\xrightarrow[5①+③]{2①+②} \begin{vmatrix} 1 & -3 & -2 \\ 0 & 16 & 3 \\ 0 & -11 & -6 \end{vmatrix} = 63,$$

$$D_2 = \begin{vmatrix} 1 & -3 & -2 \\ 5 & 22 & 7 \\ 2 & 4 & 4 \end{vmatrix} \xrightarrow[-2①+③]{-5①+②} \begin{vmatrix} 1 & -3 & -2 \\ 0 & 37 & 17 \\ 0 & 10 & 8 \end{vmatrix}$$

$$= 126,$$

$$D_3 = \begin{vmatrix} 1 & 1 & -3 \\ 5 & -2 & 22 \\ 2 & -5 & 4 \end{vmatrix} \xrightarrow[-2①+③]{-5①+②} \begin{vmatrix} 1 & 1 & -3 \\ 0 & -7 & 37 \\ 0 & -7 & 10 \end{vmatrix}$$

$$\xrightarrow{-②+③} \begin{vmatrix} 1 & 1 & -3 \\ 0 & -7 & 37 \\ 0 & 0 & -27 \end{vmatrix} = 189,$$

方程组的解为

$$x_1 = \frac{D_1}{D} = 1,$$

$$x_2 = \frac{D_2}{D} = 2,$$

$$x_3 = \frac{D_3}{D} = 3.$$

(2)因为其系数行列式为

$$D = \begin{vmatrix} b & -a & 0 \\ 0 & -2c & 3b \\ c & 0 & a \end{vmatrix}$$

$$\xrightarrow{\text{按第①列展开}} b\begin{vmatrix} -2c & 3b \\ 0 & a \end{vmatrix} + (-1)^{3+1}c\begin{vmatrix} -a & 0 \\ -2c & 3b \end{vmatrix}$$

$$= -5abc \neq 0,$$

所以方程组有唯一解. 由于

$$D_1 = \begin{vmatrix} -2ab & -a & 0 \\ bc & -2c & 3b \\ 0 & 0 & a \end{vmatrix}$$

$$\xrightarrow{\text{按第③行展开}} (-1)^{3+3}a\begin{vmatrix} -2ab & -a \\ bc & -2c \end{vmatrix} = 5a^2bc,$$

$$D_2 = \begin{vmatrix} b & -2ab & 0 \\ 0 & bc & 3b \\ c & 0 & a \end{vmatrix}$$

$$\xrightarrow{\text{按第①列展开}} b\begin{vmatrix} bc & 3b \\ 0 & a \end{vmatrix} + (-1)^{3+1}c\begin{vmatrix} -2ab & 0 \\ bc & 3b \end{vmatrix}$$

$$= -5ab^2c,$$

$$D_3 = \begin{vmatrix} b & -a & -2ab \\ 0 & -2c & bc \\ c & 0 & 0 \end{vmatrix}$$

$$\xrightarrow{\text{按第③列展开}} (-1)^{3+1}c\begin{vmatrix} -a & -2ab \\ -2c & bc \end{vmatrix}$$

$$= -5abc^2,$$

方程组的解为

$$x_1 = \frac{D_1}{D} = -a,$$

$$x_2 = \frac{D_2}{D} = b,$$

$$x_3 = \frac{D_3}{D} = c.$$

（3）因为其系数行列式为

$$D = \begin{vmatrix} 2 & 3 & 11 & 5 \\ 1 & 1 & 5 & 2 \\ 2 & 1 & 3 & 4 \\ 1 & 1 & 3 & 4 \end{vmatrix} \xrightarrow[\substack{-2④+① \\ -④+② \\ -2④+③}]{} \begin{vmatrix} 0 & 1 & 5 & -3 \\ 0 & 0 & 2 & -2 \\ 0 & -1 & -3 & -4 \\ 1 & 1 & 3 & 4 \end{vmatrix}$$

$$\xrightarrow{③+①} \begin{vmatrix} 0 & 0 & 2 & -7 \\ 0 & 0 & 2 & -2 \\ 0 & -1 & -3 & -4 \\ 1 & 1 & 3 & 4 \end{vmatrix}$$

$$\xrightarrow{-②+①} \begin{vmatrix} 0 & 0 & 0 & -5 \\ 0 & 0 & 2 & -2 \\ 0 & -1 & -3 & -4 \\ 1 & 1 & 3 & 4 \end{vmatrix}$$

$$= 10 \neq 0,$$

所以方程组有唯一解. 由于

$$D_1 = \begin{vmatrix} 6 & 3 & 11 & 5 \\ 2 & 1 & 5 & 2 \\ 2 & 1 & 3 & 4 \\ 2 & 1 & 3 & 4 \end{vmatrix} \xrightarrow{-2②+①} \begin{vmatrix} 0 & 3 & 11 & 5 \\ 0 & 1 & 5 & 2 \\ 0 & 1 & 3 & 4 \\ 0 & 1 & 3 & 4 \end{vmatrix} = 0,$$

$$D_2 = \begin{vmatrix} 2 & 6 & 11 & 5 \\ 1 & 2 & 5 & 2 \\ 2 & 2 & 3 & 4 \\ 1 & 2 & 3 & 4 \end{vmatrix} \xrightarrow[\substack{-2④+① \\ -④+② \\ -④+③}]{} \begin{vmatrix} 0 & 2 & 5 & -3 \\ 0 & 0 & 2 & -2 \\ 1 & 0 & 0 & 0 \\ 1 & 2 & 3 & 4 \end{vmatrix}$$

$$= (-1)^{3+1} \begin{vmatrix} 2 & 5 & -3 \\ 0 & 2 & -2 \\ 2 & 3 & 4 \end{vmatrix}$$

$$\xlongequal{-①+③} \begin{vmatrix} 2 & 5 & -3 \\ 0 & 2 & -2 \\ 0 & -2 & 7 \end{vmatrix} = 20,$$

$$D_3 = \begin{vmatrix} 2 & 3 & 6 & 5 \\ 1 & 1 & 2 & 2 \\ 2 & 1 & 2 & 4 \\ 1 & 1 & 2 & 4 \end{vmatrix} = 0,$$

$$D_4 = \begin{vmatrix} 2 & 3 & 11 & 6 \\ 1 & 1 & 5 & 2 \\ 2 & 1 & 3 & 2 \\ 1 & 1 & 3 & 2 \end{vmatrix} = 0,$$

方程组的解为

$$x_1 = \frac{D_1}{D} = 0, \quad x_2 = \frac{D_2}{D} = 2,$$

$$x_3 = \frac{D_3}{D} = 0, \quad x_4 = \frac{D_4}{D} = 0.$$

6. 判断下列齐次线性方程组是否有非零解:

(1) $\begin{cases} 2x_1 + 2x_2 - x_3 = 0, \\ x_1 - 2x_2 + 4x_3 = 0, \\ 5x_1 + 8x_2 - 2x_3 = 0; \end{cases}$

(2) $\begin{cases} x_1 - x_2 + 5x_3 - x_4 = 0, \\ x_1 + x_2 - 2x_3 + 3x_4 = 0, \\ 3x_1 - x_2 + 8x_3 + x_4 = 0, \\ x_1 + 3x_2 - 9x_3 + 7x_4 = 0. \end{cases}$

解 （1）由于其系数行列式

$$D = \begin{vmatrix} 2 & 2 & -1 \\ 1 & -2 & 4 \\ 5 & 8 & -2 \end{vmatrix} \xrightarrow{①\leftrightarrow②} - \begin{vmatrix} 1 & -2 & 4 \\ 2 & 2 & -1 \\ 5 & 8 & -2 \end{vmatrix}$$

$$\xrightarrow[-5①+③]{-2①+②} - \begin{vmatrix} 1 & -2 & 4 \\ 0 & 6 & -9 \\ 0 & 18 & -22 \end{vmatrix} = -30 \neq 0,$$

因此齐次线性方程组只有零解.

（2）由于其系数行列式

$$D = \begin{vmatrix} 1 & -1 & 5 & -1 \\ 1 & 1 & -2 & 3 \\ 3 & -1 & 8 & 1 \\ 1 & 3 & -9 & 7 \end{vmatrix}$$

$$\xrightarrow[\substack{-3①+③ \\ -①+④}]{-①+②} \begin{vmatrix} 1 & -1 & 5 & -1 \\ 0 & 2 & -7 & 4 \\ 0 & 2 & -7 & 4 \\ 0 & 4 & -14 & 8 \end{vmatrix} = 0,$$

因此齐次线性方程组有非零解.

7. 当 λ 取何值时，下列齐次线性方程组有非零解：

$$\begin{cases} \lambda x_1 + x_2 + x_3 = 0, \\ x_1 + \lambda x_2 - x_3 = 0, \\ 2x_1 - x_2 + x_3 = 0. \end{cases}$$

解 由于其系数行列式

$$D = \begin{vmatrix} \lambda & 1 & 1 \\ 1 & \lambda & -1 \\ 2 & -1 & 1 \end{vmatrix} \xrightarrow[-\lambda②+①]{-2②+③} \begin{vmatrix} 0 & 1-\lambda^2 & 1+\lambda \\ 1 & \lambda & -1 \\ 0 & -1-2\lambda & 3 \end{vmatrix}$$

$$= - \begin{vmatrix} 1 - \lambda^2 & 1 + \lambda \\ -1 - 2\lambda & 3 \end{vmatrix}$$

$$= 3(\lambda^2 - 1) + (1 + \lambda)(-1 - 2\lambda)$$

$$= \lambda^2 - 3\lambda - 4 = (\lambda + 1)(\lambda - 4),$$

因此 $\lambda = -1$ 或 $\lambda = 4$ 时,系数行列式 $D = 0$,这时齐次线性方程组有非零解.

习 题 2.3

用消元法解下列方程组：

1. $\begin{cases} x_1 - 3x_2 - 2x_3 - x_4 = 6, \\ 3x_1 - 8x_2 + x_3 + 5x_4 = 0, \\ -2x_1 + x_2 - 4x_3 + x_4 = -12, \\ -x_1 + 4x_2 - x_3 - 3x_4 = 2; \end{cases}$

解 用初等变换消去第二、三、四个方程中的 x_1：

$$\begin{cases} x_1 - 3x_2 - 2x_3 - x_4 = 6, \\ x_2 + 7x_3 + 8x_4 = -18, \\ -5x_2 - 8x_3 - x_4 = 0, \\ x_2 - 3x_3 - 4x_4 = 8. \end{cases}$$

再用初等变换消去第三、四个方程中的 x_2：

$$\begin{cases} x_1 - 3x_2 - 2x_3 - x_4 = 6, \\ x_2 + 7x_3 + 8x_4 = -18, \\ 27x_3 + 39x_4 = -90, \\ -10x_3 - 12x_4 = 26. \end{cases}$$

分别用 $\frac{1}{3}$ 和 $\frac{1}{2}$ 乘第三、四个方程两边，得到

$$\begin{cases} x_1 - 3x_2 - 2x_3 - x_4 = 6, \\ x_2 + 7x_3 + 8x_4 = -18, \\ 9x_3 + 13x_4 = -30, \\ -5x_3 - 6x_4 = 13. \end{cases}$$

再用 $\frac{5}{9}$ 乘第三个方程加到第四个方程，得到

$$\begin{cases} x_1 - 3x_2 - 2x_3 - x_4 = 6, \\ x_2 + 7x_3 + 8x_4 = -18, \\ 9x_3 + 13x_4 = -30, \\ x_4 = -3. \end{cases}$$

将 $x_4 = -3$ 代入第三个方程,得

$$x_3 = 1.$$

再把 $x_3 = 1, x_4 = -3$ 代入到第二个方程,得到

$$x_2 = -1.$$

最后得 $x_2 = 1, x_3 = 1, x_4 = -3$ 代入到第一个方程,得到

$$x_1 = 2.$$

由此可见,原方程组有唯一解 $(2, -1, 1, -3)'$.

2. $\begin{cases} 3x_1 - 5x_2 + x_3 - 2x_4 = 0, \\ 2x_1 + 3x_2 - 5x_3 + x_4 = 0, \\ -x_1 + 7x_2 - 4x_3 + 3x_4 = 0, \\ 4x_1 + 15x_2 - 7x_3 + 9x_4 = 0; \end{cases}$

解 用 -1 乘第二个方程加到第一个方程,得到

$$\begin{cases} x_1 - 8x_2 + 6x_3 - 3x_4 = 0, \\ 2x_1 + 3x_2 - 5x_3 + x_4 = 0, \\ -x_1 + 7x_2 - 4x_3 + 3x_4 = 0, \\ 4x_1 + 15x_2 - 7x_3 + 9x_4 = 0. \end{cases}$$

用初等变换消去第二、三、四个方程中的 x_1:

$$\begin{cases} x_1 - 8x_2 + 6x_3 - 3x_4 = 0, \\ 19x_2 - 17x_3 + 7x_4 = 0, \\ -x_2 + 2x_3 = 0, \\ 47x_2 - 31x_3 + 21x_4 = 0. \end{cases}$$

把第二、三两个方程的次序互换后,用初等变换消去第三、四个方程中的 x_2:

$$\begin{cases} x_1 - 8x_2 + 6x_3 - 3x_4 = 0, \\ -x_2 + 2x_3 = 0, \\ 21x_3 + 7x_4 = 0, \\ 63x_3 + 21x_4 = 0. \end{cases}$$

再施行一次初等变换,得到

$$\begin{cases} x_1 - 8x_2 + 6x_3 - 3x_4 = 0, \\ -x_2 + 2x_3 = 0, \\ 3x_3 + x_4 = 0. \end{cases}$$

由第二、三个方程可以得到

$$x_3 = -\frac{1}{3}x_4,$$

$$x_2 = 2x_3 = -\frac{2}{3}x_4.$$

代入第一个方程得到

$$x_1 = -\frac{1}{3}x_4.$$

于是原方程组的解为

$$\begin{cases} x_1 = -\frac{1}{3}x_4, \\ x_2 = -\frac{2}{3}x_4, \\ x_3 = -\frac{1}{3}x_4, \end{cases}$$

其中 x_4 为自由未知量.

3. $\begin{cases} x_1 + 3x_2 - 7x_3 = 0, \\ 2x_1 + 5x_2 + 4x_3 = 0, \\ -3x_1 - 7x_2 - 2x_3 = 0, \\ x_1 + 4x_2 - 12x_3 = 0; \end{cases}$

解 用初等变换消去第二、三、四个方程中的 x_1：

$$\begin{cases} x_1 + 3x_2 - 7x_3 = 0, \\ -x_2 + 18x_3 = 0, \\ 2x_2 - 23x_3 = 0, \\ x_2 - 5x_3 = 0. \end{cases}$$

再用初等变换消去第三、四个方程中的 x_2：

$$\begin{cases} x_1 + 3x_2 - 7x_3 = 0, \\ -x_2 + 18x_3 = 0, \\ 13x_3 = 0, \\ 13x_3 = 0. \end{cases}$$

可见，原方程组只有零解，即

$$\begin{cases} x_1 = 0, \\ x_2 = 0, \\ x_3 = 0. \end{cases}$$

4. $\begin{cases} 2x_1 - 3x_2 + x_3 + 5x_4 = 6, \\ -3x_1 + x_2 + 2x_3 - 4x_4 = 5, \\ -x_1 - 2x_2 + 3x_3 + x_4 = -2; \end{cases}$

解 将第三个方程加到第一个方程，得到

$$\begin{cases} x_1 - 5x_2 + 4x_3 + 6x_4 = 4, \\ -3x_1 + x_2 + 2x_3 - 4x_4 = 5, \\ -x_1 - 2x_2 + 3x_3 + x_4 = -2. \end{cases}$$

用初等变换消去第二、三个方程中的 x_1：

$$\begin{cases} x_1 - 5x_2 + 4x_3 + 6x_4 = 4, \\ -14x_2 + 14x_3 + 14x_4 = 17, \\ -7x_2 + 7x_3 + 7x_4 = 2. \end{cases}$$

用 -2 乘第三个方程加到第二个方程，得到

$$\begin{cases} x_1 - 5x_2 + 4x_3 + 6x_4 = 4, \\ \qquad\qquad\qquad\qquad 0 = 13, \\ \qquad -7x_2 + 7x_3 + 7x_4 = 2. \end{cases}$$

可见,原方程组无解.

5. $\begin{cases} x_1 - 5x_2 + 2x_3 - 3x_4 = 11, \\ -3x_1 + x_2 - 4x_3 + 2x_4 = -5, \\ -x_1 - 9x_2 \qquad\quad - 4x_4 = 17, \\ 5x_1 + 3x_2 + 6x_3 - x_4 = -1. \end{cases}$

解 用初等变换消去第二、三、四个方程中的 x_1:

$$\begin{cases} x_1 - 5x_2 + 2x_3 - 3x_4 = 11, \\ \quad -14x_2 + 2x_3 - 7x_4 = 28, \\ \quad -14x_2 + 2x_3 - 7x_4 = 28, \\ \quad 28x_2 - 4x_3 + 14x_4 = -56. \end{cases}$$

再施行一系列的初等变换化成阶梯形方程组

$$\begin{cases} x_1 - 5x_2 + 2x_3 - 3x_4 = 11, \\ \qquad x_2 - \dfrac{1}{7}x_3 + \dfrac{1}{2}x_4 = -2. \end{cases}$$

最后,得到原方程组的一般解

$$\begin{cases} x_1 = 1 - \dfrac{9}{7}x_3 + \dfrac{1}{2}x_4, \\ x_2 = -2 + \dfrac{1}{7}x_3 - \dfrac{1}{2}x_4, \end{cases}$$

其中 x_3, x_4 是自由未知量.

第三部分　概率统计初步

习　题　3.1

1. 写出下列随机试验的样本空间 Ω：

（1）同时掷两枚骰子，记录两枚骰子点数之和；

（2）10 件产品中有 3 件是次品，每次从中取 1 件，取出后不再放回，直到 3 件次品全部取出为止，记录抽取的次数；

（3）生产某种产品直到得到 10 件正品，记录生产产品的总件数；

（4）将一尺之棰折成三段，观察各段的长度.

解　（1）$\Omega = \{2, 3, \cdots, 12\}$；

（2）$\Omega = \{3, 4, \cdots, 10\}$；

（3）$\Omega = \{10, 11, \cdots\}$；

（4）分别用 x, y, z 表示三段的长度，我们有

$\Omega = \{(x, y, z) \mid x > 0, y > 0, z > 0, x + y + z = 1\}$.

2. 设 A, B, C 是三个随机事件，试用 A, B, C 表示下列各事件：

(1) 恰有 A 发生；

(2) A 和 B 都发生而 C 不发生；

(3) 所有这三个事件都发生；

(4) A, B, C 至少有一个发生；

(5) 至少有两个事件发生；

(6) 恰有一个事件发生；

(7) 恰有两个事件发生；

(8) 不多于一个事件发生；

(9) 不多于两个事件发生；

（10）三个事件都不发生.

解 （1）$AB\bar{C}$；（2）$A\bar{B}\bar{C}$；（3）ABC；（4）$A+B+C$；

(5) $AB+BC+CA$（或 $AB\bar{C}+\bar{A}BC+A\bar{B}C+ABC$）；

(6) $AB\bar{C}+\bar{A}B\bar{C}+\bar{A}\bar{B}C$；

(7) $AB\bar{C}+A\bar{B}C+\bar{A}BC$；

(8) $\bar{A}\bar{B}\bar{C}+A\bar{B}\bar{C}+\bar{A}B\bar{C}+\bar{A}\bar{B}C$（或 $\overline{AB+BC+CA}$）；

(9) $AB\bar{C}+A\bar{B}C+\bar{A}BC+A\bar{B}\bar{C}+\bar{A}B\bar{C}+\bar{A}\bar{B}C+\bar{A}\bar{B}\bar{C}$（或 $\overline{ABC}$）；

(10) $\bar{A}\bar{B}\bar{C}$（或 $\overline{A+B+C}$）.

3. 试导出三个事件的概率加法公式.

解 $P(A+B+C) = P(A+B) + P(C) - P((A+B)C)$
$= P(A) + P(B) - P(AB) + P(C) - P(AC+BC)$
$= P(A) + P(B) + P(C) - P(AB) - P(AC)$
$- P(BC) + P(ABC).$

4. 设 A, B, C 是三个随机事件，且 $P(A) = P(B) = P(C) = \dfrac{1}{4}$，$P(AB) = P(CB) = 0$，$P(AC) = \dfrac{1}{8}$，求 A, B, C 至少有一个发生的概率.

解 由于 $ABC \subset AB$，因此
$$0 \leqslant P(ABC) \leqslant P(AB) = 0,$$
故
$$P(ABC) = 0.$$
根据加法公式，有
$$P(A+B+C) = P(A) + P(B) + P(C) - P(AB)$$
$$- P(BC) - P(AC) + P(ABC)$$
$$= \dfrac{3}{4} - \dfrac{1}{8} = \dfrac{5}{8}.$$

5. 某产品 50 件，其中有次品 5 件. 现从中任取 3 件，求其中恰有 1 件次品的概率.

解 这是一个古典概型问题,设 $A = \{$其中恰有 1 件次品$\}$.
$$n = C_{50}^3, \quad m = C_5^1 C_{45}^2,$$
故
$$P(A) = \frac{m}{n} = \frac{C_5^1 C_{45}^2}{C_{50}^3} = \frac{99}{392}.$$

注意 无放回抽取时,建议使用组合公式来计算,这样较为方便.

6. 从一副扑克牌的 13 张梅花中,有放回地取 3 次,求三张都不同号的概率.

解 这是一个古典概型问题,设 $A = \{$三张都不同号$\}$.
$$n = 13^3, \quad m = P_{13}^3,$$
故
$$P(A) = \frac{m}{n} = \frac{P_{13}^3}{13^3} = \frac{132}{169}.$$

注意 有放回抽取时,建议使用排列公式来计算,这样较为方便.

7. 一口袋中有两个白球,三个黑球,从中依次取出两个球,试求取出的两个球都是白球的概率.

解 这是一个古典概型问题. 设 $A = \{$取出两个球都是白色的$\}$,由于考虑抽取是有序的,因此
$$n = P_5^2.$$
这时都是白球,共有 $m = C_2^1 \cdot C_1^1$ 种情况,故
$$P(A) = \frac{C_2^1 C_1^1}{P_5^2} = \frac{2}{20} = \frac{1}{10}.$$

8. 三个人独立地破译一个密码,他们能译出的概率分别为 $\frac{1}{5}, \frac{1}{3}, \frac{1}{4}$,求此密码能译出的概率.

解 设 $B = \{$此密码能译出$\}$, $A_i = \{$第 i 个人能译出$\}$, $i = 1, 2, 3$.

方法一（加法公式） 由于 $B = A_1 + A_2 + A_3$，根据独立情况下的加法公式，我们有

$$\begin{aligned}
P(B) &= P(A_1 + A_2 + A_3) \\
&= P(A_1) + P(A_2) + P(A_3) - P(A_1)P(A_2) \\
&\quad - P(A_2)P(A_3) - P(A_3)P(A_1) \\
&\quad + P(A_1)P(A_2)P(A_3) \\
&= \frac{1}{5} + \frac{1}{3} + \frac{1}{4} - \frac{1}{5} \times \frac{1}{3} - \frac{1}{3} \times \frac{1}{4} \\
&\quad - \frac{1}{4} \times \frac{1}{5} + \frac{1}{3} \times \frac{1}{4} \times \frac{1}{5} \\
&= \frac{3}{5}.
\end{aligned}$$

方法二（乘法公式） 由于 $\bar{B} = \bar{A}_1 \bar{A}_2 \bar{A}_3$，根据独立情况下的乘法公式，我们有

$$\begin{aligned}
P(\bar{B}) &= P(\bar{A}_1)P(\bar{A}_2)P(\bar{A}_3) \\
&= \left(1 - \frac{1}{5}\right)\left(1 - \frac{1}{3}\right)\left(1 - \frac{1}{4}\right) = \frac{2}{5},
\end{aligned}$$

故

$$P(B) = 1 - P(\bar{B}) = \frac{3}{5}.$$

分析 由此可见，多个事件独立和计算，使用乘法公式较为方便．

9. 甲、乙二人同时向一架敌机射击，已知甲击中敌机的概率为 0.6，乙击中敌机的概率为 0.5，求敌机被击中的概率．

解 设 A_1, A_2 分别表示甲、乙击中敌机，B 表示敌机被击中．

方法一（加法公式） 考虑到甲、乙射击是独立的，我们有
$$B = A_1 + A_2,$$
$$\begin{aligned}
P(B) &= P(A_1 + A_2) \\
&= P(A_1) + P(A_2) - P(A_1)P(A_2)
\end{aligned}$$

$$= 0.6 + 0.5 - 0.6 \times 0.5 = 0.8.$$

方法二(乘法公式) 由于
$$\bar{B} = \bar{A}_1 \bar{A}_2,$$
$$P(\bar{B}) = P(\bar{A}_1)P(\bar{A}_2)$$
$$= 0.4 \times 0.5 = 0.2,$$
故
$$P(B) = 1 - P(\bar{B}) = 0.8.$$

10. 某机械零件的加工由两道工序组成. 第一道工序的废品率为0.015,第二道工序的废品率为0.02,假定两道工序出废品是彼此无关的,求产品的合格率.

解 设 $A_i = \{$第 i 道工序出现废品$\}$, $B = \{$产品合格$\}$. 因此, 我们有
$$B = \bar{A}_1 \bar{A}_2,$$
故
$$P(B) = P(\bar{A}_1)P(\bar{A}_2)$$
$$= (1 - 0.015)(1 - 0.02) = 0.9653.$$

11. 加工某一零件共需经过四道工序. 设第一、二、三、四道工序的次品率分别是2%,3%,5%,3%,假定各道工序是互不影响的,求加工出来的零件的次品率.

解 设 $A_i = \{$第 i 道工序出现废品$\}$, $B = \{$加工出零件是次品$\}$, 于是
$$\bar{B} = \bar{A}_1 \bar{A}_2 \bar{A}_3 \bar{A}_4,$$
故
$$P(\bar{B}) = P(\bar{A}_1 \bar{A}_2 \bar{A}_3 \bar{A}_4)$$
$$= P(\bar{A}_1)P(\bar{A}_2)P(\bar{A}_3)P(\bar{A}_4)$$
$$= 98\% \times 97\% \times 95\% \times 97\% = 0.876.$$
而
$$P(B) = 1 - P(\bar{B}) = 0.124.$$

12. 一批零件共100个,其中有次品10个. 每次从中任取一个零件,取出的零件不再放回去,求第一、二次取到的是次品,第三

次才取到正品的概率.

解 设 $A_i = \{$第 i 次取到正品$\}$ $(i=1,2,3)$，因此
$$P(\bar{A}_1\bar{A}_2A_3) = P(\bar{A}_1)P(\bar{A}_2|\bar{A}_1)P(A_3|\bar{A}_1\bar{A}_2)$$
$$= \frac{C_{10}^1}{C_{100}^1} \cdot \frac{C_9^1}{C_{99}^1} \cdot \frac{C_{90}^1}{C_{98}^1}$$
$$= 0.0083.$$

13. 设某人打靶,命中率为 0.6. 现独立地重复射击 6 次,求至少命中两次的概率.

解 这是一个二项概型问题. 由题意,有
$$P_6(\mu \geq 2) = 1 - P_6(\mu < 2)$$
$$= 1 - P_6(\mu = 0) - P_6(\mu = 1)$$
$$= 1 - C_6^0 0.6^0 \times 0.4^6 - C_6^1 0.6^1 \times 0.4^{6-1}$$
$$= 1 - 0.4^6 - 6 \times 0.6 \times 0.4^5$$
$$= 0.95904.$$

14. 设某种型号的电阻的次品率为 0.01,现在从产品中抽取 4 个,分别求出没有次品、有 1 个次品、有 2 个次品、有 3 个次品、全是次品的概率.

解 这是一个二项概型问题. 由题意,有
$$P_4(\mu = k) = C_4^k 0.01^k \times 0.99^{4-k}, \quad k = 0,1,2,3,4.$$
得到

$P_4(\mu = 0) = (0.99)^4 = 0.96059601 \approx 0.96,$

$P_4(\mu = 1) = 4 \times 0.01 \times 0.99^3 = 0.03881196 \approx 0.039,$

$P_4(\mu = 2) = C_4^2 0.01^2 \times 0.99^2 = 0.00058806 \approx 0.0006,$

$P_4(\mu = 3) = C_4^3 (0.01)^3 \times 0.99 = 396 \times 10^{-8} \approx 0,$

$P_4(\mu = 4) = C_4^4 (0.01)^4 = 0.01^4 = 10^{-8} \approx 0.$

15. 某类电灯泡使用时数在 1 000 个小时以上的概率为 0.2, 求三个灯泡在使用 1 000 小时以后最多只坏一个的概率.

解 这是一个二项概型问题. 由题意有

$$p = 1 - 0.2 = 0.8,$$

$$\begin{aligned}P_3(\mu \leqslant 1) &= P_3(\mu = 0) + P_3(\mu = 1)\\ &= C_3^0 0.8^0 \times 0.2^3 + C_3^1 0.8^1 \times 0.2^2\\ &= 0.008 + 0.096 = 0.104.\end{aligned}$$

习题 3.2

1. 已知 $X \sim N(0,1)$，计算 $P\{0.5 < X < 1.5\}$.

   解 $P(0.5 < X < 1.5) = \Phi(1.5) - \Phi(0.5)$
   $= 0.9332 - 0.6915$
   $= 0.2417.$

2. 已知 $X \sim N(0,1)$，计算 (1) $P\{X < -1.24\}$；(2) $P\{|X| < 1\}$.

   解 (1) $P(X < -1.24) = \Phi(-1.24)$
   $= 1 - \Phi(1.24)$
   $= 0.1075.$

   (2) $P(|X| < 1) = \Phi(1) - \Phi(-1)$
   $= 2\Phi(1) - 1$
   $= 0.6826.$

3. 已知 $X \sim N(1.40,(0.05)^2)$，计算 $P\{1.35 < X < 1.45\}$.

   解
   $$P(1.35 < X < 1.45)$$
   $$= \Phi\left(\frac{1.45 - 1.40}{0.05}\right) - \Phi\left(\frac{1.35 - 1.40}{0.05}\right)$$
   $$= \Phi(1) - \Phi(-1)$$
   $$= 2\Phi(1) - 1$$
   $$= 0.6826.$$

4. 已知 $X \sim N(3,2^2)$，确定 k 的值，使 $P\{X > k\} = P\{X \leq k\}$.

   解 由于 $P(X > k) = 1 - P(X \leq k)$
   $= P(X \leq k),$

   得到
   $$P(X \leq k) = \frac{1}{2},$$

   即

$$P\left(\frac{X-3}{2} \leqslant \frac{k-3}{2}\right) = \frac{1}{2},$$

亦即

$$\Phi\left(\frac{k-3}{2}\right) = \frac{1}{2},$$

得到

$$\frac{k-3}{2} = 0,$$

于是

$$k = 3.$$

5. 设 $X \sim N(50, 10^2)$,计算 $P\{45 < X < 62\}$.

解 $P(45 < X < 62) = \Phi\left(\frac{62-50}{10}\right) - \Phi\left(\frac{45-50}{10}\right)$

$= \Phi(1.2) - \Phi(-0.5)$

$= \Phi(1.2) + \Phi(0.5) - 1$

$= 0.5746.$

6. 设 $X \sim N(1.5, 2^2)$,计算 $P\{|X| < 3\}$.

解 $P(|X| < 3) = \Phi\left(\frac{3-1.5}{2}\right) - \Phi\left(\frac{-3-1.5}{2}\right)$

$= \Phi(0.75) - \Phi(-2.25)$

$= \Phi(0.75) + \Phi(2.25) - 1$

$= 0.7612.$

7. 设 $X \sim N(10, 2^2)$,求 $P\{X > 10\}, P\{7 \leqslant X \leqslant 15\}$.

解 由题意,有

$$X \sim p(x) = \frac{1}{\sqrt{2\pi}2} e^{-\frac{(x-10)^2}{2 \times 4}},$$

而

$$P(X > 10) = P(X > \mu) = \frac{1}{2},$$

$$P(7 \leqslant X \leqslant 15) = \Phi\left(\frac{15-10}{2}\right) - \Phi\left(\frac{7-10}{2}\right)$$

$$= \Phi(2.5) - \Phi(-1.5)$$
$$= \Phi(2.5) + \Phi(1.5) - 1$$
$$= 0.9938 + 0.9332 - 1 = 0.927.$$

8. 设某机器生产的螺栓的长度 $X \sim N(10.05, 0.06^2)$. 按照规定 X 在范围 10.05 ± 0.12 (cm) 内为合格品,求螺栓不合格的概率.

解 设 $A = \{$螺栓不合格$\}$,由题意,有
$$P(A) = P(|X - 10.05| > 0.12)$$
$$= 2\left(1 - \Phi\left(\frac{10.05 + 0.12 - 10.05}{0.06}\right)\right)$$
$$= 2(1 - \Phi(2))$$
$$= 2 - 2 \times 0.9772 = 0.0456.$$

习 题 3.3

1. 对下面的两组样本值,分别计算样本均值 $\bar{x}$ 和样本方差 S^2.

(1) 54,67,68,78,70,66,67,70,65,69;

(2) 99.3,98.7,100.05,101.2,98.3,99.7,99.5,102.1,100.5.

解 (1) $\bar{x} = 67.4, S^2 = 35.16$;

(2) $\bar{x} = 99.93, S^2 = 1.43$.

2. 从一批零件中随机地抽取 5 个,测其长度,得数据 x_i ($i = 1,2,\cdots,5$)如下(单位:mm):14.5,14.1,13.1,13.5,14.8. 试求

(1) 样本均值 $\bar{x}$;　　(2) 样本方差 S^2.

解 (1) $\bar{x} = 14$;　　(2) $S^2 = 0.49$.

3. 某企业生产一批电阻,为了检查其阻值 X,现从中抽取 20 只进行测试,得数据如下(单位:kΩ):

25　21　23　25　27　29　25　28　30　29

26　24　25　27　26　22　25　24　26　28

试根据以上数据,作出频率分布的直方图.

解 (1) 数据最大值 30,最小值 21,并取 $a = 20.5, b = 30.5$;

(2) 分成 5 组,即 $k = 5$;

(3) 组距 $\dfrac{b-a}{k} = \dfrac{30.5-20.5}{5} = 2$;

(4) 列出有关组距、频数、频率和频率密度的分布表:

组序号	分组组距	唱票统计	频数	频率	频率密度
1	20.5 ~ 22.5	丅	2	0.1	0.05
2	22.5 ~ 24.5	下	3	0.15	0.075
3	24.5 ~ 26.5	正下	8	0.4	0.2
4	26.5 ~ 28.5	正	4	0.2	0.1
5	28.5 ~ 30.5	下	3	0.15	0.075
合计			20	1.00	

(5) 作直方图

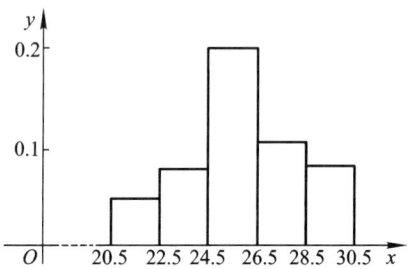

4. 已知样本值: 3.2, 2.5, -4, 2.5, 0, 3, 2, 2.5, 4, 2. 试构造出它们的经验分布函数.

解 首先把 10 个数据, 由小到大排列为

$-4 < 0 < 2 = 2 < 2.5 = 2.5 = 2.5 < 3 < 3.2 < 4$,

其经验分布函数为

$$F_{10}(x) = \begin{cases} 0, & x < -4, \\ \dfrac{1}{10}, & -4 \leqslant x < 0, \\ \dfrac{2}{10}, & 0 \leqslant x < 2, \\ \dfrac{4}{10}, & 2 \leqslant x < 2.5, \\ \dfrac{7}{10}, & 2.5 \leqslant x < 3, \\ \dfrac{8}{10}, & 3 \leqslant x < 3.2, \\ \dfrac{9}{10}, & 3.2 \leqslant x < 4, \\ 1, & x \geqslant 4. \end{cases}$$

下篇 提 高 篇

- 第四部分　一元微积分
- 第五部分　线性代数
- 第六部分　初等概率论
- 第七部分　一元统计分析初步

第四部分　一元微积分

习　题　4.1

1. 用隐函数求导法求导数 y'_x：

(1) $x^3 + y^3 - 3xy = 0$；

(2) $y\sin x - \cos(x-y) = 0$.

解　(1) 在方程 $x^3 + y^3 - 3xy = 0$ 的两边同时对 x 求导，得到
$$3x^2 + 3y^2 \cdot y'_x - 3y - 3x \cdot y'_x = 0,$$
由此解得
$$y'_x = \frac{y - x^2}{y^2 - x}.$$

(2) 在方程 $y\sin x - \cos(x-y) = 0$ 的两边同时对 x 求导，得到
$$y'_x \sin x + y\cos x + \sin(x-y) \cdot (1 - y'_x) = 0,$$
由此得到
$$y'_x = \frac{y\cos x + \sin(x-y)}{\sin(x-y) - \sin x}.$$

2. 用反函数求导法求 $y = \arccos x (|x| < 1)$ 的导数.

解　$y = \arccos x$ 是 $x = \cos y (0 < y < \pi)$ 的反函数，由于 $x = \cos y$ 在区间 $(0, \pi)$ 内单调、可导，并且
$$x'_y = (\cos y)' = -\sin y < 0,$$
因此，当 $x \in (-1, 1)$ 时，y'_x 也存在，并且

$$y'_x = \frac{1}{x'_y},$$

即

$$(\arccos x)' = \frac{1}{(\cos y)'} = \frac{1}{-\sin y}$$
$$= -\frac{1}{\sqrt{1-\cos^2 y}}$$
$$= -\frac{1}{\sqrt{1-x^2}}.$$

3. 用对数求导法求导数 y'_x：

(1) $y = \sqrt[x]{x}, x > 0$； (2) $y = (\sin x)^{\cos x}$.

解 (1) 两边取自然对数：

$$\ln y = \ln \sqrt[x]{x} = \frac{1}{x}\ln x,$$

两边对 x 求导：

$$\frac{y'}{y} = -\frac{1}{x^2}\ln x + \frac{1}{x^2},$$

由此得到

$$y' = y\left(\frac{1}{x^2} - \frac{1}{x^2}\ln x\right)$$
$$= \frac{1-\ln x}{x^2}\sqrt[x]{x}$$
$$= x^{\frac{1}{x}-2}(1-\ln x).$$

(2) 两边取自然对数

$$\ln y = \ln(\sin x)^{\cos x} = \cos x \cdot \ln \sin x,$$

两边对 x 求导：

$$\frac{y'}{y} = -\sin x \cdot \ln \sin x + \frac{\cos x}{\sin x} \cdot \cos x,$$

由此得到

$$y' = y\left(\frac{\cos^2 x}{\sin x} - \sin x \cdot \ln \sin x\right)$$
$$= (\sin x)^{\cos x}(\cos x \cdot \cot x - \sin x \cdot \ln \sin x).$$

4. 设 $f(x) = x(x^2-1)(x+2)(x-3)$，不用求出 $f(x)$ 的导数，说明方程 $f'(x) = 0$ 应有几个实根，并指出它们所在的区间.

答 由于 $f(-1) = f(0) = f(1) = f(-2) = f(3) = 0$，并且 $f(x)$ 分别在 $[-2,-1]$，$[-1,0]$，$[0,1]$，$[1,3]$ 上满足罗尔定理的条件，因此在 $(-2,-1)$ 内至少存在一点 ξ_1，使得 $f'(\xi_1) = 0$，ξ_1 是 $f'(x)$ 的一个实根；同理分别在 $(-1,0)$，$(0,1)$，$(1,3)$ 内至少各存在一点 ξ_2, ξ_3, ξ_4，它们都是 $f'(x)$ 的一个实根. 而 $f'(x)$ 为 4 次多项式，只能有 4 个实根，它们分别在区间 $(-2,-1)$，$(-1,0)$，$(0,1)$ 和 $(1,3)$ 内.

5. 写出函数 $f(x) = x^3$ 在闭区间 $[0,1]$ 上的拉格朗日中值公式，并求出公式中的 x_0.

解 由于函数 $f(x) = x^3$ 在区间 $[0,1]$ 上连续，在区间 $(0,1)$ 内可导，根据拉格朗日公式，有
$$f(1) - f(0) = f'(x_0)(1-0),$$
即
$$1^3 - 0^3 = 3x_0^2(1-0);$$
由上式解得 $x_0 = \pm\frac{\sqrt{3}}{3}$，又由于 $x_0 \in (0,1)$，所以
$$x_0 = \frac{\sqrt{3}}{3}.$$

6. 设 $f'(x) = a$，试证 $f(x) = ax + b$.

证明 设 $g(x) = f(x) - ax$，则
$$g'(x) = f'(x) - a = a - a = 0.$$

根据中值定理的推论 1：如果函数在区间内每一点处的导数都是零，那么函数在区间内为一常数. 不妨假设 $g(x) = b$，即
$$f(x) - ax = b.$$

于是有
$$f(x) = ax + b.$$

7. 试用中值定理证明下列各不等式：

(1) $|\sin a - \sin b| \leq |a - b|$；

(2) $\dfrac{x}{1+x} < \ln(1+x) < x \quad (x > 0)$；

(3) $e^x > 1 + x \quad (x \neq 0)$；　　*(4) $e^x > e \cdot x \ (x > 1)$.

证明 (1) 设 $f(x) = \sin x$，则 $f(a) = \sin a$，$f(b) = \sin b$，$f'(x) = \cos x$. 为了讨论方便，不妨假设 $a < b$，由拉格朗日中值定理可知：存在 $C \in (a, b)$，使得
$$f(b) - f(a) = f'(C)(b - a)$$
成立，即
$$\sin b - \sin a = \cos C(b - a).$$
将上式两边取绝对值，并考虑到 $|\cos C| \leq 1$，所以
$$|\sin b - \sin a| = |\cos C| \cdot |b - a| \leq |b - a|,$$
即
$$|\sin a - \sin b| \leq |a - b|.$$

(2) 设函数 $f(u) = \ln(1+u)$，则有 $f'(u) = \dfrac{1}{1+u}$，并且对任意 $x > 0$，函数 $f(u)$ 在区间 $[0, x]$ 上应用拉格朗日中值定理，得到
$$f(x) - f(0) = f'(C)(x - 0),$$
其中 $0 < C < x$，即
$$\ln(1+x) = \dfrac{x}{1+C}.$$
又由于 $1 < 1 + C < 1 + x$，有
$$\dfrac{1}{1+x} < \dfrac{1}{1+C} < 1,$$
考虑到 $x > 0$，有
$$\dfrac{x}{1+x} < \dfrac{x}{1+C} < x,$$

于是得到
$$\frac{x}{1+x} < \ln(1+x) < x \quad (x>0).$$

（3）设函数 $f(u) = e^u$，则有 $f'(u) = e^u$，并且对任意的 $x \neq 0$，函数 $f(u)$ 在以 0 和 x 为端点的区间上应用拉格朗日中值定理，得到
$$f(x) - f(0) = f'(C)(x - 0),$$
其中 C 是区间内的一点，即
$$e^x - 1 = e^C x.$$
当 $x > 0$ 时，$x > C > 0$，有 $e^C > 1$，$xe^C > x$；当 $x < 0$ 时，$x < C < 0$，有 $e^C < 1$，$xe^C > x$，因此，对 $x \neq 0$ 总有
$$e^C x > x$$
成立. 于是得到
$$e^x - 1 > x \quad (x \neq 0),$$
即
$$e^x > 1 + x \quad (x \neq 0).$$

*（4）设函数 $f(u) = e^u$，则有 $f'(u) = e^u$，并且对任意 $x > 1$，函数 $f(u)$ 在 $[1, x]$ 上应用拉格朗日中值定理，得到
$$f(x) - f(1) = f'(C)(x - 1),$$
其中 $1 < C < x$，即
$$e^x - e = e^C(x - 1).$$
考虑到 $e^C > e$，于是我们得到
$$e^x - e > e(x - 1),$$
即
$$e^x > e \cdot x \quad (x > 1).$$

8. 用洛必达法则求下列各式的极限：

（1）$\lim\limits_{x \to 1} \dfrac{x-1}{x^n - 1}$；

（2）$\lim\limits_{x \to 0} \dfrac{2^x - 1}{3^x - 1}$；

（3）$\lim\limits_{x \to 1} \dfrac{\ln x}{x - 1}$；

（4）$\lim\limits_{x \to 0+0} \dfrac{\cot x}{\ln x}$；

(5) $\lim\limits_{x\to 0+0} x^{\alpha} \cdot \ln x \ (\alpha > 0)$; (6) $\lim\limits_{x\to \frac{\pi}{2}} \dfrac{\tan 3x}{\tan x}$;

(7) $\lim\limits_{x\to 0} x^{\sin x}$; (8) $\lim\limits_{x\to \infty}(a^{\frac{1}{x}}-1)x \ (a>0)$;

(9) $\lim\limits_{x\to 0}\left(\dfrac{1}{x}-\dfrac{1}{e^x-1}\right)$; *(10) $\lim\limits_{x\to 0}\dfrac{e^{-1/x^2}}{x^{100}}$.

解 (1) $\lim\limits_{x\to 1}\dfrac{x-1}{x^n-1}=\lim\limits_{x\to 1}\dfrac{(x-1)'}{(x^n-1)'}$

$$=\lim\limits_{x\to 1}\dfrac{1}{nx^{n-1}}=\dfrac{1}{n}\quad(n\neq 0).$$

(2) $\lim\limits_{x\to 0}\dfrac{2^x-1}{3^x-1}=\lim\limits_{x\to 0}\dfrac{(2^x-1)'}{(3^x-1)'}=\lim\limits_{x\to 0}\dfrac{2^x\ln 2}{3^x\ln 3}=\dfrac{\ln 2}{\ln 3}$.

(3) $\lim\limits_{x\to 1}\dfrac{\ln x}{x-1}=\lim\limits_{x\to 1}\dfrac{(\ln x)'}{(x-1)'}=\lim\limits_{x\to 1}\dfrac{\frac{1}{x}}{1}=\lim\limits_{x\to 1}\dfrac{1}{x}=1$.

(4) $\lim\limits_{x\to 0^+}\dfrac{\cot x}{\ln x}=\lim\limits_{x\to 0^+}\dfrac{(\cot x)'}{(\ln x)'}=\lim\limits_{x\to 0^+}\dfrac{-\dfrac{1}{\sin^2 x}}{\dfrac{1}{x}}$

$$=\lim\limits_{x\to 0^+}\dfrac{-x}{\sin^2 x}=-\infty.$$

(5) $\lim\limits_{x\to 0^+} x^{\alpha}\cdot \ln x = \lim\limits_{x\to 0^+}\dfrac{\ln x}{x^{-\alpha}}=\lim\limits_{x\to 0^+}\dfrac{(\ln x)'}{(x^{-\alpha})'}$

$$=\lim\limits_{x\to 0^+}\dfrac{\dfrac{1}{x}}{-\alpha x^{-\alpha-1}}=\lim\limits_{x\to 0^+}\dfrac{-x^{\alpha}}{\alpha}=0.$$

(6) $\lim\limits_{x\to \frac{\pi}{2}}\dfrac{\tan 3x}{\tan x}=\lim\limits_{x\to \frac{\pi}{2}}\dfrac{(\tan 3x)'}{(\tan x)'}=\lim\limits_{x\to \frac{\pi}{2}}\dfrac{3\sec^2 3x}{\sec^2 x}=3\lim\limits_{x\to \frac{\pi}{2}}\dfrac{\cos^2 x}{\cos^2 3x}$

$$=3\lim\limits_{x\to \frac{\pi}{2}}\dfrac{(\cos^2 x)'}{(\cos^2 3x)'}=3\lim\limits_{x\to \frac{\pi}{2}}\dfrac{2\cos x(-\sin x)}{6\cos 3x(-\sin 3x)}$$

$$=\lim\limits_{x\to \frac{\pi}{2}}\dfrac{\sin 2x}{\sin 6x}=\lim\limits_{x\to \frac{\pi}{2}}\dfrac{(\sin 2x)'}{(\sin 6x)'}$$

$$= \lim_{x \to \frac{\pi}{2}} \frac{2\cos 2x}{6\cos 6x} = \frac{1}{3}.$$

（7）这是 0^0 型，令 $y = x^{\sin x}$，则 $\ln y = \sin x \cdot \ln x$.

$$\lim_{x \to 0} \sin x \cdot \ln x = \lim_{x \to 0} \frac{\ln x}{\frac{1}{\sin x}} = \lim_{x \to 0} \frac{(\ln x)'}{\left(\frac{1}{\sin x}\right)'}$$

$$= \lim_{x \to 0} \frac{\frac{1}{x}}{-\frac{\cos x}{\sin^2 x}} = \lim_{x \to 0} \frac{-\sin^2 x}{x\cos x} = 0,$$

所以

$$\lim_{x \to 0} x^{\sin x} = e^0 = 1.$$

（8）这是 $0 \cdot \infty$ 型，由 $(a^{\frac{1}{x}} - 1)x = \dfrac{a^{\frac{1}{x}} - 1}{\frac{1}{x}}$，有

$$\lim_{x \to \infty} (a^{\frac{1}{x}} - 1)x = \lim_{x \to \infty} \frac{a^{\frac{1}{x}} - 1}{\frac{1}{x}} = \lim_{x \to \infty} \frac{(a^{\frac{1}{x}} - 1)'}{\left(\frac{1}{x}\right)'}$$

$$= \lim_{x \to \infty} \frac{a^{\frac{1}{x}} \ln a \left(-\frac{1}{x^2}\right)}{-\frac{1}{x^2}} = \lim_{x \to \infty} a^{\frac{1}{x}} \ln a = \ln a.$$

（9）这是 $\infty - \infty$ 型，由 $\dfrac{1}{x} - \dfrac{1}{e^x - 1} = \dfrac{e^x - 1 - x}{x(e^x - 1)}$，有

$$\lim_{x \to 0} \left(\frac{1}{x} - \frac{1}{e^x - 1} \right)$$

$$= \lim_{x \to 0} \frac{e^x - 1 - x}{x(e^x - 1)} = \lim_{x \to 0} \frac{(e^x - 1 - x)'}{[x(e^x - 1)]'}$$

$$= \lim_{x \to 0} \frac{e^x - 1}{(e^x - 1) + xe^x} = \lim_{x \to 0} \frac{(e^x - 1)'}{(e^x - 1 + xe^x)'}$$

$$= \lim_{x \to 0} \frac{e^x}{e^x + e^x + xe^x} = \frac{1}{2}.$$

*(10) **方法一** 这虽然是 $\frac{0}{0}$ 型的,但不能直接使用洛必达法则,为此先把原式变成

$$\lim_{x \to 0} \frac{e^{-\frac{1}{x^2}}}{x^{100}} = \lim_{x \to 0} \frac{x^{-100}}{e^{\frac{1}{x^2}}}.$$

由于分子 x^{-100} 的导数 $(x^{-100})' = -100x^{-101}$,而分母 $e^{\frac{1}{x^2}}$ 的导数 $(e^{\frac{1}{x^2}})' = e^{\frac{1}{x^2}} \left(\frac{1}{x^2}\right)' = -2x^{-3} e^{\frac{1}{x^2}}$. 可见应用一次洛必达法则以后,它仍然是 $\frac{0}{0}$ 型的,但分子上的幂函数的指数增加了 2,并且其系数由 1 变成了 $\frac{100}{2} = 50$,即

$$\lim_{x \to 0} \frac{x^{-100}}{e^{\frac{1}{x^2}}} = \lim_{x \to 0} \frac{-100x^{-101}}{-2x^{-3} e^{\frac{1}{x^2}}} = \lim_{x \to 0} \frac{50 x^{-98}}{e^{\frac{1}{x^2}}}.$$

这时,可以继续使用洛必达法则,直到分子上的幂函数的指数增加到 0 为止. 这样,一共应用 50 次洛必达法则,有

$$\lim_{x \to 0} \frac{e^{-\frac{1}{x^2}}}{x^{100}} = \lim_{x \to 0} \frac{x^{-100}}{e^{\frac{1}{x^2}}} = \lim_{x \to 0} \frac{50 x^{-98}}{e^{\frac{1}{x^2}}}$$

$$= \cdots$$

$$= \lim_{x \to 0} \frac{50 \times 49 \times \cdots \times 3 \times 2 \times 1}{e^{\frac{1}{x^2}}} = 0.$$

方法二 令 $t = \frac{1}{x^2}$,这样当 $x \to 0$ 时,$t \to +\infty$,于是

$$\lim_{x \to 0} \frac{e^{-\frac{1}{x^2}}}{x^{100}} = \lim_{t \to +\infty} \frac{e^{-t}}{t^{-50}} = \lim_{t \to +\infty} \frac{t^{50}}{e^t},$$

这仍是 $\frac{\infty}{\infty}$ 型的,应用洛必达法则 50 次,有

原式 $= \lim\limits_{t \to +\infty} \dfrac{50!}{\mathrm{e}^t} = 0.$

9. 求下列各函数的单调区间:

(1) $y = 2x^3 + 3x^2 - 12x$; (2) $y = x - \mathrm{e}^x$;

(3) $y = x + \cos x$; (4) $y = x - \ln(1+x).$

解 (1) 函数 $y = 2x^3 + 3x^2 - 12x + 1$ 的定义域为 $(-\infty, +\infty)$. 由于

$$y' = 6x^2 + 6x - 12 = 6(x-1)(x+2),$$

令 $y' = 0$, 解得: $x_1 = 1, x_2 = -2$, 这样我们就可以分成 $(-\infty, -2), (-2, 1), (1, +\infty)$ 三个区间来讨论. 当 $x < -2$ 时, $y' > 0$; 当 $-2 < x < 1$ 时, $y' < 0$; 当 $x > 1$ 时, $y' > 0$.

由此得出, 函数 $y = 2x^3 + 3x^2 - 12x + 1$ 在 $(-\infty, -2)$, $(1, +\infty)$ 内递增, 在 $(-2, 1)$ 内递减.

(2) 函数 $y = x - \mathrm{e}^x$ 的定义域为 $(-\infty, +\infty)$. 由于

$$y' = 1 - \mathrm{e}^x,$$

令 $y' = 0$, 解得: $x = 0$, 这样我们就可以分成 $(-\infty, 0)$ 和 $(0, +\infty)$ 两个区间来讨论. 当 $x < 0$ 时, $\mathrm{e}^x < 1$, 则 $y' > 0$; 当 $x > 0$ 时, $\mathrm{e}^x > 1$, 则 $y' < 0$.

由此得出, 函数 $y = x - \mathrm{e}^x$ 在 $(-\infty, 0)$ 内递增, 在 $(0, +\infty)$ 内递减.

(3) 函数 $y = x + \cos x$ 的定义域为 $(-\infty, +\infty)$. 由于

$$y' = 1 - \sin x,$$

令 $y' = 0$, 解得: $x = 2n\pi + \dfrac{\pi}{2} (n = 0, \pm 1, \pm 2, \cdots)$. 但是除了这些点以外, 因为 $|\sin x| < 1$, 所以

$$y' = 1 - \sin x > 0.$$

根据判别函数单调性的充分条件可以得出, 函数 $y = x + \cos x$ 在 $(-\infty, +\infty)$ 内递增.

(4) 函数 $y = x - \ln(1+x)$ 的定义域为 $(-1, +\infty)$. 由于

$$y' = 1 - \frac{1}{1+x} = \frac{x}{1+x},$$

令 $y' = 0$,解得: $x = 0$,这样我们就可以分成 $(-1,0)$ 和 $(0,+\infty)$ 两个区间来讨论. 当 $-1 < x < 0$ 时, $y' < 0$; 当 $x > 0$ 时, $y' > 0$.

由此得出,函数 $y = x - \ln(1+x)$ 在 $(-1,0)$ 内递减,在 $(0, +\infty)$ 内递增.

10. 求下列各函数的极值:

(1) $y = 2x^3 - 3x^2$; (2) $y = x^2 \ln x$;

(3) $y = x - \sin x$; (4) $y = 2e^x + e^{-x}$.

解 (1) 由 $y' = 6x^2 - 6x = 6x(x-1)$,令 $y' = 0$,解得驻点: $x_1 = 0, x_2 = 1$.

又由 $y'' = 12x - 6$,有
$$y''(0) = -6 < 0, \quad y''(1) = 6 > 0,$$
所以函数 $y = 2x^3 - 3x^2$ 在点 $x = 0$ 处取得极大值,极大值为 $y(0) = 0$; 在点 $x = 1$ 处取得极小值,极小值为 $y(1) = -1$.

(2) 由于函数 $y = x^2 \ln x$ 的定义域为 $(0, +\infty)$,并且
$$y' = 2x \ln x + x^2 \cdot \frac{1}{x} = x(2\ln x + 1),$$

令 $y' = 0$,解得驻点: $x = e^{-\frac{1}{2}}$. 又由
$$y'' = 2\ln x + 1 + x\left(2 \cdot \frac{1}{x}\right) = 2\ln x + 3,$$
$$y''(e^{-\frac{1}{2}}) = 2\left(-\frac{1}{2}\right) + 3 = 2 > 0,$$

所以函数 $y = x^2 \ln x$ 在点 $x = e^{-\frac{1}{2}}$ 处有极小值,极小值为
$$y(e^{-\frac{1}{2}}) = -\frac{1}{2e}.$$

(3) 由 $y' = 1 - \cos x$,令 $y' = 0$,解得驻点: $x = 2n\pi$ ($n = 0, \pm 1, \pm 2, \cdots$). 但是除了这些点以外,因为 $|\cos x| < 1$,有
$$y' = 1 - \cos x > 0,$$

也就是在点 $x=2n\pi$ 处左右附近的值均为正,所以函数 $y=x-\sin x$ 无极值.

(4) 由 $y'=2\mathrm{e}^x-\mathrm{e}^{-x}=\mathrm{e}^{-x}(2\mathrm{e}^{2x}-1)$,令 $y'=0$,解得驻点:
$$x=-\frac{1}{2}\ln 2.$$

又由 $y''=2\mathrm{e}^x-(-\mathrm{e}^{-x})=2\mathrm{e}^x+\mathrm{e}^{-x}$,显然有
$$y''\left(-\frac{1}{2}\ln 2\right)>0,$$

所以函数 $y=2\mathrm{e}^x+\mathrm{e}^{-x}$ 在点 $x=-\frac{1}{2}\ln 2$ 处取得极小值,极小值为
$$y\left(-\frac{1}{2}\ln 2\right)=2\sqrt{2}.$$

11. 求下列各函数在指定区间上的最大值与最小值:
(1) $y=x^3-3x^2+6x-2$ ($-1\leqslant x\leqslant 1$);
(2) $y=\dfrac{x^2}{\mathrm{e}^x}$ ($-1\leqslant x\leqslant 3$).

解 (1) 由
$$\begin{aligned}y'&=3x^2-6x+6=3(x^2-2x+2)\\&=3[(x-1)^2+1]>0,\end{aligned}$$
可见,函数 $y=x^3-3x^2+6x-2$ 在区间 $[-1,1]$ 上递增,所以区间端点 $x=-1$ 与 $x=1$ 分别为最小值点与最大值点.因此函数在区间 $[-1,1]$ 上的最大值为 $y(1)=2$,最小值为 $y(-1)=-12$.

(2) 由
$$y'=2x\mathrm{e}^{-x}+x^2(-\mathrm{e}^{-x})=x\mathrm{e}^{-x}(2-x),$$
令 $y'=0$,解得驻点:$x_1=0,x_2=2$,并且它们都在区间 $[-1,3]$ 内.

因为函数 $y=x^2\mathrm{e}^{-x}$ 在区间 $[-1,3]$ 上处处可导,所以只需把这些驻点与区间端点的函数值进行比较:
$$y(0)=0,\quad y(2)=4\mathrm{e}^{-2},\quad y(-1)=\mathrm{e},\quad y(3)=9\mathrm{e}^{-3}.$$
因此函数 $y=x^2\mathrm{e}^{-x}$ 在区间 $[-1,3]$ 上的最大值为 $y(-1)=\mathrm{e}$,最小值为 $y(0)=0$.

12. 在抛物线 $y^2 = 4x$ 上找一点,使得它与点 $(3,0)$ 的距离为最小.

解 设抛物线 $y^2 = 4x$ 上的点为 (x,y),它与点 $(3,0)$ 的距离为
$$S = \sqrt{(x-3)^2 + y^2},$$
将 $y^2 = 4x$ 代入上式,得到
$$S = \sqrt{(x-3)^2 + 4x} = \sqrt{x^2 - 2x + 9},$$
由于 S 与 S^2 同时达到最小值,为此求 S^2 的最小值.
$$S^2 = x^2 - 2x + 9.$$
令 $(S^2)' = 2x - 2 = 0$,得到 $x = 1$,并且
$$(S^2)''|_{x=1} = 2 > 0,$$
可见,当 $x = 1$ 时,S 达到最小值. 由 $y^2 = 4x|_{x=1} = 4$,得到 $y = \pm 2$,因此所求的点分别为 $(1,2)$ 与 $(1,-2)$.

13. 欲造一个容积为 300 m^3 的圆柱形无盖蓄水池,已知池底的单位面积造价是周围的单位面积造价的两倍. 要使水池造价最低,问其底半径与高应是多少?

解 设池底半径为 R,高为 h,造价为 T,于是有
$$\pi R^2 h = 300, \quad h = \frac{300}{\pi R^2},$$
$$T = 2\pi R^2 + 2\pi R h = 2\left(\pi R^2 + \frac{300}{R}\right).$$
令 $T' = 4\pi R - \dfrac{600}{R^2} = 0$,得到 $R = \sqrt[3]{\dfrac{150}{\pi}}$. 因为当 $R > \sqrt[3]{\dfrac{150}{\pi}}$ 时,$T' > 0$;当 $R < \sqrt[3]{\dfrac{150}{\pi}}$ 时,$T' < 0$. 所以
$$R = \sqrt[3]{\frac{150}{\pi}}, \quad h = \frac{300}{\pi R^2} = 2\sqrt[3]{\frac{150}{\pi}}.$$

14. 某工厂每批生产某种产品 Q 个所需要的成本为

$$K_T(Q) = 5Q + 200(元),$$
将其投放市场后所得到的总收入为
$$R(Q) = 10Q - 0.01Q^2(元).$$
问每批生产多少个获得的利润最大?

解 设总利润为 $L(Q)$,于是有
$$\begin{aligned}L(Q) &= R(Q) - K_T(Q) \\ &= 10Q - 0.01Q^2 - 5Q - 200 \\ &= 5Q - 0.01Q^2 - 200.\end{aligned}$$
令 $L'(Q) = 5 - 0.02Q = 0$,得到 $Q = 250$,并且 $L''(Q) = -0.02 < 0$. 所以 $Q = 250$ 时,$L(Q)$ 为最大值.

15. 某公司的总利润 L(单位:元)与每天产量 Q(单位:t)的关系为 $L = L(Q) = 250Q - 5Q^2$,求每天生产多少利润最大? 最大的利润是多少?

解 由于 $L(Q) = 250Q - 5Q^2$,令
$$L'(Q) = 250 - 10Q = 0,$$
得到 $Q = 25$,并且
$$L''(Q) = -10 < 0,$$
因此,每天生产 25 t,最大利润为
$$L(25) = 3125(元).$$

习 题 4.2

1. 利用第二换元法求下列不定积分:

(1) $\int \dfrac{1}{(1-x^2)^{3/2}}dx$;

(2) $\int \dfrac{1}{\sqrt{4-9x^2}}dx$;

(3) $\int \dfrac{x^3}{(1+x^2)^{3/2}}dx$;

(4) $\int \dfrac{1}{x\sqrt{x^2+1}}dx$.

解 (1) 令 $x = \sin t$,则 $dx = \cos t\,dt$,$(1-x^2)^{3/2} = \cos^3 t$,

$$\int \dfrac{1}{(1-x^2)^{2/3}}dx = \int \dfrac{1}{\cos^3 t}\cos t\,dt$$

$$= \int \dfrac{1}{\cos^2 t}dt$$

$$= \tan t + C$$

$$= \dfrac{x}{\sqrt{1-x^2}} + C.$$

(2) **方法一** 令 $x = \dfrac{2}{3}\sin t$,则 $dx = \dfrac{2}{3}\cos t\,dt$,$\sqrt{4-9x^2} = 3 \times \dfrac{2}{3}\cos t$,

$$\int \dfrac{1}{\sqrt{4-9x^2}}dx = \int \dfrac{\dfrac{2}{3}\cos t\,dt}{2\cos t} = \int \dfrac{1}{3}dt$$

$$= \dfrac{1}{3}t + C$$

$$= \dfrac{1}{3}\arcsin \dfrac{3}{2}x + C.$$

方法二 $\int \dfrac{1}{\sqrt{4-9x^2}}dx = \int \dfrac{1}{2\sqrt{1-\left(\dfrac{3}{2}x\right)^2}}dx$

$$= \frac{1}{3}\int \frac{1}{\sqrt{1-\left(\frac{3}{2}x\right)^2}} \mathrm{d}\left(\frac{3}{2}x\right)$$

$$= \frac{1}{3}\arcsin \frac{3}{2}x + C.$$

(3) **方法一** 令 $x = \tan t$,则 $\mathrm{d}x = \sec^2 t \mathrm{d}t, (1+x^2)^{3/2} = \sec^3 t$,

$$\int \frac{x^3}{(1+x^2)^{3/2}}\mathrm{d}x = \int \frac{\tan^3 t}{\sec^3 t}\sec^2 t \mathrm{d}t$$

$$= \int \frac{\sin^3 t}{\cos^2 t}\mathrm{d}t$$

$$= \int \frac{\cos^2 t - 1}{\cos^2 t}\mathrm{d}\cos t$$

$$= \cos t + \frac{1}{\cos t} + C$$

$$= \sqrt{x^2+1} + \frac{1}{\sqrt{x^2+1}} + C.$$

方法二 $\displaystyle\int \frac{x^3}{(1+x^2)^{3/2}}\mathrm{d}x = \frac{1}{2}\int \frac{x^2}{(1+x^2)^{3/2}}\mathrm{d}x^2$

$$= \frac{1}{2}\int \frac{(1+x^2)-1}{(1+x^2)^{3/2}}\mathrm{d}(1+x^2)$$

$$= \frac{1}{2}\int \frac{u^2-1}{u^3}\mathrm{d}u^2$$

$$= \int \left(1 - \frac{1}{u^2}\right)\mathrm{d}u$$

$$= u + \frac{1}{u} + C$$

$$= \sqrt{x^2+1} + \frac{1}{\sqrt{x^2+1}} + C.$$

(4) 令 $x = \tan t$,则 $\mathrm{d}x = \sec^2 t \mathrm{d}t, \sqrt{x^2+1} = \sec t$.

$$\int \frac{1}{x\sqrt{x^2+1}}\mathrm{d}x = \int \frac{\sec^2 t \mathrm{d}t}{\tan t \cdot \sec t} = \int \frac{1}{\sin t}\mathrm{d}t$$

$$= \ln|\csc t - \cot t| + C$$
$$= \ln\left|\frac{\sqrt{1+x^2}}{x} - \frac{1}{x}\right| + C.$$

2. 利用分部积分法求下列各不定积分：

(1) $\int x\sin 2x\,dx$;   (2) $\int xe^{-x}\,dx$;

(3) $\int \arccos x\,dx$;   (4) $\int \arctan x\,dx$;

(5) $\int x\arctan x\,dx$;   (6) $\int \ln^2 x\,dx$.

解 (1) $\int x\sin 2x\,dx = \frac{1}{2}\int x\sin 2x\,d(2x) = -\frac{1}{2}\int x\,d\cos 2x$
$$= -\frac{1}{2}x\cos 2x + \frac{1}{2}\int \cos 2x\,dx$$
$$= -\frac{1}{2}x\cos 2x + \frac{1}{4}\int \cos 2x\,d(2x)$$
$$= -\frac{1}{2}x\cos 2x + \frac{1}{4}\sin 2x + C.$$

(2) $\int xe^{-x}\,dx = -\int x\,de^{-x} = -xe^{-x} + \int e^{-x}\,dx$
$$= -xe^{-x} - \int e^{-x}\,d(-x)$$
$$= -xe^{-x} - e^{-x} + C$$
$$= -(x+1)e^{-x} + C.$$

(3) $\int \arccos x\,dx = x\arccos x - \int x\,d\arccos x$
$$= x\arccos x + \int \frac{x}{\sqrt{1-x^2}}\,dx$$
$$= x\arccos x - \frac{1}{2}\int \frac{1}{\sqrt{1-x^2}}\,d(1-x^2)$$
$$= x\arccos x - \frac{1}{2}\cdot 2\sqrt{1-x^2} + C$$

$$= x\arccos x - \sqrt{1-x^2} + C.$$

(4) $\displaystyle\int \arctan x \, dx = x\arctan x - \int x d\arctan x$

$$= x\arctan x - \int \frac{x}{1+x^2} dx$$

$$= x\arctan x - \frac{1}{2}\int \frac{1}{1+x^2} d(1+x^2)$$

$$= x\arctan x - \frac{1}{2}\ln(1+x^2) + C.$$

(5) $\displaystyle\int x\arctan x \, dx = \frac{1}{2}\int \arctan x \, dx^2$

$$= \frac{1}{2}x^2 \arctan x - \frac{1}{2}\int x^2 d\arctan x$$

$$= \frac{1}{2}x^2 \arctan x - \frac{1}{2}\int \frac{x^2}{1+x^2} dx$$

$$= \frac{1}{2}x^2 \arctan x - \frac{1}{2}\int \left(1 - \frac{1}{1+x^2}\right) dx$$

$$= \frac{1}{2}x^2 \arctan x - \frac{1}{2}x + \frac{1}{2}\arctan x + C$$

$$= \frac{1}{2}(x^2 \arctan x - x + \arctan x) + C.$$

(6) $\displaystyle\int \ln^2 x \, dx = x\ln^2 x - \int x d\ln^2 x = x\ln^2 x - \int x \cdot 2(\ln x)\frac{1}{x} dx$

$$= x\ln^2 x - 2\int \ln x \, dx = x\ln^2 x - 2x\ln x + 2\int x d\ln x$$

$$= x\ln^2 x - 2x\ln x + 2\int x \cdot \frac{1}{x} dx$$

$$= x\ln^2 x - 2x\ln x + 2\int dx$$

$$= x\ln^2 x - 2x\ln x + 2x + C$$

$$= x(\ln^2 x - 2\ln x + 2) + C.$$

3. 利用换元积分法和分部积分法计算下列各定积分：

(1) $\int_{-2}^{-1} \dfrac{1}{(11+5x)^3}\mathrm{d}x$;   (2) $\int_{1}^{e} \dfrac{1+\ln x}{x}\mathrm{d}x$;

(3) $\int_{0}^{1} (e^x-1)^4 e^x \mathrm{d}x$;   (4) $\int_{0}^{1} \dfrac{1}{1+e^x}\mathrm{d}x$;

(5) $\int_{-2}^{0} \dfrac{1}{x^2+2x+2}\mathrm{d}x$;   (6) $\int_{1}^{3} \dfrac{1}{x(1+x)}\mathrm{d}x$;

(7) $\int_{0}^{1} \sqrt{(1-x^2)^3}\,\mathrm{d}x$;   (8) $\int_{0}^{a} x^2\sqrt{a^2-x^2}\,\mathrm{d}x$;

(9) $\int_{0}^{1} x\arctan x\,\mathrm{d}x$;   (10) $\int_{1}^{e} x\ln x\,\mathrm{d}x$;

(11) $\int_{0}^{\ln 2} x e^{-x}\mathrm{d}x$;   (12) $\int_{0}^{\pi} x^3\sin x\,\mathrm{d}x$;

(13) $\int_{0}^{e-1} \ln(x+1)\,\mathrm{d}x$;   (14) $\int_{0}^{\pi/2} e^x\cos x\,\mathrm{d}x$;

(15) $\int_{1/e}^{e} |\ln x|\,\mathrm{d}x$;   (16) $\int_{1}^{2} x^{-2} e^{1/x}\,\mathrm{d}x$.

解 (1) 令 $5x+11=u$, 则 $\mathrm{d}x=\dfrac{1}{5}\mathrm{d}u$.

由于当 $x=-1$ 时, $u=6$; 当 $x=-2$ 时, $u=1$. 因此

$$\int_{-2}^{-1} \dfrac{\mathrm{d}x}{(11+5x)^3} = \int_{1}^{6} \dfrac{\mathrm{d}u}{5u^3}$$

$$= \left(-\dfrac{1}{5}\cdot\dfrac{1}{2u^2}\right)\Big|_{1}^{6} = \dfrac{7}{72}.$$

(2) 令 $u=\ln x$, 则当 $x=1$ 时, $u=0$; 当 $x=e$ 时, $u=1$. 于是

$$\int_{1}^{e} \dfrac{1+\ln x}{x}\mathrm{d}x = \int_{1}^{e}(1+\ln x)\mathrm{d}\ln x = \int_{0}^{1}(1+u)\mathrm{d}u$$

$$= \left(u+\dfrac{1}{2}u^2\right)\Big|_{0}^{1} = \dfrac{3}{2}.$$

(3) $\int_{0}^{1}(e^x-1)^4 e^x \mathrm{d}x = \int_{0}^{1}(e^x-1)^4 \mathrm{d}(e^x-1)$

$$= \frac{1}{5}(e^x - 1)^5 \bigg|_0^1 = \frac{1}{5}(e-1)^5.$$

(4) 令 $u = e^{-x}$,则当 $x = 0$ 时,$u = 1$;当 $x = 1$ 时,$u = e^{-1}$. 于是

$$\int_0^1 \frac{dx}{1+e^x} = -\int_0^1 \frac{de^{-x}}{e^{-x}+1} = -\int_1^{e^{-1}} \frac{du}{u+1}$$

$$= -\ln|u+1| \bigg|_1^{e^{-1}} = \ln 2 - \ln\left(1+\frac{1}{e}\right)$$

$$= \ln 2 + \ln\frac{e}{1+e} = \ln\frac{2e}{1+e}.$$

(5) 令 $u = x+1$,则当 $x = -2$ 时,$u = -1$;当 $x = 0$ 时,$u = 1$. 于是

$$\int_{-2}^0 \frac{1}{x^2+2x+2}dx = \int_{-2}^0 \frac{1}{(x+1)^2+1}d(x+1)$$

$$= \int_{-1}^1 \frac{1}{u^2+1}du = \arctan u \bigg|_{-1}^1$$

$$= \frac{\pi}{4} - \left(-\frac{\pi}{4}\right) = \frac{\pi}{2}.$$

(6) $\int_1^3 \frac{1}{x(1+x)}dx = \int_1^3 \left(\frac{1}{x} - \frac{1}{1+x}\right)dx$

$$= \ln|x| \bigg|_1^3 - \ln|1+x| \bigg|_1^3$$

$$= \ln 3 - \ln 4 + \ln 2$$

$$= \ln\frac{3}{2}.$$

(7) 令 $x = \sin t, dx = \cos t dt$.

由于当 $x = 1$ 时,$t = \frac{\pi}{2}$;当 $x = 0$ 时,$t = 0$. 因此

$$\int_0^1 \sqrt{(1-x^2)^3}dx = \int_0^{\frac{\pi}{2}} \cos^4 t\, dt$$

$$= \int_0^{\frac{\pi}{2}} \left(\frac{1+\cos 2t}{2}\right)^2 dt$$

$$= \frac{1}{4}\int_0^{\frac{\pi}{2}} \left(1 + 2\cos 2t + \frac{1+\cos 4t}{2}\right)dt$$

$$= \int_0^{\frac{\pi}{2}} \left(\frac{3}{8} + \frac{1}{2}\cos 2t + \frac{1}{8}\cos 4t\right)dt$$

$$= \left(\frac{3}{8}t + \frac{1}{4}\sin 2t + \frac{1}{32}\sin 4t\right)\Big|_0^{\frac{\pi}{2}}$$

$$= \frac{3}{16}\pi.$$

(8) 令 $x = a\sin t$,则 $t = \arcsin \frac{x}{a}$, $dx = a\cos t\, dt$.

由于当 $x = a$ 时, $t = \frac{\pi}{2}$；当 $x = 0$ 时, $t = 0$. 因此

$$\int_0^a x^2\sqrt{a^2 - x^2}\, dx = \int_0^{\frac{\pi}{2}} a^2\sin^2 t \cdot a\cos t \cdot a\cos t\, dt$$

$$= \frac{a^4}{4}\int_0^{\frac{\pi}{2}} \sin^2 2t\, dt = \frac{a^4}{8}\int_0^{\frac{\pi}{2}}(1 - \cos 4t)\, dt$$

$$= \frac{a^4}{8}\left(t - \frac{1}{4}\sin 4t\right)\Big|_0^{\frac{\pi}{2}}$$

$$= \frac{\pi}{16}a^4.$$

(9) $\int_0^1 x\arctan x\, dx = \int_0^1 \arctan x\, d\frac{x^2}{2}$

$$= \frac{x}{2}\arctan x\Big|_0^1 - \int_0^1 \frac{x^2}{2}d\arctan x$$

$$= \frac{1}{2}\cdot\frac{\pi}{4} - \frac{1}{2}\int_0^1 \frac{x^2}{1+x^2}dx$$

$$= \frac{\pi}{8} - \frac{1}{2}\int_0^1\left(1 - \frac{1}{1+x^2}\right)dx$$

$$= \frac{\pi}{8} - \frac{1}{2}\int_0^1 dx + \frac{1}{2}\int_0^1 \frac{1}{1+x^2}dx$$

$$= \frac{\pi}{8} - \frac{1}{2} + \frac{1}{2}\arctan x \Big|_0^1$$

$$= \frac{\pi}{8} - \frac{1}{2} + \frac{\pi}{8} = \frac{1}{4}(\pi - 2).$$

(10) $\int_1^e x\ln x\,dx = \int_1^e \ln x\,d\frac{x^2}{2}$

$$= \frac{x^2}{2}\ln x \Big|_1^e - \int_1^e \frac{x^2}{2}d\ln x = \frac{e^2}{2} - \int_1^e \frac{x}{2}dx$$

$$= \frac{e^2}{2} - \frac{1}{4}x^2 \Big|_1^e = \frac{1}{4}(e^2 + 1).$$

(11) $\int_0^{\ln 2} xe^{-x}\,dx = -\int_0^{\ln 2} x\,de^{-x}$

$$= -xe^{-x}\Big|_0^{\ln 2} + \int_0^{\ln 2} e^{-x}\,dx$$

$$= -\ln 2 \cdot e^{-\ln 2} - e^{-x}\Big|_0^{\ln 2}$$

$$= -\frac{1}{2}\ln 2 - \frac{1}{2} + 1 = \frac{1}{2}(1 - \ln 2).$$

(12) $\int_0^\pi x^3\sin x\,dx = -\int_0^\pi x^3\,d\cos x = -x^3\cos x\Big|_0^\pi + \int_0^\pi \cos x\,dx^3$

$$= \pi^3 + \int_0^\pi 3x^2\cos x\,dx = \pi^3 + 3\int_0^\pi x^2\,d\sin x$$

$$= \pi^3 + 3x^2\sin x\Big|_0^\pi - 3\int_0^\pi \sin x\,dx^2$$

$$= \pi^3 + 0 - 6\int_0^\pi x\sin x\,dx = \pi^3 + 6\int_0^\pi x\,d\cos x$$

$$= \pi^3 + 6x\cos x\Big|_0^\pi - 6\int_0^\pi \cos x\,dx$$

$$= \pi^3 - 6\pi - 6\sin x\Big|_0^\pi = \pi^3 - 6\pi - 0$$

$$= \pi(\pi^2 - 6).$$

$$(13) \int_0^{e-1} \ln(x+1)\,dx = x\ln(x+1)\Big|_0^{e-1} - \int_0^{e-1} x\,d\ln(x+1)$$
$$= e-1 - \int_0^{e-1} \frac{x}{x+1}\,dx$$
$$= e-1 - \int_0^{e-1}\left(1 - \frac{1}{x+1}\right)dx$$
$$= e-1 - \int_0^{e-1} dx + \int_0^{e-1} \frac{1}{x+1}\,dx$$
$$= e-1 - (e-1) + \ln(x+1)\Big|_0^{e-1}$$
$$= \ln(e-1+1) = 1.$$

(14) 设 $I = \int_0^{\frac{\pi}{2}} e^x \cos x\,dx = \int_0^{\frac{\pi}{2}} \cos x\,de^x$
$$= (e^x \cos x)\Big|_0^{\frac{\pi}{2}} + \int_0^{\frac{\pi}{2}} e^x \sin x\,dx$$
$$= (e^x \cos x)\Big|_0^{\frac{\pi}{2}} + (e^x \sin x)\Big|_0^{\frac{\pi}{2}} - \int_0^{\frac{\pi}{2}} e^x \cos x\,dx$$
$$= [e^x(\cos x + \sin x)]\Big|_0^{\frac{\pi}{2}} - I,$$

因此
$$I = \frac{1}{2}[e^x(\cos x + \sin x)]\Big|_0^{\frac{\pi}{2}}$$
$$= \frac{1}{2}(e^{\frac{\pi}{2}} - 1).$$

$$(15) \int_{\frac{1}{e}}^{e} |\ln x|\,dx = \int_1^e \ln x\,dx - \int_{\frac{1}{e}}^1 \ln x\,dx$$
$$= x\ln x\Big|_1^e - \int_1^e x\,d\ln x$$
$$\quad - \left(x\ln x\Big|_{\frac{1}{e}}^1 - \int_{\frac{1}{e}}^1 x\,d\ln x\right)$$
$$= e - 0 - (e-1) - \left(0 + \frac{1}{e} - 1 + \frac{1}{e}\right)$$

$$= 2 - \frac{2}{e} = 2\left(1 - \frac{1}{e}\right).$$

$(16)\ \int_1^2 x^{-2} e^{\frac{1}{x}} dx = \int_1^2 \left(-e^{\frac{1}{x}}\right) d\left(\frac{1}{x}\right)$

$$= \left(-e^{\frac{1}{x}}\right)\Big|_1^2$$

$$= -\left(e^{\frac{1}{2}} - e\right)$$

$$= e - \sqrt{e}.$$

4. 证明：若函数 $f(x)$ 在 $[-a, a]$ 上可积，则

$$\int_{-a}^a f(x) dx = \begin{cases} 2\int_0^a f(x) dx & (\text{当 } f(x) \text{ 为偶函数时}), \\ 0 & (\text{当 } f(x) \text{ 为奇函数时}). \end{cases}$$

证 根据定积分对于区间的可加性，有

$$\int_{-a}^a f(x) dx = \int_{-a}^0 f(x) dx + \int_0^a f(x) dx.$$

令 $x = -t$，计算上式右端的第一项，得到

$$\int_{-a}^0 f(x) dx = \int_a^0 f(-t) d(-t) = -\int_a^0 f(-t) dt$$

$$= \int_0^a f(-t) dt.$$

当 $f(x)$ 是偶函数时，并且定积分与积分变量选取无关，我们有

$$\int_{-a}^0 f(x) dx = \int_0^a f(-t) dt = \int_0^a f(t) dt = \int_0^a f(x) dx;$$

当 $f(x)$ 是奇函数时，我们有

$$\int_{-a}^0 f(x) dx = \int_0^a f(-t) dt = -\int_0^a f(t) dt = -\int_0^a f(x) dx,$$

因此

$$\int_{-a}^a f(x) dx = \begin{cases} 2\int_0^a f(x) dx & (\text{当 } f(x) \text{ 为偶函数时}), \\ 0 & (\text{当 } f(x) \text{ 为奇函数时}). \end{cases}$$

5. 设函数 $f(x)$ 在 $[-a,a]$ 上连续,试证明

$$\int_{-a}^{a} f(x)\,\mathrm{d}x = \int_{-a}^{a} f(-x)\,\mathrm{d}x.$$

证 令 $x = -t$,则有

$$\int_{-a}^{a} f(x)\,\mathrm{d}x = \int_{a}^{-a} f(-t)\,\mathrm{d}(-t)$$

$$= -\int_{a}^{-a} f(-t)\,\mathrm{d}t$$

$$= \int_{-a}^{a} f(-t)\,\mathrm{d}t$$

$$= \int_{-a}^{a} f(-x)\,\mathrm{d}x.$$

6. 证明:

$$\int_{x}^{1} \frac{1}{1+x^2}\,\mathrm{d}x = \int_{1}^{\frac{1}{x}} \frac{1}{1+x^2}\,\mathrm{d}x \quad (x > 0).$$

证 由于

$$\int_{x}^{1} \frac{\mathrm{d}x}{1+x^2} = \int_{x}^{1} \frac{\mathrm{d}t}{1+t^2},$$

令 $t = \dfrac{1}{u}$,则 $\mathrm{d}t = -\dfrac{1}{u^2}\mathrm{d}u$. 因此

$$\int_{x}^{1} \frac{1}{1+x^2}\,\mathrm{d}x = -\int_{\frac{1}{x}}^{1} \frac{1}{1+\dfrac{1}{u^2}} \cdot \frac{1}{u^2}\,\mathrm{d}u$$

$$= -\int_{\frac{1}{x}}^{1} \frac{\mathrm{d}u}{u^2+1} = \int_{1}^{\frac{1}{x}} \frac{\mathrm{d}x}{1+x^2}.$$

7. 证明:若 $f(x)$ 在 $(-\infty, +\infty)$ 上连续,并且是以 T 为周期的周期函数,则

$$\int_{a}^{a+T} f(x)\,\mathrm{d}x = \int_{0}^{T} f(x)\,\mathrm{d}x$$

对于任意的 a 都成立.

证 根据定积分对于区间的可加性,有

$$\int_a^{a+T} f(x)\,\mathrm{d}x = \int_a^0 f(x)\,\mathrm{d}x + \int_0^T f(x)\,\mathrm{d}x + \int_T^{a+T} f(x)\,\mathrm{d}x.$$

令 $x - T = u$,计算上式右端的第三项,考虑到当 $x = T$ 时,$u = 0$;当 $x = a + T$ 时,$u = a$. 并且由于 $f(x)$ 是一个以 T 为周期的周期函数,有 $f(x - T) = f(x)$,便得到

$$\int_T^{a+T} f(x)\,\mathrm{d}x = \int_0^a f(u - T)\,\mathrm{d}(u - T) = \int_0^a f(u)\,\mathrm{d}u$$

$$= \int_0^a f(x)\,\mathrm{d}x = -\int_a^0 f(x)\,\mathrm{d}x.$$

因此

$$\int_a^{a+T} f(x)\,\mathrm{d}x = \int_0^T f(x)\,\mathrm{d}x.$$

8. 求由曲线 $y = x^2$ 和 $x = y^2$ 所围成的平面图形的面积.

解 设此平面图形(见图 4 - 1)的面积为 S,则

$$S = \int_0^1 (\sqrt{x} - x^2)\,\mathrm{d}x = \left(\frac{2}{3}x^{\frac{3}{2}} - \frac{1}{3}x^3\right)\Big|_0^1$$

$$= \frac{2}{3} - \frac{1}{3} = \frac{1}{3}.$$

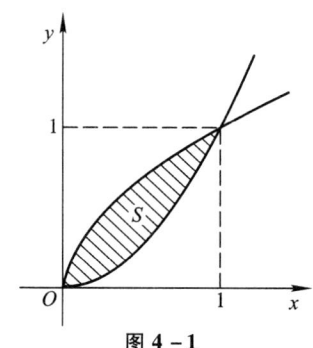

图 4 - 1

9. 求由曲线 $y = x\mathrm{e}^{-x^2}$ 以及直线 $x = 0, y = 0, x = 1$ 所围成的平面图形的面积.

解 设此平面图形(见图 4 - 2)的面积为 S,则

$$S = \int_0^1 x e^{-x^2} dx = -\frac{1}{2} \int_0^1 e^{-x^2} d(-x^2)$$

$$= -\frac{1}{2} e^{-x^2} \Big|_0^1 = -\frac{1}{2}(e^{-1} - e^0)$$

$$= \frac{1}{2}\left(1 - \frac{1}{e}\right).$$

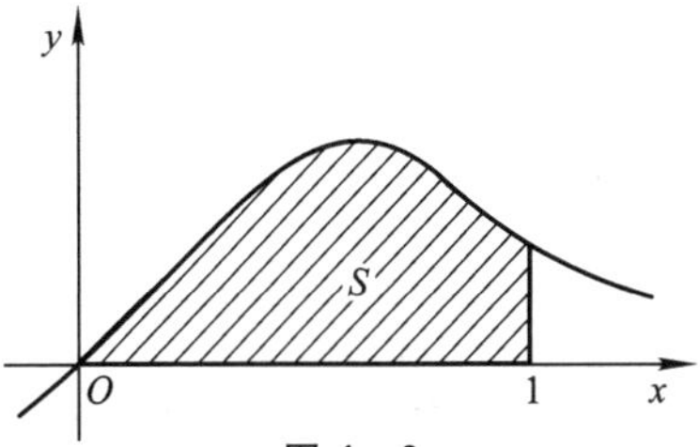

图 4 - 2

10. 求由曲线 $y = \sin x (0 \leq x \leq \pi)$ 以及直线 $y = 0$ 所围成的平面图形绕 x 轴旋转所产生的旋转体的体积.

解 设所求旋转体为 V, 它是由曲线 $y = \sin x$ $(0 \leq x \leq \pi)$ 和 $y = 0$ 所围成的平面图形 (见图 4 - 3) 绕 x 轴旋转所产生的. 这时在区间 $[0, \pi]$ 内曲线 $y = \sin x$ (写成 $y_1 = \sin x$) 在 $y = 0$ (写成 $y_2 = 0$) 的上方, 因此

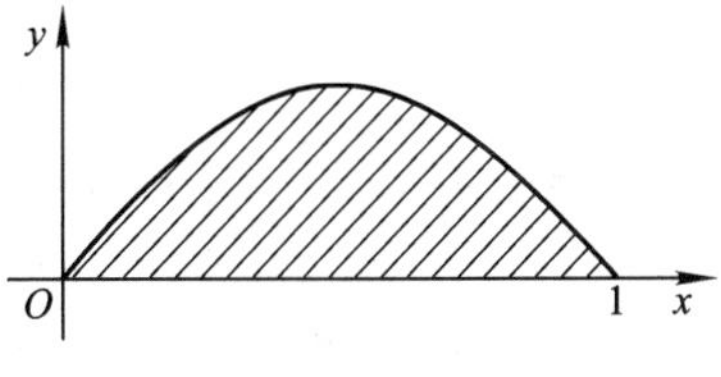

图 4 - 3

$$V = \pi \int_0^\pi y_1^2 dx - \pi \int_0^\pi y_2^2 dx = \pi \int_0^\pi \sin^2 x dx$$

$$= \pi \int_0^\pi \frac{1}{2}(1 - \cos 2x) dx = \frac{\pi}{2}\left(x - \frac{1}{2}\sin 2x\right)\Big|_0^\pi$$

$$= \frac{\pi}{2}(\pi - 0) = \frac{\pi^2}{2}.$$

11. 求由曲线 $y = x^2$ 和 $x = y^2$ 所围成的平面图形绕 y 轴旋转所产生的旋转体的体积.

解 设所求旋转体为 V,它是由曲线 $y = x^2$ 和 $x = y^2$ 所围成的平面图形(见图 4-1)绕 y 轴旋转所产生的. 这时在区间 $[0,1]$ 内曲线 $y = x^2$(写成 $x_1 = \sqrt{y}$)在 $x = y^2$(写成 $x_2 = y^2$)的右方,因此

$$V = \pi \int_0^1 x_1^2 \mathrm{d}y - \pi \int_0^1 x_2^2 \mathrm{d}y = \pi \int_0^1 y \mathrm{d}y - \pi \int_0^1 y^4 \mathrm{d}y$$

$$= \pi \left. \frac{y^2}{2} \right|_0^1 - \pi \left. \frac{y^5}{5} \right|_0^1 = \frac{\pi}{2} - \frac{\pi}{5} = \frac{3}{10}\pi.$$

12. 有一放置在 y 轴上的质杆,若其上每一点的线密度等于 e^y. 试求质杆在 $1 \leqslant y \leqslant 2$ 的一段上的质量.

解 根据题意可知质杆的密度为 $\mu(y) = \mathrm{e}^y$. 考虑区间 $[1,2]$ 中任意一个小区间 $[y, y+\Delta y]$ 上质杆的质量为

$$\Delta m = \mu(y)\Delta y,$$

即

$$\mathrm{d}m = \mu(y)\mathrm{d}y.$$

所以将 $\mathrm{d}m$ 从 1 到 2 求定积分,便得到质杆在 $1 \leqslant y \leqslant 2$ 的一段上的质量

$$m = \int_1^2 \mu(y)\mathrm{d}y = \int_1^2 \mathrm{e}^y \mathrm{d}y$$

$$= \left. \mathrm{e}^y \right|_1^2 = \mathrm{e}(\mathrm{e}-1).$$

13. 求下列各无穷积分的值:

(1) $\int_{-\infty}^{+\infty} \frac{1}{x^2 + 2x + 2} \mathrm{d}x$; (2) $\int_e^{+\infty} \frac{1}{x(\ln x)^2} \mathrm{d}x$;

(3) $\int_{-\infty}^{+\infty} f(x) \mathrm{d}x$, 其中

$$f(x) = \begin{cases} \dfrac{1}{1+x^2} & (-\infty < x \leqslant 0), \\ 2 & (0 < x \leqslant 1), \\ 0 & (1 < x < +\infty); \end{cases}$$

(4) $\int_{-\infty}^{+\infty} g(x) \mathrm{d}x$,其中

$$g(x) = \begin{cases} \lambda \mathrm{e}^{-\lambda x} & (x \geqslant 0, \lambda > 0), \\ 0 & (x < 0). \end{cases}$$

解 (1) $\int_{-\infty}^{+\infty} \dfrac{1}{x^2+2x+2} \mathrm{d}x$

$$= \int_{-\infty}^{0} \dfrac{1}{x^2+2x+2} \mathrm{d}x + \int_{0}^{+\infty} \dfrac{1}{x^2+2x+2} \mathrm{d}x.$$

因为

$$\int_{-\infty}^{0} \dfrac{1}{x^2+2x+2} \mathrm{d}x = \int_{-\infty}^{0} \dfrac{1}{(x+1)^2+1} \mathrm{d}x$$

$$= \int_{-\infty}^{0} \dfrac{1}{(x+1)^2+1} \mathrm{d}(x+1)$$

$$= \int_{-\infty}^{0} \dfrac{1}{1+u^2} \mathrm{d}u = \lim_{A \to -\infty} \int_{A}^{0} \dfrac{1}{1+u^2} \mathrm{d}u$$

$$= \lim_{A \to -\infty} (-\arctan A) = -\left(-\dfrac{\pi}{2}\right)$$

$$= \dfrac{\pi}{2};$$

$$\int_{0}^{+\infty} \dfrac{1}{x^2+2x+2} \mathrm{d}x = \int_{0}^{+\infty} \dfrac{1}{1+u^2} \mathrm{d}u = \lim_{B \to +\infty} \int_{0}^{B} \dfrac{1}{1+u^2} \mathrm{d}u$$

$$= \lim_{B \to +\infty} \arctan B = \dfrac{\pi}{2},$$

所以

$$\int_{-\infty}^{+\infty} \dfrac{1}{x^2+2x+2} \mathrm{d}x = \dfrac{\pi}{2} + \dfrac{\pi}{2} = \pi.$$

(2) 由于

$$\int_e^B \frac{1}{x\ln^2 x}\mathrm{d}x = \int_e^B \frac{1}{\ln^2 x}\mathrm{d}\ln x = -\frac{1}{\ln x}\bigg|_e^B$$
$$= 1 - \frac{1}{\ln B},$$

因此

$$\int_e^{+\infty} \frac{1}{x\ln^2 x}\mathrm{d}x = \lim_{B\to+\infty}\int_e^B \frac{1}{x\ln^2 x}\mathrm{d}x$$
$$= \lim_{B\to+\infty}\left(1 - \frac{1}{\ln B}\right) = 1.$$

(3) $\int_{-\infty}^{+\infty} f(x)\mathrm{d}x = \int_{-\infty}^0 \frac{1}{1+x^2}\mathrm{d}x + \int_0^1 2\mathrm{d}x + \int_1^{+\infty} 0\mathrm{d}x$
$$= \lim_{A\to-\infty}\int_A^0 \frac{1}{1+x^2}\mathrm{d}x + 2x\bigg|_0^1$$
$$= \lim_{A\to-\infty}(-\arctan A) + 2$$
$$= -\left(-\frac{\pi}{2}\right) + 2 = 2 + \frac{\pi}{2}.$$

(4) $\int_{-\infty}^{+\infty} g(x)\mathrm{d}x = \int_{-\infty}^0 0\mathrm{d}x + \int_0^{+\infty} \lambda \mathrm{e}^{-\lambda x}\mathrm{d}x$
$$= \lim_{A\to+\infty}\int_0^A \lambda \mathrm{e}^{-\lambda x}\mathrm{d}x$$
$$= -\lim_{A\to+\infty}\int_0^A \mathrm{e}^{-\lambda x}\mathrm{d}(-\lambda x)$$
$$= -\lim_{A\to+\infty} \mathrm{e}^{-\lambda x}\bigg|_0^A$$
$$= 1.$$

第五部分 线性代数

习题 5.1

1. 计算下列行列式:

(1) $\begin{vmatrix} 1 & 2 & 3 \\ 2 & 3 & 1 \\ 3 & 1 & 2 \end{vmatrix}$;

(2) $\begin{vmatrix} 0 & x & y \\ -x & 0 & z \\ -y & -z & 0 \end{vmatrix}$;

(3) $\begin{vmatrix} a & b & c \\ b & c & a \\ c & a & b \end{vmatrix}$.

解 (1) $\begin{vmatrix} 1 & 2 & 3 \\ 2 & 3 & 1 \\ 3 & 1 & 2 \end{vmatrix} \xlongequal[-3①+③]{-2①+②} \begin{vmatrix} 1 & 2 & 3 \\ 0 & -1 & -5 \\ 0 & -5 & -7 \end{vmatrix}$

$= \begin{vmatrix} -1 & -5 \\ -5 & -7 \end{vmatrix} = -18.$

(2) $\begin{vmatrix} 0 & x & y \\ -x & 0 & z \\ -y & -z & 0 \end{vmatrix} = (-1)^{1+2} x \begin{vmatrix} -x & z \\ -y & 0 \end{vmatrix}$

$+ (-1)^{1+3} y \begin{vmatrix} -x & 0 \\ -y & -z \end{vmatrix}$

$= -xzy + xzy = 0.$

(3) $\begin{vmatrix} a & b & c \\ b & c & a \\ c & a & b \end{vmatrix} \xlongequal[③+①]{②+①} \begin{vmatrix} a+b+c & a+b+c & a+b+c \\ b & c & a \\ c & a & b \end{vmatrix}$

$$= (a+b+c) \begin{vmatrix} 1 & 1 & 1 \\ b & c & a \\ c & a & b \end{vmatrix}$$

$$\xrightarrow[-c①+③]{-b①+②} (a+b+c) \begin{vmatrix} 1 & 1 & 1 \\ 0 & c-b & a-b \\ 0 & a-c & b-c \end{vmatrix}$$

$$= (a+b+c) \begin{vmatrix} c-b & a-b \\ a-c & b-c \end{vmatrix}$$

$$= -(a+b+c)(a^2+b^2+c^2-ab-ac-bc).$$

2. 设

$$D = \begin{vmatrix} 6 & 0 & 8 & 0 \\ 5 & -1 & 3 & -2 \\ 0 & 2 & 0 & 0 \\ 1 & 0 & 4 & -3 \end{vmatrix}.$$

写出 D 按第 3 行的展开式,并且计算 D 的值.

解 $A_{31} = (-1)^{3+1} M_{31} = \begin{vmatrix} 0 & 8 & 0 \\ -1 & 3 & -2 \\ 0 & 4 & -3 \end{vmatrix}$,

$A_{32} = (-1)^{3+2} M_{32} = -\begin{vmatrix} 6 & 8 & 0 \\ 5 & 3 & -2 \\ 1 & 4 & -3 \end{vmatrix}$,

$A_{33} = (-1)^{3+3} M_{33} = \begin{vmatrix} 6 & 0 & 0 \\ 5 & -1 & -2 \\ 1 & 0 & -3 \end{vmatrix}$,

$A_{34} = (-1)^{3+4} M_{34} = -\begin{vmatrix} 6 & 0 & 8 \\ 5 & -1 & 3 \\ 1 & 0 & 4 \end{vmatrix}$,

$D = a_{31} A_{31} + a_{32} A_{32} + a_{33} A_{33} + a_{34} A_{34}$

$= 0 \cdot A_{31} + 2 \cdot A_{32} + 0 \cdot A_{33} + 0 \cdot A_{34}$

$$= 2 \times (-1) \begin{vmatrix} 6 & 8 & 0 \\ 5 & 3 & -2 \\ 1 & 4 & -3 \end{vmatrix} = -196.$$

3. 用行列式的性质计算下列行列式:

(1) $\begin{vmatrix} a & a^2 \\ b & b^2 \end{vmatrix}$;

(2) $\begin{vmatrix} a+b & c & c \\ a & b+c & a \\ b & b & c+a \end{vmatrix}$;

(3) $\begin{vmatrix} 3 & 1 & 1 & 1 \\ 1 & 3 & 1 & 1 \\ 1 & 1 & 3 & 1 \\ 1 & 1 & 1 & 3 \end{vmatrix}$;

(4) $\begin{vmatrix} 1 & 2 & 3 & 4 \\ 2 & 3 & 4 & 1 \\ 3 & 4 & 1 & 2 \\ 4 & 1 & 2 & 3 \end{vmatrix}$;

(5) $\begin{vmatrix} 4 & 2 & 2 & 2 \\ 2 & 2 & 3 & 4 \\ 2 & 3 & 6 & 10 \\ 2 & 4 & 10 & 20 \end{vmatrix}$;

(6) $\begin{vmatrix} -a_1 & a_1 & 0 & \cdots & 0 & 0 \\ 0 & -a_2 & a_2 & \cdots & 0 & 0 \\ \vdots & \vdots & \vdots & & \vdots & \vdots \\ 0 & 0 & 0 & \cdots & -a_n & a_n \\ 1 & 1 & 1 & \cdots & 1 & 1 \end{vmatrix}$;

(7) $\begin{vmatrix} a_1-b & a_2 & \cdots & a_n \\ a_1 & a_2-b & \cdots & a_n \\ \vdots & \vdots & & \vdots \\ a_1 & a_2 & \cdots & a_n-b \end{vmatrix}$ $(b \neq 0)$;

(8) $\begin{vmatrix} a_1-b_1 & a_1-b_2 & \cdots & a_1-b_n \\ a_2-b_1 & a_2-b_2 & \cdots & a_2-b_n \\ \vdots & \vdots & & \vdots \\ a_n-b_1 & a_n-b_2 & \cdots & a_n-b_n \end{vmatrix}$.

II 习题解答

解 (1) $\begin{vmatrix} a & a^2 \\ b & b^2 \end{vmatrix} \xlongequal{-a\text{①}+\text{②}} \begin{vmatrix} a & 0 \\ b & b^2-ab \end{vmatrix} = ab(b-a).$

(2) $\begin{vmatrix} a+b & c & c \\ a & b+c & a \\ b & b & c+a \end{vmatrix} \xlongequal{\text{③}+\text{②}} \begin{vmatrix} a+b & c & c \\ a+b & 2b+c & 2a+c \\ b & b & c+a \end{vmatrix}$

$\xlongequal{-\text{①}+\text{②}} \begin{vmatrix} a+b & c & c \\ 0 & 2b & 2a \\ b & b & c+a \end{vmatrix}$

$= 2 \begin{vmatrix} a+b & c & c \\ 0 & b & a \\ b & b & c+a \end{vmatrix}$

$\xlongequal{-\text{②}+\text{③}} 2 \begin{vmatrix} a+b & c & c \\ 0 & b & a \\ b & 0 & c \end{vmatrix}$

$\xlongequal{-\text{③}+\text{①}} 2 \begin{vmatrix} a & c & 0 \\ 0 & b & a \\ b & 0 & c \end{vmatrix}$

$= 4abc.$

(3) $\begin{vmatrix} 3 & 1 & 1 & 1 \\ 1 & 3 & 1 & 1 \\ 1 & 1 & 3 & 1 \\ 1 & 1 & 1 & 3 \end{vmatrix} \xlongequal{\text{②③④列加到①}} \begin{vmatrix} 6 & 1 & 1 & 1 \\ 6 & 3 & 1 & 1 \\ 6 & 1 & 3 & 1 \\ 6 & 1 & 1 & 3 \end{vmatrix}$

$= 6 \begin{vmatrix} 1 & 1 & 1 & 1 \\ 1 & 3 & 1 & 1 \\ 1 & 1 & 3 & 1 \\ 1 & 1 & 1 & 3 \end{vmatrix} \xlongequal[\substack{-\text{①}+\text{②}\\-\text{①}+\text{③}\\-\text{①}+\text{④}}]{} 6 \begin{vmatrix} 1 & 1 & 1 & 1 \\ 0 & 2 & 0 & 0 \\ 0 & 0 & 2 & 0 \\ 0 & 0 & 0 & 2 \end{vmatrix}$

$= 6 \times 2^3 = 48.$

(4) $\begin{vmatrix} 1 & 2 & 3 & 4 \\ 2 & 3 & 4 & 1 \\ 3 & 4 & 1 & 2 \\ 4 & 1 & 2 & 3 \end{vmatrix} \xlongequal{\text{②③④列加到①}} \begin{vmatrix} 10 & 2 & 3 & 4 \\ 10 & 3 & 4 & 1 \\ 10 & 4 & 1 & 2 \\ 10 & 1 & 2 & 3 \end{vmatrix}$

$= 10 \begin{vmatrix} 1 & 2 & 3 & 4 \\ 1 & 3 & 4 & 1 \\ 1 & 4 & 1 & 2 \\ 1 & 1 & 2 & 3 \end{vmatrix}$

$\xlongequal[\substack{-①+②\\-①+③\\-①+④}]{} 10 \begin{vmatrix} 1 & 2 & 3 & 4 \\ 0 & 1 & 1 & -3 \\ 0 & 2 & -2 & -2 \\ 0 & -1 & -1 & -1 \end{vmatrix}$

$\xlongequal[\substack{-2②+③\\②+④}]{} 10 \begin{vmatrix} 1 & 2 & 3 & 4 \\ 0 & 1 & 1 & 3 \\ 0 & 0 & -4 & 4 \\ 0 & 0 & 0 & -4 \end{vmatrix} = 160.$

(5) $\begin{vmatrix} 4 & 2 & 2 & 2 \\ 2 & 2 & 3 & 4 \\ 2 & 3 & 6 & 10 \\ 2 & 4 & 10 & 20 \end{vmatrix} = 4 \begin{vmatrix} 1 & 1 & 1 & 1 \\ 1 & 2 & 3 & 4 \\ 1 & 3 & 6 & 10 \\ 1 & 4 & 10 & 20 \end{vmatrix}$

$\xlongequal[\substack{-①+②\\-①+③\\-①+④}]{} 4 \begin{vmatrix} 1 & 1 & 1 & 1 \\ 0 & 1 & 2 & 3 \\ 0 & 2 & 5 & 9 \\ 0 & 3 & 9 & 19 \end{vmatrix}$

$\xlongequal[\substack{-2②+③\\-3②+④}]{} 4 \begin{vmatrix} 1 & 1 & 1 & 1 \\ 0 & 1 & 2 & 3 \\ 0 & 0 & 1 & 3 \\ 0 & 0 & 3 & 10 \end{vmatrix}$

$$\xxlongequal{-3③+④} 4\begin{vmatrix} 1 & 1 & 1 & 1 \\ 0 & 1 & 2 & 3 \\ 0 & 0 & 1 & 3 \\ 0 & 0 & 0 & 1 \end{vmatrix} = 4.$$

(6) $\begin{vmatrix} -a_1 & a_1 & 0 & \cdots & 0 & 0 \\ 0 & -a_2 & a_2 & \cdots & 0 & 0 \\ \vdots & \vdots & \vdots & & \vdots & \vdots \\ 0 & 0 & 0 & \cdots & -a_n & a_n \\ 1 & 1 & 1 & \cdots & 1 & 1 \end{vmatrix}$

$\xxlongequal{②③\cdots (n+1)\text{列加到}①} \begin{vmatrix} 0 & a_1 & 0 & \cdots & 0 & 0 \\ 0 & -a_2 & a_2 & \cdots & 0 & 0 \\ \vdots & \vdots & \vdots & & \vdots & \vdots \\ 0 & 0 & 0 & \cdots & -a_n & a_n \\ n+1 & 1 & 1 & \cdots & 1 & 1 \end{vmatrix}$

$\xxlongequal{\text{按第①列展开}} (n+1)(-1)^{n+1+1} \begin{vmatrix} a_1 & 0 & \cdots & 0 & 0 \\ -a_2 & a_2 & \cdots & 0 & 0 \\ \vdots & \vdots & & \vdots & \vdots \\ 0 & 0 & \cdots & -a_n & a_n \end{vmatrix}$

$= (-1)^n (n+1) \prod_{i=1}^n a_i.$

(7) $\begin{vmatrix} a_1 - b & a_2 & \cdots & a_n \\ a_1 & a_2 - b & \cdots & a_n \\ \vdots & \vdots & & \vdots \\ a_1 & a_2 & \cdots & a_n - b \end{vmatrix}$

$\xxlongequal{\text{从第2列开始各列加到第1列}} \left(\sum_{i=1}^n a_i - b \right) \begin{vmatrix} 1 & a_2 & \cdots & a_n \\ 1 & a_2 - b & \cdots & a_n \\ \vdots & \vdots & & \vdots \\ 1 & a_2 & \cdots & a_n - b \end{vmatrix}$

$$\xrightarrow{-\text{①加各行}} \left(\sum_{i=1}^{n} a_i - b\right) \begin{vmatrix} 1 & a_2 & \cdots & a_n \\ 0 & -b & \cdots & 0 \\ \vdots & \vdots & & \vdots \\ 0 & 0 & \cdots & -b \end{vmatrix}$$

$$= \left(\sum_{i=1}^{n} a_i - b\right)(-b)^{n-1}.$$

(8) $\begin{vmatrix} a_1 - b_1 & a_1 - b_2 & \cdots & a_1 - b_n \\ a_2 - b_1 & a_2 - b_2 & \cdots & a_2 - b_n \\ \vdots & \vdots & & \vdots \\ a_n - b_1 & a_n - b_2 & \cdots & a_n - b_n \end{vmatrix}$

$$\xrightarrow{\text{从第2列起用 - ①加各列}} \begin{vmatrix} a_1 - b_1 & b_1 - b_2 & \cdots & b_1 - b_n \\ a_2 - b_1 & b_1 - b_2 & \cdots & b_1 - b_n \\ \vdots & \vdots & & \vdots \\ a_n - b_1 & b_1 - b_2 & \cdots & b_1 - b_n \end{vmatrix}.$$

讨论：

① 当 $n = 1$ 时，原式 $= a_1 - b_1$；

② 当 $n = 2$ 时，原式 $= (a_2 - a_1)(b_2 - b_1)$；

③ 当 $n \geq 3$ 时，原式 $= 0$.

习 题 5.2

1. 求下列矩阵 A 的伴随矩阵 A^*;并验证 $A^*A = AA^* = \det A \cdot I$.

（1）$A = \begin{bmatrix} 3 & 1 \\ 0 & 2 \end{bmatrix}$;　　　　（2）$A = \begin{bmatrix} 3 & 7 & -3 \\ -2 & -5 & 2 \\ -4 & -10 & 3 \end{bmatrix}$.

解　（1）由 $A = \begin{bmatrix} 3 & 1 \\ 0 & 2 \end{bmatrix}$，可知 $\det A = \begin{vmatrix} 3 & 1 \\ 0 & 2 \end{vmatrix} = 6$，并且

$$A_{11} = 2,\quad A_{12} = 0,\quad A_{21} = -1,\quad A_{22} = 3,$$

因此

$$A^* = \begin{bmatrix} A_{11} & A_{21} \\ A_{12} & A_{22} \end{bmatrix} = \begin{bmatrix} 2 & -1 \\ 0 & 3 \end{bmatrix},$$

$$A^*A = \begin{bmatrix} 2 & -1 \\ 0 & 3 \end{bmatrix}\begin{bmatrix} 3 & 1 \\ 0 & 2 \end{bmatrix} = \begin{bmatrix} 6 & 0 \\ 0 & 6 \end{bmatrix}$$

$$= 6\begin{bmatrix} 1 & 0 \\ 0 & 1 \end{bmatrix} = 6I,$$

$$AA^* = \begin{bmatrix} 3 & 1 \\ 0 & 2 \end{bmatrix}\begin{bmatrix} 2 & -1 \\ 0 & 3 \end{bmatrix} = \begin{bmatrix} 6 & 0 \\ 0 & 6 \end{bmatrix}$$

$$= 6\begin{bmatrix} 1 & 0 \\ 0 & 1 \end{bmatrix} = 6I.$$

（2）由 $A = \begin{bmatrix} 3 & 7 & -3 \\ -2 & -5 & 2 \\ -4 & -10 & 3 \end{bmatrix}$，可知

$$\det A = \begin{vmatrix} 3 & 7 & -3 \\ -2 & -5 & 2 \\ -4 & -10 & 3 \end{vmatrix} \xrightarrow[-2②+④]{②+①} \begin{vmatrix} 1 & 2 & -1 \\ -2 & -5 & 2 \\ 0 & 0 & -1 \end{vmatrix}$$

$$\xrightarrow{2①+②} \begin{vmatrix} 1 & 2 & -1 \\ 0 & -1 & 0 \\ 0 & 0 & -1 \end{vmatrix} = 1,$$

并且

$$A_{11} = (-1)^{1+1} \begin{vmatrix} -5 & 2 \\ -10 & 3 \end{vmatrix} = 5,$$

$$A_{12} = (-1)^{1+2} \begin{vmatrix} -2 & 2 \\ -4 & 3 \end{vmatrix} = -2,$$

$$A_{13} = (-1)^{1+3} \begin{vmatrix} -2 & -5 \\ -4 & -10 \end{vmatrix} = 0,$$

$$A_{21} = (-1)^{2+1} \begin{vmatrix} 7 & -3 \\ -10 & 3 \end{vmatrix} = 9,$$

$$A_{22} = (-1)^{2+2} \begin{vmatrix} 3 & -3 \\ -4 & 3 \end{vmatrix} = -3,$$

$$A_{23} = (-1)^{2+3} \begin{vmatrix} 3 & 7 \\ -4 & -10 \end{vmatrix} = 2,$$

$$A_{31} = (-1)^{3+1} \begin{vmatrix} 7 & -3 \\ -5 & 2 \end{vmatrix} = -1,$$

$$A_{32} = (-1)^{3+2} \begin{vmatrix} 3 & -3 \\ -2 & 2 \end{vmatrix} = 0,$$

$$A_{33} = (-1)^{3+3} \begin{vmatrix} 3 & 7 \\ -2 & -5 \end{vmatrix} = -1,$$

因此

$$\boldsymbol{A}^* = \begin{bmatrix} A_{11} & A_{21} & A_{31} \\ A_{12} & A_{22} & A_{32} \\ A_{13} & A_{23} & A_{33} \end{bmatrix} = \begin{bmatrix} 5 & 9 & -1 \\ -2 & -3 & 0 \\ 0 & 2 & -1 \end{bmatrix},$$

$$\boldsymbol{A}^*\boldsymbol{A} = \begin{bmatrix} 5 & 9 & -1 \\ -2 & -3 & 0 \\ 0 & 2 & -1 \end{bmatrix} \begin{bmatrix} 3 & 7 & -3 \\ -2 & -5 & 2 \\ -4 & -10 & 3 \end{bmatrix}$$

$$= \begin{bmatrix} 1 & 0 & 0 \\ 0 & 1 & 0 \\ 0 & 0 & 1 \end{bmatrix} = 1 \cdot \boldsymbol{I} = \boldsymbol{I},$$

$$\boldsymbol{A}\boldsymbol{A}^* = \begin{bmatrix} 3 & 7 & -3 \\ -2 & -5 & 2 \\ -4 & -10 & 3 \end{bmatrix} \begin{bmatrix} 5 & 9 & -1 \\ -2 & -3 & 0 \\ 0 & 2 & -1 \end{bmatrix}$$

$$= \begin{bmatrix} 1 & 0 & 0 \\ 0 & 1 & 0 \\ 0 & 0 & 1 \end{bmatrix} = 1 \cdot \boldsymbol{I} = \boldsymbol{I}.$$

2. 判断下列矩阵是否可逆,若可逆,求它的逆矩阵.

(1) $\begin{bmatrix} 5 & 7 \\ 8 & 11 \end{bmatrix}$; (2) $\begin{bmatrix} 1 & -2 & -1 \\ -3 & 4 & 5 \\ 2 & 0 & 3 \end{bmatrix}$.

解 (1) 由于 $\begin{vmatrix} 5 & 7 \\ 8 & 11 \end{vmatrix} = -1 \neq 0$,故矩阵 $\begin{bmatrix} 5 & 7 \\ 8 & 11 \end{bmatrix}$ 可逆. 我们有

$$\boldsymbol{A}^{-1} = \frac{1}{\det \boldsymbol{A}} \boldsymbol{A}^* = \frac{1}{-1} \begin{bmatrix} 11 & -7 \\ -8 & 5 \end{bmatrix} = \begin{bmatrix} -11 & 7 \\ 8 & -5 \end{bmatrix}.$$

(2) 由于

$$\begin{vmatrix} 1 & -2 & -1 \\ -3 & 4 & 5 \\ 2 & 0 & 3 \end{vmatrix} \xrightarrow[-2① + ③]{3① + ②} \begin{vmatrix} 1 & -2 & -1 \\ 0 & -2 & 2 \\ 0 & 4 & 5 \end{vmatrix}$$

$$\xrightarrow{2② + ③} \begin{vmatrix} 1 & -2 & -1 \\ 0 & -2 & 2 \\ 0 & 0 & 9 \end{vmatrix} = -18 \neq 0,$$

故原矩阵可逆,我们有

$$A_{11} = (-1)^{1+1} \begin{vmatrix} 4 & 5 \\ 0 & 3 \end{vmatrix} = 12,$$

$$A_{12} = (-1)^{1+2} \begin{vmatrix} -3 & 5 \\ 2 & 3 \end{vmatrix} = 19,$$

$$A_{13} = (-1)^{1+3} \begin{vmatrix} -3 & 4 \\ 2 & 0 \end{vmatrix} = -8,$$

$$A_{21} = (-1)^{2+1} \begin{vmatrix} -2 & -1 \\ 0 & 3 \end{vmatrix} = 6,$$

$$A_{22} = (-1)^{2+2} \begin{vmatrix} 1 & -1 \\ 2 & 3 \end{vmatrix} = 5,$$

$$A_{23} = (-1)^{2+3} \begin{vmatrix} 1 & -2 \\ 2 & 0 \end{vmatrix} = -4,$$

$$A_{31} = (-1)^{3+1} \begin{vmatrix} -2 & -1 \\ 4 & 5 \end{vmatrix} = -6,$$

$$A_{32} = (-1)^{3+2} \begin{vmatrix} 1 & -1 \\ -3 & 5 \end{vmatrix} = -2,$$

$$A_{33} = (-1)^{3+3} \begin{vmatrix} 1 & -2 \\ -3 & 4 \end{vmatrix} = -2.$$

因此

$$A^{-1} = \frac{1}{\det A} A^* = \frac{1}{-18} \begin{bmatrix} 12 & 6 & -6 \\ 19 & 5 & -2 \\ -8 & -4 & -2 \end{bmatrix}$$

$$= \begin{bmatrix} -\frac{2}{3} & -\frac{1}{3} & \frac{1}{3} \\ -\frac{19}{18} & -\frac{5}{18} & \frac{1}{9} \\ \frac{4}{9} & \frac{2}{9} & \frac{1}{9} \end{bmatrix}.$$

3. 求满足下列条件的 X：

(1) $\begin{bmatrix} 1 & -5 \\ -1 & 4 \end{bmatrix} X = \begin{bmatrix} 3 & 2 \\ 1 & 4 \end{bmatrix}$;

(2) $X\begin{bmatrix} 1 & -1 & 1 \\ 1 & 1 & 0 \\ 2 & 1 & 1 \end{bmatrix} = \begin{bmatrix} 1 & 2 & -3 \\ 2 & 0 & 4 \\ 0 & -1 & 5 \end{bmatrix}.$

解 (1) 设 $A = \begin{bmatrix} 1 & -5 \\ -1 & 4 \end{bmatrix}, B = \begin{bmatrix} 3 & 2 \\ 1 & 4 \end{bmatrix}$,原矩阵方程可记为

$$AX = B.$$

由于 $\det A = \begin{vmatrix} 1 & -5 \\ -1 & 4 \end{vmatrix} = -1 \neq 0$,故 A^{-1} 存在.

将方程两边左乘 A^{-1},得到

$$A^{-1}AX = A^{-1}B,$$

即

$$X = A^{-1}B.$$

又由于

$$A^{-1} = \frac{1}{\det A}\begin{bmatrix} 4 & 5 \\ 1 & 1 \end{bmatrix} = \begin{bmatrix} -4 & -5 \\ -1 & -1 \end{bmatrix},$$

因此

$$X = \begin{bmatrix} -4 & -5 \\ -1 & -1 \end{bmatrix}\begin{bmatrix} 3 & 2 \\ 1 & 4 \end{bmatrix}$$

$$= \begin{bmatrix} -17 & -28 \\ -4 & -6 \end{bmatrix}.$$

(2) 设矩阵

$$A = \begin{bmatrix} 1 & -1 & 1 \\ 1 & 1 & 0 \\ 2 & 1 & 1 \end{bmatrix}, \quad B = \begin{bmatrix} 1 & 2 & -3 \\ 2 & 0 & 4 \\ 0 & -1 & 5 \end{bmatrix},$$

则原矩阵方程可记为

$$XA = B.$$

由于

$$\det A = \begin{vmatrix} 1 & -1 & 1 \\ 1 & 1 & 0 \\ 2 & 1 & 1 \end{vmatrix} = \begin{vmatrix} 1 & -1 & 1 \\ 0 & 2 & -1 \\ 0 & 3 & -1 \end{vmatrix} = 1 \neq 0,$$

故 A^{-1} 存在.将方程两边右乘 A^{-1},得到

$$XAA^{-1} = BA^{-1},$$

即

$$X = BA^{-1}.$$

又由于

$$A^{-1} = \frac{1}{\det A}\begin{bmatrix} A_{11} & A_{21} & A_{31} \\ A_{12} & A_{22} & A_{32} \\ A_{13} & A_{23} & A_{33} \end{bmatrix} = \begin{bmatrix} 1 & 2 & -1 \\ -1 & -1 & 1 \\ -1 & -3 & 2 \end{bmatrix},$$

因此

$$X = \begin{bmatrix} 1 & 2 & -3 \\ 2 & 0 & 4 \\ 0 & -1 & 5 \end{bmatrix} \begin{bmatrix} 1 & 2 & -1 \\ -1 & -1 & 1 \\ -1 & -3 & 2 \end{bmatrix}$$

$$= \begin{bmatrix} 2 & 9 & -5 \\ -2 & -8 & 6 \\ -4 & -14 & 9 \end{bmatrix}.$$

4. 用矩阵的分块乘法计算 AB, 其中

(1) $A = \begin{bmatrix} a & 0 & 0 & 0 \\ 0 & a & 0 & 0 \\ 1 & 0 & b & 0 \\ 0 & 1 & 0 & b \end{bmatrix}, B = \begin{bmatrix} 1 & 0 & c & 0 \\ 0 & 1 & 0 & c \\ 0 & 0 & d & 0 \\ 0 & 0 & 0 & d \end{bmatrix};$

(2) $A = \begin{bmatrix} 4 & -5 & 7 & 0 & 0 \\ -1 & 2 & 6 & 0 & 0 \\ -3 & 1 & 8 & 0 & 0 \\ 0 & 0 & 0 & 5 & 0 \\ 0 & 0 & 0 & 0 & 5 \end{bmatrix}, B = \begin{bmatrix} 3 & 0 & 0 & 0 & 0 \\ 0 & 3 & 0 & 0 & 0 \\ 0 & 0 & 3 & 0 & 0 \\ 0 & 0 & 0 & -1 & 3 \\ 0 & 0 & 0 & 9 & 4 \end{bmatrix}.$

解 (1) 首先对 A, B 进行分块, 我们有

$$A = \begin{bmatrix} A_{11} & A_{12} \\ A_{21} & A_{22} \end{bmatrix},$$

其中

$$A_{11} = \begin{bmatrix} a & 0 \\ 0 & a \end{bmatrix} = aI, \quad A_{12} = \begin{bmatrix} 0 & 0 \\ 0 & 0 \end{bmatrix} = O,$$

$$A_{21} = \begin{bmatrix} 1 & 0 \\ 0 & 1 \end{bmatrix} = I, \quad A_{22} = \begin{bmatrix} b & 0 \\ 0 & b \end{bmatrix} = bI;$$

$$B = \begin{bmatrix} B_{11} & B_{12} \\ B_{21} & B_{22} \end{bmatrix},$$

其中

$$B_{11} = \begin{bmatrix} 1 & 0 \\ 0 & 1 \end{bmatrix} = I, \quad B_{12} = \begin{bmatrix} c & 0 \\ 0 & c \end{bmatrix} = cI,$$

$$B_{21} = \begin{bmatrix} 0 & 0 \\ 0 & 0 \end{bmatrix} = O, \quad B_{22} = \begin{bmatrix} d & 0 \\ 0 & d \end{bmatrix} = dI.$$

于是

$$AB = \begin{bmatrix} A_{11} & A_{12} \\ A_{21} & A_{22} \end{bmatrix} \begin{bmatrix} B_{11} & B_{12} \\ B_{21} & B_{22} \end{bmatrix}$$

$$= \begin{bmatrix} aI & O \\ I & bI \end{bmatrix} \begin{bmatrix} I & cI \\ O & dI \end{bmatrix} = \begin{bmatrix} aI & acI \\ I & cI + bdI \end{bmatrix}$$

$$= \begin{bmatrix} a & 0 & ac & 0 \\ 0 & a & 0 & ac \\ 1 & 0 & c+bd & 0 \\ 0 & 1 & 0 & c+bd \end{bmatrix}.$$

(2) 首先对 A, B 进行分块,我们有

$$A = \begin{bmatrix} A_{11} & A_{12} \\ A_{21} & A_{22} \end{bmatrix}$$

其中

$$A_{11} = \begin{bmatrix} 4 & -5 & 7 \\ -1 & 2 & 6 \\ -3 & 1 & 8 \end{bmatrix}, \quad A_{12} = \begin{bmatrix} 0 & 0 \\ 0 & 0 \\ 0 & 0 \end{bmatrix} = O,$$

$$A_{21} = \begin{bmatrix} 0 & 0 & 0 \\ 0 & 0 & 0 \end{bmatrix} = O, \quad A_{22} = \begin{bmatrix} 5 & 0 \\ 0 & 5 \end{bmatrix} = 5I;$$

$$B = \begin{bmatrix} B_{11} & B_{12} \\ B_{21} & B_{22} \end{bmatrix},$$

其中

$$B_{11} = \begin{bmatrix} 3 & 0 & 0 \\ 0 & 3 & 0 \\ 0 & 0 & 3 \end{bmatrix} = 3I, \quad B_{12} = \begin{bmatrix} 0 & 0 \\ 0 & 0 \\ 0 & 0 \end{bmatrix} = O$$

$$B_{21} = \begin{bmatrix} 0 & 0 & 0 \\ 0 & 0 & 0 \end{bmatrix} = O, \quad B_{22} = \begin{bmatrix} -1 & 3 \\ 9 & 4 \end{bmatrix}.$$

于是

$$AB = \begin{bmatrix} A_{11} & A_{12} \\ A_{21} & A_{22} \end{bmatrix} \begin{bmatrix} B_{11} & B_{12} \\ B_{21} & B_{22} \end{bmatrix} = \begin{bmatrix} A_{11} & O \\ O & 5I \end{bmatrix} \begin{bmatrix} 3I & O \\ O & B_{22} \end{bmatrix}$$

$$= \begin{bmatrix} 3A_{11} & O \\ O & 5B_{22} \end{bmatrix}$$

$$= \begin{bmatrix} 12 & -15 & 21 & 0 & 0 \\ -3 & 6 & 18 & 0 & 0 \\ -9 & 3 & 24 & 0 & 0 \\ 0 & 0 & 0 & -5 & 15 \\ 0 & 0 & 0 & 45 & 20 \end{bmatrix}.$$

5. 用分块形式求下列矩阵的逆矩阵:

(1) $\begin{bmatrix} 3 & -2 & 0 & 0 \\ 5 & -3 & 0 & 0 \\ 0 & 0 & 3 & 4 \\ 0 & 0 & 1 & 1 \end{bmatrix}$; (2) $\begin{bmatrix} 0 & 0 & 0 & 1 & 2 \\ 0 & 0 & 0 & 2 & 3 \\ 1 & 1 & 0 & 0 & 0 \\ 0 & 1 & 1 & 0 & 0 \\ 0 & 0 & 1 & 0 & 0 \end{bmatrix}.$

解 (1) 设

$$A = \begin{bmatrix} 3 & -2 & 0 & 0 \\ 5 & -3 & 0 & 0 \\ 0 & 0 & 3 & 4 \\ 0 & 0 & 1 & 1 \end{bmatrix} = \begin{bmatrix} A_1 & O \\ O & A_2 \end{bmatrix},$$

分别求出 A_1^{-1} 和 A_2^{-1}. 由

$$(A_1, I) = \begin{bmatrix} 3 & -2 & 1 & 0 \\ 5 & -3 & 0 & 1 \end{bmatrix} \rightarrow \begin{bmatrix} 6 & -4 & 2 & 0 \\ 5 & -3 & 0 & 1 \end{bmatrix}$$

$$\rightarrow \begin{bmatrix} 1 & -1 & 2 & -1 \\ 5 & -3 & 0 & 1 \end{bmatrix} \rightarrow \begin{bmatrix} 1 & -1 & 2 & -1 \\ 0 & 2 & -10 & 6 \end{bmatrix}$$

$$\rightarrow \begin{bmatrix} 1 & -1 & 2 & -1 \\ 0 & 1 & -5 & 3 \end{bmatrix} \rightarrow \begin{bmatrix} 1 & 0 & -3 & 2 \\ 0 & 1 & -5 & 3 \end{bmatrix},$$

可知

$$A_1^{-1} = \begin{bmatrix} -3 & 2 \\ -5 & 3 \end{bmatrix},$$

同理

$$A_2^{-1} = \begin{bmatrix} -1 & 4 \\ 1 & -3 \end{bmatrix},$$

于是 $\quad A^{-1} = \begin{bmatrix} A_1^{-1} & O \\ O & A_2^{-1} \end{bmatrix} = \begin{bmatrix} -3 & 2 & 0 & 0 \\ -5 & 3 & 0 & 0 \\ 0 & 0 & -1 & 4 \\ 0 & 0 & 1 & -3 \end{bmatrix}.$

（2）设矩阵

$$B = \begin{bmatrix} 0 & 0 & 0 & 1 & 2 \\ 0 & 0 & 0 & 2 & 3 \\ 1 & 1 & 0 & 0 & 0 \\ 0 & 1 & 1 & 0 & 0 \\ 0 & 0 & 1 & 0 & 0 \end{bmatrix} = \begin{bmatrix} O & B_1 \\ B_2 & O \end{bmatrix},$$

分别求出 B_1^{-1}, B_2^{-1}，由

$$(B_1, I) = \begin{bmatrix} 1 & 2 & 1 & 0 \\ 2 & 3 & 0 & 1 \end{bmatrix} \rightarrow \begin{bmatrix} 1 & 2 & 1 & 0 \\ 0 & -1 & -2 & 1 \end{bmatrix}$$

$$\rightarrow \begin{bmatrix} 1 & 2 & 1 & 0 \\ 0 & 1 & 2 & -1 \end{bmatrix} \rightarrow \begin{bmatrix} 1 & 0 & -3 & 2 \\ 0 & 1 & 2 & -1 \end{bmatrix},$$

可知

$$B_1^{-1} = \begin{bmatrix} -3 & 2 \\ 2 & -1 \end{bmatrix},$$

同理

$$B_2^{-1} = \begin{bmatrix} 1 & -1 & 1 \\ 0 & 1 & -1 \\ 0 & 0 & 1 \end{bmatrix},$$

于是 $B^{-1} = \begin{bmatrix} O & B_2^{-1} \\ B_1^{-1} & O \end{bmatrix} = \begin{bmatrix} 0 & 0 & 1 & -1 & 1 \\ 0 & 0 & 0 & 1 & -1 \\ 0 & 0 & 0 & 0 & 1 \\ -3 & 2 & 0 & 0 & 0 \\ 2 & -1 & 0 & 0 & 0 \end{bmatrix}.$

6. 用初等变换法求下列矩阵的逆矩阵：

(1) $\begin{bmatrix} 1 & -3 & 2 \\ -3 & 0 & 1 \\ 1 & 1 & -1 \end{bmatrix}$; (2) $\begin{bmatrix} 4 & 1 & 2 \\ 3 & 2 & 1 \\ 5 & -3 & 2 \end{bmatrix}$;

(3) $\begin{bmatrix} 1 & 0 & 1 & -1 \\ 2 & 0 & 1 & 0 \\ 3 & 1 & 2 & 0 \\ -3 & 1 & 0 & 4 \end{bmatrix}$; (4) $\begin{bmatrix} 1 & 1 & 1 & 1 \\ 1 & 1 & -1 & -1 \\ 1 & -1 & 1 & -1 \\ 1 & -1 & -1 & 1 \end{bmatrix}$.

解 (1) 设 $A = \begin{bmatrix} 1 & -3 & 2 \\ -3 & 0 & 1 \\ 1 & 1 & -1 \end{bmatrix}$，我们有

$$(A, I) = \begin{bmatrix} 1 & -3 & 2 & 1 & 0 & 0 \\ -3 & 0 & 1 & 0 & 1 & 0 \\ 1 & 1 & -1 & 0 & 0 & 1 \end{bmatrix}$$

$$\xrightarrow[-①+③]{3①+②} \begin{bmatrix} 1 & -3 & 2 & 1 & 0 & 0 \\ 0 & -9 & 7 & 3 & 1 & 0 \\ 0 & 4 & -3 & -1 & 0 & 1 \end{bmatrix}$$

$$\xrightarrow{2③+②}\begin{bmatrix} 1 & 1 & -1 & 0 & 0 & 1 \\ 0 & -1 & 1 & 1 & 1 & 2 \\ 0 & 4 & -3 & -1 & 0 & 1 \end{bmatrix}$$

$$\xrightarrow{4②+③}\begin{bmatrix} 1 & 1 & -1 & 0 & 0 & 1 \\ 0 & -1 & 1 & 1 & 1 & 2 \\ 0 & 0 & 1 & 3 & 4 & 9 \end{bmatrix}$$

$$\xrightarrow{-②}\begin{bmatrix} 1 & 1 & -1 & 0 & 0 & 1 \\ 0 & 1 & -1 & -1 & -1 & -2 \\ 0 & 0 & 1 & 3 & 4 & 9 \end{bmatrix}$$

$$\xrightarrow[③+②]{③+①}\begin{bmatrix} 1 & 1 & 0 & 3 & 4 & 10 \\ 0 & 1 & 0 & 2 & 3 & 7 \\ 0 & 0 & 1 & 3 & 4 & 9 \end{bmatrix}$$

$$\xrightarrow{-②+①}\begin{bmatrix} 1 & 0 & 0 & 1 & 1 & 3 \\ 0 & 1 & 0 & 2 & 3 & 7 \\ 0 & 0 & 1 & 3 & 4 & 9 \end{bmatrix},$$

因此

$$A^{-1} = \begin{bmatrix} 1 & 1 & 3 \\ 2 & 3 & 7 \\ 3 & 4 & 9 \end{bmatrix}.$$

(2) 设 $A = \begin{bmatrix} 4 & 1 & 2 \\ 3 & 2 & 1 \\ 5 & -3 & 2 \end{bmatrix}$,我们有

$$(A,I) = \begin{bmatrix} 4 & 1 & 2 & 1 & 0 & 0 \\ 3 & 2 & 1 & 0 & 1 & 0 \\ 5 & -3 & 2 & 0 & 0 & 1 \end{bmatrix}$$

$$\xrightarrow{-②+①}\begin{bmatrix} 1 & -1 & 1 & 1 & -1 & 0 \\ 3 & 2 & 1 & 0 & 1 & 0 \\ 5 & -3 & 2 & 0 & 0 & 1 \end{bmatrix}$$

$$\xrightarrow[-5\text{①}+\text{③}]{-3\text{①}+\text{②}} \begin{bmatrix} 1 & -1 & 1 & 1 & -1 & 0 \\ 0 & 5 & -2 & -3 & 4 & 0 \\ 0 & 2 & -3 & -5 & 5 & 1 \end{bmatrix}$$

$$\xrightarrow{-2\text{③}+\text{②}} \begin{bmatrix} 1 & -1 & 1 & 1 & -1 & 0 \\ 0 & 1 & 4 & 7 & -6 & -2 \\ 0 & 2 & -3 & -5 & 5 & 1 \end{bmatrix}$$

$$\xrightarrow{-2\text{②}+\text{③}} \begin{bmatrix} 1 & -1 & 1 & 1 & -1 & 0 \\ 0 & 1 & 4 & 7 & -6 & -2 \\ 0 & 0 & -11 & -19 & 17 & 5 \end{bmatrix}$$

$$\xrightarrow[11\text{②}]{11\text{①}} \begin{bmatrix} 11 & -11 & 11 & 11 & -11 & 0 \\ 0 & 11 & 44 & 77 & -66 & -22 \\ 0 & 0 & -11 & -19 & 17 & 5 \end{bmatrix}$$

$$\xrightarrow[4\text{③}+\text{②}]{\text{③}+\text{①}} \begin{bmatrix} 11 & -11 & 0 & -8 & 6 & 5 \\ 0 & 11 & 0 & 1 & 2 & -2 \\ 0 & 0 & -11 & -19 & 17 & 5 \end{bmatrix}$$

$$\xrightarrow[-\text{③}]{\text{②}+\text{①}} \begin{bmatrix} 11 & 0 & 0 & -7 & 8 & 3 \\ 0 & 11 & 0 & 1 & 2 & -2 \\ 0 & 0 & 11 & 19 & -17 & -5 \end{bmatrix}$$

$$\xrightarrow[\frac{1}{11}\text{③}]{\substack{\frac{1}{11}\text{①}\\ \frac{1}{11}\text{②}}} \begin{bmatrix} 1 & 0 & 0 & -\frac{7}{11} & \frac{8}{11} & \frac{3}{11} \\ 0 & 1 & 0 & \frac{1}{11} & \frac{2}{11} & -\frac{2}{11} \\ 0 & 0 & 1 & \frac{19}{11} & -\frac{17}{11} & -\frac{5}{11} \end{bmatrix},$$

因此

$$A^{-1} = \begin{bmatrix} -\dfrac{7}{11} & \dfrac{8}{11} & \dfrac{3}{11} \\ \dfrac{1}{11} & \dfrac{2}{11} & -\dfrac{2}{11} \\ \dfrac{19}{11} & -\dfrac{17}{11} & -\dfrac{5}{11} \end{bmatrix}.$$

（3）设

$$A = \begin{bmatrix} 1 & 0 & 1 & -1 \\ 2 & 0 & 1 & 0 \\ 3 & 1 & 2 & 0 \\ -3 & 1 & 0 & 4 \end{bmatrix},$$

我们有

$$(A, I) = \begin{bmatrix} 1 & 0 & 1 & -1 & 1 & 0 & 0 & 0 \\ 2 & 0 & 1 & 0 & 0 & 1 & 0 & 0 \\ 3 & 1 & 2 & 0 & 0 & 0 & 1 & 0 \\ -3 & 1 & 0 & 4 & 0 & 0 & 0 & 1 \end{bmatrix}$$

$$\xrightarrow[\substack{-2① + ② \\ -3① + ③ \\ 3① + ④}]{} \begin{bmatrix} 1 & 0 & 1 & -1 & 1 & 0 & 0 & 0 \\ 0 & 0 & -1 & 2 & -2 & 1 & 0 & 0 \\ 0 & 1 & -1 & 3 & -3 & 0 & 1 & 0 \\ 0 & 1 & 3 & 1 & 3 & 0 & 0 & 1 \end{bmatrix}$$

$$\xrightarrow{② \leftrightarrow ③} \begin{bmatrix} 1 & 0 & 1 & -1 & 1 & 0 & 0 & 0 \\ 0 & 1 & -1 & 3 & -3 & 0 & 1 & 0 \\ 0 & 0 & -1 & 2 & -2 & 1 & 0 & 0 \\ 0 & 1 & 3 & 1 & 3 & 0 & 0 & 1 \end{bmatrix}$$

$$\xrightarrow{-② + ④} \begin{bmatrix} 1 & 0 & 1 & -1 & 1 & 0 & 0 & 0 \\ 0 & 1 & -1 & 3 & -3 & 0 & 1 & 0 \\ 0 & 0 & -1 & 2 & -2 & 1 & 0 & 0 \\ 0 & 0 & 4 & -2 & 6 & 0 & -1 & 1 \end{bmatrix}$$

$$\xrightarrow{4③+④}\begin{bmatrix} 1 & 0 & 1 & -1 & 1 & 0 & 0 & 0 \\ 0 & 1 & -1 & 3 & -3 & 0 & 1 & 0 \\ 0 & 0 & -1 & 2 & -2 & 1 & 0 & 0 \\ 0 & 0 & 0 & 6 & -2 & 4 & -1 & 1 \end{bmatrix}$$

$$\xrightarrow[6③]{\substack{6① \\ 6②}}\begin{bmatrix} 6 & 0 & 6 & -6 & 6 & 0 & 0 & 0 \\ 0 & 6 & -6 & 18 & -18 & 0 & 6 & 0 \\ 0 & 0 & -6 & 12 & -12 & 6 & 0 & 0 \\ 0 & 0 & 0 & 6 & -2 & 4 & -1 & 1 \end{bmatrix}$$

$$\xrightarrow[-2④+③]{\substack{④+① \\ -3④+②}}\begin{bmatrix} 6 & 0 & 6 & 0 & 4 & 4 & -1 & 1 \\ 0 & 6 & -6 & 0 & -12 & -12 & 9 & -3 \\ 0 & 0 & -6 & 0 & -8 & -2 & 2 & -2 \\ 0 & 0 & 0 & 6 & -2 & 4 & -1 & 1 \end{bmatrix}$$

$$\xrightarrow[-③+②]{③+①}\begin{bmatrix} 6 & 0 & 0 & 0 & -4 & 2 & 1 & -1 \\ 0 & 6 & 0 & 0 & -4 & -10 & 7 & -1 \\ 0 & 0 & -6 & 0 & -8 & -2 & 2 & -2 \\ 0 & 0 & 0 & 6 & -2 & 4 & -1 & 1 \end{bmatrix}$$

$$\xrightarrow{-③}\begin{bmatrix} 6 & 0 & 0 & 0 & -4 & 2 & 1 & -1 \\ 0 & 6 & 0 & 0 & -4 & -10 & 7 & -1 \\ 0 & 0 & 6 & 0 & 8 & 2 & -2 & 2 \\ 0 & 0 & 0 & 6 & -2 & 4 & -1 & 1 \end{bmatrix}$$

$$\xrightarrow[\frac{1}{6}④]{\substack{\frac{1}{6}① \\ \frac{1}{6}② \\ \frac{1}{6}③}}\begin{bmatrix} 1 & 0 & 0 & 0 & -\frac{2}{3} & \frac{1}{3} & \frac{1}{6} & -\frac{1}{6} \\ 0 & 1 & 0 & 0 & -\frac{2}{3} & -\frac{5}{3} & \frac{7}{6} & -\frac{1}{6} \\ 0 & 0 & 1 & 0 & \frac{4}{3} & \frac{1}{3} & -\frac{1}{3} & \frac{1}{3} \\ 0 & 0 & 0 & 1 & -\frac{1}{3} & \frac{2}{3} & -\frac{1}{6} & \frac{1}{6} \end{bmatrix},$$

因此

$$A^{-1} = \begin{bmatrix} -\dfrac{2}{3} & \dfrac{1}{3} & \dfrac{1}{6} & -\dfrac{1}{6} \\ -\dfrac{2}{3} & -\dfrac{5}{3} & \dfrac{7}{6} & -\dfrac{1}{6} \\ \dfrac{4}{3} & \dfrac{1}{3} & -\dfrac{1}{3} & \dfrac{1}{3} \\ -\dfrac{1}{3} & \dfrac{2}{3} & -\dfrac{1}{6} & \dfrac{1}{6} \end{bmatrix}.$$

(4) 设

$$A = \begin{bmatrix} 1 & 1 & 1 & 1 \\ 1 & 1 & -1 & -1 \\ 1 & -1 & 1 & -1 \\ 1 & -1 & -1 & 1 \end{bmatrix},$$

我们有

$$(A, I) = \begin{bmatrix} 1 & 1 & 1 & 1 & 1 & 0 & 0 & 0 \\ 1 & 1 & -1 & -1 & 0 & 1 & 0 & 0 \\ 1 & -1 & 1 & -1 & 0 & 0 & 1 & 0 \\ 1 & -1 & -1 & 1 & 0 & 0 & 0 & 1 \end{bmatrix}$$

$$\xrightarrow[\substack{-\text{①}+\text{③} \\ -\text{①}+\text{④}}]{-\text{①}+\text{②}} \begin{bmatrix} 1 & 1 & 1 & 1 & 1 & 0 & 0 & 0 \\ 0 & 0 & -2 & -2 & -1 & 1 & 0 & 0 \\ 0 & -2 & 0 & -2 & -1 & 0 & 1 & 0 \\ 0 & -2 & -2 & 0 & -1 & 0 & 0 & 1 \end{bmatrix}$$

$$\xrightarrow{-\text{③}+\text{④}} \begin{bmatrix} 1 & 1 & 1 & 1 & 1 & 0 & 0 & 0 \\ 0 & 0 & -2 & -2 & -1 & 1 & 0 & 0 \\ 0 & -2 & 0 & -2 & -1 & 0 & 1 & 0 \\ 0 & 0 & -2 & 2 & 0 & 0 & -1 & 1 \end{bmatrix}$$

$$\xrightarrow{\text{②}\leftrightarrow\text{③}} \begin{bmatrix} 1 & 1 & 1 & 1 & 1 & 0 & 0 & 0 \\ 0 & -2 & 0 & -2 & -1 & 0 & 1 & 0 \\ 0 & 0 & -2 & -2 & -1 & 1 & 0 & 0 \\ 0 & 0 & -2 & 2 & 0 & 0 & -1 & 1 \end{bmatrix}$$

$$\xrightarrow{-③+④} \begin{bmatrix} 1 & 1 & 1 & 1 & 1 & 0 & 0 & 0 \\ 0 & -2 & 0 & -2 & -1 & 0 & 1 & 0 \\ 0 & 0 & -2 & -2 & -1 & 1 & 0 & 0 \\ 0 & 0 & 0 & 4 & 1 & -1 & -1 & 1 \end{bmatrix}$$

$$\xrightarrow[2③]{\substack{4① \\ 2②}} \begin{bmatrix} 4 & 4 & 4 & 4 & 4 & 0 & 0 & 0 \\ 0 & -4 & 0 & -4 & -2 & 0 & 2 & 0 \\ 0 & 0 & -4 & -4 & -2 & 2 & 0 & 0 \\ 0 & 0 & 0 & 4 & 1 & -1 & -1 & 1 \end{bmatrix}$$

$$\xrightarrow[④+③]{\substack{-④+① \\ ④+②}} \begin{bmatrix} 4 & 4 & 4 & 0 & 3 & 1 & 1 & -1 \\ 0 & -4 & 0 & 0 & -1 & -1 & 1 & 1 \\ 0 & 0 & -4 & 0 & -1 & 1 & -1 & 1 \\ 0 & 0 & 0 & 4 & 1 & -1 & -1 & 1 \end{bmatrix}$$

$$\xrightarrow[③+①]{②+①} \begin{bmatrix} 4 & 0 & 0 & 0 & 1 & 1 & 1 & 1 \\ 0 & -4 & 0 & 0 & -1 & -1 & 1 & 1 \\ 0 & 0 & -4 & 0 & -1 & 1 & -1 & 1 \\ 0 & 0 & 0 & 4 & 1 & -1 & -1 & 1 \end{bmatrix}$$

$$\xrightarrow[-③]{-②} \begin{bmatrix} 4 & 0 & 0 & 0 & 1 & 1 & 1 & 1 \\ 0 & 4 & 0 & 0 & 1 & 1 & -1 & -1 \\ 0 & 0 & 4 & 0 & 1 & -1 & 1 & -1 \\ 0 & 0 & 0 & 4 & 1 & -1 & -1 & 1 \end{bmatrix}$$

$$\xrightarrow[\frac{1}{4}④]{\substack{\frac{1}{4}① \\ \frac{1}{4}② \\ \frac{1}{4}③}} \begin{bmatrix} 1 & 0 & 0 & 0 & \frac{1}{4} & \frac{1}{4} & \frac{1}{4} & \frac{1}{4} \\ 0 & 1 & 0 & 0 & \frac{1}{4} & \frac{1}{4} & -\frac{1}{4} & -\frac{1}{4} \\ 0 & 0 & 1 & 0 & \frac{1}{4} & -\frac{1}{4} & \frac{1}{4} & -\frac{1}{4} \\ 0 & 0 & 0 & 1 & \frac{1}{4} & -\frac{1}{4} & -\frac{1}{4} & \frac{1}{4} \end{bmatrix},$$

因此

$$A^{-1} = \begin{bmatrix} \frac{1}{4} & \frac{1}{4} & \frac{1}{4} & \frac{1}{4} \\ \frac{1}{4} & \frac{1}{4} & -\frac{1}{4} & -\frac{1}{4} \\ \frac{1}{4} & -\frac{1}{4} & \frac{1}{4} & -\frac{1}{4} \\ \frac{1}{4} & -\frac{1}{4} & -\frac{1}{4} & \frac{1}{4} \end{bmatrix}.$$

7. 求下列矩阵的秩:

(1) $\begin{bmatrix} 2 & 1 \\ 4 & 2 \end{bmatrix}$;

(2) $\begin{bmatrix} 2 & 3 \\ 1 & -1 \\ -1 & 2 \end{bmatrix}$;

(3) $\begin{bmatrix} 1 & -1 & 2 & 1 & 0 \\ 2 & -2 & 4 & -2 & 0 \\ 3 & 0 & 6 & -1 & 1 \\ 2 & 1 & 4 & 2 & 1 \end{bmatrix}.$

解 (1) 由于 $A = \begin{bmatrix} 2 & 1 \\ 4 & 2 \end{bmatrix}$ 的 2 阶子式

$$\begin{vmatrix} 2 & 1 \\ 4 & 2 \end{vmatrix} = 0,$$

它的一个 1 阶子式 $|2| \neq 0$,因此 $r(A) = 1$.

(2) 由于 $A = \begin{bmatrix} 2 & 3 \\ 1 & -1 \\ -1 & 2 \end{bmatrix}$,它的 2 阶子式

$$\begin{vmatrix} 2 & 3 \\ 1 & -1 \end{vmatrix} = -5 \neq 0,$$

因此 $r(A) = 2$.

(3) A 的 4 阶子式共有 5 个,它们分别是

$$D_1 = \begin{vmatrix} 1 & -1 & 2 & 1 \\ 2 & -2 & 4 & -2 \\ 3 & 0 & 6 & -1 \\ 2 & 1 & 4 & 2 \end{vmatrix} \xlongequal{-2①+③} \begin{vmatrix} 1 & -1 & 0 & 1 \\ 2 & -2 & 0 & -2 \\ 3 & 0 & 0 & -1 \\ 2 & 1 & 0 & 2 \end{vmatrix} = 0,$$

$$D_2 = \begin{vmatrix} 1 & -1 & 2 & 0 \\ 2 & -2 & 4 & 0 \\ 3 & 0 & 6 & 1 \\ 2 & 1 & 4 & 1 \end{vmatrix} \xlongequal{-2①+③} \begin{vmatrix} 1 & -1 & 0 & 0 \\ 2 & -2 & 0 & 0 \\ 3 & 0 & 0 & 1 \\ 2 & 1 & 0 & 1 \end{vmatrix} = 0,$$

$$D_3 = \begin{vmatrix} 1 & -1 & 1 & 0 \\ 2 & -2 & -2 & 0 \\ 3 & 0 & -1 & 1 \\ 2 & 1 & 2 & 1 \end{vmatrix} \xlongequal{①+②} \begin{vmatrix} 1 & 0 & 1 & 0 \\ 2 & 0 & -2 & 0 \\ 3 & 3 & -1 & 1 \\ 2 & 3 & 2 & 1 \end{vmatrix} = 0,$$

$$D_4 = \begin{vmatrix} 1 & 2 & 1 & 0 \\ 2 & 4 & -2 & 0 \\ 3 & 6 & -1 & 1 \\ 2 & 4 & 2 & 1 \end{vmatrix} \xlongequal{-2①+②} \begin{vmatrix} 1 & 0 & 1 & 0 \\ 2 & 0 & -2 & 0 \\ 3 & 0 & -1 & 1 \\ 2 & 0 & 2 & 1 \end{vmatrix} = 0,$$

$$D_5 = \begin{vmatrix} -1 & 2 & 1 & 0 \\ -2 & 4 & -2 & 0 \\ 0 & 6 & -1 & 1 \\ 1 & 4 & 2 & 1 \end{vmatrix} \xlongequal{2①+②} \begin{vmatrix} -1 & 0 & 1 & 0 \\ -2 & 0 & -2 & 0 \\ 0 & 6 & -1 & 1 \\ 1 & 6 & 2 & 1 \end{vmatrix} = 0.$$

而它的一个 3 阶子式

$$\begin{vmatrix} 2 & 1 & 0 \\ 4 & -2 & 0 \\ 6 & -1 & 1 \end{vmatrix} = (-1)^{3+3} \begin{vmatrix} 2 & 1 \\ 4 & -2 \end{vmatrix} = -8 \neq 0,$$

因此
$$r(\boldsymbol{A}) = 3.$$

习 题 5.3

1. 判断下面的线性方程组是否有解：
$$\begin{cases} x_1 + x_2 + x_3 = 1, \\ 3x_1 + 5x_2 + 2x_3 = 4, \\ 9x_1 + 25x_2 + 4x_3 = 16, \\ 27x_1 + 125x_2 + 8x_3 = 64. \end{cases}$$

解 由

$$\tilde{A} = \begin{bmatrix} 1 & 1 & 1 & 1 \\ 3 & 5 & 2 & 4 \\ 9 & 25 & 4 & 16 \\ 27 & 125 & 8 & 64 \end{bmatrix}$$

$$\xrightarrow[\substack{-3①+② \\ -9①+③ \\ -27①+④}]{} \begin{bmatrix} 1 & 1 & 1 & 1 \\ 0 & 2 & -1 & 1 \\ 0 & 16 & -5 & 7 \\ 0 & 98 & -19 & 37 \end{bmatrix}$$

$$\xrightarrow[\substack{-8②+③ \\ -49②+④}]{} \begin{bmatrix} 1 & 1 & 1 & 1 \\ 0 & 2 & -1 & 1 \\ 0 & 0 & 3 & -1 \\ 0 & 0 & 30 & -12 \end{bmatrix}$$

$$\xrightarrow{-10③+④} \begin{bmatrix} 1 & 1 & 1 & 1 \\ 0 & 2 & -1 & -1 \\ 0 & 0 & 3 & -1 \\ 0 & 0 & 0 & -2 \end{bmatrix}.$$

可见 $r(A) = 3 \neq 4 = r(A, B)$，故原方程组无解.

2. 当 a, b 取什么值时，线性方程组

$$\begin{cases} x_1 + x_2 + x_3 + x_4 + x_5 = 1, \\ 3x_1 + 2x_2 + x_3 + x_4 - 3x_5 = a, \\ \phantom{3x_1 + {}} x_2 + 2x_3 + 2x_4 + 6x_5 = 3, \\ 5x_1 + 4x_2 + 3x_3 + 3x_4 - x_5 = b \end{cases}$$

有解？在有解的情况下，求出它的一般解.

解 由

$$\widetilde{A} = \begin{bmatrix} 1 & 1 & 1 & 1 & 1 & 1 \\ 3 & 2 & 1 & 1 & -3 & a \\ 0 & 1 & 2 & 2 & 6 & 3 \\ 5 & 4 & 3 & 3 & -1 & b \end{bmatrix}$$

$$\xrightarrow[-5\text{①}+\text{④}]{-3\text{①}+\text{②}} \begin{bmatrix} 1 & 1 & 1 & 1 & 1 & 1 \\ 0 & -1 & -2 & -2 & -6 & a-3 \\ 0 & 1 & 2 & 2 & 6 & 3 \\ 0 & -1 & -2 & -2 & -6 & b-5 \end{bmatrix}$$

$$\xrightarrow{\text{②}\leftrightarrow\text{③}} \begin{bmatrix} 1 & 1 & 1 & 1 & 1 & 1 \\ 0 & 1 & 2 & 2 & 6 & 3 \\ 0 & -1 & -2 & -2 & -6 & a-3 \\ 0 & -1 & -2 & -2 & -6 & b-5 \end{bmatrix}$$

$$\xrightarrow[\text{②}+\text{④}]{\text{②}+\text{③}} \begin{bmatrix} 1 & 1 & 1 & 1 & 1 & 1 \\ 0 & 1 & 2 & 2 & 6 & 3 \\ 0 & 0 & 0 & 0 & 0 & a \\ 0 & 0 & 0 & 0 & 0 & b-2 \end{bmatrix}$$

$$\xrightarrow{-\text{②}+\text{①}} \begin{bmatrix} 1 & 0 & -1 & -1 & -5 & -2 \\ 0 & 1 & 2 & 2 & 6 & 3 \\ 0 & 0 & 0 & 0 & 0 & a \\ 0 & 0 & 0 & 0 & 0 & b-2 \end{bmatrix},$$

可见当 $a=0, b=2$ 时, $r(\boldsymbol{A}) = r(\boldsymbol{A}, \boldsymbol{B})$, 原方程组有解.

$$\begin{cases} x_1 = x_3 + x_4 + 5x_5 - 2, \\ x_2 = -2x_3 - 2x_4 - 6x_5 + 3, \end{cases}$$

其中 x_3, x_4, x_5 为自由未知量.

3. 已知线性方程组

$$\begin{cases} x_1 + x_3 = 2, \\ x_1 + 2x_2 - x_3 = 0, \\ 2x_1 + x_2 - ax_3 = b. \end{cases}$$

试求：(1) 当 a, b 为何值时方程组无解、有唯一解、有无穷多解；

(2) 在有无穷多解的情况下，求其全部解.

解 (1) 由

$$\widetilde{A} = \begin{bmatrix} 1 & 0 & 1 & 2 \\ 1 & 2 & -1 & 0 \\ 2 & 1 & -a & b \end{bmatrix}$$

$$\xrightarrow[-2\text{①}+\text{③}]{-\text{①}+\text{②}} \begin{bmatrix} 1 & 0 & 1 & 2 \\ 0 & 2 & -2 & -2 \\ 0 & 1 & -a-2 & b-4 \end{bmatrix}$$

$$\xrightarrow{\frac{1}{2}\text{②}} \begin{bmatrix} 1 & 0 & 1 & 2 \\ 0 & 1 & -1 & -1 \\ 0 & 1 & -a-2 & b-4 \end{bmatrix}$$

$$\xrightarrow{-\text{②}+\text{③}} \begin{bmatrix} 1 & 0 & 1 & 2 \\ 0 & 1 & -1 & -1 \\ 0 & 0 & -a-1 & b-3 \end{bmatrix},$$

可见：

① 当 $a = -1$ 且 $b \neq 3$ 时方程组无解；

② 当 $a \neq -1$ 时有唯一解；

③ 当 $a = -1$ 且 $b = 3$ 时方程组有无穷多解.

(2) 令 $a = -1, b = 3$，我们有

$$\widetilde{A} \longrightarrow \begin{bmatrix} 1 & 0 & 1 & 2 \\ 0 & 1 & -1 & -1 \\ 0 & 0 & 0 & 0 \end{bmatrix},$$

即

$$\begin{cases} x_1 + x_3 = 2, \\ x_2 - x_3 = -1. \end{cases}$$

得到

$$\begin{cases} x_1 = 2 - x_3, \\ x_2 = -1 + x_3. \end{cases}$$

方程的全部解为

$$\begin{cases} x_1 = 2 - C, \\ x_2 = -1 + C, \\ x_3 = C. \end{cases} \quad (C \text{ 为任意常数})$$

4. 求下列线性方程组的全部解：

(1) $\begin{cases} x_1 - x_2 + x_3 = 0, \\ 3x_1 - 2x_2 - x_3 = 0, \\ 3x_1 - x_2 + 5x_3 = 0, \\ -2x_1 + 2x_2 + 3x_3 = 0; \end{cases}$

(2) $\begin{cases} 2x_1 - 5x_2 + x_3 - 3x_4 = 0, \\ -3x_1 + 4x_2 - 2x_3 + x_4 = 0, \\ x_1 + 2x_2 - x_3 + 3x_4 = 0, \\ -2x_1 + 15x_2 - 6x_3 + 13x_4 = 0; \end{cases}$

(3) $\begin{cases} x_1 - 3x_2 + x_3 - 2x_4 - x_5 = 0, \\ -3x_1 + 9x_2 - 3x_3 + 6x_4 + 3x_5 = 0, \\ 2x_1 - 6x_2 + 2x_3 - 4x_4 - 2x_5 = 0, \\ 5x_1 - 15x_2 + 5x_3 - 10x_4 - 5x_5 = 0; \end{cases}$

$$(4)\begin{cases} x_1 - 5x_2 + 2x_3 - 3x_4 = 11, \\ -3x_1 + x_2 - 4x_3 + 2x_4 = -5, \\ -x_1 - 9x_2 - 4x_4 = 17, \\ 5x_1 + 3x_2 + 6x_3 - x_4 = -1; \end{cases}$$

$$(5)\begin{cases} 2x_1 - 3x_2 + x_3 - 5x_4 = 1, \\ -5x_1 - 10x_2 - 2x_3 + x_4 = -21, \\ x_1 + 4x_2 + 3x_3 + 2x_4 = 1, \\ 2x_1 - 4x_2 + 9x_3 - 3x_4 = -16. \end{cases}$$

解 （1）

$$A = \begin{bmatrix} 1 & -1 & 1 \\ 3 & -2 & -1 \\ 3 & -1 & 5 \\ -2 & 2 & 3 \end{bmatrix} \xrightarrow[\substack{-3\text{①}+\text{②}\\-3\text{①}+\text{③}\\2\text{①}+\text{④}}]{} \begin{bmatrix} 1 & -1 & 1 \\ 0 & 1 & -4 \\ 0 & 2 & 2 \\ 0 & 0 & 5 \end{bmatrix}$$

$$\xrightarrow{-2\text{②}+\text{③}} \begin{bmatrix} 1 & -1 & 1 \\ 0 & 1 & -4 \\ 0 & 0 & 10 \\ 0 & 0 & 5 \end{bmatrix} \xrightarrow{-\frac{1}{2}\text{③}+\text{④}} \begin{bmatrix} 1 & -1 & 1 \\ 0 & 1 & 4 \\ 0 & 0 & 10 \\ 0 & 0 & 0 \end{bmatrix}$$

$$\xrightarrow{\frac{1}{10}\text{③}} \begin{bmatrix} 1 & -1 & 1 \\ 0 & 1 & 4 \\ 0 & 0 & 1 \\ 0 & 0 & 0 \end{bmatrix} \xrightarrow{-4\text{③}+\text{②}} \begin{bmatrix} 1 & -1 & 1 \\ 0 & 1 & 0 \\ 0 & 0 & 1 \\ 0 & 0 & 0 \end{bmatrix}$$

$$\xrightarrow[\text{②}+\text{①}]{-\text{③}+\text{①}} \begin{bmatrix} 1 & 0 & 0 \\ 0 & 1 & 0 \\ 0 & 0 & 1 \\ 0 & 0 & 0 \end{bmatrix},$$

$r(A) = n = 3$，只有零解．即

$$X = (0,0,0)'.$$

(2) 由

$$A = \begin{bmatrix} 2 & -5 & 1 & -3 \\ -3 & 4 & -2 & 1 \\ 1 & 2 & -1 & 3 \\ -2 & 15 & -6 & 13 \end{bmatrix}$$

$$\xrightarrow{①\leftrightarrow③} \begin{bmatrix} 1 & 2 & -1 & 3 \\ -3 & 4 & -2 & 1 \\ 2 & -5 & 1 & -3 \\ -2 & 15 & -6 & 13 \end{bmatrix}$$

$$\xrightarrow[\substack{3①+② \\ -2①+③ \\ 2①+④}]{} \begin{bmatrix} 1 & 2 & -1 & 3 \\ 0 & 10 & -5 & 10 \\ 0 & -9 & 3 & -9 \\ 0 & 19 & -8 & 19 \end{bmatrix}$$

$$\xrightarrow{③+②} \begin{bmatrix} 1 & 2 & -1 & 3 \\ 0 & 1 & -2 & 1 \\ 0 & -9 & 3 & -9 \\ 0 & 19 & -8 & 19 \end{bmatrix}$$

$$\xrightarrow[\substack{9②+③ \\ -19②+④}]{} \begin{bmatrix} 1 & 2 & -1 & 3 \\ 0 & 1 & -2 & 1 \\ 0 & 0 & -15 & 0 \\ 0 & 0 & 30 & 0 \end{bmatrix}$$

$$\xrightarrow{2③+④} \begin{bmatrix} 1 & 2 & -1 & 3 \\ 0 & 1 & -2 & 1 \\ 0 & 0 & -15 & 0 \\ 0 & 0 & 0 & 0 \end{bmatrix}$$

$$\xrightarrow{-\frac{1}{15}\text{③}} \begin{bmatrix} 1 & 2 & -1 & 3 \\ 0 & 1 & -2 & 1 \\ 0 & 0 & 1 & 0 \\ 0 & 0 & 0 & 0 \end{bmatrix}$$

$$\xrightarrow[\text{③}+\text{①}]{2\text{③}+\text{②}} \begin{bmatrix} 1 & 2 & 0 & 3 \\ 0 & 1 & 0 & 1 \\ 0 & 0 & 1 & 0 \\ 0 & 0 & 0 & 0 \end{bmatrix}$$

$$\xrightarrow{-2\text{②}+\text{①}} \begin{bmatrix} 1 & 0 & 0 & 1 \\ 0 & 1 & 0 & 1 \\ 0 & 0 & 1 & 0 \\ 0 & 0 & 0 & 0 \end{bmatrix}.$$

可见 $r(A)=3, n=4$，为此令 $x_4=1$，得到齐次方程组的一个基础解系：

$$V_1 = (-1,-1,0,1)'.$$

因此

$$X = (-1,-1,0,1)' x_4.$$

（3）由

$$A = \begin{bmatrix} 1 & -3 & 1 & -2 & -1 \\ -3 & 9 & -3 & 6 & 3 \\ 2 & -6 & 2 & -4 & -2 \\ 5 & -15 & 5 & -10 & -5 \end{bmatrix}$$

$$\xrightarrow[\substack{-2\text{①}+\text{③} \\ -5\text{①}+\text{④}}]{3\text{①}+\text{②}} \begin{bmatrix} 1 & -3 & 1 & -2 & -1 \\ 0 & 0 & 0 & 0 & 0 \\ 0 & 0 & 0 & 0 & 0 \\ 0 & 0 & 0 & 0 & 0 \end{bmatrix},$$

可见 $r(A)=1, n=5$，为此令 $(x_2,x_3,x_4,x_5)'$ 分别取值为

$(1,0,0,0)', \quad (0,1,0,0)', \quad (0,0,1,0)', \quad (0,0,0,1)'.$

便得到齐次方程组的一个基础解系：

$V_1 = (3,1,0,0,0)'$, $V_2 = (-1,0,1,0,0)'$,
$V_3 = (2,0,0,1,0)'$, $V_4 = (1,0,0,0,1)'$.

因此

$$X = (3,1,0,0,0)'x_2 + (-1,0,1,0,0)'x_3 \\ + (2,0,0,1,0)'x_4 + (1,0,0,0,1)'x_5.$$

(4) 由

$$\tilde{A} = \begin{bmatrix} 1 & -5 & 2 & -3 & 11 \\ -3 & 1 & -4 & 2 & -5 \\ -1 & -9 & 0 & -4 & 17 \\ 5 & 3 & 6 & -1 & -1 \end{bmatrix}$$

$$\xrightarrow[\substack{3① + ② \\ ① + ③ \\ -5① + ④}]{} \begin{bmatrix} 1 & -5 & 2 & -3 & 11 \\ 0 & -14 & 2 & -7 & 28 \\ 0 & -14 & 2 & -7 & 28 \\ 0 & 28 & -4 & 14 & -56 \end{bmatrix}$$

$$\xrightarrow[\substack{-② + ③ \\ 2② + ④}]{} \begin{bmatrix} 1 & -5 & 2 & -3 & 11 \\ 0 & -14 & 2 & -7 & 28 \\ 0 & 0 & 0 & 0 & 0 \\ 0 & 0 & 0 & 0 & 0 \end{bmatrix}$$

$$\xrightarrow{14①} \begin{bmatrix} 14 & -70 & 28 & -42 & 154 \\ 0 & -14 & 2 & -7 & 28 \\ 0 & 0 & 0 & 0 & 0 \\ 0 & 0 & 0 & 0 & 0 \end{bmatrix}$$

$$\xrightarrow{-5② + ①} \begin{bmatrix} 14 & 0 & 18 & -7 & 14 \\ 0 & -14 & 2 & -7 & 28 \\ 0 & 0 & 0 & 0 & 0 \\ 0 & 0 & 0 & 0 & 0 \end{bmatrix}$$

$$\xrightarrow[-\frac{1}{14}②]{\frac{1}{14}①} \begin{bmatrix} 1 & 0 & \frac{9}{7} & -\frac{1}{2} & 1 \\ 0 & 1 & -\frac{1}{7} & \frac{1}{2} & -2 \\ 0 & 0 & 0 & 0 & 0 \\ 0 & 0 & 0 & 0 & 0 \end{bmatrix}.$$

因此

$$U = (1,-2,0,0)' + \left(-\frac{9}{7}, \frac{1}{7}, 1, 0\right)' x_3 + \left(\frac{1}{2}, -\frac{1}{2}, 0, 1\right)' x_4,$$

也可以写成

$$U = (1,-2,0,0)' + (-9,1,7,0)' c_1 + (1,-1,0,2)' c_2$$

（其中 c_1, c_2 为任意常数）.

（5）由

$$\widetilde{A} = \begin{bmatrix} 2 & -3 & 1 & -5 & 1 \\ -5 & -10 & -2 & 1 & -21 \\ 1 & 4 & 3 & 2 & 1 \\ 2 & -4 & 9 & -3 & -16 \end{bmatrix}$$

$$\xrightarrow{①\leftrightarrow③} \begin{bmatrix} 1 & 4 & 3 & 2 & 1 \\ -5 & -10 & -2 & 1 & -21 \\ 2 & -3 & 1 & -5 & 1 \\ 2 & -4 & 9 & -3 & -16 \end{bmatrix}$$

$$\xrightarrow[\substack{-2①+③ \\ -2①+④}]{5①+②} \begin{bmatrix} 1 & 4 & 3 & 2 & 1 \\ 0 & 10 & 13 & 11 & -16 \\ 0 & -11 & -5 & -9 & -1 \\ 0 & -12 & 3 & -7 & -18 \end{bmatrix}$$

$$\xrightarrow{③+②} \begin{bmatrix} 1 & 4 & 3 & 2 & 1 \\ 0 & -1 & 8 & 2 & -17 \\ 0 & -11 & -5 & -9 & -1 \\ 0 & -12 & 3 & -7 & -18 \end{bmatrix}$$

$$\xrightarrow[-12②+④]{-11②+③} \begin{bmatrix} 1 & 4 & 3 & 2 & 1 \\ 0 & -1 & 8 & 2 & -17 \\ 0 & 0 & -93 & -31 & 186 \\ 0 & 0 & -93 & -31 & 186 \end{bmatrix}$$

$$\xrightarrow[-②]{-③+④} \begin{bmatrix} 1 & 4 & 3 & 2 & 1 \\ 0 & 1 & -8 & -2 & 17 \\ 0 & 0 & -93 & -31 & 186 \\ 0 & 0 & 0 & 0 & 0 \end{bmatrix}$$

$$\xrightarrow{-\frac{1}{31}③} \begin{bmatrix} 1 & 4 & 3 & 2 & 1 \\ 0 & 1 & -8 & -2 & 17 \\ 0 & 0 & 3 & 1 & -6 \\ 0 & 0 & 0 & 0 & 0 \end{bmatrix}$$

$$\xrightarrow{-③+①} \begin{bmatrix} 1 & 4 & 0 & 1 & 7 \\ 0 & 1 & -8 & -2 & 17 \\ 0 & 0 & 3 & 1 & -6 \\ 0 & 0 & 0 & 0 & 0 \end{bmatrix}$$

$$\xrightarrow[3②]{3①} \begin{bmatrix} 3 & 12 & 0 & 3 & 21 \\ 0 & 3 & -24 & -6 & 51 \\ 0 & 0 & 3 & 1 & -6 \\ 0 & 0 & 0 & 0 & 0 \end{bmatrix}$$

$$\xrightarrow{8③+②} \begin{bmatrix} 3 & 12 & 0 & 3 & 21 \\ 0 & 3 & 0 & 2 & 3 \\ 0 & 0 & 3 & 1 & -6 \\ 0 & 0 & 0 & 0 & 0 \end{bmatrix}$$

$$\xrightarrow{-4②+①} \begin{bmatrix} 3 & 0 & 0 & -5 & 9 \\ 0 & 3 & 0 & 2 & 3 \\ 0 & 0 & 3 & 1 & -6 \\ 0 & 0 & 0 & 0 & 0 \end{bmatrix}$$

$$\xrightarrow[\frac{1}{3}③]{\frac{1}{3}①}\begin{bmatrix} 1 & 0 & 0 & -\frac{5}{3} & 3 \\ 0 & 1 & 0 & \frac{2}{3} & 1 \\ 0 & 0 & 1 & \frac{1}{3} & -2 \\ 0 & 0 & 0 & 0 & 0 \end{bmatrix},$$

因此

$$U = (3,1,-2,0)' + \left(\frac{5}{3}, -\frac{2}{3}, -\frac{1}{3}, 1\right)' x_4.$$

也可以写成

$$U = (3,1,-2,0)' + (5,-2,-1,3)' c \quad (\text{其中 } c \text{ 为任意常数}).$$

第六部分 初等概率论

习题 6.1

1. 某产品 15 件,其中有次品 2 件. 现从中任取 3 件,求抽得次品数 X 的概率分布,并计算 $P\{1 \leqslant X < 2\}$.

解 由题意可知,X 的正概率点为 $0,1,2$. 根据古典概型,X 的概率分布为

$$P(X = k) = \frac{C_2^k C_{13}^{3-k}}{C_{15}^3} \quad (k = 0,1,2),$$

而

$$P(1 \leqslant X < 2) = P(X = 1) = \frac{C_2^1 C_{13}^2}{C_{15}^3} = \frac{12}{35}.$$

2. 设某射手每次击中目标的概率是 0.7,现在连续射击 10 次,求击中目标次数 X 的概率分布.

解 由题意可知,X 的正概率点为 $0,1,2,\cdots,10$. 根据二项概型,X 的概率分布为

$$P(X = k) = C_{10}^k 0.7^k 0.3^{10-k} \quad (k = 0,1,2,\cdots,10).$$

3. 设某射手每次击中目标的概率是 p,现在连续地向一个目标射击,直到第一次击中目标时为止. 求所需射击次数 X 的概率分布.

解 由题意可知,X 的正概率点为 $1,2,3,\cdots$,根据独立情况下的乘法公式,X 的概率分布为

$$P(X = k) = pq^{k-1},$$

其中 $q = 1 - p, k = 1,2,3,\cdots$.

4. 一口袋中有红、白、黄色球各 5 个. 现从中任取 4 个,求抽

得白球个数 X 的概率分布.

解 由题意可知, X 的正概率点为 $0,1,2,3,4$. 其概率分布为
$$P(X=k) = \frac{C_5^k C_{10}^{4-k}}{C_{15}^4} \quad (k=0,1,2,3,4).$$

5. 设随机变量 X 的分布密度函数为
$$p(x) = \begin{cases} Cx & (0 \leqslant x \leqslant 1), \\ 0 & (x<0 \text{ 或 } x>1), \end{cases}$$
求 (1) 常数 C;

(2) $P\{0.3 \leqslant X \leqslant 0.7\}$;

(3) $P\{-0.5 \leqslant X < 0.5\}$.

解 (1) 根据
$$\int_{-\infty}^{+\infty} p(x)\,\mathrm{d}x = \int_0^1 Cx\,\mathrm{d}x = \frac{1}{2}Cx^2 \Big|_0^1 = 1,$$
得到 $C=2$.

(2) $P(0.3 \leqslant X \leqslant 0.7) = \int_{0.3}^{0.7} 2x\,\mathrm{d}x = x^2 \Big|_{0.3}^{0.7} = 0.4.$

(3) $P(-0.5 \leqslant X < 0.5) = \int_{-0.5}^{0} 0\,\mathrm{d}x + \int_0^{0.5} 2x\,\mathrm{d}x$
$$= x^2 \Big|_0^{0.5} = 0.25.$$

6. 设 $X \sim U(1,4)$, 求 $P\{X \leqslant 5\}$ 和 $P\{0 \leqslant X \leqslant 2.5\}$.

解 由题意, 有
$$X \sim p(x) = \begin{cases} \dfrac{1}{3}, & 1 \leqslant x \leqslant 4, \\ 0, & \text{其他}, \end{cases}$$
因此
$$P(X \leqslant 5) = P(U) = 1,$$
$$P(0 \leqslant X \leqslant 2.5) = \int_0^1 0\,\mathrm{d}x + \int_1^{2.5} \frac{1}{3}\,\mathrm{d}x$$

$$= \frac{1}{3} \times 1.5 = 0.5.$$

7. 设有 12 台独立运转的机器,在一小时内每台机器停车的概率均为 0.1,试求一小时内停车的机器台数不超过 2 的概率.

解 设机器停车的台数为 X,则
$$X \sim B(12, 0.1),$$
于是
$$P(X \le 2) = \sum_{k=0}^{2} C_{12}^{k} 0.1^k 0.9^{12-k}$$
$$= 0.8891.$$

8. 设某种电子元件的使用寿命 X(单位:h)服从参数 $\lambda = \frac{1}{600}$ 的指数分布. 现某种仪器上使用三个这种电子元件,且它们工作时相互独立. 求:

(1) 一个元件使用时间在 200 h 以上的概率;

(2) 三个元件中至少有两个使用时间在 200 h 以上的概率.

解 (1) 由于 X 服从参数 $\lambda = \frac{1}{600}$ 的指数分布,即
$$p(x) = \begin{cases} \frac{1}{600} e^{-\frac{x}{600}}, & x \ge 0, \\ 0, & x < 0, \end{cases}$$
因此
$$P(X \ge 200) = \int_{200}^{+\infty} \frac{1}{600} e^{-\frac{x}{600}} dx$$
$$= -e^{-\frac{x}{600}} \Big|_{200}^{+\infty}$$
$$= e^{-\frac{1}{3}}$$
$$= 0.7166.$$

(2) 令 Y 表示三个元件中使用时间在 200 h 以上的个数. 因此 $Y \sim B(3, e^{-\frac{1}{3}})$,从而至少有两个使用时间是在 200 h 以上的概

率,即
$$\begin{aligned} P(Y \geqslant 2) &= P(Y=2) + P(Y=3) \\ &= C_3^2 (e^{-\frac{1}{3}})^2 (1 - e^{-\frac{1}{3}}) + (e^{-\frac{1}{3}})^3 \\ &= 3e^{-\frac{2}{3}} - 2e^{-1} \\ &= 0.8044. \end{aligned}$$

习 题 6.2

1. 设随机变量 X 的概率分布为

$$P\{X = k\} = \frac{1}{10} \quad (k = 2, 4, 6, \cdots, 18, 20),$$

求 $E(X)$ 及 $D(X)$.

解 由公式有

$$E(X) = \sum_{i=1}^{10} x_k p_k = \sum_{i=1}^{10} 2i \times \frac{1}{10}$$

$$= \frac{2}{10} \sum_{i=1}^{10} i = 11.$$

由于

$$E(X^2) = \sum_{i=1}^{10} x_i^2 p_i = \sum_{i=1}^{10} (2i)^2 \times \frac{1}{10} = 154,$$

因此

$$D(X) = E(X^2) - (E(X))^2 = 154 - 11^2 = 33.$$

2. 袋中有 5 个乒乓球,编号为 1,2,3,4,5,从中任取 3 个,以 X 表示取出的 3 个球中的最大编号,求 $E(X)$ 及 $D(X)$.

解 由题意,有

$$P(X = k) = \frac{C_{k-1}^2}{C_5^3}, \quad k = 3, 4, 5,$$

因此

$$E(X) = 3 \times \frac{1}{10} + 4 \times \frac{3}{10} + 5 \times \frac{6}{10} = 4.5,$$

而

$$E(X^2) = 3^2 \times \frac{1}{10} + 4^2 \times \frac{3}{10} + 5^2 \times \frac{6}{10} = 20.7,$$

故

$$D(X) = E(X^2) - (E(X))^2 = 0.45.$$

3. 设随机变量 X 的分布密度函数为

$$p(x) = \begin{cases} 2(1-x) & (0 \leq x \leq 1), \\ 0 & (x < 0 \text{ 或 } x > 1), \end{cases}$$

求 $E(X)$ 及 $D(X)$.

解 由公式有

$$E(X) = \int_{-\infty}^{+\infty} xp(x)\,dx = \int_0^1 2x(1-x)\,dx$$

$$= \left(x^2 - \frac{2}{3}x^3\right)\bigg|_0^1 = \frac{1}{3},$$

并且

$$E(X^2) = \int_{-\infty}^{+\infty} x^2 p(x)\,dx = \int_0^1 2x^2(1-x)\,dx$$

$$= \left(\frac{2}{3}x^3 - \frac{1}{2}x^4\right)\bigg|_0^1 = \frac{1}{6},$$

因此

$$D(X) = E(X^2) - (E(X))^2 = \frac{1}{6} - \left(\frac{1}{3}\right)^2 = \frac{1}{18}.$$

4. 设随机变量 X 的分布密度函数为

$$p(x) = \frac{1}{2}e^{-|x|} \quad (-\infty < x < +\infty),$$

求 $E(X)$ 及 $D(X)$.

解 由公式,有

$$E(X) = \int_{-\infty}^{+\infty} xp(x)\,dx = \int_{-\infty}^{+\infty} \frac{1}{2}xe^{-|x|}\,dx = 0,$$

并且

$$E(X^2) = \int_{-\infty}^{+\infty} x^2 p(x)\,dx = 2\int_0^{+\infty} \frac{1}{2}x^2 e^{-x}\,dx$$

$$= -\int_0^{+\infty} x^2\,de^{-x} = -x^2 e^{-x}\bigg|_0^{+\infty} + \int_0^{+\infty} e^{-x}\,dx^2$$

$$= -\int_0^{+\infty} 2x\,de^{-x} = -2xe^{-x}\bigg|_0^{+\infty} + 2\int_0^{+\infty} e^{-x}\,dx$$

$$= -2e^{-x}\Big|_0^{+\infty} = 2,$$

因此
$$D(X) = E(X^2) - (E(X))^2 = 2.$$

5. 设随机变量 X 的概率分布为

X	-2	-1	0	1	2
p_i	$\dfrac{1}{5}$	$\dfrac{1}{6}$	$\dfrac{1}{5}$	$\dfrac{1}{15}$	$\dfrac{11}{30}$

求 $E(X), D(X)$ 及 $E(X+3X^2)$.

解 由公式,有
$$E(X) = (-2) \times \frac{1}{5} + (-1) \times \frac{1}{6}$$
$$+ 0 \times \frac{1}{5} + 1 \times \frac{1}{15} + 2 \times \frac{11}{30}$$
$$= \frac{7}{30},$$

并且
$$E(X^2) = (-2)^2 \times \frac{1}{5} + (-1)^2 \times \frac{1}{6} + 0^2 \times \frac{1}{5}$$
$$+ 1^2 \times \frac{1}{15} + 2^2 \times \frac{11}{30}$$
$$= \frac{75}{30},$$

因此
$$D(X) = E(X^2) - (E(X))^2 = \frac{75}{30} - \left(\frac{7}{30}\right)^2$$
$$= \frac{2201}{900},$$

$$E(X+3X^2) = E(X) + 3E(X^2) = \frac{7}{30} + 3 \times \frac{75}{30}$$

$$= \frac{232}{30} = \frac{116}{15}.$$

6. 设随机变量 $X \sim N(\mu, \sigma^2)$，求 $E(|X - \mu|)$.

解 由表示性定理,有

$$E(|X - \mu|) = \int_{-\infty}^{+\infty} |x - \mu| \frac{1}{\sqrt{2\pi}\sigma} e^{-\frac{(x-\mu)^2}{2\sigma^2}} dx$$

$$= 2\int_{\mu}^{+\infty} (x - \mu) \frac{1}{\sqrt{2\pi}\sigma} e^{-\frac{(x-\mu)^2}{2\sigma^2}} dx$$

$$= -2\int_{\mu}^{+\infty} \frac{\sigma}{\sqrt{2\pi}} e^{-\frac{(x-\mu)^2}{2\sigma^2}} d\left(-\frac{(x-\mu)^2}{2\sigma^2}\right)$$

$$= -\frac{2\sigma}{\sqrt{2\pi}} e^{-\frac{(x-\mu)^2}{2\sigma^2}} \Big|_{\mu}^{+\infty}$$

$$= \sqrt{\frac{2}{\pi}}\sigma.$$

7. 设随机变量 X 的分布密度函数为

$$p(x) = \begin{cases} e^{-x} & (x \geqslant 0), \\ 0 & (x < 0). \end{cases}$$

求 $Y = e^{-2X}$ 的数学期望.

解 由表示性定理,有

$$E(Y) = E(e^{-2X}) = \int_{-\infty}^{+\infty} e^{-2x} p(x) dx$$

$$= \int_{0}^{+\infty} e^{-2x} \cdot e^{-x} dx = \int_{0}^{+\infty} e^{-3x} dx$$

$$= -\frac{1}{3} e^{-3x} \Big|_{0}^{+\infty} = \frac{1}{3}.$$

8. 对圆的直径作近似测量,其值均匀分布在区间 $[a, b]$ 上,求圆的面积的数学期望.

解 设圆的直径为 X,其面积为 Y,并且 $Y = \frac{\pi}{4}X^2$. 由题意,

可知
$$X \sim p(x) = \begin{cases} \dfrac{1}{b-a}, & a \leqslant x \leqslant b, \\ 0, & \text{其他}. \end{cases}$$

由表示性定理,有
$$E(Y) = E\left(\dfrac{\pi}{4}X^2\right) = \int_{-\infty}^{+\infty} \dfrac{\pi}{4}x^2 p(x)\,dx$$
$$= \int_a^b \dfrac{\pi}{4}x^2 \dfrac{1}{b-a}dx = \dfrac{\pi}{4}\dfrac{1}{b-a}\dfrac{x^3}{3}\bigg|_a^b$$
$$= \dfrac{\pi}{12(b-a)}(b^3 - a^3) = \dfrac{\pi}{12}(a^2 + ab + b^2).$$

9. 两台生产同一种零件的车床,一天中生产的次品数的概率分布分别是

甲台次品数	0	1	2	3
p	0.4	0.3	0.2	0.1

乙台次品数	0	1	2	3
p	0.3	0.5	0.2	0

如果两台车床的产量相同,问哪台车床好?

解 设甲、乙两台一天中生产次品个数为 X 与 Y. 我们有
$E(X) = 0 \times 0.4 + 1 \times 0.3 + 2 \times 0.2 + 3 \times 0.1 = 1,$
$E(Y) = 0 \times 0.3 + 1 \times 0.5 + 2 \times 0.2 + 3 \times 0 = 0.9.$
由于它们的产量相同,故乙好.

第七部分　一元统计分析初步

习　题　7.1

1. 设 $X_1, X_2, \cdots, X_n$ 是来自总体
$$X \sim p(x) = \begin{cases} \dfrac{1}{\theta} & (0 \leq x \leq \theta) \\ 0 & (x < 0 \text{ 或 } x > \theta) \end{cases} \quad (\theta > 0)$$
的样本，求 θ 的矩估计量.

解　由于 $X \sim U(0, \theta)$，因此
$$E(X) = \frac{\theta}{2}.$$
根据方程 $E(X) = \bar{X}$，即
$$\frac{\theta}{2} = \bar{X},$$
得到
$$\hat{\theta} = 2\bar{X}.$$

2. 设 $X_1, X_2, \cdots, X_n$ 是来自服从几何分布的总体 $X \sim g(p)$ 的样本，求 p 的矩估计量.

解　由于 $X \sim g(p)$，因此
$$E(X) = \frac{1}{p}.$$
根据方程 $E(X) = \bar{X}$，即
$$\frac{1}{p} = \bar{X},$$
得到
$$\hat{p} = \frac{1}{\bar{X}}.$$

3. 设 $X_1, X_2, \cdots, X_n$ 是总体 X 的一个样本. 试证

(1) $\hat{\mu}_1 = \dfrac{1}{5}X_1 + \dfrac{3}{10}X_2 + \dfrac{1}{2}X_3$,

(2) $\hat{\mu}_2 = \dfrac{1}{3}X_1 + \dfrac{1}{4}X_2 + \dfrac{5}{12}X_3$,

(3) $\hat{\mu}_3 = \dfrac{1}{3}X_1 + \dfrac{3}{4}X_2 - \dfrac{1}{12}X_3$

都是总体均值 μ 的无偏估计,并比较哪一个最有效.

解 由于 x_1, x_2, x_3 相互独立且与 X 有相同的分布,因此
$$E(x_1) = E(x_2) = E(x_3) = \mu.$$

根据估计量的无偏性,可知

$$E(\hat{\mu}_1) = \frac{1}{5}E(x_1) + \frac{3}{10}E(x_2) + \frac{1}{2}E(x_3) = \mu,$$

$$E(\hat{\mu}_2) = \frac{1}{3}E(x_1) + \frac{1}{4}E(x_2) + \frac{5}{12}E(x_3) = \mu,$$

$$E(\hat{\mu}_3) = \frac{1}{3}E(x_1) + \frac{3}{4}E(x_2) - \frac{1}{12}E(x_3) = \mu.$$

可见,$\hat{\mu}_1, \hat{\mu}_2, \hat{\mu}_3$ 都是 μ 的无偏估计量.

由于 x_1, x_2, x_3 相互独立,根据估计量的有效性,我们有

$$D(\hat{\mu}_1) = \frac{1}{25}D(x_1) + \frac{9}{100}D(x_2) + \frac{1}{4}D(x_3) = \frac{19}{50}D(X),$$

$$D(\hat{\mu}_2) = \frac{1}{9}D(x_1) + \frac{1}{16}D(x_2) + \frac{25}{144}D(x_3) = \frac{25}{72}D(X),$$

$$D(\hat{\mu}_3) = \frac{1}{9}D(x_1) + \frac{9}{16}D(x_2) + \frac{1}{144}D(x_3) = \frac{49}{72}D(X).$$

由于 $D(\hat{\mu}_2) < D(\hat{\mu}_1) < D(\hat{\mu}_3)$,所以 $\hat{\mu}_2$ 最有效.

4. 设 $X_1, X_2, \cdots, X_n$ 是来自正态总体 $X \sim N(\mu, \sigma^2)$ 的一个样本,适当选择常数 C 使 $C \sum\limits_{i=1}^{n-1}(X_{i+1} - X_i)^2$ 为 σ^2 的无偏估计.

解 方法一

$$\sigma^2 = E\Big[C\sum_{i=1}^{n-1}(x_{i+1}-x_i)^2\Big] = C\sum_{i=1}^{n-1} E(x_{i+1}^2 - 2x_{i+1}x_i + x_i^2)$$

$$= C\sum_{i=1}^{n-1}[E(x_{i+1}^2) - 2E((x_{i+1})(x_i)) + E(x_i^2)]$$

$$= C\sum_{i=1}^{n-1} 2[E(X^2) - (E(X))^2] = 2C(n-1)\sigma^2,$$

因此

$$C = \frac{1}{2(n-1)}.$$

方法二 令 $Y = x_{i+1} - x_i$,则 $Y \sim N(0, 2\sigma^2)$. 由

$$E\Big(C\sum_{i=1}^{n-1} Y^2\Big) = C\sum_{i=1}^{n-1} E(Y^2) = C(n-1)[D(Y) + (E(Y))^2]$$

$$= C(n-1)2\sigma^2 = \sigma^2,$$

因此

$$C = \frac{1}{2(n-1)}.$$

5. 对§2的例3,分别在置信度为0.99和0.90的条件下,求出总体均值的置信区间.

解 见课本 p343. 由 $\alpha = 0.01$ 和 0.10 时,查表得到 $\lambda = 2.58$ 和 1.65,从而 μ 的置信区间分别为

[108.98,121.02] 和 [111.15,118.85].

6. 对§2的例4,分别在置信度为0.99和0.90的条件下,求出总体均值的置信区间.

解 见课本 p344,由 $\alpha = 0.01$ 和 0.10 时,查表得到 $\lambda = 3.707$ 和 1.943,从而得到 μ 的置信区间分别为

[111.21,114.39] 和 [112.37,113.63].

7. 为了估计灯泡使用时数的期望 μ 和方差 σ^2,共测试了10个灯泡,求得 $\bar{x} = 1\,500$ h, $S = 20$ h. 如果灯泡的使用时数 $X \sim$

$N(\mu,\sigma^2)$,分别求 μ 与 σ 的置信区间(置信度为 95%).

解 这是一个"未知方差估计均值"和"估计标准差"的问题.

(1) 首先来估计 μ. 选择样本函数为

$$t = \frac{\bar{x} - \mu}{\sqrt{\frac{S^2}{n}}} \sim t(n-1).$$

由置信度 $1-\alpha = 0.95$,查 t 分布数值表,其中自由度为 9,并且 $P(|t| > \lambda) = 0.05$,得到 $\lambda = 2.262$. 于是便得到 μ 的置信区间为

$$\left[\bar{x} - \lambda\sqrt{\frac{S^2}{n}}, \bar{x} + \lambda\sqrt{\frac{S^2}{n}}\right].$$

将 $\bar{x} = 1\,500, S^2 = 400, \lambda = 2.262, n = 10$ 代入后得到 μ 的一个置信区间

$$[1\,485.7, 1\,514.3].$$

(2) 再来估计 σ. 选择样本函数为

$$W = \frac{(n-1)S^2}{\sigma^2} \sim \chi^2(n-1).$$

由置信度 $1-\alpha = 0.95$,查 χ^2 分布数值表,其中自由度为 9,并且分别查

$$P(\chi^2 > \lambda_1) = 0.975, \quad P(\chi^2 > \lambda_2) = 0.025,$$

得到

$$\lambda_1 = 2.70, \quad \lambda_2 = 19.0.$$

于是便得到 σ 的置信区间

$$\left[\sqrt{\frac{n-1}{\lambda_2}}S, \sqrt{\frac{n-1}{\lambda_1}}S\right].$$

将 $\bar{x} = 1\,500, S = 20, \lambda_1 = 2.70, \lambda_2 = 19.0, n = 10$ 代入后,得到 σ 的一个置信区间

$$[13.8, 36.5].$$

习 题 7.2

1. 由经验知道某种零件质量 $X \sim N(\mu,\sigma^2)$，$\mu=15$，$\sigma^2=0.05$. 技术革新后，抽了 6 个样品，测得质量（单位：g）为

  14.7, 15.1, 14.8, 15.0, 15.2, 14.6.

已知方差不变，问平均质量是否为 15 g（$\alpha=0.05$）？

解 这是一个已知方差，检验均值的问题.

（1）$H_0:\mu=15$.

（2）选择统计量为 $U=\dfrac{\bar{x}-\mu_0}{\sqrt{\dfrac{\sigma_0^2}{n}}}$.

（3）由检验水平 $\alpha=0.05$，查 $\Phi(x)=1-\dfrac{\alpha}{2}=0.975$，得到 $x=1.96$. 采用双边检验，否定域 $R_\alpha=(|u|>1.96)$.

（4）由 $\bar{x}=\dfrac{1}{6}\sum\limits_{i=1}^{6}x_0=\dfrac{1}{6}\times89.4=14.9$，$\mu_0=15$，$\sigma_0^2=0.05$，$n=6$，代入 U 之中计算

$$\hat{U}=\dfrac{14.9-15}{\sqrt{\dfrac{0.05}{6}}}=-1.095.$$

（5）由于 $|\hat{U}|<1.96$，故没有落入否定域，因此 H_0 相容，即没有发现零件的平均重量不是 15 g.

2. 问第 1 题中零件的平均质量是否小于等于 15 g（$\alpha=0.01$）？

解 在上题中，将 $H_0:\mu\leqslant15$，采取单边检验，否定域 $R_\alpha=(u>2.35)$，而 $\hat{U}=-1.095$，可见没有落入否定域，因此 H_0 相容.

3. 根据长期资料的分析，知道某种钢筋的强度服从正态分布. 今随机抽取 6 根钢筋进行强度试验，测得强度（单位：MPa）为

  48.5, 49, 53.5, 49.5, 56.0, 52.5.

问:能否认为该种钢筋的平均强度为 52.0 MPa?

解 这是一个未知方差,检验均值的问题.

(1) $H_0: \mu = 52.0$.

(2) 选择统计量为 $T = \dfrac{\bar{x} - \mu_0}{\sqrt{\dfrac{S^2}{n}}}$.

(3) 由检验水平 $\alpha = 0.05$,查 t 分布表,其中自由度为 5,$P(|t| > \lambda) = \alpha$,得到 $\lambda = 2.571$. 采用双边检验,否定域

$$R_\alpha = (|t| > 2.571).$$

(4) 由样本值,可算出

$$\bar{x} = \frac{1}{6} \sum_{i=1}^{6} x_i = \frac{1}{6} \times 309 = 51.5,$$

$$S^2 = \frac{1}{5} \sum_{i=1}^{6} (x_i - \bar{x})^2 = 8.9.$$

代入 T 之中,计算

$$\hat{T} = \frac{51.5 - 52.0}{\sqrt{\dfrac{8.9}{6}}} = \frac{-0.5}{1.2179} = -0.4105.$$

(5) 由于 $|\hat{T}| < 2.571$,故没有落入否定域,因此 H_0 相容,即没有发现这种钢筋的平均强度不是 52.0 MPa.

4. 某车间生产铜丝,生产一向比较稳定,今从产品中随机抽出 10 根检查折断力,得数据如下(单位:N)
578, 572, 570, 568, 572, 570, 570, 572, 596, 584.
问:是否可相信该车间生产的铜丝其折断力的方差为 64?

解 这是一个检验方差的问题.

(1) $H_0: \sigma^2 = 64$.

(2) 选择统计量 $W = \dfrac{(n-1) \cdot S^2}{\sigma_0^2}$.

(3) 由检验水平 $\alpha = 0.05$,查 χ^2 分布数值表,其自由度为 9.

并且分别查 $P(\chi^2 > \lambda_1) = 0.925, P(\chi^2 > \lambda_2) = 0.025$,得到
$$\lambda_1 = 2.70, \quad \lambda_2 = 19.0.$$
采用双边检验,否定域 $R_\alpha = \{W < 2.70 \text{ 或 } W > 19.0\}$.

(4) 由样本值,可算出
$$\bar{x} = \frac{1}{10}\sum_{i=1}^{10} x_i = \frac{1}{10} \times 5752 = 575.2,$$
$$S^2 = \frac{1}{9}\sum_{i=1}^{n}(x_i - \bar{x})^2 = \frac{1}{9} \times 681.6 = 75.73.$$
代入 W 之中,计算
$$\hat{W} = \frac{9 \times 75.73}{64} = 10.65.$$

(5) 由于 $2.70 < 10.65 < 19.0$,可见 $\hat{W}$ 没有落入否定域 R_α. 因此 H_0 相容,即没有发现该车间生产的铜丝折断力的方差不是 64.

5. 已知罐头番茄汁中维生素 C(Vc) 的含量服从正态分布. 按照规定 Vc 的平均含量不得少于 21 mg. 现从一批罐头中取了 17 罐,算得 Vc 含量的平均值 $\bar{x} = 23, S^2 = 3.98^2$,问该批罐头 Vc 的含量是否合格?

解 这是一个未知方差,检验均值问题.

(1) $H_0: \mu < 21$.

(2) 统计量 $T = \dfrac{\bar{x} - \mu_0}{\sqrt{\dfrac{S^2}{n}}}$.

(3) 由检验水平 $\alpha = 0.05$,查 t 分布数值表,其自由度为 16. $P(|t| > \lambda) = 2\alpha$,得到 $\lambda = 1.746$,采用单边检验,否定域
$$R_\alpha = \{t > 1.746\}.$$

(4) 由题设,有 $\bar{x} = 23, S^2 = 3.98^2, n = 17, \mu_0 = 21$. 代入 T 之中,计算

$$\hat{T} = \frac{23-21}{\sqrt{\dfrac{3.98^2}{17}}} = 2.07.$$

(5) 由于 $\hat{T} > 1.746$,已落入否定域 R_α,因此我们否定 H_0,即该批罐头 Vc 的含量已超过 21 mg,故合格.

郑 重 声 明

高等教育出版社依法对本书享有专有出版权。任何未经许可的复制、销售行为均违反《中华人民共和国著作权法》,其行为人将承担相应的民事责任和行政责任,构成犯罪的,将被依法追究刑事责任。为了维护市场秩序,保护读者的合法权益,避免读者误用盗版书造成不良后果,我社将配合行政执法部门和司法机关对违法犯罪的单位和个人给予严厉打击。社会各界人士如发现上述侵权行为,希望及时举报,本社将奖励举报有功人员。

反盗版举报电话:(010)58581897/58581896/58581879
传　　真:(010)82086060
E - mail:dd@ hep. com. cn
通信地址:北京市西城区德外大街4号
　　　　　高等教育出版社打击盗版办公室
邮　　编:100120
购书请拨打电话:(010)58581118

策划编辑　于丽娜
责任编辑　李　茵
封面设计　张志奇
责任绘图　尹文军
版式设计　余　杨
责任校对　金　辉
责任印制　耿　轩